AutoCAD und AutoCAD LT

Einstieg und Praxis

Werner Sommer

Markt+Technik

ISBN 978-3-98810-055-9

Produktmanagement Christian Braun, Burkhardt Lühr
Lektorat, Herstellung Jutta Brunemann
Covergestaltung David Haberkamp
Coverfotos © FrankBosten, i-picture, Maksym Dykha, Florynstudio3, Oleg Zhukov – Adobe Stock
Satz inpunkt[w]o, Wilnsdorf (www.inpunktwo.de)
Druck Himmer GmbH Druckerei & Verlag, Augsburg
Printed in Germany

Vorwort

In allen technischen Berufen, in der Architektur, der Vermessungstechnik – kurz überall dort, wo Zeichnungen produziert werden, wo geplant, entwickelt und konstruiert wird, sind CAD-Programme zum selbstverständlichen Werkzeug geworden. Ob eine einfache Fertigungsskizze, ein Schemaplan, ein Einrichtungsplan, eine Konstruktionszeichnung oder der Grundriss eines Gebäudes gezeichnet werden soll, mit CAD geht es präziser. Mit CAD, sprich **C**omputer **A**ided **D**esign oder auf Deutsch »computergestütztes Konstruieren«, werden vor allem Änderungen einfacher und viel schneller als »von Hand«. Zudem lässt sich jede Zeichnung bei neuen, aber ähnlichen Aufgabenstellungen wiederverwenden und ändern. Einmal investierte Arbeit kann so mehrfach genutzt werden.

AutoCAD hat sich seit Jahrzehnten als unverzichtbares Werkzeug in diesen Anwendungsbereichen etabliert. Mit AutoCAD LT steht zudem eine kostengünstige Variante für kleinere Projekte zur Verfügung.

Dieses Buch richtet sich sowohl an Anfänger, die ihre ersten Schritte mit AutoCAD oder AutoCAD LT machen wollen, als auch an Fortgeschrittene, die ihre Kenntnisse vertiefen und optimieren wollen. Es kombiniert eine umfassende Einführung in die Grundfunktionen mit einer Vielzahl praxisnaher Übungen.

CAD-Systeme wurden in der Vergangenheit vielfach nur als »elektronisches Reißbrett« benutzt. 3D-CAD-Programme haben die Arbeitsweise aufs Neue umgekrempelt. Nicht die Zeichnung steht im Vordergrund, sondern das Modellieren eines Produkts. Die Zeichnung entsteht danach quasi auf Knopfdruck.

Trotzdem werden sehr viele CAD-Zeichnungen heute noch klassisch in 2D erstellt, und hier ist AutoCAD mit seinen zahlreichen Zusatzprogrammen der Marktführer. Das Programm wurde zur Basissoftware für die unterschiedlichsten Branchenapplikationen. Das heißt aber nicht, dass AutoCAD ein reines 2D-Programm ist. Mit dem Volumenmodellierer lassen sich 3D-Modelle generieren. Das Erstellen von Layouts mit Zeichnungen erfordert mittlerweile nur noch wenige Mausklicks.

Doch nicht nur am oberen Ende der Leistungsskala entwickelt sich der Markt weiter. Überall dort, wo Skizzen, einfache 2D-Zeichnungen, technische Illustrationen, Handbücher, Einrichtungspläne oder Schemazeichnungen erstellt werden, besteht ein Bedarf an preiswerten CAD-Systemen. Hier ist AutoCAD LT das richtige Werkzeug, ein Ableger von AutoCAD, der fast alle Funktionen für 2D-Zeichnungen vom großen Bruder mitbekommen hat. Sogar 3D-Zeichnungen aus AutoCAD können damit problemlos geöffnet und in Grenzen bearbeitet werden. AutoCAD LT sieht AutoCAD zum Verwechseln ähnlich und ist dateikompatibel. Die gleiche Bedienoberfläche und die gleichen Werkzeugkästen machen einen Umstieg auf die Vollversion leicht. Deshalb beschreibt dieses Buch beide Versionen und gibt Hinweise, wo sie sich unterscheiden.

Was erwartet Sie in diesem Buch?

- **Schritt-für-Schritt-Anleitungen:** Jedes Kapitel führt Sie durch die wichtigsten Funktionen.
- **Praxisorientierte Übungen:** Lernen Sie durch direktes Anwenden, und vertiefen Sie Ihr Wissen mit realitätsnahen Aufgabenstellungen.
- **Unterschiede zwischen AutoCAD und AutoCAD LT:** Verstehen Sie die Unterschiede und nutzen Sie die jeweilige Software optimal.

Dieses Buch vermittelt einen schnellen Einstieg. Ohne viel Drumherum soll nach einem ersten Rundgang durch das Programm pragmatisch mit der ersten Zeichnung gestartet werden. Auf ausführliche Erläuterungen wird verzichtet. Learning by doing wird großgeschrieben. Das Hintergrundwissen kommt dann kapitelweise hinzu. Zahlreiche Übungen, mit deren Hilfe die Funktionen von AutoCAD erläutert werden, erleichtern den Einstieg. Übungsbeispiele sowie Musterlösungen finden Sie auf der Homepage des Verlags zum Download.

Das Buch erhebt keinen Anspruch auf Vollständigkeit. Nicht jeder Befehl bzw. jede Option eines Befehls wird bis ins letzte Detail beschrieben. Schwerpunkt ist der schnelle Einstieg. Wenn Sie diesen geschafft haben und mit dem Programm sicher umgehen können, finden Sie jede Menge Tutorials in den Hilfe-Funktionen des Programms, auf der Homepage des Herstellers Autodesk und bei YouTube.

Ich wünsche Ihnen nun viel Spaß bei der Einarbeitung in AutoCAD oder AutoCAD LT und einen erfolgreichen Einsatz des Programms in Ihrer beruflichen Praxis.

Werner Sommer

Anmerkung und Danksagung des Autors

Den größten Teil meines Berufslebens habe ich mich mit AutoCAD und den weiteren Produkten von Autodesk beschäftigt – als Autor, Referent in Schulungen sowie in der Aus- und Weiterbildung und als Geschäftsführer eines CAD-Systemhauses. 1986 ist mein erstes Buch zu AutoCAD erschienen. Bis 2025 sind daraus über 75 Titel geworden. Bis auf wenige Ausnahmen habe ich im Verlag Markt+Technik veröffentlicht, der seit 2014 als inhabergeführter Verlag neu gestartet ist. Ich danke Christian Braun, dem Geschäftsführer, Burkhardt Lühr von der Programmplanung und Jutta Brunemann von Lektorat und Produktion, dass sie dieses Buch zu AutoCAD herausgegeben haben.

AutoCAD oder AutoCAD LT?

Im Buch werden beide Varianten behandelt: AutoCAD, und zwar in den aktuellen Programmversionen AutoCAD 2026 (Vollversion) bzw. AutoCAD LT 2026 (»abgespeckte« Version) – und auf diese beziehen sich die Beschreibungen in diesem Buch. Es geht hauptsächlich um grundlegende Zeichenfunktionen des Programms, die Sie auch in den früheren AutoCAD-Versionen finden, sodass Sie das Buch mit Einschränkungen auch noch mit den Versionen ab 2009 durcharbeiten können. Bei noch älteren Versionen unterscheidet sich die Bedienoberfläche allerdings so gravierend, dass das Buch dafür nicht mehr geeignet ist. Sollte es aber schon eine neuere Programmversion geben, wenn Sie dieses Buch in Händen halten, werden Sie die meisten Funktionen in der Form vorfinden, wie sie hier beschrieben sind.

Trotz vieler Gemeinsamkeiten zwischen AutoCAD 2026 und AutoCAD LT 2026 gibt es jedoch auch eine ganze Reihe von Unterschieden. Überall dort, wo dies der Fall ist, finden Sie entsprechende Symbole am Rand, die kenntlich machen, dass die betreffende Funktion jeweils entweder nur in AutoCAD oder nur in AutoCAD LT zur Verfügung steht bzw. wie Sie in AutoCAD LT arbeiten und wie in AutoCAD:

Diese Funktion gibt es **nicht** in AutoCAD LT.

Diese Funktion gibt es **nicht** in AutoCAD.

Dadurch ergeben sich vor allem bei den 3D-Funktionen unterschiedliche Arbeitsweisen. Auch dies ist am Rand mit den entsprechenden Symbolen gekennzeichnet:

So machen Sie es in AutoCAD LT.

So machen Sie es in AutoCAD.

Toolsets in AutoCAD

AutoCAD wird inzwischen mit einer Reihe von Zusatzprogrammen geliefert, den sogenannten Toolsets. Dabei handelt es sich um branchenspezifische Erweiterungen. Die machen aus der Basissoftware AutoCAD eine komplette Lösung für die unterschiedlichsten Anwendungen. In AutoCAD LT gibt es diese Toolsets nicht. Derzeit sind dies folgende Pakete für AutoCAD:

- **Architecture-Toolset:** Produktivitätssteigerung bei Architekturentwürfen und -zeichnungen mit zeitsparenden Funktionen und Aufgabenautomatisierung.
- **Mechanical-Toolset:** Branchenspezifische Werkzeuge für den Maschinenbau, darunter mehr als 700.000 intelligente Bauteile und Funktionen.
- **Electrical-Toolset:** Funktionen für die Elektrotechnik, mit denen Sie elektrische Steuerungssysteme erstellen, ändern und dokumentieren können.
- **MAP-3D-Toolset:** Modellbasierte GIS-Software mit Zugriff auf CAD- und GIS-Daten zur Unterstützung von Planung, Entwurf und Verwaltung.
- **Plant-3D-Toolset:** Für die Erstellung und Bearbeitung von R&I-Fließbildern und 3D-Modellen inklusive Extrahieren von orthogonalen und isometrischen Rohrleitungsplänen für den Anlagenbau.
- **MEP-Toolset:** Für die Erstellung von Lüftungs- und gebäudetechnischen Anlagen mit branchenspezifischen Funktionen für die Gebäudetechnik.
- **Raster-Design-Toolset:** Raster-Design-Werkzeuge mit spezialisierten Funktionen, um gescannte Zeichnungen zu bearbeiten und Rasterbilder in DWG-Objekte umzuwandeln.

Diese Toolsets sind nicht Bestandteil dieses Einführungsbuches. Jedes würde ein eigenes Buch füllen. Auch wenn Sie mit einem dieser Toolsets arbeiten, ist es trotzdem erforderlich, dass Sie die Grundfunktionen von AutoCAD beherrschen. Die Multifunktionsleisten und deren Inhalte unterscheiden sich teils erheblich von der Basisversion. Alle Befehle der Basisversion sind aber dort vorhanden. Deshalb ist das vorliegende Buch auch für diese Anwender geeignet. Eine detaillierte Beschreibung dieser Toolsets finden Sie auf der Homepage des Herstellers: www.autodesk.de.

Die Konventionen in diesem Buch

Das Wichtigste, das Sie bei der Einarbeitung in ein CAD-Programm lernen müssen, ist, mit welchem Befehl welche Aufgabe ausgeführt werden kann. Doch was nützt Ihnen der beste Befehl, wenn Sie ihn nicht finden? Damit Sie gar nicht erst in diese Verlegenheit kommen, sind in diesem Buch alle neu vorgestellten Befehle mit einer genauen »Standortangabe« versehen und, wenn möglich, mit dem entsprechenden Symbol in der Multifunktionsleiste gekennzeichnet, zum Beispiel:

- Multifunktionsleiste: Symbol im Register *Start*, Gruppe *Zeichnen*

Außerdem sind Befehlsnamen, Systemvariablen und Bedienelemente wie Register und Gruppen der Multifunktionsleiste, Schaltflächen in Dialogfeldern usw. zur besseren Orientierung kursiv gesetzt, zum Beispiel: Befehl *Linie*, Systemvariable *Dimassoc*, Multifunktionsleiste: Register *Start*, Gruppe *Zeichnen*, Schaltfläche *Öffnen* usw.

Befehlsdialoge sind in einer speziellen Schriftart gedruckt. Die von Ihnen vorzunehmenden Eingaben in diesen Dialogen sowie die dazugehörigen Erläuterungen sind zudem fett und kursiv gesetzt, zum Beispiel:

`Befehl eingeben` ***Kreis***
`Zentrum für Kreis angeben oder`
`[3P/2P/Ttr(Tangente Tangente Radius)]:` ***Option Ttr wählen***
`Punkt auf Objekt für erste Tangente des Kreises angeben:` ***rechte Linie anklicken***
`Punkt auf Objekt für zweite Tangente des Kreises angeben:` ***untere Linie anklicken***
`Radius für Kreis angeben:` ***20 eintippen***

Übungsanleitungen sind im Text in der Standardschrift als Auflistung gesetzt.

Download der Übungsdateien und des Expertenwissens

In diesem Buch finden Sie zahlreiche Übungen, die Sie dabei unterstützen, sich mit diesem vielseitigen Programm vertraut zu machen und die gelernten Befehle und Funktionen auszuprobieren. Auf der Homepage des Verlags stehen alle Zeichnungen, Dateien und Bilder, die Sie benötigen, um die Übungen bearbeiten zu können, zum Download bereit. Sie können dort auch alle Lösungen herunterladen, um Ihre Ergebnisse mit den jeweiligen Musterlösungen zu vergleichen. Außerdem finden Sie dort die PDF-Datei *Expert.pdf* mit Expertenwissen, das über den Inhalt dieses Einführungsbuches hinausgeht. Dort sind auch weitere Übungen mit Aufgaben und Lösungen beschrieben.

Die Dateien können Sie unter der folgenden Adresse herunterladen: www.mut.de/0055

Sollte es Schwierigkeiten beim Download geben, wenden Sie sich bitte an: *info@mut.de*

Übungsdateien herunterladen und entpacken

- Gehen Sie auf die oben genannte Adresse der Homepage des Verlags und der Download startet automatisch.
- Es wird eine komprimierte Datei im ZIP-Format heruntergeladen. Entpacken Sie den Inhalt in einen schnell zugänglichen Ordner, etwa *C:\Aufgaben*.

Woher bekomme ich AutoCAD/AutoCAD LT

Selbstverständlich benötigen Sie das entsprechende Programm, um dieses Buch erfolgreich durcharbeiten zu können. Sowohl AutoCAD als auch AutoCAD LT können Sie nicht kaufen, sondern mieten, beim Hersteller Autodesk nennt man das abonnieren. Das geht für einen Monat, ein Jahr oder gleich für drei Jahre. Informationen dazu finden Sie auf der Homepage des Herstellers: http://www.autodesk.de

Sie können sich aber auch zunächst erst einmal eine kostenlose Testversion herunterladen und installieren. Damit können Sie 15 Tage mit AutoCAD LT und 15 Tage mit AutoCAD arbeiten, was zum Durcharbeiten dieses Buches ausreichen dürfte. Die Testversion gibt es für AutoCAD und AutoCAD LT. Dafür müssen Sie zunächst ein Autodesk-Konto anlegen. Sie finden die Testversion auf der Homepage von Autodesk:

http://www.autodesk.de/products/autocad-lt/free-trial
bzw.
http://www.autodesk.de/products/autocad/free-trial

Darüber hinaus ermöglicht Autodesk Schülern, Studenten, Lehrkräften und Bildungseinrichtungen in aller Welt den kostenlosen Zugang zu unterschiedlichen Autodesk-Software-Produkten. Dies gilt auch für AutoCAD. Informationen über die Voraussetzungen finden Sie auf:

http://www.autodesk.com/de/education/edu-software/overview

Installation und Start der Software

Die Installation der Software erfolgt automatisch unmittelbar nach dem Herunterladen. Weitere Informationen finden Sie unter www.autodesk.de.

Wenn Sie AutoCAD/AutoCAD LT starten, müssen Sie an Ihrem Autodesk-Konto angemeldet sein. Beim Start ist eine Zwei-Faktor-Authentifizierung erforderlich. Sie müssen zusätzlich einen Code eingeben, der Ihnen bei der Installation übermittelt wurde. Falls Sie den nicht mehr haben, können Sie einen weiteren anfordern. Diese Prozedur muss nicht bei jedem Start wiederholt werden, nur dann, wenn Sie sich im Programm abgemeldet haben.

Inhaltsverzeichnis

1. Ein erster Rundgang durch AutoCAD/AutoCAD LT

Sie haben das Programm – wie zuvor beschrieben – installiert. Dann kann es auch schon losgehen. In diesem ersten Kapitel lernen Sie die wesentlichen Bedienelemente von AutoCAD/AutoCAD LT kennen und anwenden.

1.1 AutoCAD/AutoCAD LT starten

Haben Sie AutoCAD schon auf Ihrem Computer installiert? Wenn nicht, sollten Sie es jetzt tun. Starten Sie einfach die Installationsdatei und folgen Sie den Anleitungen wie im Vorwort beschrieben.

1.1.1 Der Programmstart

Starten Sie mit dem entsprechenden Icon auf dem Desktop.

1.1.2 Der AutoCAD-Startbildschirm

Nach dem Laden des Programms erscheint als Erstes der Startbildschirm mit der Registerkarte *Start* (siehe Abbildung 1.1).

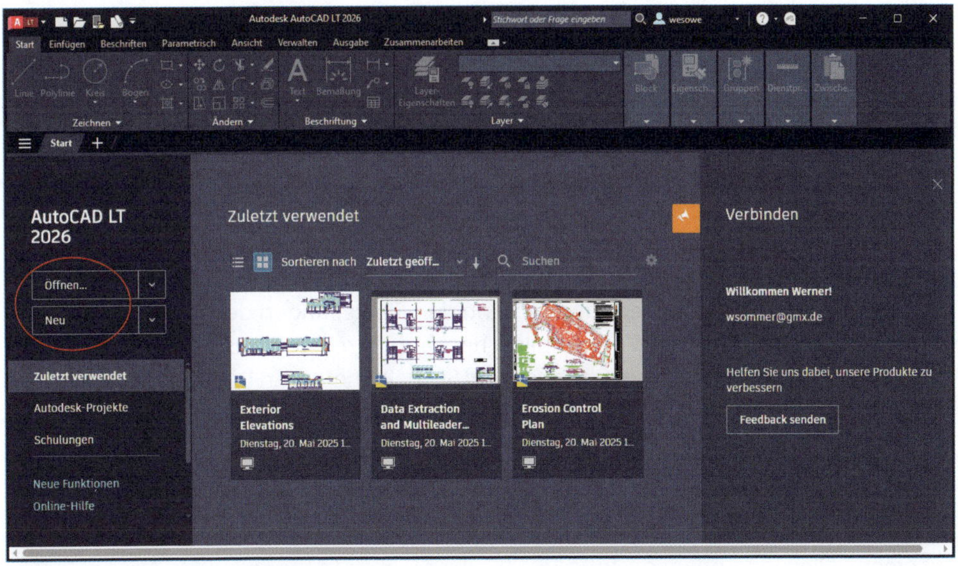

Abbildung 1.1: AutoCAD-Startbildschirm mit aktivierter Registerkarte »Start«

Links finden Sie zwei Schalter mit Pull-down-Menü: *Öffnen* und *Neu*. Wir wollen uns zunächst den leeren Zeichenbildschirm anschauen, klicken Sie deshalb auf den Schalter *Neu* und eine leere Zeichnung wird gestartet.

1.2 Der Zeichenbildschirm von AutoCAD

Jetzt bekommen Sie den Zeichenbildschirm von AutoCAD bzw. AutoCAD LT. Da sich diese nur im Detail unterscheiden, solange wir zweidimensional arbeiten, wird in den Abbildungen meist der AutoCAD-LT-Bildschirm zu sehen sein. Die Einstellungen der Bedienelemente lassen sich in Arbeitsbereichen speichern. Je nach dem zuletzt gewählten Arbeitsbereich kann der Bildschirm bei Ihnen anders aussehen. Beim ersten Start sieht er aber wie in den folgenden Abbildungen aus.

Hinweis zu den Abbildungen im Buch

Sowohl AutoCAD als auch AutoCAD LT starten standardmäßig mit einem dunklen Hintergrund (siehe Abbildung 1.2, oben).

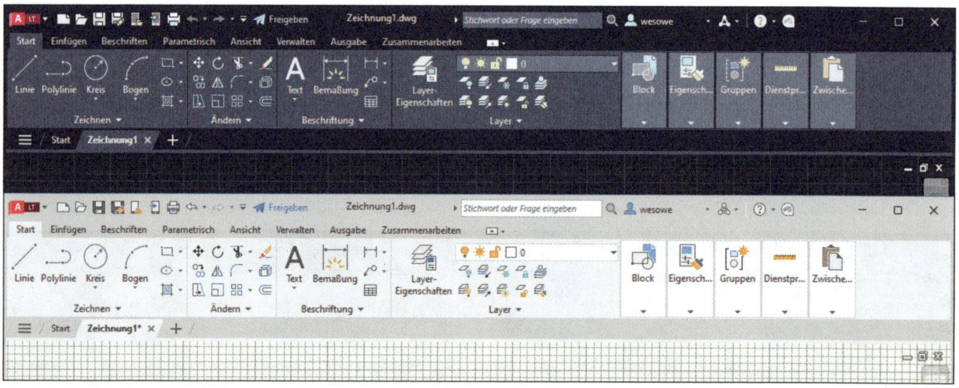

Abbildung 1.2: Originaloberfläche und Abbildungen im Buch

Um die Lesbarkeit im Buch zu verbessern, wurde bei den verwendeten Abbildungen auf einen hellen Hintergrund und eine helle Multifunktionsleiste umgestellt (siehe Abbildung 1.2, unten). Wie das funktioniert, finden Sie in den Einstellungen des Programms, Befehl *Optionen*. Klicken Sie auf dem Zeichenbildschirm auf die rechte Maustaste, wählen Sie aus dem Kontextmenü die Funktion *Optionen* und Sie bekommen ein Dialogfeld mit diversen Registern (siehe Abbildung 1.3). Für uns ist das Register *Anzeige* wichtig.

Im Feld *Farbthema* wurde auf *Hell* umgestellt. Mit dem Schalter *Farben* bekommen Sie ein weiteres Dialogfeld (siehe Abbildung 1.4), in dem Sie den Hintergrund des Zeichenbildschirms einstellen können. In den Abbildungen wurde die Farbe des 2D-Modellbereichs auf einen hellen Farbton umgestellt.

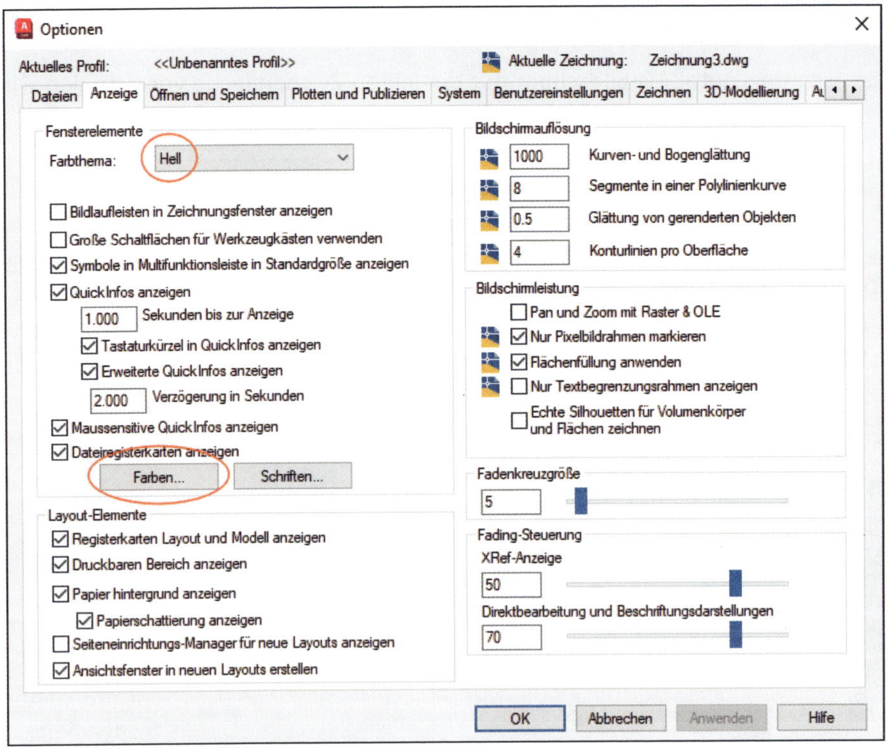

Abbildung 1.3: Einstellung der Bildschirmanzeige

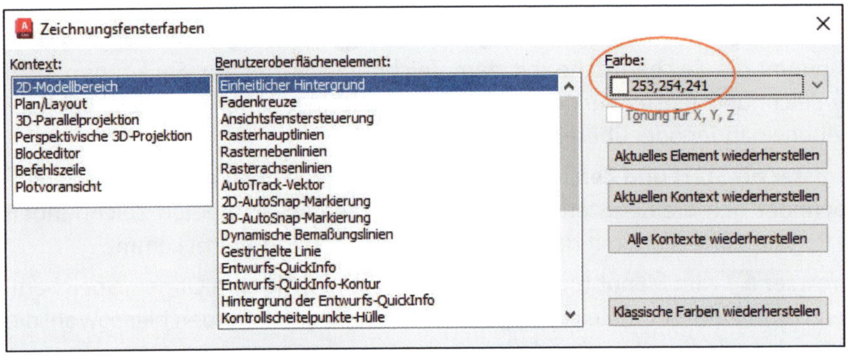

Abbildung 1.4: Die Einstellung der Farbe für den Hintergrund des Zeichenbildschirms (oberer Teil des Fensters)

1.3 Die Anordnung der Bedienelemente

Sie haben jetzt den AutoCAD-Bildschirm mit der leeren Zeichenfläche vor sich, den wir etwas genauer betrachten wollen (siehe Abbildung 1.5).

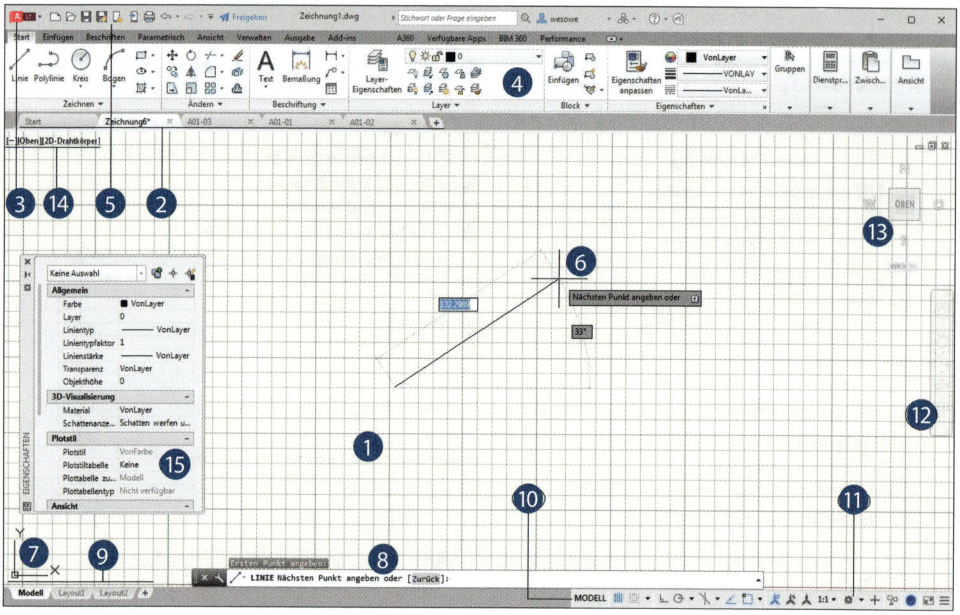

Abbildung 1.5: AutoCAD bzw. AutoCAD LT mit dem Arbeitsbereich 2D-Zeichnung & Beschriftung

- **Die Zeichenfläche mit den Zeichnungsfenstern** ❶ – Den größten Teil des Bildschirms nimmt die Zeichenfläche mit dem Zeichnungsfenster ein. Sie können auch mehrere Zeichnungsfenster auf der Zeichenfläche geöffnet haben und diese überlappend, nebeneinander oder übereinander anordnen.
- **Dateiregister für Start und Zeichnungen** ❷ – Am rechten oberen Rand der Zeichenfläche befindet sich die Registerleiste mit den momentan geöffneten Zeichnungen und der Registerkarte *Start*, mit der man zurück zum Startbildschirm kommt.
- **Menübrowser** ❸ – Im Menübrowser können Sie die Befehle zum Öffnen, Speichern, Exportieren und Plotten von Zeichnungen wählen. Außerdem werden hier sowohl die geöffneten als auch die zuletzt bearbeiteten Zeichnungen angezeigt.
- **Die Multifunktionsleiste** ❹ – Die Multifunktionsleiste enthält die meisten Funktionen bzw. Befehle, die wiederum in Gruppen unterteilt sind.
- **Werkzeugkasten Schnellzugriff** ❺ – Links oben neben dem Menübrowser befindet sich der Werkzeugkasten *Schnellzugriff* mit wichtigen Funktionen.
- **Das Fadenkreuz** ❻ – Die Eingabeposition wird beim Zeichnen durch das Fadenkreuz angezeigt. Sie steuern es ganz einfach durch Bewegen der Maus.

- **Das Koordinatensymbol** ❼ – Es kann mit mehreren Koordinatensystemen gearbeitet werden, sogenannten Benutzerkoordinatensystemen. Das Koordinatensymbol zeigt die Lage der x- und y-Achse des momentan aktiven Benutzerkoordinatensystems an.
- **Das Befehlszeilenfenster** ❽ – Für jede Aktion, die Sie ausführen möchten, brauchen Sie in AutoCAD einen Befehl. Unabhängig davon, wie Sie den Befehl aufrufen, wird der Dialog im Befehlszeilenfenster protokolliert. Das ist der größte Unterschied von AutoCAD/LT zu anderen Windows Programmen.
- **Das Register Modell und die Layout-Register** ❾ – Rechts vom Koordinatensymbol stehen Ihnen die Register für den Modellbereich und die verschiedenen Layouts in der Zeichnung zur Verfügung. Dazu kommen wir später.
- **Die Statusleiste** ❿ – Am unteren Bildschirmrand können Sie verschiedene Statusinformationen sehen sowie die Zeichenhilfen ein- und ausschalten.
- **Auswahlmenü Arbeitsbereiche** ⓫ – Durch Anklicken dieses Symbols in der Statusleiste wird ein Menü für die gespeicherten Arbeitsbereiche aktiviert.
- **Navigationsleiste** ⓬ – Die Navigationsleiste enthält Befehle für das Zoomen, das Schwenken und die 3D-Navigation. Da es in AutoCAD LT nur sehr eingeschränkte 3D-Funktionen gibt, ist diese dort wesentlich kleiner.
- **ViewCube** ⓭ – Der ViewCube erleichtert Ihnen die Navigation bei 3D-Modellen. In AutoCAD LT gibt es ihn nicht.
- **Steuerung der Ansichtsfenster** ⓮ – In drei Auswahlmenüs lässt sich die Anzeige von 3D-Modellen verändern (in AutoCAD LT nicht verfügbar).
- **Palettenfenster** ⓯ – Es gibt eine ganze Reihe von Palettenfenstern, die bei Bedarf ein- oder ausgeblendet werden können.

1.4 Der Menübrowser

Gehen wir die Bedienelemente im Einzelnen durch, und beginnen wir mit dem Menübrowser.

1.4.1 Start des Menübrowsers

- Mit einem Klick auf das Symbol in der linken oberen Ecke des AutoCAD-Fensters wird der Menübrowser aktiviert (siehe Abbildung 1.6).
- In der linken senkrechten Leiste finden Sie die Funktionen des Menübrowsers, die eine neue Zeichnung beginnen, eine Zeichnung öffnen, speichern usw.
- Fast alle Symbole im Menübrowser öffnen Untermenüs. Diese sind durch das Symbol > gekennzeichnet. Klicken Sie auf ein Symbol, wird die entsprechende Funktion gestartet. Wenn Sie mit dem Mauszeiger darauf zeigen oder das Symbol > anklicken, öffnet sich ein Untermenü mit weiteren speziellen Funktionen.

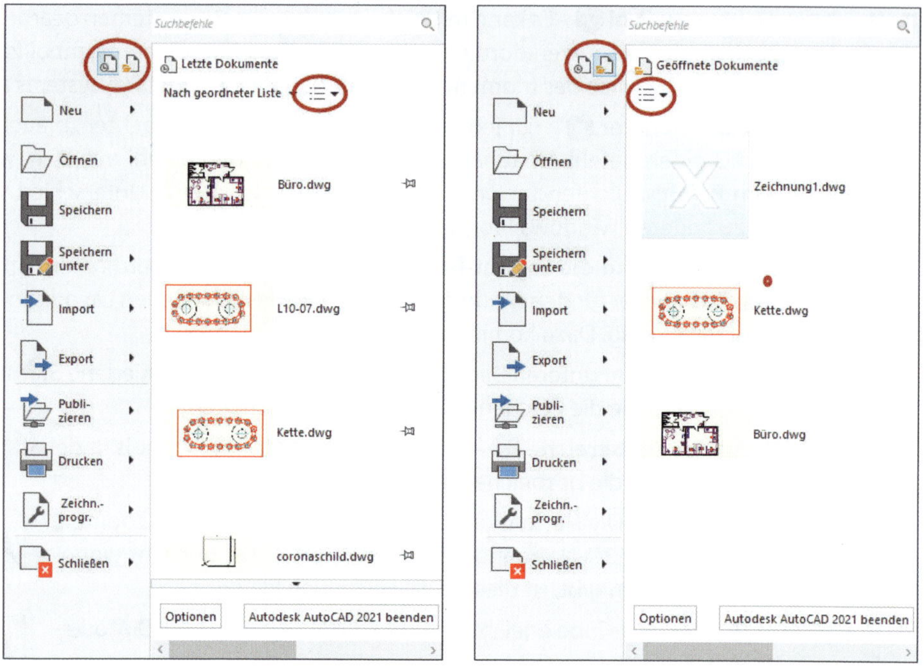

Abbildung 1.6: Menübrowser mit den zuletzt geöffneten Dateien (links) oder mit den aktuell geöffneten Dateien

- Die Anzeige auf der rechten Seite können Sie umschalten (rote Markierung jeweils links oben). Im einen Fall werden die zuletzt geöffneten Zeichnungen angezeigt (siehe Abbildung 1.6, links), im anderen Fall die gerade geöffnete Zeichnung (siehe Abbildung 1.6, rechts).
- In einem Flyout-Menü (siehe rote Markierung jeweils in der Mitte oben) lässt sich die Art der Voranzeige umschalten.
- Wenn Sie in der Voranzeige mit der Maus auf ein Feld zeigen (nicht klicken), wird ein Voransichtsbild mit weiteren Informationen angezeigt.
- Mit einem Klick auf einen Eintrag der Liste wird die Zeichnungsdatei geöffnet bzw. bei der Liste der geöffneten Zeichnungen die angeklickte aktiviert und in den Vordergrund geschaltet.

1.5 Weitere Bedienelemente

Die Multifunktionsleiste ist das wichtigste Bedienelement in AutoCAD. Sie ist standardmäßig am oberen Rand der Zeichenfläche verankert. Sollte sie aus irgendeinem Grund mal nicht angezeigt werden, tippen Sie auf der Tastatur den Befehl *Mfleiste* ein und sie erscheint wieder. Wenn Sie Ihren Kollegen ärgern wollen, dann tippen Sie *Mfleisteschl* ein und sie verschwindet.

1.5.1 Die Multifunktionsleiste

In der Registerleiste kann zwischen den einzelnen Registern umgeschaltet werden (siehe Abbildung 1.7, oben und Mitte). Die verschiedenen Register beinhalten wiederum unterschiedliche Gruppen. Manche Befehle aktivieren ein temporäres Register (siehe Abbildung 1.7, unten). Das ist nur so lange aktiv, wie der Befehl aktiv ist. In diesem Beispiel ist es der Befehl *Schraff*. Wenn der Befehl beendet wird, erscheint wieder das zuvor aktive Register.

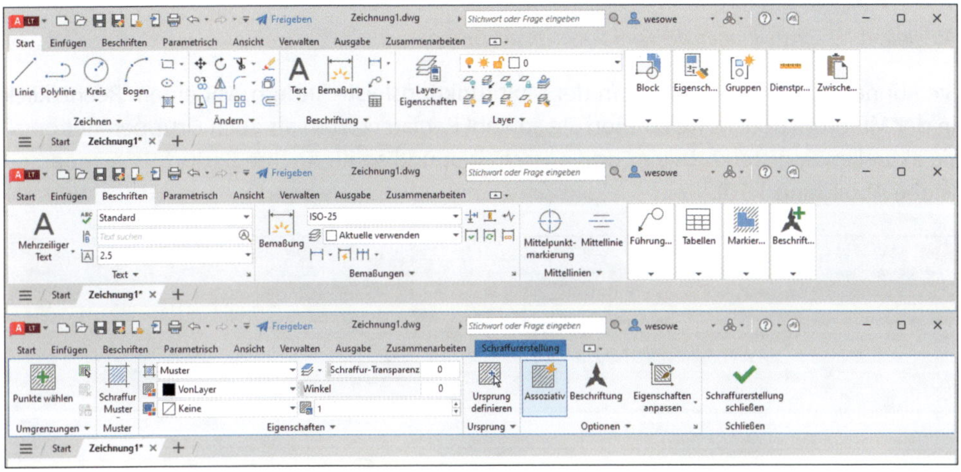

Abbildung 1.7: Registerkarten der Multifunktionsleiste

Manche Gruppen lassen sich erweitern, wenn am unteren Rand der Gruppe neben der Bezeichnung ein Pfeil-nach-unten-Symbol angezeigt wird. Klicken Sie auf den unteren Rand, wird die Gruppe erweitert (siehe Abbildung 1.8). Wenn Sie mit dem Mauszeiger aus dem Bereich herausgehen, wird der erweiterte Teil der Gruppe wieder eingeklappt. Klicken Sie dagegen auf die Pinn-Nadel unten links, bleibt die Gruppe erweitert, bis Sie erneut auf die Pinn-Nadel klicken.

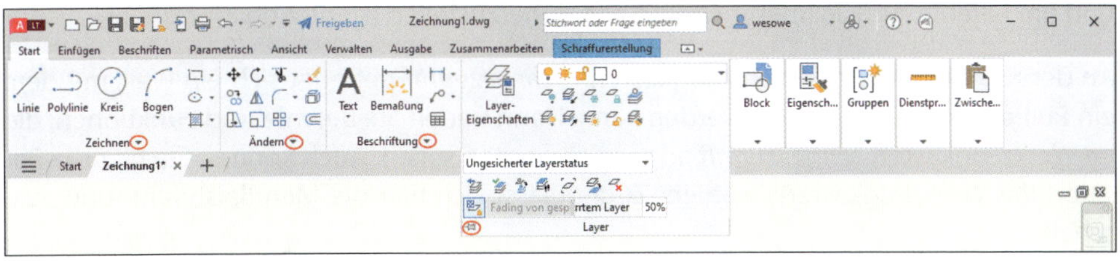

Abbildung 1.8: Erweiterte Gruppe der Multifunktionsleiste

Überall dort, wo sich in einer Gruppe der Multifunktionsleiste am unteren rechten Rand ein *Pfeil nach schräg rechts* befindet, gelangt man mit einem Klick darauf in das Dialogfeld zur Einstellung der Funktionen der Gruppe (siehe Abbildung 1.9).

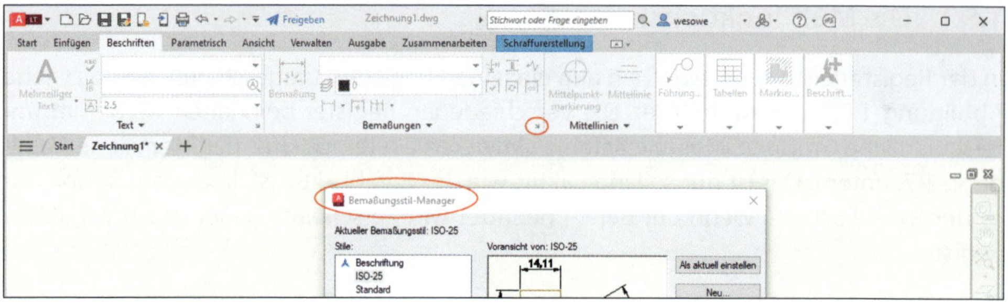

Abbildung 1.9: Einstellungen der Funktionen in der Gruppe

Sie können zudem die Anzeige in der Multifunktionsleiste ändern. Mit einem Rechtsklick in der Multifunktionsleiste können Sie sowohl Registerkarten als auch Gruppen der gerade aktuellen Registerkarte ein- und ausschalten und somit an Ihre Bedürfnisse anpassen (siehe Abbildung 1.10).

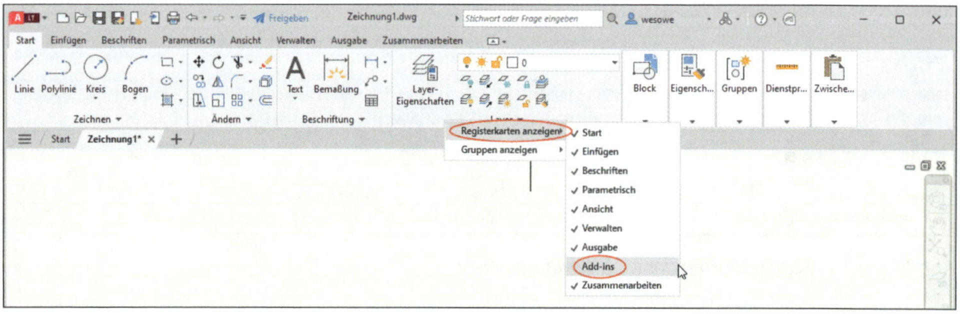

Abbildung 1.10: Anpassungen an der Multifunktionsleiste

1.5.2 Werkzeugkasten Schnellzugriff

Den Werkzeugkasten *Schnellzugriff* haben Sie immer zur Verfügung. Sie nutzen ihn für die elementaren Befehle wie das Öffnen und Speichern von Zeichnungen, zum Drucken und um Befehle zurückzunehmen und wiederherzustellen (siehe Abbildung 1.11).

An der rechten Seite des Werkzeugkastens *Schnellzugriff* befindet sich ein Pfeil, mit dem ein Pull-down-Menü aktiviert werden kann. Darin finden Sie Befehle und Funktionen, die im Werkzeugkasten *Schnellzugriff* angezeigt werden sollen. Auch können Sie hier die Position des Werkzeugkastens wählen. Zudem lässt sich hier die Menüleiste ein- und ausschalten.

Die Menüleiste mit den Pull-down-Menüs ist das Überbleibsel aus der uralten AutoCAD-Oberfläche. Arbeiten Sie mit der Multifunktionsleiste und lassen Sie die Menüleiste aus.

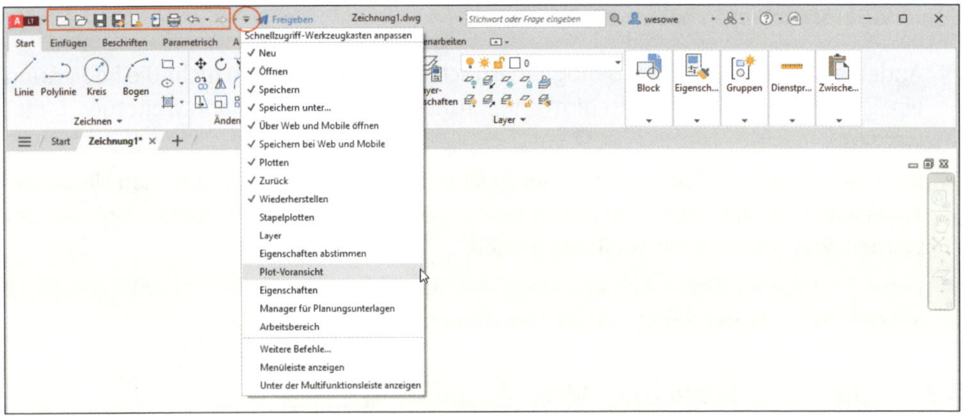

Abbildung 1.11: Werkzeugkasten Schnellzugriff und Pull-down-Menü zur Anpassung

1.5.3 Die Paletten

Verschiedene Befehle starten sogenannte Paletten. Dabei handelt es sich um spezielle Bedienelemente, die auf der Zeichenfläche platziert werden können und nach Gebrauch wieder abgeschaltet werden. In Abbildung 1.12 sind so viele Paletten aktiv, dass kaum noch Zeichenfläche frei ist.

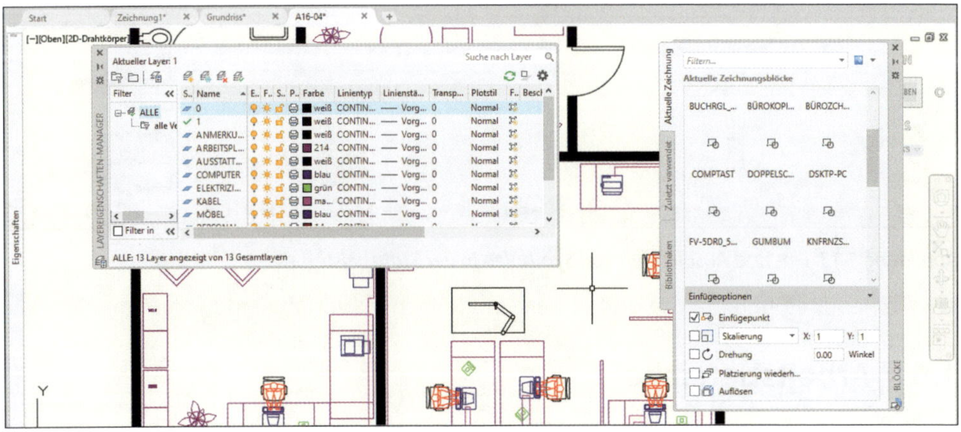

Abbildung 1.12: Verschiedene Paletten auf dem Bildschirm

Eine Palette wird beispielsweise bei den folgenden Funktionen aktiviert:

- Multifunktionsleiste: Symbol im Register *Start*, Gruppe *Layer*
- Fast alle Paletten können Sie mit den Symbolen in der Multifunktionsleiste, Register *Ansicht*, Gruppe *Paletten* (auch im erweiterten Bereich) ein- und ausschalten.

Folgende Eigenschaften haben die Paletten:

- Anders als bei den üblichen Dialogfeldern schränken die Paletten nicht die Bedienung ein. Sie können auf dem Bildschirm angeordnet werden und es kann weitergearbeitet werden.
- Die Paletten lassen sich am Rand der Zeichenfläche andocken, wenn man sie an der Titelleiste dorthin schiebt. Sie lassen sich so schalten, dass sie nur dann eingeblendet werden, wenn Sie auf die Titelleiste zeigen.
- Diese Funktionen lassen sich aus einem Menü wählen, das Sie mit einem Rechtsklick auf die Titelleiste der Palette aktivieren können.

1.5.4 Die Statusleiste und deren Anpassung

In der Statusleiste finden Sie Schalter, mit denen Sie verschiedene Zeichenhilfen ein- und ausschalten können. Ist der Schalter farbig unterlegt, ist die Funktion eingeschaltet. Die Funktionen der einzelnen Schaltflächen werden Sie später kennenlernen. Mit dem Symbol am rechten Rand öffnen Sie ein Menü, in dem Sie Felder in der Statuszeile ein- und ausschalten können (siehe Abbildung 1.13).

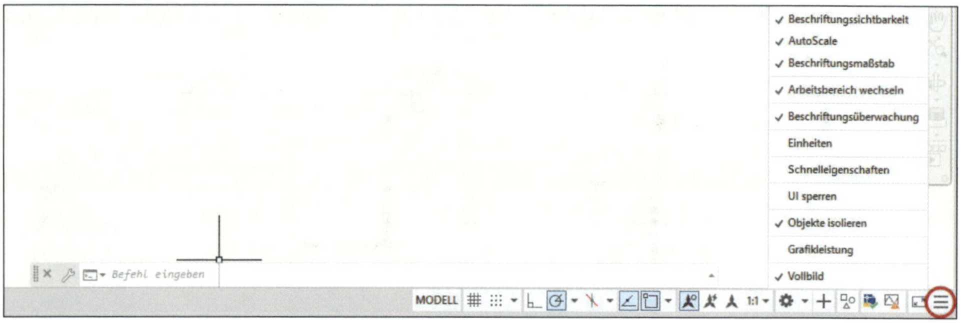

Abbildung 1.13: Ein- und Ausblenden von Symbolen in der Statusleiste

1.6 Arbeitsbereiche

Sie können in AutoCAD verschiedene Arbeitsbereiche speichern und bei Bedarf aktivieren. Wie Sie schon gesehen haben, können Sie die Bedienoberfläche je nach Aufgabenbereich anpassen.

Diese Anpassung können Sie in einem Arbeitsbereich festhalten. So können Sie sich in AutoCAD für jede Aufgabe die passende Arbeitsumgebung einrichten und auf diese Arbeitsbereiche bei Bedarf wieder zurückgreifen.

1.6.1 Arbeitsbereich speichern

Nachdem Sie Ihre Arbeitsumgebung eingerichtet haben, gehen Sie so vor:

- Aktivieren Sie mit einem Klick auf das Zahnradsymbol in der Statusleiste ein Menü und wählen Sie den Eintrag *Aktuelles speichern unter* (siehe Abbildung 1.14).
- Tragen Sie im darauffolgenden Eingabefeld den Namen für den Arbeitsbereich ein und klicken Sie auf die Schaltfläche *Speichern*. Die aktuellen Einstellungen werden gespeichert und können danach erneut gewählt werden.

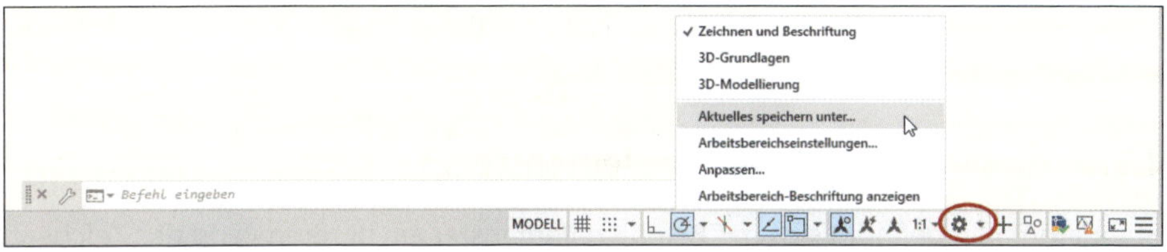

Abbildung 1.14: Arbeitsbereiche wechseln und speichern

1.6.2 Arbeitsbereichseinstellungen

Klicken Sie in dem oben beschriebenen Menü auf den Eintrag *Arbeitsbereichseinstellungen*, öffnet sich ein Dialogfeld (siehe Abbildung 1.15), in dem Sie die gespeicherten Arbeitsbereiche verwalten können.

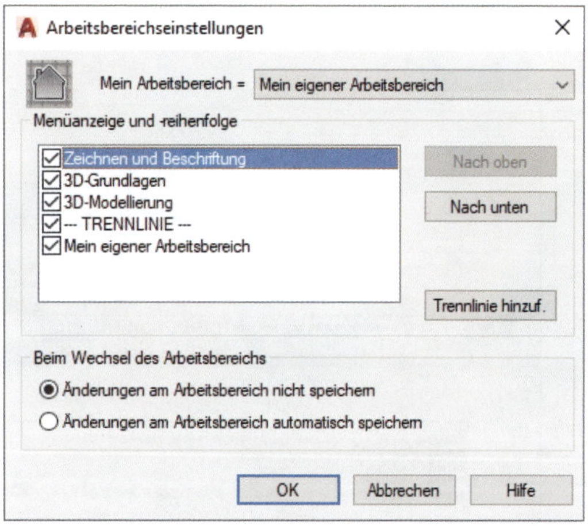

Abbildung 1.15: Verwaltung der Arbeitsbereiche

- **Menüanzeige und -reihenfolge:** In dieser Liste finden Sie die gespeicherten Arbeitsbereiche. Ist das Häkchen vor dem Namen gesetzt, wird er in der Liste des Menüs angezeigt. Haben Sie einen Eintrag markiert, können Sie diesen mit den Schaltflächen *Nach oben* bzw. *Nach unten* in der Liste verschieben.
- **Mein Arbeitsbereich:** In diesem Pull-down-Menü können Sie den Vorgabearbeitsbereich wählen.

- **Beim Wechsel des Arbeitsbereichs:** Mit diesen Optionen können Sie wählen, ob die Änderungen, die Sie am aktiven Arbeitsbereich vorgenommen haben, beim Wechsel des Arbeitsbereichs gespeichert werden sollen oder nicht.
- Wenn Sie AutoCAD beenden und das Programm neu starten, wird es mit dem Arbeitsbereich gestartet, der zuletzt aktiv war.

1.7 Befehle und Optionen

Jede Funktion in AutoCAD wird mit einem Befehl aktiviert. Am unteren Rand des Zeichenbildschirms von AutoCAD läuft in einer Zeile der Befehlsdialog mit. Jede Ihrer Eingaben wird dort protokolliert.

1.7.1 Änderung des Befehlszeilenfensters

Standardmäßig befindet sich das Befehlszeilenfenster am unteren Rand des Zeichenbildschirms (siehe Abbildung 1.16, oben).

- Klicken Sie es mit der Maus am oberen Rand an und halten Sie die Maustaste gedrückt, um das Fenster zu ziehen. Fassen Sie es am linken Rand, können Sie es an eine beliebige Stelle auf der Zeichenfläche schieben. An den Rändern und in den Ecken lässt sich das Fenster in der Größe ändern.

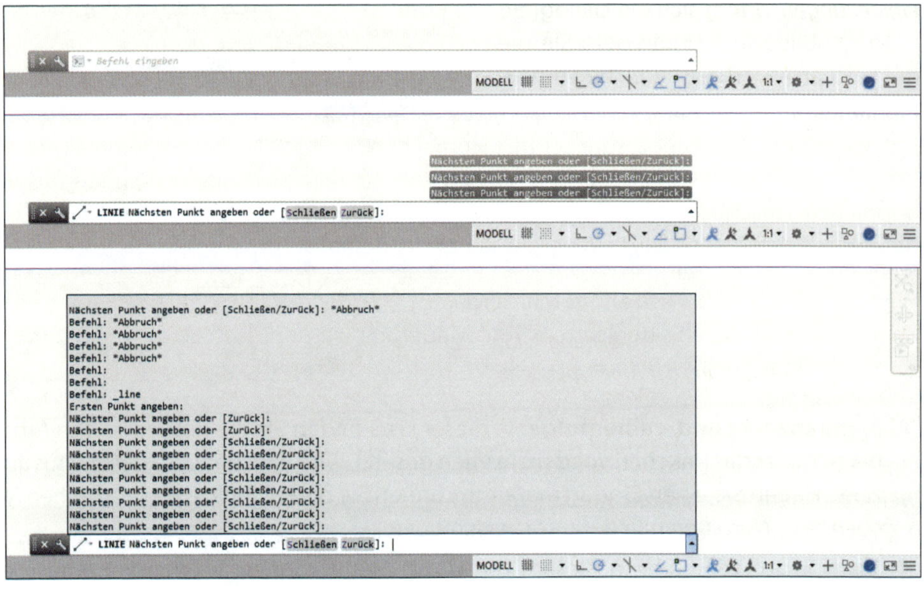

Abbildung 1.16: Verschiedene Formen des Befehlszeilenfensters

- Im Befehlszeilenfenster wird der aktive Befehl protokolliert, gleichzeitig auch auf der Zeichenfläche (siehe Abbildung 1.16, Mitte). Wenn keine Aktion mehr erfolgt, verschwindet das Protokoll auf der Zeichenfläche nach kurzer Zeit. Beachten Sie, dass das Protokoll die Eingabe von Befehlen und Optionen in Englisch protokolliert. Zum besseren Verständnis sind diese Angaben im Buch ins Deutsche übertragen.
- Mit der Funktionstaste [F2] kann das Befehlszeilenfenster erweitert werden (siehe Abbildung 1.16, unten). Mit einem Mausklick verschwindet es wieder.

1.7.2 Befehlszeilenfenster aus- und einschalten

Das Befehlszeilenfenster kann mit dem Kreuz an der linken Seite ausgeschaltet werden, was aber in der Regel nicht sinnvoll ist. Mit dem Befehl *Befehlszeileausbl* können Sie das Befehlszeilenfenster ebenfalls ausblenden und mit dem Befehl *Befehlszeile* wieder einblenden. Wählen Sie dazu:

- Multifunktionsleiste: Symbol im Register *Ansicht*, Gruppe *Paletten*
- Tastenkombination [Strg]+[9] zum Ein- bzw. Ausschalten

1.7.3 Befehle wählen

Ein Befehl kann durch Eingabe des Befehlsnamens auf der Tastatur eingetippt werden. Dabei ist standardmäßig die Auto-Vervollständigung aktiviert. Sobald Sie einen oder mehrere Buchstaben in das Befehlszeilenfenster eingetippt haben, werden Ihnen die möglichen Befehlsnamen in einer Liste angezeigt. Hier können Sie dann den gewünschten Befehl anklicken und er wird ausgeführt. Vergessen Sie es trotzdem schnell wieder. Sie sollen ja die Befehle nicht eintippen. Viel effektiver ist die Bedienung, wenn Sie nicht ständig das Eingabegerät wechseln müssen, also Maus und Tastatur. Trotzdem sind alte »AutoCAD-Hasen« mit der Tastatur oft sehr schnell. Zumal es auch noch Kürzel für Befehle gibt wie *K* für *Kreis* oder *L* für *Linie*. Fälschlicherweise ausgelöste Befehle lassen sich mit der Taste [Esc] abbrechen. Anschließend kehren Sie zur Befehlsanfrage zurück. Durch die Auswahl eines Befehls aus den Menüs wird ein bereits laufender Befehl automatisch abgebrochen.

Wichtig für schnelles Arbeiten: Mit der Taste [↵] oder der [Leer]-Taste kann nach der Beendigung des Befehls der letzte Befehl wiederholt werden.

1.7.4 Optionen wählen

Optionen sind Varianten, wie ein Befehl ausgeführt werden kann. So lassen sich beispielsweise mit dem Befehl *Kreis* Kreise auf fünf verschiedene Arten zeichnen. Die Optionen wählen Sie auf eine der hier genannten Möglichkeiten:

- Eingabe eines oder mehrerer hervorgehobener Buchstaben in der Optionsliste auf der Tastatur. Es muss nicht der erste Buchstabe sein, und es sind bei komplexen Befehlen mehrere – bis zu drei – Buchstaben.

- Anklicken der gewünschten Option in der Optionsliste der Befehlszeile.
- Die Optionen können Sie auch bequem aus einem Kontextmenü am Bildschirm wählen, das Sie mit der rechten Maustaste aktivieren. Darin finden Sie alle Optionen des Befehls, die Sie mit einem Mausklick anwählen können (siehe Abbildung 1.17, oben). Der Eintrag *Eingabe* entspricht der Taste ⏎ und der Eintrag *Abbrechen* der Taste Esc.

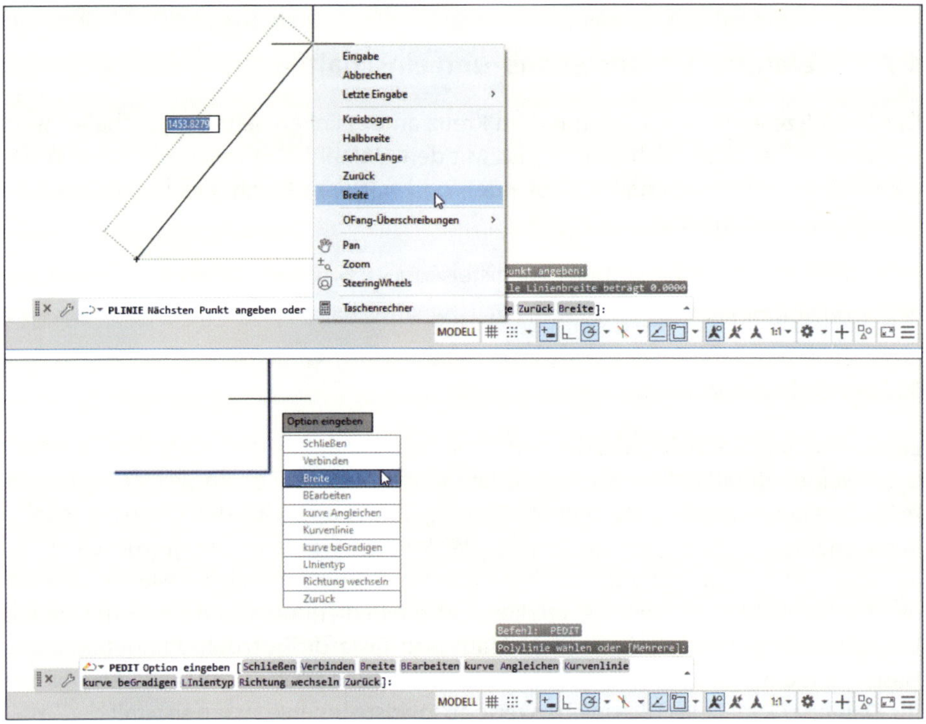

Abbildung 1.17: Verschiedene Optionslisten

- Ist die *Dynamische Eingabe* (dazu in Kapitel 3.4 mehr) eingeschaltet, kann die Optionsliste auch mit der Taste ↓ aktiviert werden (siehe Abbildung 1.17, unten).
- In der Multifunktionsleiste lassen sich Befehle oft auch schon mit der gewünschten Option starten. Dies gilt vor allem für die Zeichenbefehle. Klicken Sie dazu auf den Pfeil neben oder unter dem Symbol und wählen Sie in dem Flyout-Menü die Funktion aus. Dadurch ersparen Sie sich zusätzliche Eingaben.

- In manchen Fällen wird eine vorgegebene Option in spitzen Klammern in der Befehlszeile angezeigt. Sie kann mit ⏎ ohne weitere Auswahl übernommen werden.

  `Befehl eingeben` ***Polygon***

  `Anzahl Seiten eingeben <4>:` ***Zahl der Seiten eingeben oder 4 mit ⏎ übernehmen***

  `Polygonmittelpunkt angeben oder [Seite]:` ***Polygonmittelpunkt eingeben oder Option Seite wählen***

  `Option eingeben [Umkreis/Inkreis] <U>: Vorgabeoption` ***Umkreis mit ⏎ übernehmen oder Option Inkreis wählen***

1.8 Zeichnungen öffnen und schließen

Als Nächstes sollten Sie Beispielzeichnungen aus Ihrem Übungsordner *Aufgaben* öffnen, um zu sehen, wie Sie darin navigieren und sich zurechtfinden können.

1.8.1 Befehl »Öffnen«

Um eine bestehende Zeichnung auf den Bildschirm zu holen, verwenden Sie den Befehl *Öffnen*.

Wählen Sie den Befehl:

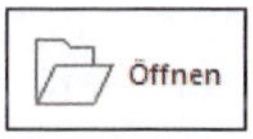

- auf dem Startbildschirm, Feld *Öffnen*
- Menübrowser: Eintrag *Öffnen*
- Symbol im Werkzeugkasten *Schnellzugriff*

Danach erscheint das Dialogfeld des Befehls auf dem Bildschirm (siehe Abbildung 1.18). Dabei handelt es sich um das in Windows übliche Dialogfeld zum Öffnen. Dort wählen Sie die Datei aus, die Sie zur Bearbeitung auf den Bildschirm holen wollen.

Lediglich einige Besonderheiten finden Sie darin:

- **Vorschau:** Markieren Sie eine Zeichnungsdatei, wird in diesem Feld die Vorschau der Zeichnung angezeigt.
- **Dateityp:** Wählen Sie hier aus, welchen Dateityp Sie öffnen wollen. Zur Auswahl stehen die Varianten *Zeichnung (*.dwg)*, *Standards (*.dws)*, *DXF (*.dxf)* und *Zeichnungsvorlage (*.dwt)*. Normalerweise ist an dieser Stelle *Zeichnung (*.dwg)* voreingestellt – der Dateityp für AutoCAD-Zeichnungsdateien, und im Moment wollen wir uns zunächst nur um Zeichnungen kümmern.
- **Anfangsansicht wählen:** Ist diese Option aktiviert, können Sie den Ausschnitt wählen, der auf dem Bildschirm angezeigt werden soll. Das ist allerdings nur dann möglich, wenn Sie in der Zeichnung benannte Ausschnitte gespeichert haben.

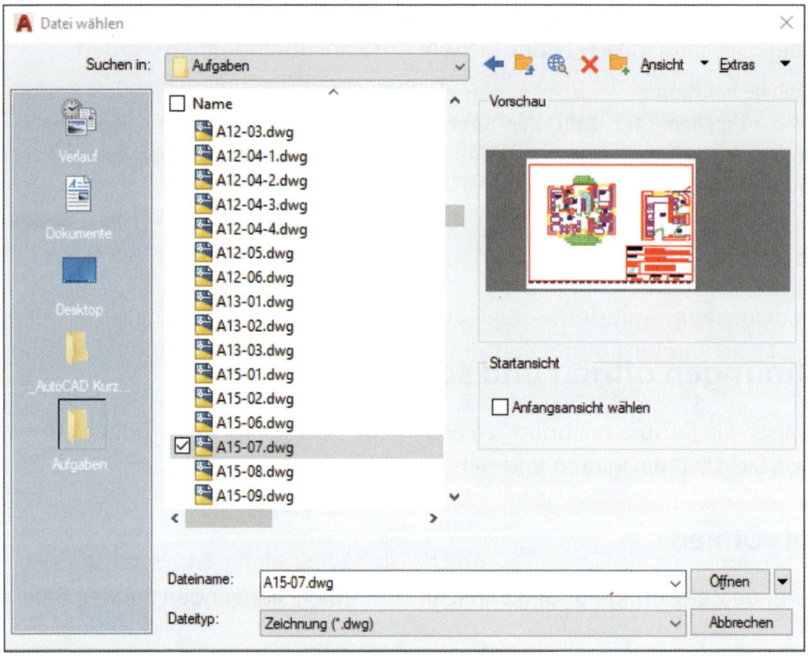

Abbildung 1.18: Dialogfeld zum Öffnen einer Zeichnung

Noch ein Hinweis: Im Menübrowser und auf dem Startbildschirm finden Sie die zuletzt geöffneten Zeichnungen mit einem Voransichtsbild.

1.8.2 Zeichnungsfenster schließen

Wenn Sie die Arbeit an einer Zeichnung beenden und das Zeichnungsfenster schließen wollen, machen Sie es dazu zunächst zum aktiven Fenster, und schließen Sie es dann mit einer der folgenden Methoden:

- Menübrowser: Eintrag *Schließen* oder
- Menübrowser: Untermenü *Schließen* >, Funktion *Aktuelle Zeichnung* oder *Alle Zeichnungen*
- Symbol **X** in der rechten oberen Ecke des Zeichnungsfensters anklicken
- Tastenkombination Strg+F4 drücken
- Symbol **X** am Reiter der Zeichnung in der Leiste der geöffneten Zeichnungen

Haben Sie seit dem Öffnen oder dem letzten Speichern Änderungen an der Zeichnung vorgenommen, erscheint nun ein Abfragefenster auf dem Bildschirm, ob gespeichert werden soll.

1.9 CAD-Fadenkreuz oder Windows-Zeiger

In AutoCAD wird als Cursor für die grafische Eingabe standardmäßig ein Fadenkreuz verwendet. Arbeiten Sie viel mit anderen Grafikprogrammen sind Sie es vielleicht gewöhnt, mit dem Windows-Zeiger zu arbeiten. Sie können deshalb AutoCAD so einstellen, dass auch darin der Windows-Zeiger verwendet wird.

1.9.1 Cursor umstellen

Die Form des Cursors kann mit der Systemvariablen *Cursortype* umgeschaltet werden. Systemvariablen speichern bestimmte Einstellungen und Programmzustände. Diese finden Sie nicht in den Menüs. Systemvariablen werden geändert, indem man ihren Namen an der Befehlseingabe eintippt:

```
Befehl eingeben Cursortype
neuen Wert für CURSORTYPE eingeben <0>:
```

- **Wert 0:** CAD-Fadenkreuz auf der Zeichenfläche (siehe Abbildung 1.19, rechts)
- **Wert 1:** Windows-Zeiger auf der Zeichenfläche (siehe Abbildung 1.19, links)

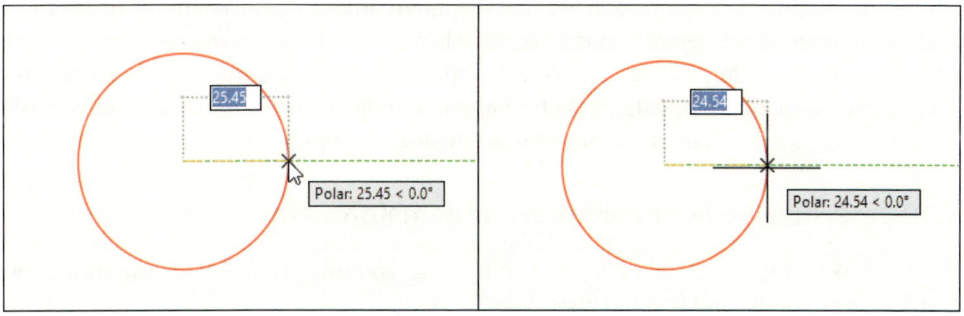

Abbildung. 1.19: Windows-Cursor oder CAD-Fadenkreuz

1.10 Zoom- und Pan-Befehle

In AutoCAD haben Sie eine ganze Reihe von Möglichkeiten, um den Bildschirmausschnitt zu ändern. Stellen Sie sich vor, Sie arbeiten an einem A0-Plan und müssen kleinste Details ändern. So groß kann Ihr Bildschirm gar nicht sein, um da noch präzise arbeiten zu können. Sie haben nun mehrere Optionen, den Bildschirmausschnitt zu ändern.

Um die Funktionen gleich zu testen, öffnen Sie eine Zeichnung mit vielen Details, zum Beispiel die Zeichnung ***A01-01.dwg*** aus dem Ordner *Aufgaben*.

1.10.1 Funktionen des Mausrads

In AutoCAD kann das Mausrad zum Zoomen in der Zeichnung verwendet werden. Aber das ist noch lange nicht alles:

- **Mausrad drehen:** Drehen Sie das Rad zu sich hin, wird die Zeichnung verkleinert, drehen Sie es von sich weg, wird die Zeichnung vergrößert.
- **Wichtig:** Beachten Sie die Stellung des Fadenkreuzes. Es wird immer um das Fadenkreuz vergrößert bzw. verkleinert.
- **Schwenken mit dem Mausrad:** Das Mausrad kann für die Pan-Funktion verwendet werden. Diese wird in AutoCAD auch als Schwenken bezeichnet. Halten Sie es gedrückt, erscheint das Handsymbol im Zeichnungsfenster, und Sie können den Ausschnitt in jede Richtung verschieben.

1.10.2 Einstellungen für das Mausrad

Mit der Systemvariablen *Zoomfactor* können Sie die Empfindlichkeit des Mausrads einstellen. Zulässige Werte sind Ganzzahlen zwischen 3 und 100. Je höher der Wert, desto größer ist die Empfindlichkeit beim Drehen des Mausrads. Wenn Sie die Systemvariable *Zoomfactor* ändern wollen, tippen Sie deren Namen an der Befehlseingabe ein. Mit der Systemvariablen *Mbuttonpan* können Sie einstellen, ob das Mausrad mit der Pan-Funktion (Wert 1) belegt werden soll. Ist der Wert 0 eingestellt, öffnet die mittlere Maustaste das Kontextmenü für den Objektfang (siehe Kapitel 3.5). Auch hier können Sie die Variable ändern, wenn Sie den Namen an der Befehlseingabe eintippen.

1.10.3 Echtzeit-Zoom-Funktion aus dem Kontextmenü

Die zweitbeste Methode, den Bildausschnitt zu verändern, ist die Echtzeitmethode mit kombinierter Zoom- und Pan-Funktion.

Wählen Sie diese Variante:

- Funktion *Zoom* in allen Kontextmenüs auf der Zeichenfläche, die Sie per Rechtsklick mit der Maus aktivieren können.

Daraufhin wird in der Zeichenfläche anstelle des bisherigen Fadenkreuzes ein Lupensymbol mit den Zeichen + und – angezeigt (siehe Abbildung 1.20, links oben). Durch das Aufwärtsbewegen des Symbols mit gedrückter Maustaste vergrößern Sie die Anzeige kontinuierlich. Bewegen Sie das Symbol nach unten, wird die Anzeige verkleinert. Haben Sie auf diese Weise die richtige Größe eingestellt, drücken Sie die Tasten [Esc] oder [↵], um den Befehl zu beenden und die momentane Vergrößerung zu übernehmen. Drücken Sie dagegen wieder die rechte Maustaste, erscheint ein Kontextmenü, in dem Sie weitere Funktionen anwählen können (siehe Abbildung 1.20, rechts oben).

Wenn Sie in diesem Menü die Funktion *Pan* anklicken, können Sie Ihren Ausschnitt in Echtzeit schwenken. Dazu wird auf der Zeichenfläche ein Handsymbol eingeblendet (siehe Abbildung 1.20, links unten). Die Zeichnung wird kontinuierlich mitbewegt. Auch hier wird mit den Tasten Esc oder ↵ der Befehl beendet und der momentane Ausschnitt übernommen. Auch hier lässt sich mit der rechten Maustaste das Kontextmenü aufrufen (siehe wieder Abbildung 1.20, rechts oben), in dem Sie mit dem Eintrag *Zoom* wieder zur Echtzeit-Zoom-Funktion wechseln können.

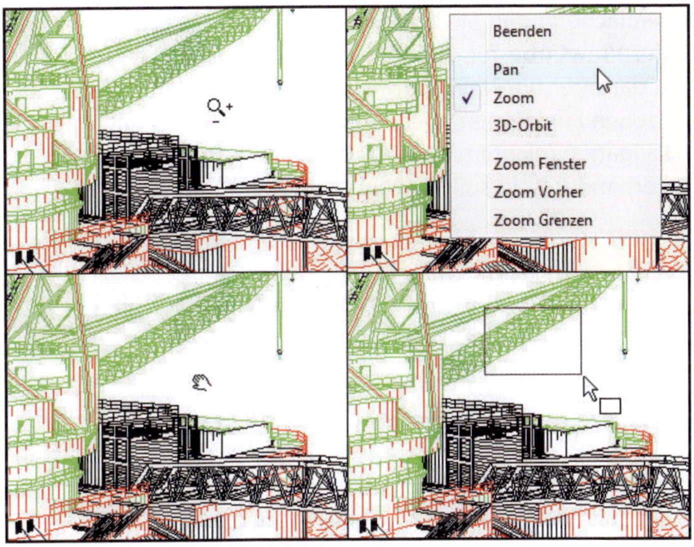

Abbildung 1.20: Funktionen des Echtzeit-Zooms

Weitere im Kontextmenü verfügbare Funktionen sind:

- **Zoom Fenster:** Mithilfe eines Fenstersymbols kann mit gedrückter Maustaste ein Fenster aufgezogen werden (siehe Abbildung 1.20, rechts unten). Der Ausschnitt in diesem Fenster wird formatfüllend auf dem Bildschirm dargestellt.
- **Zoom Vorher:** Schaltet zu dem Ausschnitt zurück, der vor der Anwahl dieses Befehls auf dem Bildschirm zu sehen war.
- **Zoom Grenzen:** Bringt die komplette Zeichnung auf den Bildschirm.
- **3D-Orbit:** Wahl des 3D-Ansichtspunkts bei 3D-Modellen, ebenfalls in Echtzeit und auf Wunsch auch schattiert. Dazu erfahren Sie mehr in Kapitel 16 zum Thema 3D. Diesen Eintrag gibt es nicht in AutoCAD LT.
- **Beenden:** Beendet den Befehl und übernimmt den aktuellen Ausschnitt.

1.10.4 Echtzeit-Pan-Funktion

Wollen Sie gleich mit der Pan-Funktion starten, müssen Sie nicht, wie oben beschrieben, den Umweg über die Zoom-Funktion gehen. Wählen Sie direkt den Befehl *Pan* in den Kontextmenüs auf der Zeichenfläche.

1.10.5 Die Navigationsleiste

Am rechten Rand der Zeichenfläche finden Sie zwei weitere Elemente. Zum einen den **Ansichtswürfel** oder **ViewCube** für dreidimensionales Modellieren in AutoCAD, und zum anderen darunter die **Navigationsleiste**. Sie beinhaltet die meisten der bisher beschriebenen Funktionen noch einmal und darüber hinaus die Funktionen für die 3D-Navigation (nicht in AutoCAD LT). Falls diese Elemente nicht auf Ihrem Bildschirm vorhanden sein sollten, können Sie sie wie folgt ein- und ausblenden:

- Multifunktionsleiste: Symbole im Register *Ansicht*, Gruppe *Ansichtsfenster-Werkzeuge*

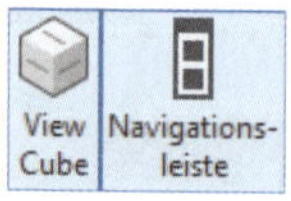

1.11 AutoCAD beenden

Unser Rundgang durch die Bedienelemente ist damit beendet. Wenn Sie fürs Erste genug haben, beenden Sie Ihre Arbeit mit AutoCAD. Verwenden Sie dazu den Befehl *Quit*.

1.11.1 Befehl »Quit«

Mit dem Befehl *Quit* beenden Sie Ihre AutoCAD-Sitzung. Gehen Sie dazu so vor:

- Menübrowser, Funktion *Autodesk AutoCAD beenden* (rechts unten)
- Symbol **X** in der oberen rechten Ecke der Titelleiste des AutoCAD-Programmfensters anklicken
- Tastenkombination Alt+F4

Für die Zeichnungen, an denen Sie Änderungen vorgenommen haben – und sei es nur, dass Sie gezoomt haben – wird angefragt, ob die Änderungen gespeichert werden sollen.

2. Die erste Zeichnung in AutoCAD

»Aller Anfang ist leicht!« Sie werden in diesem Kapitel nicht mit langwierigen theoretischen Erläuterungen belästigt. Sie sollen erst mal zeichnen und sehen, wie einfach das geht. Alles nötige Hintergrundwissen werden Sie später nach und nach detailliert kennenlernen, denn, um noch eine Phrase zu zitieren, »der Teufel steckt im Detail«.

2.1 AutoCAD starten und neue Zeichnung beginnen

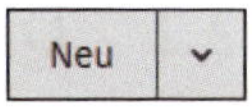

Starten Sie AutoCAD wieder und klicken Sie auf den Schalter *Neu* auf dem Startbildschirm. In diesem Fall wird mit der Standardvorlage *acadiso.dwt* bzw. *acadltiso.dwt* gestartet. Über Zeichnungsvorlagen erfahren Sie in Kapitel 6.4 mehr. Jetzt nur so viel: Eine Zeichnungsvorlage enthält alle Grundeinstellungen für die neue Zeichnung, etwa Layer, Linientypen und Farben sowie Normen für die Bemaßung usw.

Wollen Sie also mit einer anderen Zeichnungsvorlage starten, klicken Sie auf den Pfeil rechts am Schalter, und Sie können sich in dem Pull-down-Menü mit dem Eintrag *Vorlagen durchsuchen* eine Vorlage auswählen. Klicken Sie diesmal nur auf den Schalter *Neu*, um mit der Standardvorlage eine leere Zeichnung zu starten.

2.1.1 Einstellungen für die Zeichnung

- Um die erste Übung mitmachen zu können, sollten Sie den Arbeitsbereich *Zeichnen und Beschriften* aktivieren (siehe Abbildung 2.1). Wie das geht, haben Sie schon in Kapitel 1.6 kennengelernt.
- In der Statusleiste lassen sich die Zeichenhilfen ein- und ausschalten. Klicken Sie einfach mit der Maus auf ein Schaltfeld. Ist es blau unterlegt, ist die Funktion aktiviert. Alles Weitere zu den Zeichenhilfen finden Sie in Kapitel 3.

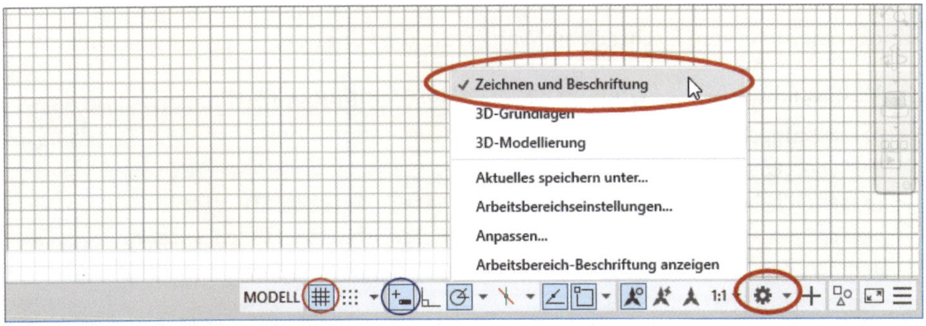

Abbildung 2.1: Auswahl des Arbeitsbereichs

- Falls bei Ihnen die Schaltfelder anders eingestellt sind, ändern Sie die Einstellungen wie in Abbildung 2.1. Wichtig ist für die folgenden Beschreibungen, dass die *Dynamische Eingabe* eingeschaltet ist (siehe Abbildung 2.1, blau markiert). Diese Funktion ist standardmäßig ausgeschaltet. Schalten Sie dieses Feld ein, und unter Umständen müssen Sie auch noch das eine oder andere Schaltfeld aktivieren. Auch das kennen Sie schon aus Kapitel 1.5.
- Die Rasterlinien auf dem Zeichenbildschirm können Sie mit dem Schaltfeld links (rot markiert) in der Statuszeile ein- und ausschalten. Die folgenden Abbildungen werden zur besseren Übersicht ohne Rasterlinien angezeigt.

2.2 Die ersten Zeichenbefehle

Wir wollen zum Warmlaufen die 2D-Zeichnung eines Chips für den Einkaufswagen im Supermarkt zeichnen. Den Chip können Sie nach dem Lösen des Wagens wieder entfernen und somit am Schlüsselbund befestigen. Abbildung 2.2 zeigt ihn als 3D-Modell. Wir fangen aber hier mit der 2D-Zeichnung an.

Abbildung 2.2: Als erstes Beispiel eine 2D-Zeichnung erstellen, hier als 3D-Modell

2.2.1 Rechteck zeichnen

Fangen wir mit einem Rechteck an. Wählen Sie die Funktion.

- Multifunktionsleiste: Flyout im Register *Start*, Gruppe *Zeichnen*

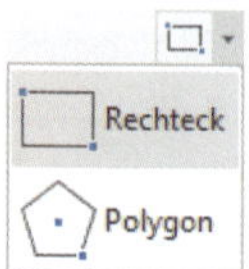

`Befehl eingeben` ***Rechteck***
`Ersten Eckpunkt angeben oder`
`[Fasen/Erhebung/Abrunden/Objekthöhe/Breite]:` ***Klicken Sie einen beliebigen Punkt in der Zeichenfläche an, so etwa im linken unteren Bereich der Zeichenfläche.***

- Jetzt bekommen Sie ein Rechteck aufgezogen das Sie mit der Maus beliebig ziehen können (siehe Abbildung 2.3, links). Zudem sehen Sie zwei Maßlinien für die Größe des Rechtecks mitlaufen, ein horizontales und ein vertikales Maß.

- Tragen Sie das horizontale Maß ein, wird diese Größe fixiert, Sie sehen das am Vorhängeschloss neben dem Zahlenwert. Jetzt ist nur noch das vertikale Maß frei veränderbar (siehe Abbildung 2.3, Mitte).
- Mit der Taste ⇥ können Sie ins Feld für das vertikale Maß wechseln und dort den Wert eingeben. Mit derselben Taste können Sie beliebig oft zwischen den Eingabefeldern hin- und herschalten. Mit ↵ übernehmen Sie die Werte und das Rechteck wird gezeichnet.

`Anderen Eckpunkt angeben oder [Fläche/Abmessungen/Drehung]:`

Tragen Sie im horizontalen Feld einen Wert ein und wechseln dann mit ⇥ in das vertikale Feld. Bewegen Sie das Fadenkreuz und Sie sehen, dass Sie jetzt nur noch die Höhe ändern können.

`Anderen Eckpunkt angeben oder [Fläche/Abmessungen/Drehung]:`

Tragen Sie ins vertikale Feld einen Wert ein, ist das Rechteck in seiner Größe fixiert. Gehen Sie mit ⇥ noch mal ins horizontale Feld, tragen den endgültigen Wert 52 ein, gehen wieder mit ⇥ ins vertikale Feld und tragen dort den endgültigen Wert 18 ein. Beenden Sie mit ↵ und das Rechteck wird gezeichnet.

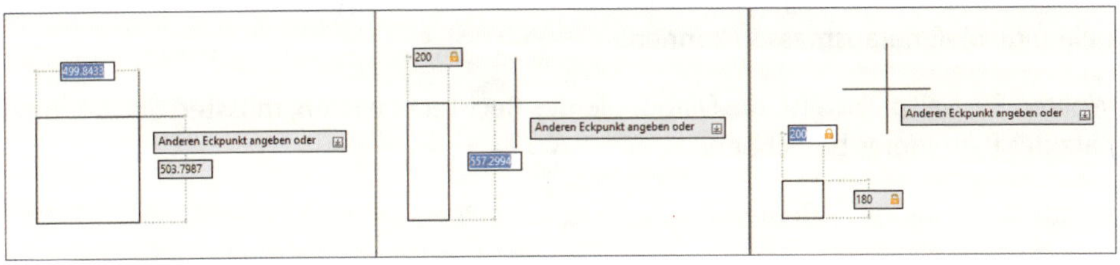

Abbildung 2.3: Die Entstehung des Rechtecks

Oops, viel zu klein geraten! Sie haben die neue Zeichnung mit der Vorlage *acadiso.dwt* gestartet. In dieser Vorlage sind die Begrenzungen (siehe Kapitel 3.9) auf ein DIN-A3-Zeichenblatt eingestellt, aber der Bildschirmausschnitt ist auf ein DIN-A0-Blatt eingestellt. Da nimmt sich unser Rechteck winzig aus. Sie kennen die Zoom-Funktionen schon, also gehen Sie näher ran.

2.2.2 Fehler korrigieren

»Nobody is perfect«, das gilt auch beim Zeichnen in AutoCAD. Wie in allen Windows-Programmen gibt es Befehle, um Aktionen rückgängig zu machen und rückgängig gemachte Aktionen wiederherzustellen. In AutoCAD sind das die Befehle *Z* und *Zlösch*. Diese finden Sie wie folgt:

- Symbole im Werkzeugkasten *Schnellzugriff* 
- Im Kontextmenü, das Sie mit einem Rechtsklick öffnen, wenn Sie einen Befehl abgeschlossen haben und kein weiterer aktiv ist (siehe Abbildung 2.4).

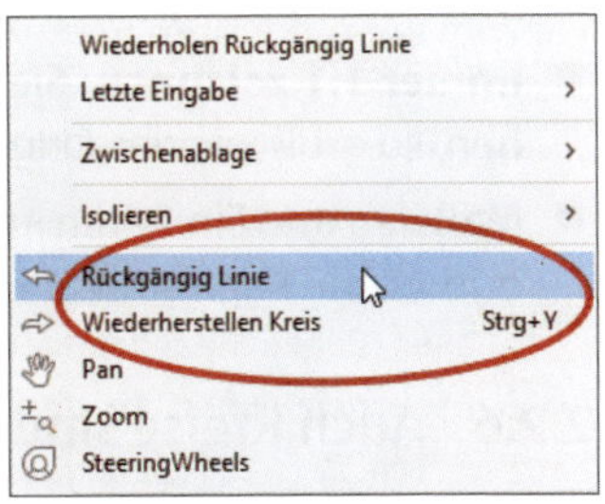

Abbildung 2.4: Zurücknehmen und wiederherstellen im Kontextmenü

2.2.3 Löschen von Objekten

Beim Zurücknehmen von Aktionen können Sie immer nur Schritt für Schritt zurückgehen. Zum Löschen eines Objekts gehen Sie wie folgt vor:

- Wenn kein Befehl aktiv ist, klicken Sie das zu löschende Objekt mit dem Fadenkreuz an und es wird markiert. Klicken Sie bei Bedarf weitere Objekte an.
- Drücken Sie die Taste [Entf] und die Objekte werden gelöscht. Oder:
- Multifunktionsleiste: Symbol im Register *Start*, Gruppe *Ändern*

Bei der Auswahl der Objekte gibt es noch mehr Möglichkeiten. Dazu in Kapitel 5.1 mehr.

2.2.4 In AutoCAD exakt zeichnen

Wenn Sie das Rechteck mit Bleistift auf Papier gezeichnet hätten, dann wäre das Rechteck jetzt zum Beispiel 52,15 x 17,7 geworden. Wenn Sie dann später die Maße einzeichnen, würden Sie die gewünschten Werte eintragen. Nicht so in CAD-Programmen. Hier zeichnen Sie exakt durch Eingabe der Sollmaße. Das hat den Vorteil, dass Sie nachher jedes beliebige Maß herausmessen können.

Wollten Sie beispielsweise die Diagonale des Rechtecks wissen, müssten Sie die mit dem Satz des Pythagoras berechnen:

$\text{Diagonale}^2 = \text{Länge}^2 + \text{Breite}^2$

In AutoCAD messen wir und bekommen 53,8516 heraus oder noch mehr Stellen hinter dem Komma, sofern Sie es genauer haben wollen.

2.2.5 Einheiten und Maßstab

In AutoCAD gilt immer:

- **In beliebigen Einheiten zeichnen**: Zeichnen Sie in den üblichen Einheiten: mm im Maschinenbau, cm im Möbelbau, m in der Architektur usw.
- **Immer 1:1 zeichnen:** Sie können von einem beliebig großen Zeichenbereich ausgehen, so groß wie das Original. Darauf zeichnen Sie immer 1:1.
- Maßstab und Einheiten interessieren erst beim Plotten oder bei der Erstellung von Layouts (siehe Kapitel 14 und 15).

2.2.6 Auch Kreise sind kein Problem

Ein weiterer Zeichenbefehl bietet Ihnen eine Reihe von Möglichkeiten, Kreise zu zeichnen. Wir werden uns jetzt nur mit einer Möglichkeit beschäftigen, und zwar das Zeichnen mit Mittelpunkt und Radius, alle anderen später.

- Multifunktionsleiste: Flyout im Register *Start*, Gruppe *Zeichnen* und aus dem Flyout *Mittel, Radius* anklicken

`Befehl eingeben` ***Kreis***
`Mittelpunkt für Kreis angeben oder [3P/2P/Ttr (Tangente Tangente Radius)]:`

- Wenn Sie jetzt mit dem Fadenkreuz etwa an die Stelle des gewünschten Mittelpunkts an der linken senkrechten Kante des Rechtecks zeigen, leuchtet ein grünes Quadrat an einem der Endpunkte auf. Wieso das? Der *Objektfang* ist permanent eingeschaltet, aber nicht die Funktion, die den Mittelpunkt fängt.
- Drücken Sie die [⇧]-Taste sowie die rechte Maustaste und wählen Sie aus dem Kontextmenü die Funktion *Mittelpunkt*. Fahren Sie jetzt mit der Maus wieder in die Nähe der Stelle und es erscheint ein grünes Dreieck (siehe Abbildung 2.5, oben). Klicken Sie dann und Sie haben genau den Mittelpunkt.

`Mittelpunkt für Kreis angeben oder [3P/2P/Ttr (Tangente Tangente Radius)]:`
Den Mittelpunkt wie beschrieben mit der Fangfunktion wählen.
`Radius für Kreis angeben oder [Durchmesser]:` ***Wenn Sie mit der Maus wegfahren, wird ein Kreis aufgezogen. Wenn Sie klicken, wird der Punkt als Punkt auf dem Radius genommen. Tragen Sie für den Radius den exakten Wert ein, in unserem Beispiel 12, und mit [↵] ausführen.***

- Der Kreis wird gezeichnet (siehe Abbildung 2.5, oben).
- Beim rechten Kreis wenden wir eine einfachere Methode an. Hier können wir den Kreis durch Angabe der beiden Durchmesserendpunkte auf die rechten Eckpunkte des Rechtecks zeichnen.
- Klicken Sie dazu im Flyout des Befehls *Kreis* die Variante *2 Punkte* an.

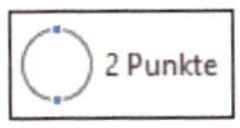

`Befehl:` ***Kreis***
`Mittelpunkt für Kreis angeben oder [3P/2P/Ttr (Tangente Tangente Radius)]:`
Die Option 2 Punkte wird bei der Auswahl aus dem Flyout automatisch aktiviert.
`Ersten Endpunkt für Durchmesser des Kreises angeben:` ***Oberen rechten Eckpunkt des Rechtecks anklicken, wenn das Quadrat für Endpunkt aufleuchtet.***
`Zweiten Endpunkt für Durchmesser des Kreises angeben:` ***Unteren rechten Eckpunkt des Rechtecks anklicken, wenn das Quadrat für Endpunkt aufleuchtet.***

- Der Kreis wird gezeichnet (siehe Abbildung 2.5, Mitte). Voraussetzung war, dass die Objektfangfunktion *Endpunkt* eingeschaltet war. Falls nicht, hätten Sie in beiden Fällen die Funktion aus dem Kontextmenü wählen müssen, das mit [⇧]-Taste und rechter Maustaste aktiviert wird.
- Zum Schluss noch ein Kreis mit Durchmesser 5. Nicht, dass wir daraus nicht den Radius berechnen und wie beim ersten Kreis verfahren

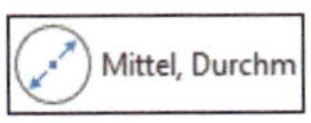

könnten. Aber das Rechnen sollten wir besser dem Computer überlassen, der Durchmesser könnte ja auch mal 17,457 sein. Sie haben im Flyout-Menü des Befehls *Kreis* auch eine Variante *Mittel, Durchm.* Wählen Sie diese.

`Befehl:` ***`Kreis`***

`Mittelpunkt für Kreis angeben oder [3P/2P/Ttr (Tangente Tangente Radius)]:` ***`Mittelpunkt mit Objektfang Mittelpunkt anklicken`***

`Radius für Kreis angeben oder [Durchmesser] <5.0696>:` ***`Option Durchmesser wird bei der Auswahl aus dem Flyout automatisch aktiviert`***

`Durchmesser für Kreis angeben <7.25>:` ***`Durchmesser 5 eintippen`***

- Der Kreis wird mit der Durchmesserangabe gezeichnet (siehe Abbildung 2.5, unten).

Die letzten Aktionen waren Beispiele dafür, dass die Befehle mit unterschiedlichen Optionen verwendet werden können.

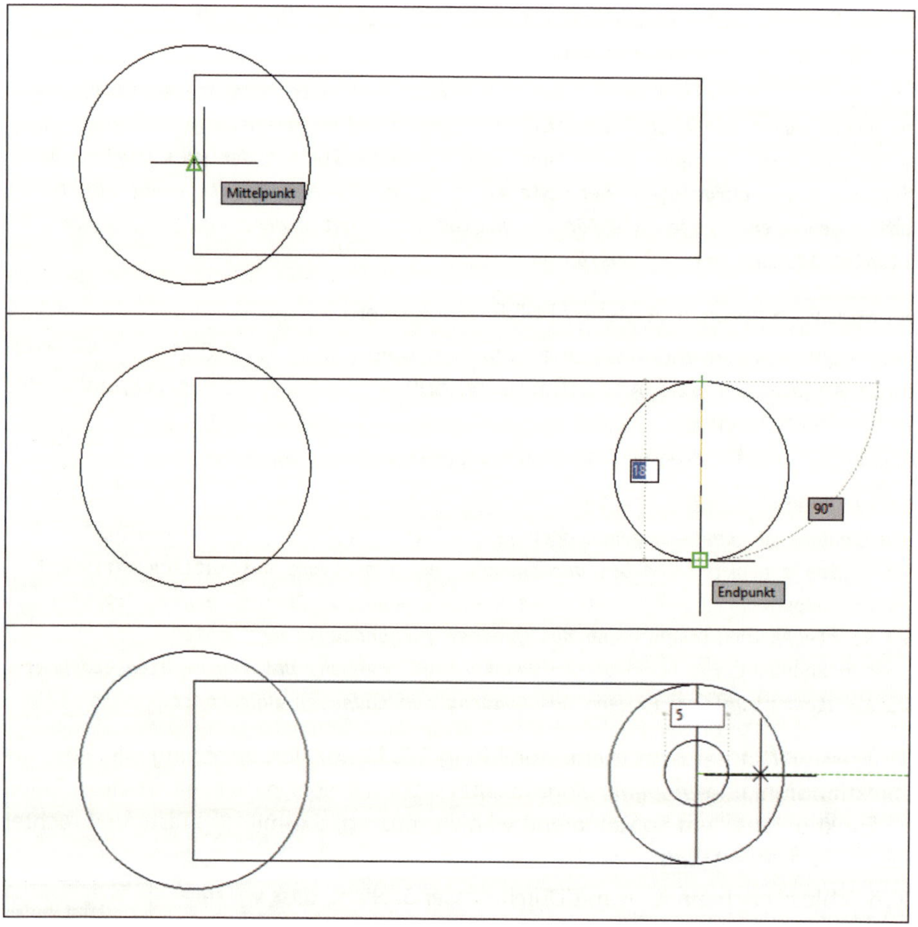

Abbildung 2.5: Zeichnen der Kreise

2.3 Schneller durch Skizzieren, Stutzen und Dehnen

Neu zeichnen ist nicht immer die beste Wahl. Einfacher ist es oft, schnell ein paar Striche zu skizzieren und durch die Editierfunktionen wie Stutzen, Dehnen und weitere zum Ziel zu kommen.

Im Folgenden soll der linke Kreis oben und unten abgeflacht werden. Da kommen wir mit diesen Methoden am schnellsten weiter.

2.3.1 Befehl Versetz

Ein Beispiel dafür ist der Befehl *Versetz*, um parallele Konturen zu erzeugen. Den können wir hier gebrauchen, um das Rechteck um 2 nach außen zu versetzen, auch wenn es zunächst ziemlich verwirrend aussieht.

- Multifunktionsleiste: Symbol im Register *Start*, Gruppe *Ändern* 

Folgende Anfragen sollten jetzt beantwortet werden. Machen Sie gleich in Ihrer Zeichnung mit.

Befehl eingeben ***Versetz***
Aktuelle Einstellungen: Quelle löschen=Nein Layer=Quelle OFFSETGAPTYPE=0
Abstand angeben oder [Durch punkt/lÖschen/Layer] <Durch punkt>: ***Versetzabstand 2 eingeben***
Zu versetzendes Objekt wählen oder [Beenden/Rückgängig] <Beenden>: ***Rechteck an einer beliebigen Stelle anklicken***
Punkt auf Seite angeben, auf die versetzt werden soll, oder [Beenden/Mehrfach/Rückgängig] <Beenden>: ***Irgendeine Stelle außerhalb des Rechtecks anklicken (siehe Abbildung 2.6), jetzt könnten Sie in dem Eingabefeld auch den Versetzabstand noch überschreiben***
Zu versetzendes Objekt wählen oder [Beenden/Rückgängig] <Beenden>: ***Mit ↵ beenden und die Parallelkontur ist erstellt***

- Sie können mit dem einmal eingestellten Abstand mehrfach Ausgangsobjekte und Seiten wählen. Der Befehl bleibt im Wiederholmodus, bis er mit ↵ auf eine Anfrage beendet wird.
- Sie können dann, wenn Sie den Punkt auf der zu versetzenden Seite eingeben, irgendeinen Punkt auf der richtigen Seite anklicken. Der Abstand ist egal, die Seite ist wichtig. Die weiteren Optionen des Befehls finden Sie in Kapitel 5.6.

Pickbox: Als es darum ging, das Objekt zu wählen, das versetzt werden soll, haben Sie erstmals Bekanntschaft mit der Pickbox gemacht. So wird in AutoCAD das kleine Quadrat bezeichnet, mit dem Sie Objekte wählen können. Es wird bei diesen Aktionen anstelle des Fadenkreuzes verwendet.

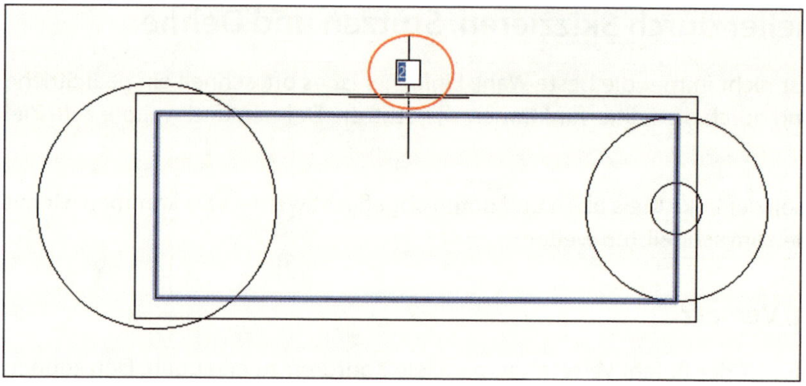

Abbildung 2.6: Versetzen des Rechtecks

2.3.2 Aufräumen mit dem Befehl Stutzen

Jetzt geht's ans Aufräumen mit dem Befehl *Stutzen*.

Sie finden den Befehl:

- Multifunktionsleiste: Symbol im Flyout des Registers *Start*, Gruppe *Ändern*

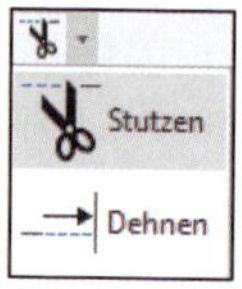

  Befehl: ***Stutzen***
  Aktuelle Einstellungen: Projektion=BKS, Kante=Keine, Modus=Schnell
  Zu stutzendes Objekt wählen bzw. zum Dehnen mit der [⇧]-Taste wählen oder [Schnittkanten/KReuzen/Modus/Projektion/Löschen]:
  Zu stutzendes Objekt anklicken (siehe Abbildung 2.7, oben)
  Zu stutzendes Objekt wählen bzw. zum Dehnen mit der [⇧]-Taste wählen oder [Schnittkanten/KReuzen/Modus/Projektion/Löschen/ZUrück]: ***Weiteres zu stutzendes Objekt anklicken***
  ...
  Zu stutzendes Objekt wählen bzw. zum Dehnen mit der [⇧]-Taste wählen oder [Schnittkanten/KReuzen/Modus/Projektion/Löschen/ZUrück]: ***Mit [↵] beenden***

- Bei der Wahl des Objekts wird dieses bis zur letzten Kante gestutzt. Wenn keine Kante da ist, wird es komplett gelöscht. Wenn Sie auf ein zu stutzendes Objekt zeigen, wird schon die Voransicht angezeigt, wie gestutzt wird (siehe Abbildung 2.7, oben). Der Befehl bleibt im Wiederholmodus, bis er mit [↵] auf eine Anfrage beendet wird.
- Die Funktion brauchen wir mehrfach. Stutzen Sie wie in Abbildung 2.7, unten.
- Wenn Sie falsch gestutzt haben, verwenden Sie die Option *ZUrück* des Befehls, dann wird nur eine Aktion rückgängig gemacht. Wenn Sie den Befehl *Z* (für Rückgängig) im Werkzeugkasten *Schnellzugriff* verwenden, würden alle Aktionen seit der Anwahl des Befehls rückgängig gemacht. Die weiteren Optionen des Befehls finden Sie in Kapitel 5.7.

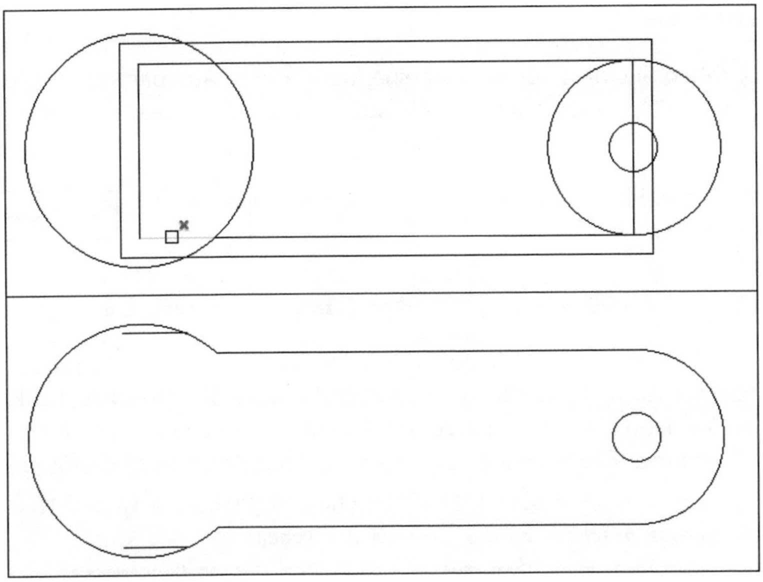

Abbildung 2.7: Mehrfaches Stutzen

- Wenn Sie bei der Wahl des zu stutzenden Objekts die ⇧-Taste gedrückt halten, wird automatisch für dieses eine Mal zum Befehl *Dehnen* umgeschaltet (siehe Kapitel 5.7), und das Objekt wird bis zur nächsten Kante verlängert, sofern eine existiert. Auch das wird in der Voransicht angezeigt (siehe Abbildung 2.8, oben).
- Dehnen Sie die kurzen waagerechten Liniensegmente wie in Abbildung 2.8, oben, und stutzen Sie die darüber hinausragenden Kreisbögen wie in Abbildung 2.8, unten.

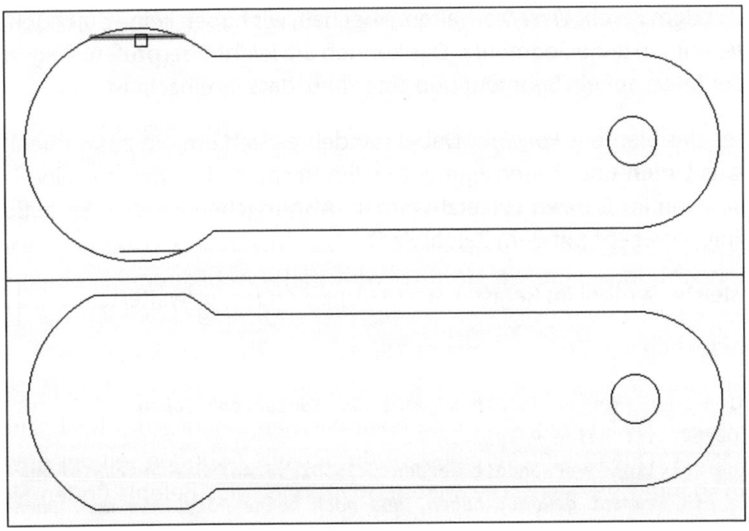

Abbildung 2.8: Dehnen und noch mal stutzen

2.3.3 Noch ein Kreis

In Abbildung 2.2 sehen Sie, dass vorne noch eine kreisförmige Aussparung ist. Diesen Kreis hatten wir noch nicht gezeichnet. Er hätte auch nur bei den vielen Stutzaktionen gestört. Zeichnen Sie ihn jetzt mit einem Durchmesser von 10.

- Wählen Sie den Befehl im Flyout des Befehls *Kreis* mit der weiteren Variante *Mittel, Durchm*.

```
Befehl: Kreis
Mittelpunkt für Kreis angeben oder [3P/2P/Ttr (Tangente Tangente Radius)]:
```

- Er soll konzentrisch zu dem äußeren Bogen sein. Rufen Sie mit der ⇧-Taste zusammen mit der rechten Maustaste das Kontextmenü auf und wählen Sie daraus die Funktion *Zentrum*. Wenn Sie dann auf den Bogen zeigen, leuchten ein kleiner grüner Kreis und ein Kreuz am Zentrum auf. Jetzt können Sie klicken und das Zentrum wird gefangen.

```
Mittelpunkt für Kreis angeben oder [3P/2P/Ttr (Tangente Tangente Radius)]:
Wählen Sie wie gerade beschrieben das Zentrum des Bogens
Radius für Kreis angeben oder [Durchmesser] <5.0696>: Option Durchmesser wird
bei der Auswahl aus dem Flyout automatisch aktiviert
Durchmesser für Kreis angeben <7.25>: Durchmesser 10 eintippen
```

- Der Kreis wird gezeichnet (siehe Abbildung 2.9).

2.3.4 Die gerundete Kante in der Draufsicht

Weiterhin ist in der Abbildung 2.2 zu sehen, dass die äußere Kante mit einem Radius von 1 versehen ist. Die tangentiale Kante ist in der Draufsicht mit einem Versatz von 0.707 zu sehen. Also wieder mit dem Befehl *Versetz* arbeiten. Aber halt, wir haben keine durchgehend umlaufende Kante, nur einzelne Segmente. Das können Sie leicht überprüfen. Zeigen Sie ohne Befehl mit der Maus auf ein Segment und Sie sehen, dass es einzeln ist.

In AutoCAD gibt es das Element *Polylinie*. Dabei handelt es sich um ein zusammenhängendes Element aus Linien und Bogensegmenten. Ein Rechteck ist ebenfalls eine Polylinie. Eine Polylinie kann im Ganzen versetzt werden. Also machen wir aus der äußeren Kontur eine Polylinie. Das geht mit dem Befehl *Pedit*.

- Multifunktionsleiste: Symbol im Register *Start*, Gruppe *Ändern* (erweiterter Bereich)

```
Befehl: Pedit
Polylinie wählen oder [Mehrere]: Ein Segment der Kontur anklicken
Das gewählte Objekt ist keine Polylinie
Soll es in eine Polylinie verwandelt werden? <J> Diese Anfrage erscheint nur
dann, wenn Sie ein Segment gewählt haben, das noch keine Polylinie war. Dann
mit Ja oder ↵ bestätigen
```

```
Option eingeben [Schließen/Verbinden/Breite/BEarbeiten/kurve Angleichen/
Kurvenlinie/kurve beGradigen/LInientyp/Richtung wechseln/Zurück]: Option
Verbinden wählen
Objekte wählen: Alle Objekte wählen, die mit der Polylinie verbunden werden
sollen
7 Segment(e) der Polylinie hinzugefügt
Option eingeben [Öffnen/Verbinden/Breite/BEarbeiten/kurve Angleichen/Kurvenlinie/
kurve beGradigen/LInientyp/Richtung wechseln/Zurück]: Mit ↵ bestätigen
```

Jetzt haben Sie eine zusammenhängende umlaufende Kante, die Sie um 0.707 nach innen versetzen können. Das kennen Sie schon vom Rechteck. Machen Sie es ohne weitere Anleitung und Ihre Zeichnung sieht wie in Abbildung 2.9 aus.

Abbildung 2.9: Die fertige Kontur, aber noch ohne Text

2.4 Zeichnungen brauchen auch Texte

Texte lassen sich als einzelne Textzeile oder als ganzen Textabsatz eingeben. Wir wollen nur ein Wort einfügen, verwenden aber trotzdem den Textabsatz, weil wir dort mehr Formatierungsfunktionen haben und ihn besser anpassen können.

2.4.1 Absatztexte erstellen

Mit dem Befehl *Mtext* lässt sich ein Absatztext erstellen. Sie finden den Befehl:

- Multifunktionsleiste: Flyout im Register *Start*, Gruppe *Beschriften*

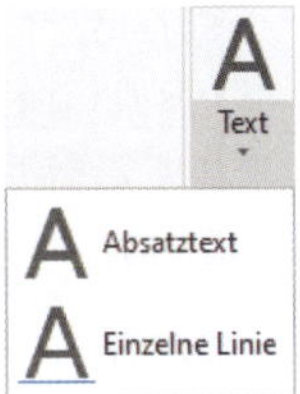

Zuerst können Sie ein Fenster mit seinen diagonalen Eckpunkten aufziehen. Es soll etwa so groß sein wie der Text, der darin platziert werden soll (siehe Abbildung 2.10).

Befehl eingeben ***Mtext***
Aktueller Textstil: "STANDARD" Texthöhe: 10 Beschriftung: Nein
Erste Ecke: ***Linke obere Ecke des gewünschten Textfensters anklicken (siehe Abbildung 2.10). Hier ist noch keine exakte Position erforderlich, das Fenster kann später verschoben werden.***
Gegenüberliegende Ecke oder [Höhe/Ausrichten/Zeilenabstand/Drehen/STil/Breite/SPalten]: ***Rechte untere Ecke des gewünschten Textfensters anklicken (siehe Abbildung 2.10), auch hier nur die ungefähre Position.***

Abbildung 2.10: Fenster für den Absatztext aufziehen

Nachdem Sie das Fenster aufgezogen haben, erscheint das Editorfenster, in das Sie den Text eingeben können (siehe Abbildung 2.11, 1). Außerdem wird in der Multifunktionsleiste zu dem temporären Register *Texteditor* gewechselt. Dort können Sie den eingegebenen Text formatieren.

Bevor Sie Text eingeben, wählen Sie:

- **Schriftart:** Wählen Sie Arial oder eine andere Windows Schriftart (Pull-down-Menü in der Gruppe *Formatierung*, Abbildung 2.11, 2).

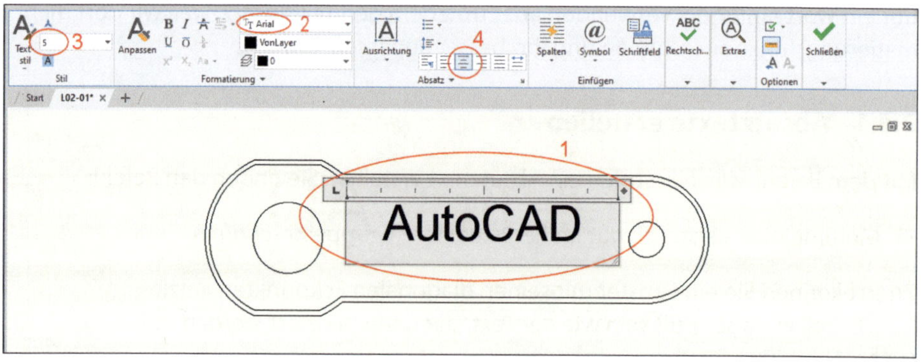

Abbildung 2.11: Eingabefenster und temporäre Multifunktionsleiste

- **Schrifthöhe:** Tragen Sie im Eingabefeld 5 für die Schrifthöhe ein (Feld in der Gruppe *Stil*, Abbildung 2.11, 3).
- **Ausrichtung:** Wählen Sie das Symbol für zentrierten Text (Symbol in der Gruppe *Absatz*, Abbildung 2.11, 4).

Jetzt können Sie den Text eingeben. Wenn Sie die Formatierung des Textes noch ändern wollen, markieren Sie den Text und wählen die Einstellungen in der Multifunktionsleiste.

Schließen Sie die Texteingabe mit dem Symbol *Texteditor schließen* in der temporären Multifunktionsleiste ab. Der Text wird erstellt und die vorherige Multifunktionsleiste wird wieder angezeigt. Mit einem doppelten Mausklick (linke Maustaste) auf den Text kommen Sie wieder in den Texteditor und können noch Änderungen vornehmen. Im Texteditor finden Sie eine ganze Reihe weiterer Funktionen, die in Kapitel 10.3 ausführlich beschrieben werden.

2.4.2 Oops, Text an der falschen Position

Ist der Text versehentlich an der falschen Position oder nicht in der Mitte? Klicken Sie den Text einfach an. Er bekommt kleine blaue Griffe (siehe Abbildung 2.12, oben). Diese können für schnelle Änderungen verwendet werden. Der rechte obere Griff ist der für die Position. Klicken Sie den an, schieben Sie den Text an die gewünschte Position und klicken Sie dort wieder (siehe Abbildung 2.12, unten).

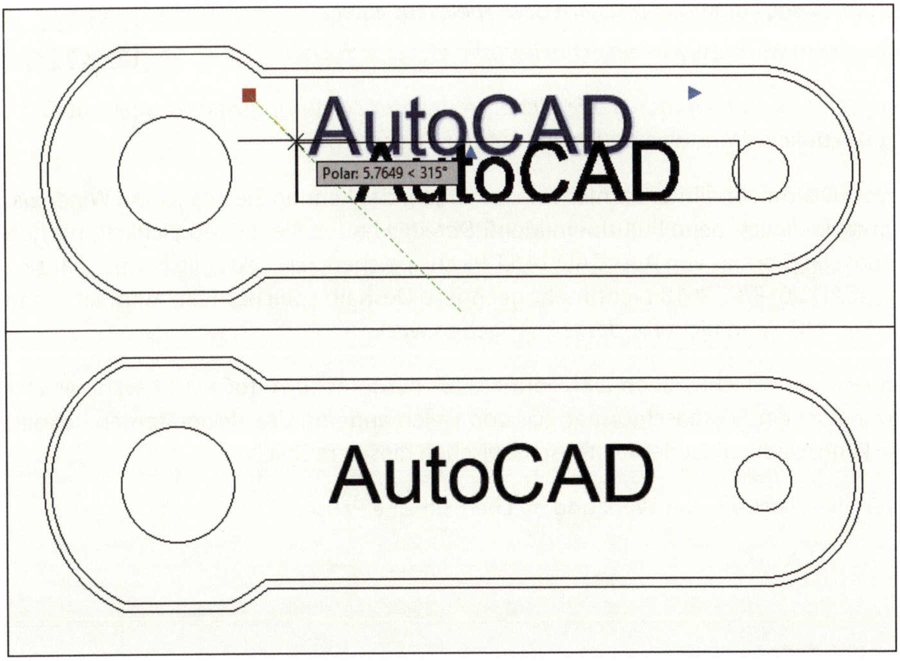

Abbildung 2.12: Text verschieben und Endstand

Geschafft, Ihre erste AutoCAD-Zeichnung ist fertig. Jetzt nur noch speichern für die Nachwelt. Sollten Sie bei dieser Übung nicht mitgemacht haben, finden Sie im Ordner *Aufgaben* eine Musterlösung, und zwar die Zeichnung ***L02-01.dwg***, um zu sehen, was Sie versäumt haben.

Nachdem Sie die Systematik bei der Wahl und Ausführung der Befehle nun schon an einigen Beispielen kennengelernt haben, gehen wir in den nächsten Kapiteln systematisch die einzelnen Zeichenhilfen und Befehle ausführlich mit allen ihren Varianten durch.

2.5 Die Zeichnung speichern

Um Ihrer Zeichnung einen Namen zu geben, speichern Sie sie. Denn bisher hatte sie nur den Vorgabenamen *Zeichnung1.dwg* oder *Zeichnung2.dwg* usw., je nachdem, wie viele Versuche Sie schon gemacht haben.

Sie haben zwei Möglichkeiten, Ihre Zeichnung zu speichern: entweder unter ihrem bisherigen Namen mit dem Befehl *Ksich* oder unter einem neuen Namen mit dem Befehl *Sichals*. Wenn die Zeichnung noch nie gespeichert wurde, wird, egal welchen Befehl Sie wählen, immer der Befehl *Sichals* aktiv.

Sie finden die Befehle:

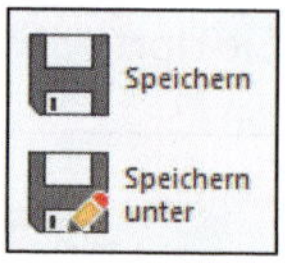

- Menübrowser, Funktion *Speichern* bzw. *Speichern unter*
- Symbole im Werkzeugkasten *Schnellzugriff*

Mit dem Befehl *Sichals* werden der Speicherort und der Zeichnungsname abgefragt. Dazu kommt das übliche Windows-Dialogfeld auf den Bildschirm.

Zu diesem Dialogfeld gibt es ist nicht viel zu sagen, das kennen Sie aus jedem Windows-Programm. Lediglich beim Pull-down-Menü *Dateityp* haben Sie die Möglichkeit, bis herunter zum Dateiformat von AutoCAD 14/LT 98 zu speichern. Das aktuelle Format hat sich seit AutoCAD 2018/LT 2018 nicht mehr geändert. Deshalb speichern Sie automatisch in diesem Format, wenn nichts anderes angegeben wird.

Zudem sind die verschiedenen DXF-Formate bis herunter zu AutoCAD 12 wählbar. Das DXF-Format ist ein Austauschformat, das von vielen anderen CAD-Programmen gelesen werden kann. Dadurch ist der Austausch zwischen diesen möglich.

Speichern Sie also Ihr erstes Werk und machen Sie eine Pause.

3. Zeichentechniken

Linien, Rechtecke und Kreise haben Sie schon im vorherigen Kapitel gezeichnet. Jetzt wollen wir uns die grundsätzlichen Methoden ansehen, wie in AutoCAD gezeichnet wird. Dabei geht es um Koordinaten bzw. Koordinatensysteme, Zeichnungshilfen wie die verschiedenen Fangmöglichkeiten und einiges mehr.

3.1 Koordinaten und Koordinatenformate

Damit beim Zeichnen jeder Punkt seinen eindeutigen Platz erhält, liegt der Zeichnung ein Koordinatensystem zugrunde. Jeder Punkt in der Zeichnung ist durch seinen Abstand vom Koordinatenursprung in x- und y-Richtung bestimmt, also in waagerechter und senkrechter Richtung. Wenn wir später dreidimensionale Modelle erstellen, kommt der Abstand in z-Richtung dazu und somit die Höhe.

3.1.1 Koordinatenformate

Zum exakten maßstäblichen Zeichnen lassen sich Koordinaten auf der Tastatur eingeben. Wollen Sie eine Linie zeichnen, geben Sie bei den Anfragen die Koordinaten des Anfangs- und Endpunkts ein. Folgende Formate sind bei 2D-Zeichnungen möglich:

3.1.2 Absolute kartesische Koordinaten

Ein Punkt wird durch seinen Abstand in x- und y-Richtung vom Ursprung des Koordinatensystems angegeben (siehe Abbildung 3.1, links).

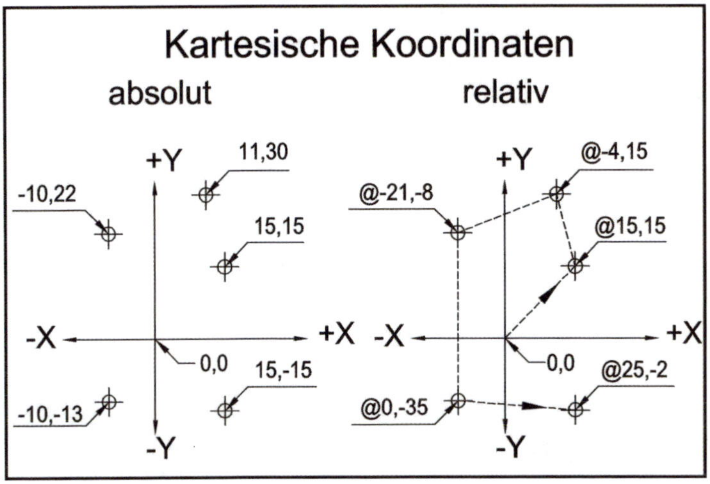

Abbildung 3.1: Absolute und relative kartesische Koordinaten

Wichtig: X- und Y-Werte werden durch ein Komma getrennt, innerhalb einer Zahl wird ein Punkt als dezimales Trennzeichen verwendet.

- Format: X,Y
- Beispiele: 70,120 oder 25.25,-79.40

3.1.3 Relative kartesische Koordinaten

Ein Punkt wird durch seinen Abstand in x- und y-Richtung vom zuletzt eingegebenen Punkt angegeben (siehe Abbildung 3.1, rechts). Dem Zahlenpaar wird das Zeichen @ vorangestellt. Negative Werte richten sich entgegen der Achsrichtung.

- Format: @dx,dy
- Beispiele: @20,15 oder @-24.32,52.55

3.1.4 Absolute polare Koordinaten

Ein Punkt wird durch seinen Abstand und Winkel vom Ursprung des Koordinatensystems angegeben (siehe Abbildung 3.2, oben links). Die Werte werden durch das Zeichen < getrennt.

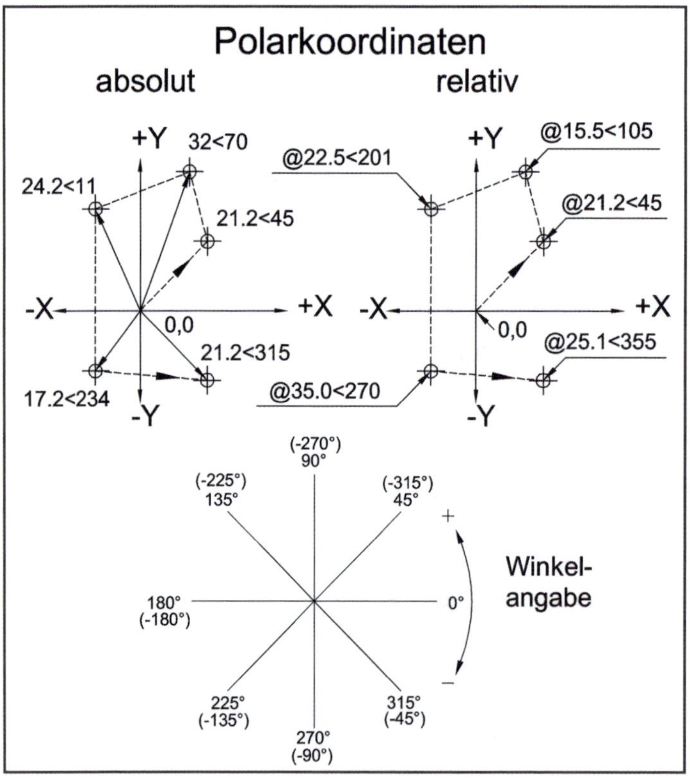

Abbildung 3.2: Absolute und relative polare Koordinaten

- Format: A<W
- Beispiele: 50<45 oder 12.72<-22.2

3.1.5 Relative polare Koordinaten

Ein Punkt wird durch seinen Abstand und Winkel zum zuletzt eingegebenen Punkt angegeben (siehe Abbildung 3.2, oben rechts). Den Werten wird das Zeichen @ vorangestellt und sie werden durch das Zeichen < getrennt.

- Format: @A<W
- Beispiele: @35<15 oder @127.25<-18.75

Die Winkel werden positiv entgegen dem Uhrzeigersinn angegeben. Die 0°-Richtung zeigt nach Osten (siehe Abbildung 3.2, oben). Diese Grundeinstellungen könnten auch mit dem Befehl *Einheit* geändert werden.

Koordinatensysteme: In dem festen Koordinatensystem der Zeichnung, dem sogenannten Weltkoordinatensystem, abgekürzt WKS, lassen sich weitere Koordinatensysteme platzieren, sogenannte Benutzerkoordinatensysteme, abgekürzt BKS.

3.1.6 Zeichnen mit Koordinaten

Zeichnen mit den absoluten kartesischen oder polaren Koordinaten macht in der Praxis keinen Sinn. AutoCAD bietet so viele Zeichenhilfen an, dass auch das Zeichnen mit relativen kartesischen Koordinaten und Polarkoordinaten entfallen kann. Die *Dynamische Eingabe* ersetzt fast alle. Aber eben nur fast alle, deshalb sehen wir uns auch noch die anderen Methoden an.

3.1.7 Orthogonal zeichnen mit Längen

In manchen Zeichnungen wird ein Großteil nur vertikal und horizontal gezeichnet, beispielsweise die Wände bei einem Grundriss. Für diesen Fall können Sie den Ortho-Modus verwenden. Wie schalten Sie den Modus ein oder aus?

- Klick auf das Feld *Ortho* in der Statuszeile schaltet den Modus ein und auch wieder aus. Wenn die Funktion aktiv ist, wird das Feld blau unterlegt.
- Funktionstaste F8 drücken zum Ein- und auch Ausschalten.

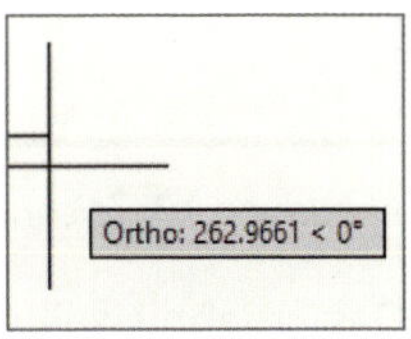

Ist der Modus eingeschaltet, wird am Fadenkreuz ein Symbol angezeigt. Um schneller zeichnen zu können, kann statt einer Koordinate nur der Abstand zum letzten Punkt eingegeben werden. Es wird in der Richtung gezeichnet, in der das Fadenkreuz aktuell steht. Das führt nur zu sinnvollen Ergebnissen, wenn eben dieser Ortho-Modus oder die Spurverfolgung (siehe Kapitel 3.3) eingeschaltet ist.

Wird der Schalter für den Ortho-Modus oder einer der weiteren Schalter, die im Folgenden beschrieben werden, nicht in der Statusleiste angezeigt, klicken Sie auf das Symbol in der Statusleiste ganz rechts und wählen Sie aus dem Kontextmenü die Schalter, die Sie haben wollen.

3.1.8 Übung: Zeichnen mit Abstandsangaben

Öffnen Sie die Zeichnung ***A03-01.dwg*** aus dem Ordner *Aufgaben*. Schalten Sie den Ortho-Modus ein. Andere Zeichenhilfen sollten noch ausgeschaltet sein. Zeichnen Sie den Linienzug mit dem Befehl *Linie* und mit Längeneingaben nach (siehe Abbildung 3.3).

```
Befehl eingeben Linie
Ersten Punkt angeben: 20,15 eintippen, der erste Punkt mit absoluter
Koordinateneingabe (P1)
Nächsten Punkt angeben oder [Zurück]: Fadenkreuz nach rechts und 40 eintippen (P2)
Nächsten Punkt angeben oder [Schließen/Zurück]: Fadenkreuz nach oben und 10
eintippen (P3)
...
Nächsten Punkt angeben oder [Schließen/Zurück]: Fadenkreuz nach links und 73
eintippen (P8)
Nächsten Punkt angeben oder [Schließen/Zurück]: Option Schließen wählen
(wieder zu P1)
```

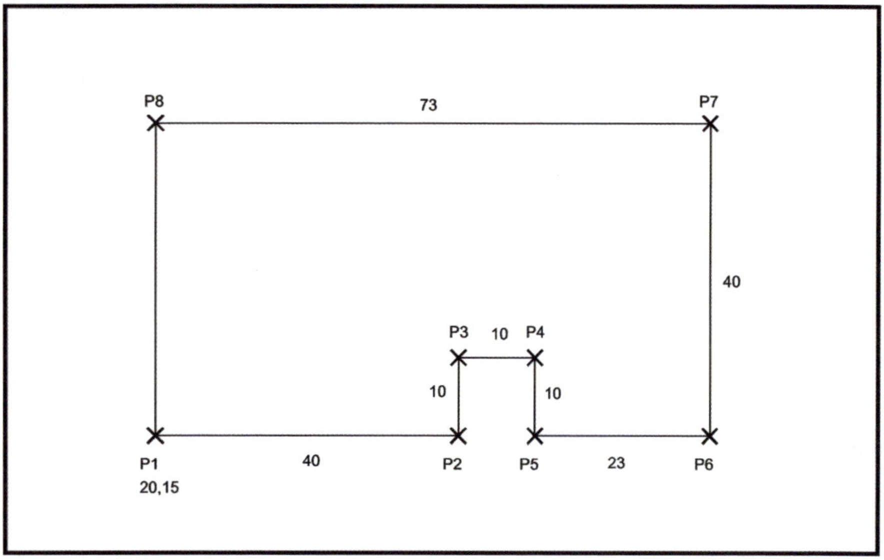

Abbildung 3.3: Zeichnen im Ortho-Modus mit Längenangaben

Das Ergebnis sollte wie in Abbildung 3.3 aussehen. Die Lösung finden Sie ebenfalls im Ordner *Aufgaben*, die Zeichnung ***L03-01.dwg***.

3.2 Raster und Fang

Zeichnen Sie Schemapläne, etwa elektrische Schaltpläne, Hydraulik- oder Pneumatik-Pläne, Flussdiagramme usw., dann ist maßstäbliches Zeichnen nicht wichtig. Aber die Anschlusspunkte der einzelnen Objekte sollten auf einem festen Raster liegen. So wird es einfach, die Verbindungen zu zeichnen, denn das Fadenkreuz springt beim Zeichnen auf diese Fangpunkte. In AutoCAD können Sie ein unsichtbares Fangraster unterlegen, das als »Fang« bezeichnet wird. Zudem lässt sich ein optisches Raster auf die Zeichenfläche legen, das bei der Orientierung auf der Zeichenfläche hilfreich ist. Es wird in AutoCAD als »Raster« bezeichnet.

3.2.1 Raster und Fang einstellen

Raster und Fang lassen sich in der Statusleiste ein- und ausschalten:

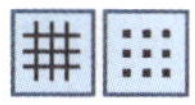

- Klick auf das Feld *Raster* (links) bzw. *Fang* (rechts) in der Statuszeile. Wenn eine Funktion eingeschaltet ist, wird das entsprechende Feld blau unterlegt.
- Funktionstaste F7 für *Raster* oder F9 für *Fang* drücken

Mit dem Befehl *Zeicheinst* können Sie die Parameter für Raster und Fang sowie für andere Zeichenhilfen einstellen. Wählen Sie den Befehl:

- Rechtsklick auf eines der Felder in der Statusleiste und Auswahl der Funktion *Rastereinstellungen* bzw. *Fangeinstellungen* aus dem Kontextmenü

Mit beiden kommen Sie zum Dialogfeld *Entwurfseinstellungen*, bei dem jetzt das Register *Fang und Raster* aktiv ist (siehe Abbildung 3.4).

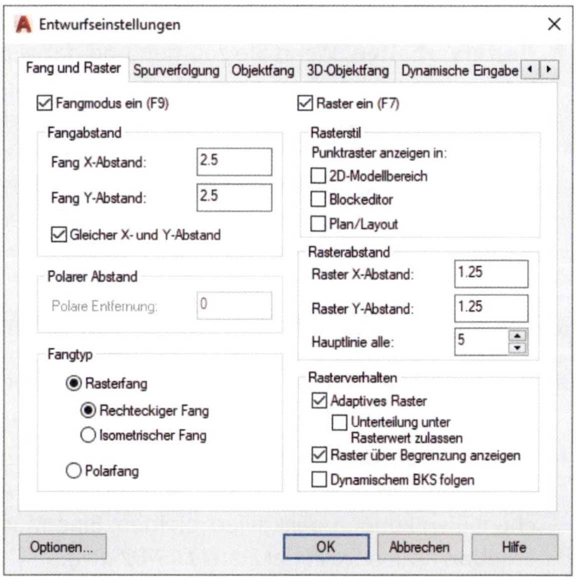

Abbildung 3.4: Einstellung von Fang und Raster

- **Fang:** Der linke Bereich des Registers dient der Einstellung des Fangs. Sie können den Fang mit dem Schalter *Fangmodus ein (F9)* ein- und ausschalten und in den darunterliegenden Feldern *X-Abstand* und *Y-Abstand* den Fangwert verändern. Haben Sie den Schalter *Gleicher X- und Y-Abstand* aktiviert, können Sie für den Fang in X und Y gleiche Werte einstellen. Darunter kann der *Fangtyp* gewählt werden. Zunächst interessiert uns nur der *Rechteckige Fang*, der sollte eingeschaltet sein.
- **Raster:** Der rechte Bereich ist dem Raster vorbehalten. Im Bereich *Rasterstil* können Sie wählen, ob Sie nur ein Punktraster haben wollen und in welchen Bereichen dieses erscheinen soll. Ist hier nichts ausgewählt, werden Rasterlinien angezeigt (siehe Abbildung 3.5, links Punktraster, rechts Rasterlinien). Der Rasterabstand ist in x- und y-Richtung in den Feldern *Raster X-Abstand* und *Raster Y-Abstand* des Dialogfelds einstellbar. Im Feld *Hauptlinie alle* kann gewählt werden, ob das Raster dickere Linien enthalten soll. In dem hier gezeigten Beispiel (Abbildung 3.5, rechts) wird jede fünfte Linie dicker angezeigt. Mit dem Schalter *Raster ein (F7)* wird das Raster ein- und ausgeschaltet.

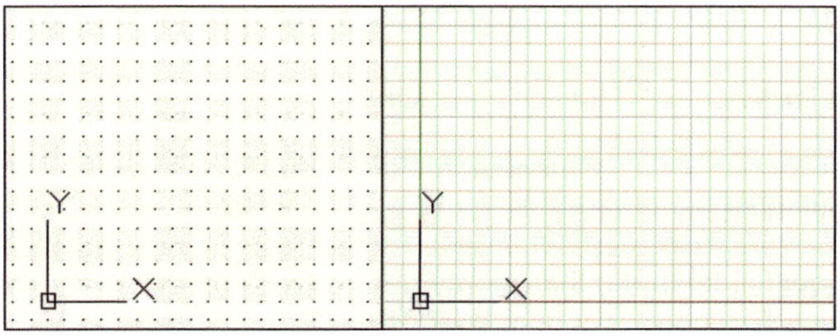

Abbildung 3.5: Punktraster und Rasterlinien

- **Rasterverhalten:** Wenn Sie zoomen und dabei das Bild verkleinern, würde das Raster zu dicht und deshalb abgeschaltet. Ist die Option *Adaptives Raster* aktiviert, wird automatisch auf einen höheren Abstand umgeschaltet. Zoomen Sie in die Zeichnung hinein, verschwindet das Raster, weil der Linienabstand zu groß wird. Ist die Option *Unterteilung unter Rasterwert zulassen* aktiviert, wird automatisch auf einen geringeren Abstand umgeschaltet. Mit der Option *Raster über Begrenzung anzeigen* wird das Raster überall angezeigt, sonst nur innerhalb der Limiten (siehe Kapitel 3.9).

3.2.2 Übung: Zeichnen mit Raster und Fang

- Öffnen Sie die Zeichnung ***A03-02.dwg*** aus dem Ordner *Aufgaben*. Hier sehen Sie die Bauelemente einer einfachen elektronischen Schaltung.
- Verbinden Sie die Bauelemente wie in Abbildung 3.6. Schalten Sie eventuell den Ortho-Modus ein und stellen Sie den Fang wie in Abbildung 3.4 ein. Alle anderen Zeichenhilfen können deaktiviert bleiben. Eine Musterlösung zum Vergleich mit Ihrem Ergebnis finden Sie in der Datei ***L03-02.dwg***.

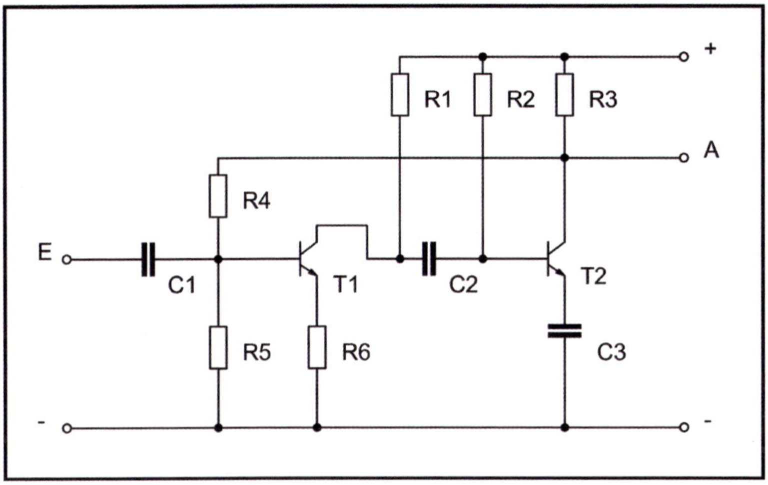

Abbildung 3.6: Übung zum Zeichnen mit dem Fang

3.3 Die Spurverfolgung

Flexibler ist der *Polarfang*, der teilweise in den Menüs auch als *Spurverfolgung* oder *Polare Spurverfolgung* bezeichnet wird. Damit erfolgen die Cursorbewegungen in bestimmten Einheiten entlang eines polaren Winkels. Dabei können Sie sowohl ein Längen- als auch ein Winkelraster vorgeben.

Die Vorteile gegenüber dem Fang aus dem letzten Abschnitt: Sie können ein beliebiges Winkelraster einstellen, nicht nur die orthogonalen Richtungen wie beim Ortho-Modus, und Sie können bei diesen Winkeln auch mit Abstandseingabe zeichnen. Dadurch werden der Ortho-Modus und der einfache Fang aus den letzten Abschnitten in vielen Fällen überflüssig, aber es sind eben auch Möglichkeiten, die Sie kennen sollten.

3.3.1 Einstellung der Spurverfolgung

Die *Spurverfolgung* schalten Sie wie folgt ein und aus:

- Klick auf das Feld *Spurverfolgung* in der Statuszeile. Wenn die Funktion eingeschaltet ist, wird das Feld blau unterlegt. 
- Funktionstaste F10 drücken

Mit dem Befehl *Zeicheinst* können Sie auch die Spurverfolgung einstellen:

- Rechtsklick auf das Feld für die Spurverfolgung in der Statusleiste und Auswahl der Funktion *Spureinstellungen* aus dem Kontextmenü

Es öffnet sich das gleiche Dialogfeld wie vorher. Allerdings ist jetzt das Register *Spurverfolgung* aktiv (siehe Abbildung 3.7).

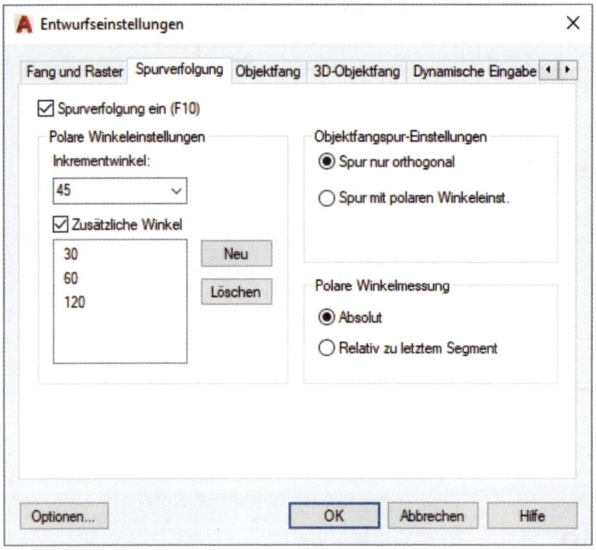

Abbildung 3.7: Einstellung der Spurverfolgung

- *Einstellungen:* Mit dem Schalter links oben können Sie die Spurverfolgung ein- und ausschalten. Damit wird der Ortho-Modus ausgeschaltet. Im Feld *Polare Winkeleinstellungen* können Sie den Wert für das Winkelraster wählen und zusätzliche Winkel aufnehmen. Im Feld *Polare Winkelmessung* wählen Sie, ob sich der Winkel des polaren Fangs auf das Koordinatensystem oder das zuletzt gezeichnete Segment beziehen soll (siehe Abbildung 3.8).

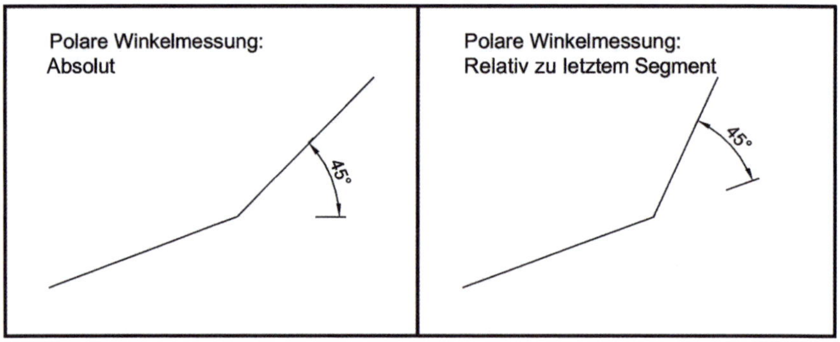

Abbildung 3.8: Methoden der polaren Winkelmessung

Das Feld *Objektfangspur-Einstellungen* bezieht sich auf den Objektfang (dazu Kapitel 3.5). Zusätzlich zu dem Winkelraster können Sie auch den Fang aus dem vorherigen Abschnitt auf den Fangtyp *Polarfang* einstellen (siehe Abbildung 3.9). Das Fadenkreuz rastet dann beim Zeichnen in Winkelrichtung in den festgelegten Fangabständen ein. Schalten Sie dazu einfach den Fang mit der Funktionstaste F9 ein. Im Register *Fang und Raster* (siehe Abbildung 3.9) wählen Sie im Feld *Fangtyp* die Einstellung *Polarfang* und tragen den gewünschten Wert im Feld *Polare Entfernung* ein.

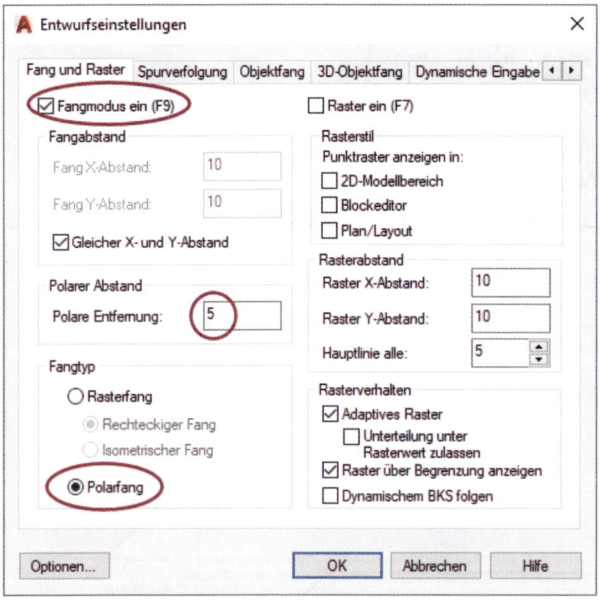

Abbildung 3.9: Einstellung des Fangs für die Spurverfolgung

3.3.2 Übung: Zeichnen mit der Spurverfolgung

Öffnen Sie die Zeichnung ***A03-03.dwg*** aus dem Ordner *Aufgaben*. Schalten Sie die Spurverfolgung ein. Wählen Sie ein Winkelraster von 45°. Stellen Sie den Fang auf den Fangtyp *Polarer Fang*, die *Polare Entfernung* auf 5 und schalten Sie den Fang ein. Beachten Sie beim Zeichnen, wenn sich das Fadenkreuz in der Nähe einer der Winkellinien befindet, rastet es auf der exakten Winkellinie ein und es wird ein grüner Strahl auf der Winkellinie angezeigt.

Damit Sie die Wirkung dieser Methode sehen, sollten bei dieser Übung die restlichen Zeichenhilfen ausgeschaltet sein. Zeichnen Sie den Linienzug mit dem Polarfang nach (siehe Abbildung 3.10). Zugegeben ein nicht gerade realitätsnahes Beispiel, aber zur Übung okay.

Befehl eingeben ***Linie***
Ersten Punkt angeben: ***Den ersten Punkt absolut mit 25,15 (P1) eintippen***
Nächsten Punkt angeben oder [Zurück]: ***Fadenkreuz nach rechts oben, bis am Fadenkreuz Polar 20<45 (P2) angezeigt wird, und klicken***
Nächsten Punkt angeben oder [Zurück]: ***Fadenkreuz nach rechts, bis Polar 40<0 (P3) angezeigt wird, und klicken***

Nächsten Punkt angeben oder [Schließen/Zurück]: ***Fadenkreuz nach rechts unten, bis Polar 20<115 (P4) angezeigt wird, und klicken***

...

...

Nächsten Punkt angeben oder [Schließen/Zurück]: ***Fadenkreuz nach links unten, bis Polar 20<225 (P8) angezeigt wird, und klicken***

Nächsten Punkt angeben oder [Schließen/Zurück]: ***Option Schließen wählen (P1)***

Das Ergebnis sollte wie in Abbildung 3.10 aussehen. Die Lösung finden Sie auch im Ordner *Aufgaben*, die Zeichnung ***L03-03.dwg***.

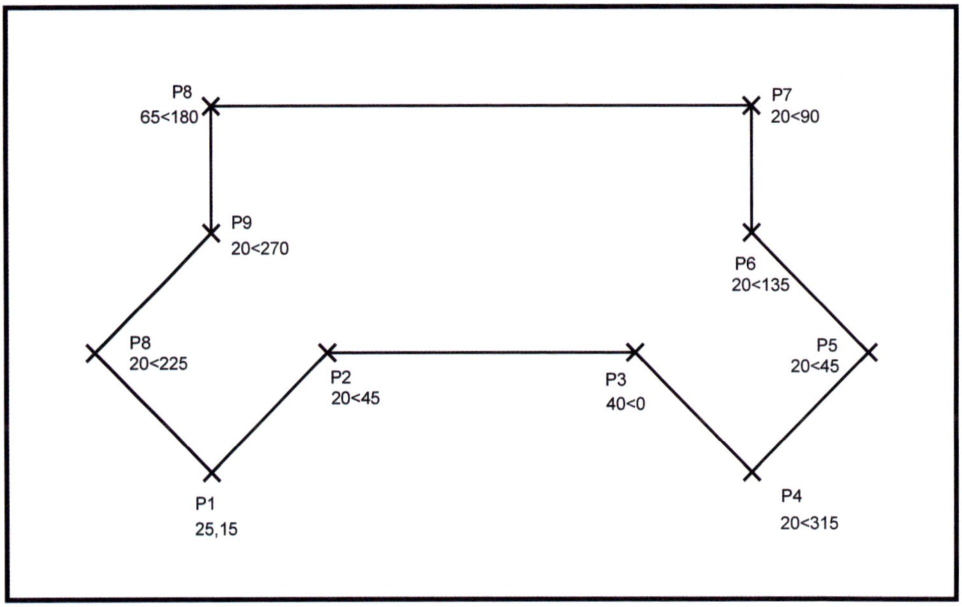

Abbildung 3.10: Zeichnen mit der Spurverfolgung

3.4 Dynamische Eingabe

Ist die dynamische Eingabe aktiv, können Sie das meiste über Koordinaten vergessen. Geben Sie einfach Maße und Winkel direkt ein. Wie wird die dynamische Eingabe ein- und ausgeschaltet und wie funktioniert sie?

- Klick auf das Symbol *Dynamische Eingabe* in der Statuszeile. Wie immer, wenn die Funktion eingeschaltet ist, wird das Symbol blau unterlegt.
- mit der Funktionstaste F12

Bei der *Dynamischen Eingabe* werden schon beim Zeichnen die Maße angezeigt, die das Objekt bestimmen und für die Sie auch den gewünschten Wert eingeben können.

In Abbildung 3.11 sehen Sie links oben das Zeichnen einer Linie. Der erste Punkt ist eingegeben. Sie können jetzt die Länge eintragen und mit der Taste ↹ zum Winkel wechseln. Mit der Taste ↹ können Sie beliebig oft zwischen den Eingabefeldern für die Länge und den Winkel wechseln und diese ändern. Erst mit ↵ werden die Werte übernommen und die Linie wird gezeichnet.

Sie können aber auch beispielsweise eine relative polare Koordinate eingeben, z. B. *@100<45*. Das Eingabefeld schaltet sofort nach der Eingabe von @ um, und auch hier können Sie mit der Taste ↹ noch zwischen den Feldern wechseln. Mit ↵ wird gezeichnet (siehe Abbildung 3.11, rechts oben). Bei allen anderen Objekten, so auch Kreisen und Rechtecken, können die Werte ebenfalls eingetragen werden (siehe Abbildung 3.11, untere Reihe). Zum Beispiel werden beim Rechteck (siehe Abbildung 3.11, rechts unten) die Werte für Länge und Breite angezeigt und können geändert werden. Gewechselt zwischen den Werten wird auch hier mit der Taste ↹. Die dynamische Eingabe funktioniert auch bei den Befehlen zum Ändern.

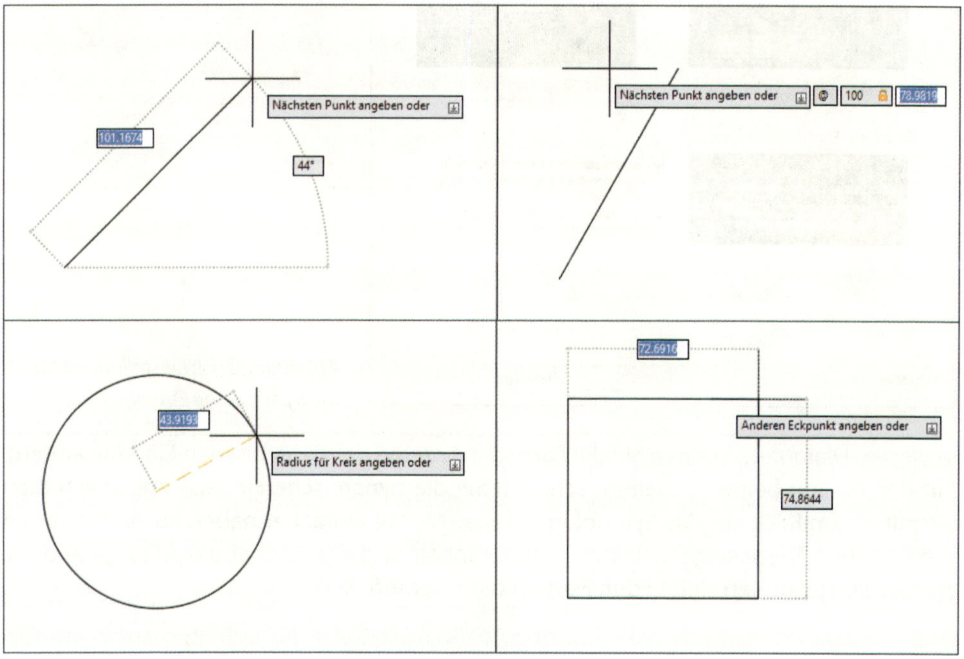

Abbildung 3.11: Zeichnen mit der dynamischen Eingabe

3.4.1 Übung: Zeichnen mit der dynamischen Eingabe

Öffnen Sie die Zeichnung ***A03-03.dwg*** aus dem Ordner *Aufgaben* noch einmal. Schalten Sie die Spurverfolgung aus und die dynamische Eingabe ein. Zeichnen Sie den Linienzug mithilfe der dynamischen Eingabe noch einmal (siehe Abbildung 3.10). Das Ergebnis sollte dasselbe sein wie bei der letzten Übung.

3.4.2 Einstellungen für die dynamische Eingabe anpassen

Die Anzeige der dynamischen Eingabe auf dem Bildschirm können Sie in einem Dialogfeld weiter anpassen.

- Rechtsklick auf das Symbol *Dynamische Eingabe* in der Statuszeile und Auswahl von *Einstellungen für die dynamische Eingabe*

Sie bekommen das Dialogfeld, das Sie schon kennen. Diesmal ist das Register *Dynamische Eingabe* aktiv (siehe Abbildung 3.12).

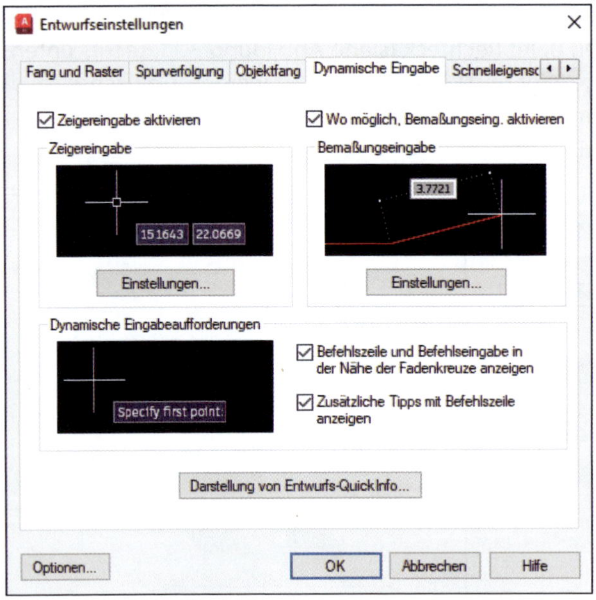

Abbildung 3.12: Einstellungen für die dynamische Eingabe

In diesem Dialogfeld können Sie die Form der Anzeige der dynamischen Eingabe ändern. Mit den oberen beiden Schaltern schalten Sie die dynamische Eingabe aus. Das hätten Sie mit einem Klick auf das Symbol in der Statusleiste einfacher haben können. Mit den Schaltflächen *Einstellungen...* lassen sich der Inhalt und das Format der Anzeige ändern. Weitere Einstellungen sind in den Feldern darunter möglich.

3.5 Objektfang

Ganz wichtig beim Zeichnen ist der Objektfang. Mit ihm können Sie sich auf vorhandene Punkte in der Zeichnung beziehen. Zusammen mit den Objektfangspuren bekommen Sie damit die leistungsfähigsten Hilfen beim Erstellen von komplexen Zeichnungen. Schauen wir uns zunächst den Objektfang an. Am häufigsten kommt es beim Zeichnen vor, dass Sie Punkte auf vorhandenen Objekten fangen müssen. Dafür stehen Ihnen in AutoCAD die Objektfangfunktionen zur Verfügung.

3.5.1 Objektfang für Geometriepunkte

Bei jeder Punktanfrage innerhalb eines Befehls können Sie eine Objektfangfunktion wählen, zum Beispiel beim Befehl *Linie*:

```
Befehl eingeben beispielsweise Befehl Linie
Ersten Punkt angeben:
```

Wollen Sie beispielsweise eine Linie am Endpunkt einer bestehenden Linie ansetzen, verwenden Sie den Objektfang *Endpunkt*:

```
Ersten Punkt angeben: Objektfang Endpunkt wählen
```

Wenn Sie jetzt über eine vorhandene Linie fahren und in die Nähe eines Endpunkts kommen, wird das Symbol für den Endpunkt mit einem kleinen grünen Quadrat angezeigt. Klicken Sie dann, wird die Linie nicht an der Position des Fadenkreuzes angesetzt, sondern an dem Punkt mit dem Symbol, also am Endpunkt der bestehenden Linie. Wenn Sie vor dem Klick etwa eine Sekunde warten, wird zusätzlich in einem Fenster die *QuickInfo* eingeblendet (siehe Abbildung 3.13). Sie bekommen darin angezeigt, welche Punktart gefangen wird.

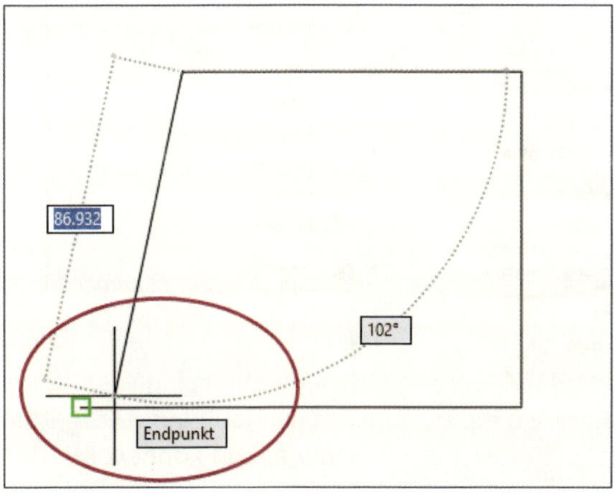

Abbildung 3.13: Anzeige des Fangsymbols und die QuickInfo

Der Objektfang ist nicht auf Zeichenbefehle beschränkt, auch bei Editierbefehlen, Bemaßungsbefehlen usw. können Sie ihn verwenden. Wir werden ihn beim Zeichnen ständig benötigen. Sie können auf zwei Arten mit dem Objektfang arbeiten: Entweder wählen Sie die Fangfunktion bei jeder Punkteingabe neu oder Sie stellen verschiedene Fangfunktionen fest ein, sodass sie immer aktiv sind.

3.5.2 Objektfang für eine Punkteingabe verwenden

Sie können den Objektfang immer dann verwenden, wenn ein Punkt angefragt wird. Damit aktivieren Sie eine Objektfangfunktion, die **nur für diese eine Eingabe** gilt. Wählen Sie aus einer der folgenden Methoden:

- Öffnen des Kontextmenüs für den Objektfang mit [⇧] und rechter Maustaste oder [Strg] und rechter Maustaste und Wahl der gewünschten Fangfunktion (siehe Abbildung 3.14, links).
- Aktivierung des Kontextmenüs für den Objektfang mit der rechten Maustaste, Untermenü *OFang-Überschreibungen* und Wahl der gewünschten Fangfunktion (siehe Abbildung 3.14, rechts).

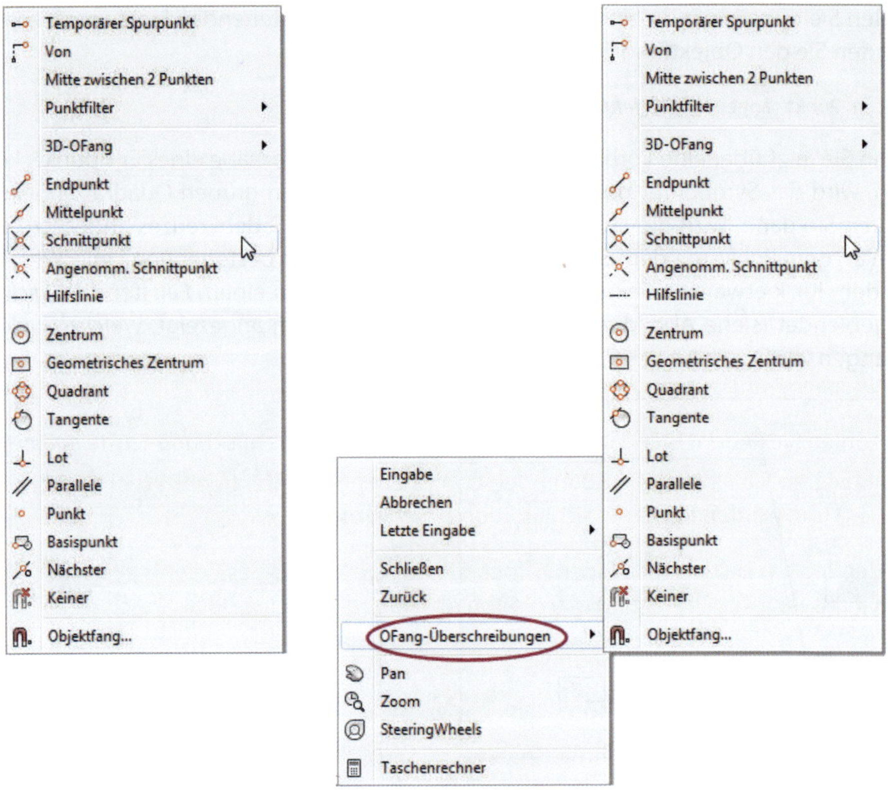

Abbildung 3.14: Kontextmenüs mit den Objektfangfunktionen

3.5.3 Objektfang fest einstellen (AutoSnap)

Die bessere Methode ist die, dass Sie die Fangfunktionen fest einstellen (AutoSnap). Damit sparen Sie sich das ständige Anwählen von Fangfunktionen.

So können Sie den AutoSnap ein- und ausschalten:

- Symbol in der Statusleiste, ist das Symbol blau unterlegt, ist die Funktion eingeschaltet 
- mit der Funktionstaste [F3]

Jetzt haben Sie zwar den Objektfang eingeschaltet, doch welche Fangfunktionen sind aktiv? Folgende Möglichkeiten haben Sie, um diese zu wählen.

- Klicken Sie in der Statusleiste auf den Pfeil rechts neben dem Symbol für den Objektfang und wählen Sie aus dem Menü die Fangfunktionen, die Sie dauerhaft nutzen wollen (mit Häkchen markiert, siehe Abbildung 3.15).

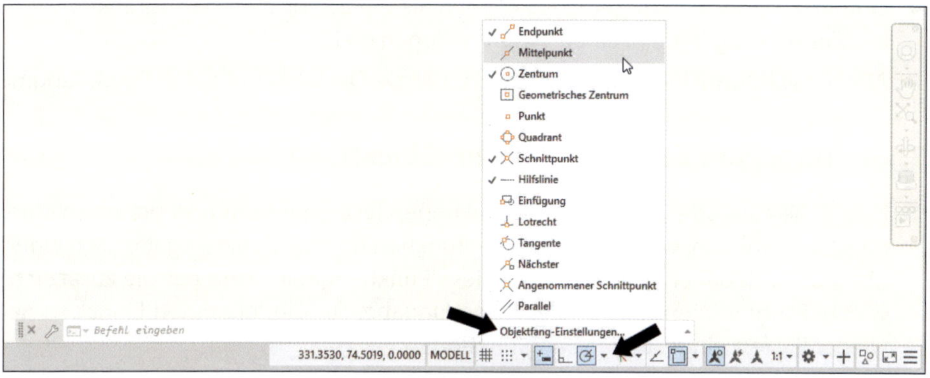

Abbildung 3.15: Objektfangfunktionen dauerhaft einstellen

- Wählen Sie in dem Menü in Abbildung 3.15 die Funktion *Objektfang-Einstellungen*.
- Aktivieren Sie eines der beiden oben beschriebenen Kontextmenüs (siehe Abbildung 3.14) und wählen Sie darin die Funktion *Objektfang*.

Mit den letzten beiden Methoden öffnen Sie das Dialogfeld des Befehls *Zeicheinst*, diesmal ist das Register *Objektfang* aktiv (siehe Abbildung 3.16).

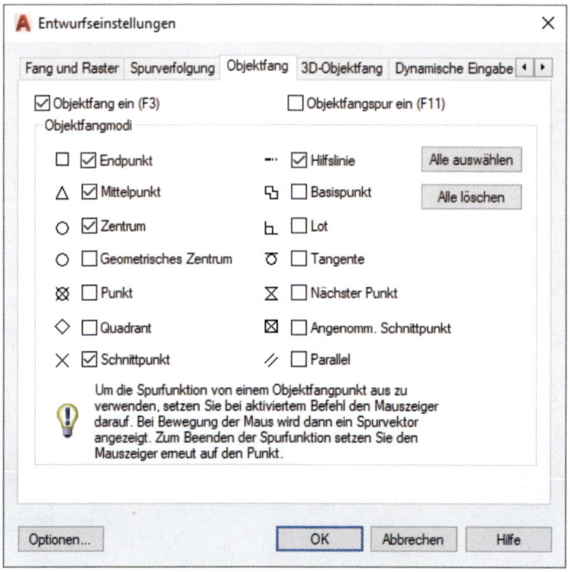

Abbildung 3.16: Dialogfeld des Befehls Zeicheinst mit dem Register Objektfang

In diesem Register haben Sie folgende Möglichkeiten:

- **Objektfang ein (F3):** Damit schalten Sie den Objektfang komplett ein und aus wie mit der Funktionstaste [F3] .
- **Objektfangspur ein (F11):** Hier schalten Sie die *Objektfangspur* ein und aus, dazu gleich mehr im Abschnitt 3.7. Lassen Sie diese Funktion zunächst noch ausgeschaltet.
- **Objektfangmodi:** In diesem Feld können Sie die gewünschten Fangfunktionen wählen. Zur Wirkung der einzelnen Fangfunktionen gleich mehr.
- **Alle auswählen/Alle löschen:** Aktivierung bzw. Deaktivierung aller Objektfangmodi.

3.5.4 Tipps zum Zeichnen mit dem Objektfang

- Haben Sie eine oder mehrere Fangfunktionen fest eingestellt und brauchen eine andere Fangfunktion, wählen Sie die Fangfunktion für eine Punkteingabe nach einer der oben beschriebenen Methoden für diese Punkteingabe. Dann gilt die zusätzlich gewählte Fangfunktion nur für diese eine Eingabe. Für die folgenden Eingaben gelten wieder die fest eingestellten Fangfunktionen.
- Wählen Sie die Fangfunktion *Keiner*, sind die Fangfunktionen für diese eine Eingabe ausgeschaltet.
- Die Symbole, die beim Zeichnen an den Geometriepunkten angezeigt werden, entsprechen denen im Dialogfeld aus Abbildung 3.16.
- Befinden sich um das Fadenkreuz dicht nebeneinander mehrere Punkte, auf die die eingestellten Fangbedingungen zutreffen, können Sie mit der Taste [⇆] durchblättern. Wenn das Symbol am gewünschten Punkt angezeigt wird, klicken Sie den Punkt an. Sicherer ist es, so weit hineinzuzoomen, bis Sie den Punkt eindeutig identifizieren können. Aber oft geht es mit [⇆] schneller.

3.6 Die verschiedenen Fangfunktionen

Jetzt wissen Sie zwar, wie Sie die Objektfangfunktionen wählen. Im Folgenden wollen wir uns ansehen, was sie bewirken und wie sie eingesetzt werden.

3.6.1 Einfache Objektfangmodi

Doch welche Fangfunktionen stehen in AutoCAD zur Verfügung? Schauen wir uns zunächst die einfachen Objektfangmodi an.

Einfach deshalb, weil sie ohne Hilfslinien arbeiten (siehe Abbildung 3.17):

- **Endpunkt:** Fängt die Endpunkte einer Linie, eines Bogens oder eines Polyliniensegments.

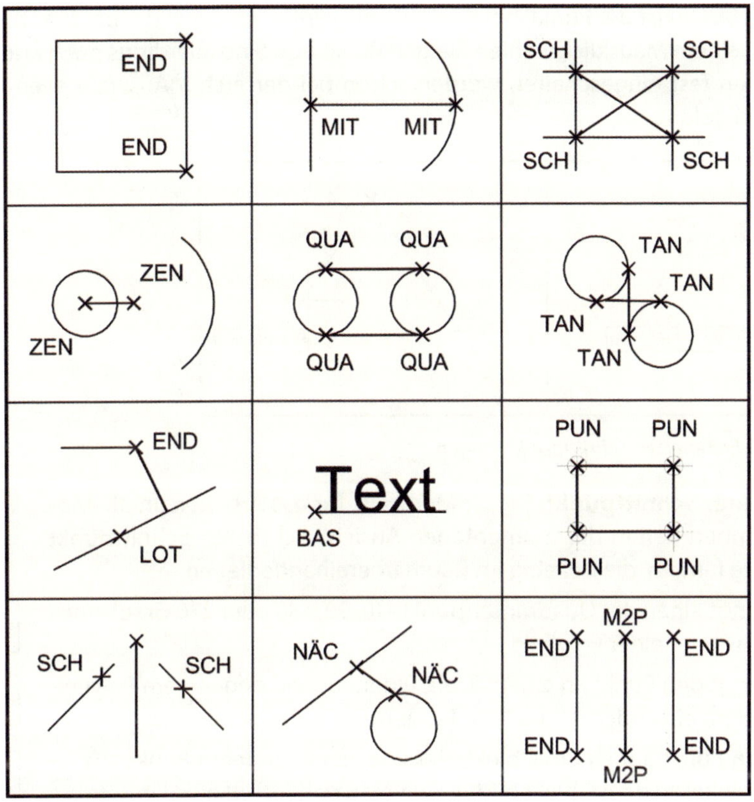

Abbildung 3.17: Wirkung der Fangfunktion

- **Mittelpunkt:** Fängt den Mittelpunkt einer Linie, eines Bogens oder eines Polyliniensegments.

- **Zentrum:** Fängt das Zentrum eines Kreises, eines Bogens und eines Polylinienbogens. Beachten Sie, dass Sie auf die Kreislinie, den Bogen usw. zeigen müssen, um die Auswahl zu aktivieren. Wenn das Symbol am Zentrum erscheint, können Sie klicken. Sie müssen nicht am Zentrum klicken. Wichtig ist, dass das Symbol am Zentrum angezeigt wird.

- **Geometrisches Zentrum:** Fängt den Schwerpunkt von geschlossenen Polylinien und Splines (siehe Kapitel 4.4 und 4.7).

- **Schnittpunkt:** Fängt den Schnittpunkt zweier Objekte. Befindet sich das Fadenkreuz jedoch in der Nähe eines Objekts, ohne dass dort ein Schnittpunkt vorhanden ist, erscheinen das Schnittpunktsymbol und drei Punkte. Am Fadenkreuz wird dabei angezeigt: *Erweiterter Schnittpunkt*. Klicken Sie das Objekt an, wird nichts gefangen. Kommen Sie allerdings in die Nähe eines anderen Objekts, wird der virtuelle Schnittpunkt der beiden Objekte markiert (siehe

Abbildung 3.18). Das ist der Punkt, bei dem sich die Verlängerungen der beiden Objekte treffen. Mit einem Mausklick wählen Sie den Punkt aus. Sind allerdings noch andere Fangfunktionen fest eingeschaltet, werden schon bei der ersten Auswahl eventuell andere Punkte gefangen.

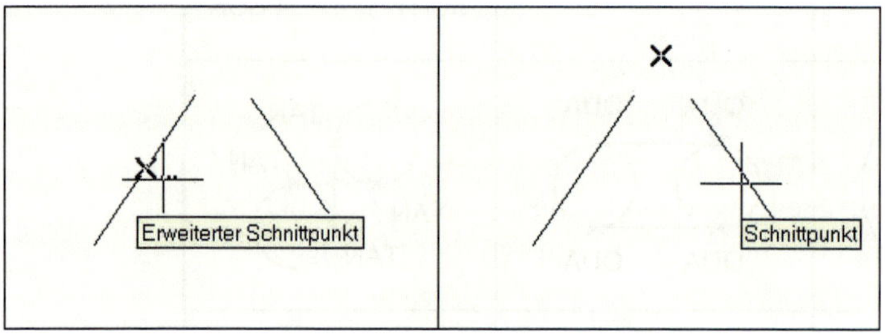

Abbildung 3.18: Erweiterten Schnittpunkt fangen

- **Angenommener Schnittpunkt:** Dieser Modus ist für das Arbeiten an 3D-Modellen. Sie können den in der momentanen Ansicht sichtbaren Schnittpunkt zweier Objekte fangen, die beliebig im Raum übereinanderliegen. 
- **Quadrant:** Fängt einen der Quadrantenpunkte (0, 90, 180 oder 270 Grad) eines Kreises, Bogens oder einer Polylinie. 
- **Tangente:** Fängt den Punkt an einem Kreis, einem Bogen oder einem Polylinienbogen, zu dem ein anderer Punkt die Tangente bildet. 
- **Lot:** Fängt den Punkt auf einem Objekt, der von einem anderen Punkt aus einen rechten Winkel zu dem Objekt bildet. Fällt man das Lot auf eine Linie, muss sich der Punkt nicht unbedingt auf der Linie befinden, er kann auch auf der Verlängerung der Linie liegen. 
- **Basispunkt:** Fängt den Basispunkt der Einfügung eines Blocks oder den Einfügepunkt eines Textes. Mehr zu diesen Objekten später. 
- **Punkt:** Fängt ein Punktobjekt in der Zeichnung, das mit dem Befehl *Punkt* gezeichnet wurde. 
- **Nächster:** Fängt den Punkt auf einem Objekt, der dem Fadenkreuz am nächsten liegt. Diesen Fangmodus verwenden Sie, wenn Sie eine Linie bis zu einem Objekt ziehen wollen, ohne dass sich dort ein spezieller Punkt befindet. Sie sollten diese Funktion nie fest einstellen, weil Sie sonst viel zu leicht Punkte neben den Geometriepunkten fangen. 
- **Mitte zwischen 2 Punkten:** Diese Funktion finden Sie nur im Kontextmenü für die Objektfangfunktionen. Sie können damit den Punkt fangen, der auf der Mitte der Verbindungslinie zweier Punkte liegt, beispielsweise die Mitte zweier Endpunkte. Diese Funktion muss immer zusammen mit einer anderen Fangfunktion verwendet werden.
- **Keiner:** Schaltet die fest eingestellten Fangfunktionen für eine Eingabe ab. 

3.6.2 Erweiterte Fangfunktion Hilfslinie

Weitere Möglichkeiten haben Sie mit den Objektfangfunktionen, die mit Hilfslinien arbeiten. Zunächst die Funktion *Hilfslinie*. Diese Funktion ist sehr vielseitig einsetzbar. Dabei muss aber zusätzlich mindestens der Objektfang *Endpunkt* aktiv sein.

Gehen Sie dabei wie folgt vor:

- Fahren Sie den Endpunkt einer Linie oder eines Bogens mit dem Fadenkreuz an (siehe Abbildung 3.19, P1). Das Symbol für den Endpunkt wird angezeigt. Bleiben Sie an dieser Stelle, wird ein kleines + direkt am Punkt angezeigt. Klicken Sie den Punkt aber nicht an. Er wird trotzdem festgehalten. Haben Sie den falschen Punkt erwischt, fahren Sie noch einmal an den Punkt und er wird wieder freigegeben.
- Haben Sie einen Endpunkt festgehalten, können Sie mit dem Fadenkreuz in der Richtung der Linie oder des Bogens weiterfahren. Ausgehend von dem gefangenen Punkt wird eine Hilfslinie gezeichnet (siehe Abbildung 3.19, links).
- Sie können einen Punkt anklicken, der dann auf der Hilfslinie platziert wird. Alternativ können Sie aber auch eine Länge eingeben und mit ↵ bestätigen. Der Punkt wird in diesem Abstand vom Endpunkt exakt auf der Hilfslinie platziert (siehe Abbildung 3.19, rechts, P2) und die Linie begonnen.
- Soll die neue Linie mit der alten fluchten, fahren Sie noch mal zu P1, ohne zu klicken und Sie bekommen wieder die Hilfslinie. Jetzt können Sie im gewünschten Abstand P3 anklicken.

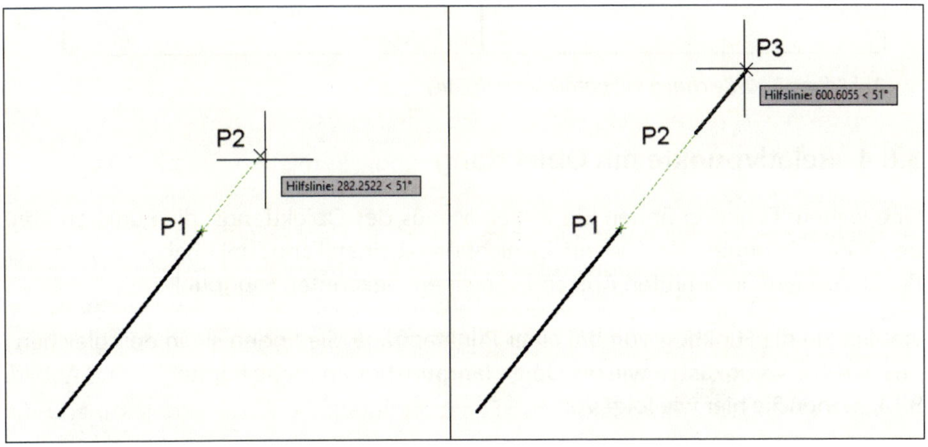

Abbildung 3.19: Objektfang mit Hilfslinien

3.6.3 Erweiterte Objektfangfunktion Parallel

Die Objektfangfunktion *Parallel* arbeitet auch ohne zusätzlichen Objektfang. Sie können damit Parallelen zu Liniensegmenten erstellen. Gehen Sie so vor:

- Zeichnen Sie eine Parallele zu einer bestehenden Linie und klicken Sie den ersten Punkt. Fahren Sie ein bestehendes Linienobjekt in der Zeichnung an, zu dem die neue Linie parallel gezeichnet werden soll. Klicken Sie diese nicht an. Es erscheint das Parallelsymbol, wenn die Fangfunktion *Parallel* eingeschaltet ist (siehe Abbildung 3.20, links).
- Fahren Sie mit dem Fadenkreuz in Richtung der neu zu zeichnenden Linie. Es erscheint eine Hilfslinie, sobald sich das neue Objekt parallel zu der vorher angefahrenen Linie befindet.
- Außerdem erscheint das Parallelsymbol auf dem vorher angefahrenen Objekt (siehe Abbildung 3.20, rechts), und Sie können einen Punkt auf der Hilfslinie angeben oder einen Abstand vom letzten Punkt eintippen.

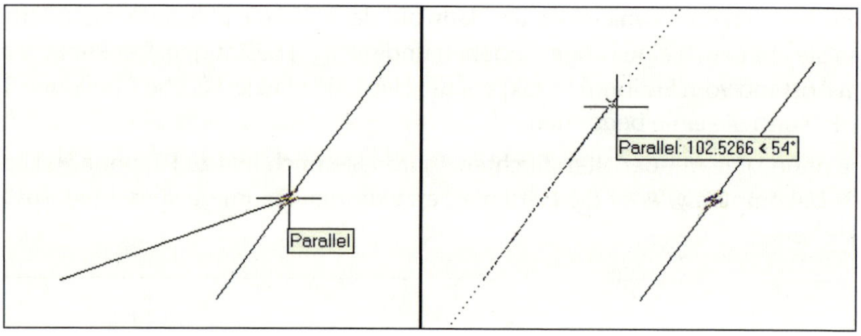

Abbildung 3.20: Zeichnen mit parallelen Hilfslinien

3.6.4 Relativpunkte mit Objektfang

Eine weitere Funktion finden Sie in den Menüs des Objektfangs: die Funktion *Von*. Sie benötigen sie immer dann, wenn Sie nicht direkt einen Fangpunkt haben, sondern einen Punkt in einem bestimmten Abstand von einem bekannten Fangpunkt.

Wählen Sie die Funktion *Von* bei einer Punktanfrage. Sie finden sie in den gleichen Menüs und Werkzeugkästen wie die Objektfangfunktionen (siehe Kapitel 3.5 und Abbildung 3.14). Gehen Sie hier wie folgt vor:

- Wählen Sie bei der Punktanfrage eines Befehls die Funktion *Von*.
- Wählen Sie dann einen Punkt mit einer der üblichen Objektfangfunktionen.
- Danach geben Sie den Abstand von diesem Punkt als relative Koordinate ein. Gut, dass wir schon über Koordinatenformate gesprochen haben.

- Haben Sie die Spurverfolgung oder sonst eine geeignete Zeichenhilfe eingestellt, können Sie auch mit der Maus in die entsprechende Richtung zeigen und nur den gewünschten Abstand eintippen.

3.6.5 Übung: Zeichnen mit der Funktion »Von«

Öffnen Sie die Zeichnung ***A03-04.dwg*** aus dem Ordner *Aufgaben*. Zeichnen Sie die beiden Kreise mit den vorgegebenen Abständen (siehe Abbildung 3.21). Schalten Sie die Objektfangfunktionen *Endpunkt* und *Zentrum* ein. Die restlichen Zeichenhilfen brauchen wir für diese Übung nicht.

```
Befehl eingeben Kreis
Zentrum für Kreis angeben oder [3P/2P/Ttr (Tangente Tangente Radius)]:
Von aus dem Kontextmenü wählen
Basispunkt: Linken unteren Endpunkt der Platte mit dem Objektfang Endpunkt fangen
<Abstand>: Relativen Abstand vom linken unteren Eckpunkt eingeben, @20,25
Radius für Kreis angeben oder [Durchmesser]: 10
Befehl eingeben Kreis
Zentrum für Kreis angeben oder [3P/2P/Ttr (Tangente Tangente Radius)]:
Von aus dem Kontextmenü wählen
Basispunkt: Zentrum des ersten Kreises mit dem Objektfang Zentrum fangen
<Abstand>: Relativen Abstand vom ersten Kreis eingeben, @25,-15
Radius für Kreis angeben oder [Durchmesser]: 5
```

Das Ergebnis sollte wie in Abbildung 3.21 aussehen. Eine Musterlösung finden Sie auch im Ordner *Aufgaben*, die Zeichnung ***L03-04.dwg***.

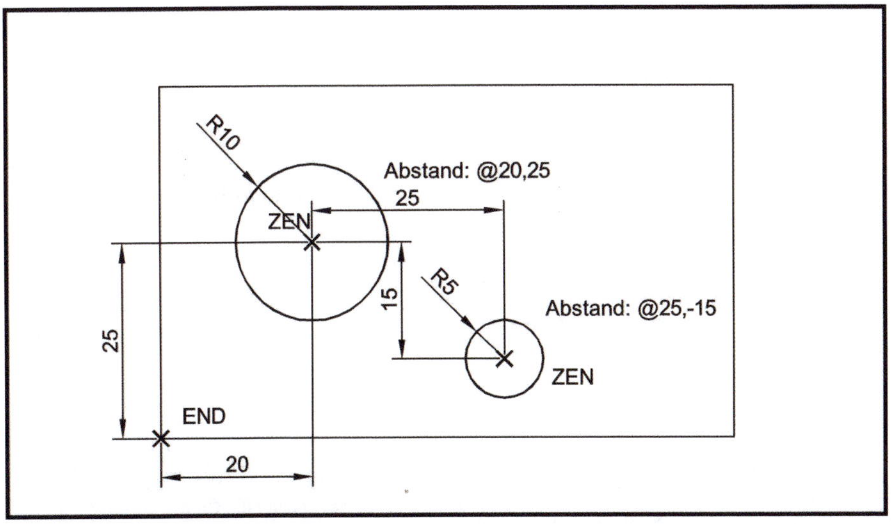

Abbildung 3.21: Zeichnen mit Relativpunkten

3.7 Objektfangspuren

Perfekt wird das Zeichnen mit den Objektfangspuren. Damit können Sie Fangpunkte abgreifen und davon orthogonale Hilfslinien oder Hilfslinien entlang der Winkel des Polarfangs wegziehen. Auf diesen Hilfslinien können Sie dann Abstände für neue Punkte eingeben. Sie können auch von mehreren Punkten Hilfslinien wegziehen und die Schnittpunkte der Hilfslinien anklicken. Sie können die Objektfangspuren für die verschiedensten Anwendungen benutzen. Außerdem ergeben sich damit ganz neue Möglichkeiten, um beispielsweise verschiedene Ansichten zu zeichnen.

3.7.1 Objektfangspur aktivieren

Die Objektfangspuren können Sie auf folgende Arten aktivieren:

- Symbol in der Statusleiste: Ist das Symbol blau unterlegt, ist die Funktion eingeschaltet.

- mit der Funktionstaste F11 ein- und ausschalten

3.7.2 Objektfangspur einstellen

Ob die Objektfangspuren nur orthogonale Hilfslinien erzeugen sollen oder ob sie Hilfslinien entlang der Winkel der Spurverfolgung ziehen sollen, können Sie in dem Dialogfeld des Befehls *Zeicheinst* einstellen, am schnellsten mit einem Rechtsklick auf das Symbol für die Objektfangspur in der Statusleiste und der Auswahl von *Objektfangspur-Einstellungen*. Im Register *Objektfang* können Sie die Funktion auch ein- und ausschalten, aber das geht wie oben beschrieben schneller.

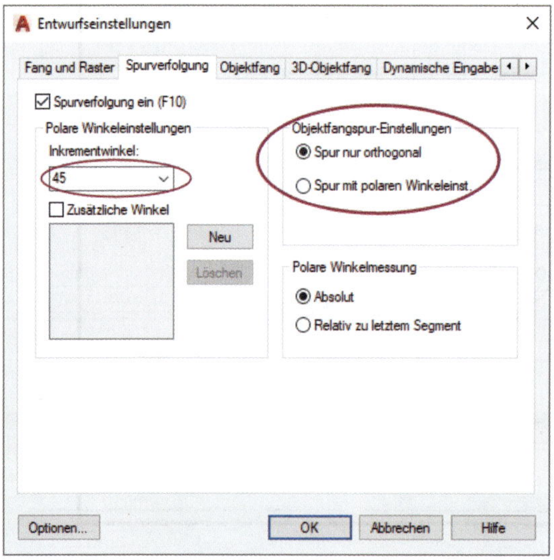

Im Register *Spurverfolgung*, Feld *Objektfangspur-Einstellungen* können Sie wählen, ob Sie die Objektfangspuren nur orthogonal oder auch in Richtung der Winkel der Spurverfolgung haben wollen (siehe Abbildung 3.22).

Abbildung 3.22: Dialogfeld für die Spurverfolgung mit Feld für die Objektfangspur-Einstellungen

3.7.3 Tipps zum Zeichnen mit den Objektfangspuren

Folgendes sollten Sie beachten, wenn Sie mit Objektfangspuren arbeiten. Gehen Sie wie folgt vor:

- Fahren Sie einen Objektfangpunkt mit dem Fadenkreuz an, bis das Symbol für den Fangpunkt angezeigt wird. Gehen Sie dann direkt auf den Punkt. Daraufhin wird ein kleines Pluszeichen am Punkt angezeigt und der Punkt ist festgehalten. Klicken Sie ihn nicht an.
- Fahren Sie von dem Punkt orthogonal weg, wird eine Hilfslinie mitgezogen (siehe Abbildung 3.23, links oben). Haben Sie bei den *Objektfangspur-Einstellungen* (siehe Abbildung 3.22) *Spur mit polaren Winkeleinst.* gewählt, können Sie auch in den im Feld *Inkrementwinkel* und im Feld *Zusätzliche Winkel* eingetragenen Winkeln eine Hilfslinie ziehen (siehe Abbildung 3.23, rechts oben). Wenn Sie die Hilfslinie doch wieder entfernen wollen, bewegen Sie das Fadenkreuz noch einmal auf den Punkt.
- Klicken Sie einen Punkt auf der Hilfslinie an oder geben Sie den Abstand an, den der neue Punkt vom gefangenen Punkt haben soll.
- Sie können auf diese Art auch eine weitere Hilfslinie von einem anderen Objektfangpunkt wegziehen und den Schnittpunkt der beiden Hilfslinien anklicken (siehe Abbildung 3.23, untere Reihe).

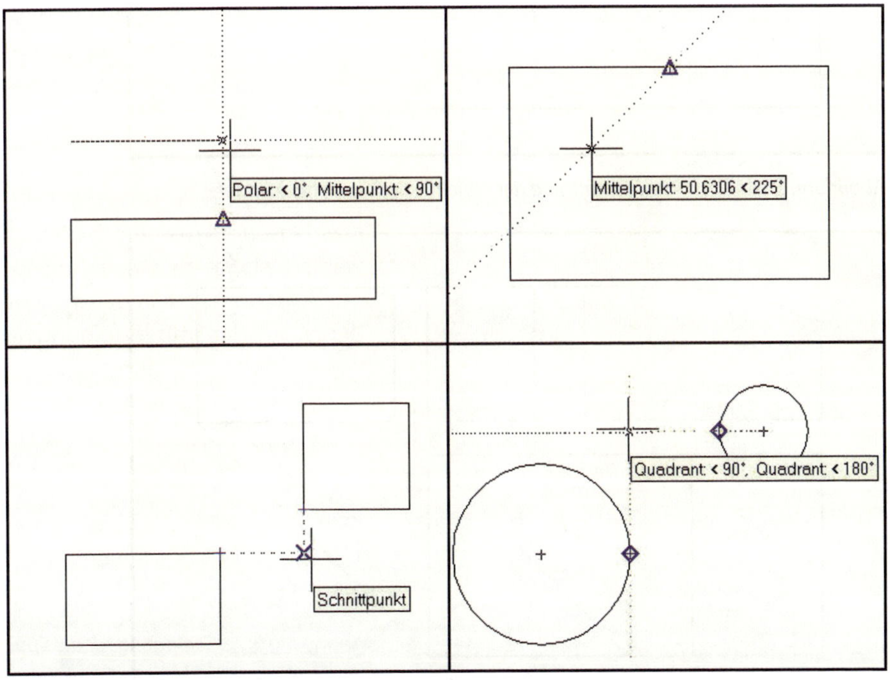

Abbildung 3.23: Objektfangspuren ziehen

3.7.4 Übung: Zeichnen mit Objektfangspuren

- Öffnen Sie die Zeichnung ***A03-05.dwg*** aus dem Ordner *Aufgaben*.
- Schalten Sie die Objektfangfunktionen *Endpunkt*, *Schnittpunkt*, *Quadrant* und *Zentrum* sowie die Objektfangspuren ein.
- Setzen Sie das Winkelraster der Spurverfolgung auf 15° und schalten Sie die Spurverfolgung ein. Stellen Sie die Objektfangspur so ein, dass Sie auch im Winkelraster Hilfslinien ziehen können.
- In der Zeichnung ist bis jetzt nur die Draufsicht. Erstellen Sie daraus die Vorderansicht und die Seitenansicht (siehe Abbildung 3.24).

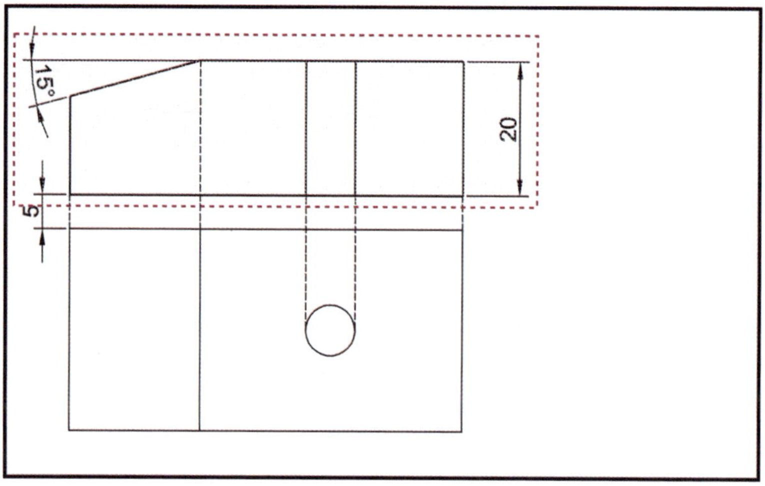

Abbildung 3.24: Vorderansicht mithilfe der Objektfangspuren gezeichnet

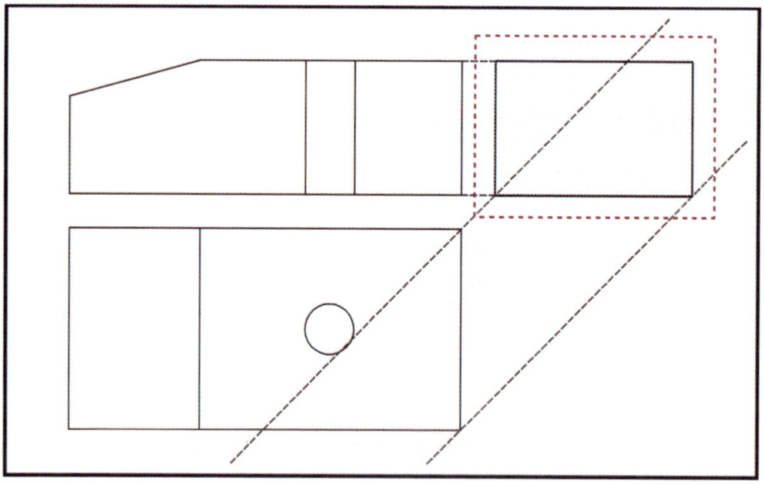

Abbildung 3.25: Seitenansicht mithilfe der Objektfangspuren gezeichnet

- Fangen Sie mit der Vorderansicht im Abstand von 5 an (siehe Abbildung 3.24, markierter Bereich). Greifen Sie die Maße aus der Draufsicht ab. Lediglich den Abstand von 5 und die Höhe von 20 müssen Sie eintippen. Bei der Schräge von 15° bekommen Sie eine Hilfslinie durch die Spurverfolgung mit dem Winkelraster 15°.
- Zeichnen Sie dann die Seitenansicht (siehe Abbildung 3.25, markierter Bereich). Greifen Sie die beiden Punkte an der Unterkante der Seitenansicht aus der Draufsicht unter 45° und aus der Vorderansicht unter 0° ab.

Um die senkrechten Linien in der Seitenansicht (siehe Abbildung 3.26) abgreifen zu können, müssen Sie sich zuerst den temporären Spurpunkt im folgenden Abschnitt ansehen.

3.8 Temporärer Spurpunkt

Zum Schluss der Zeichenhilfsmittel noch eine Funktion für spezielle Fälle, der temporäre Spurpunkt. Den finden Sie in den gleichen Menüs wie die Objektfangfunktionen. Wenn Sie Hilfslinien ziehen, kommt es oft vor, dass Sie Punkte nicht direkt setzen können. Mithilfe der temporären Spurpunkte können Sie Stützpunkte setzen und so die Objektfangspuren über mehrere Punkte hinweg ziehen. Gehen Sie bei dieser Funktion wie folgt vor:

- Wählen Sie beispielsweise den Befehl *Linie*. Wenn nach dem Startpunkt gefragt wird, klicken Sie die Funktion *Temporärer Spurpunkt* an. Anschließend klicken Sie einen Punkt an. Dieser wird nicht als Startpunkt für die Linie genommen, sondern Sie können von diesem Punkt wieder eine Hilfslinie wegziehen und einen weiteren Punkt anklicken oder einen Abstand eingeben. Erst der so spezifizierte Punkt wird dann als Startpunkt verwendet.
- Sie könnten aber auch noch einmal die Funktion *Temporärer Spurpunkt* eingeben und wieder eine Hilfslinie ziehen und einen Punkt setzen. Auch dieser wird dann ebenfalls nicht verwendet. So könnten Sie zum endgültigen Punkt mit einer ganzen Serie von Stützpunkten kommen.

3.8.1 Übung: Zeichnen mit temporären Spurpunkten

Zeichnen Sie in der Seitenansicht die senkrechten Linien (siehe Abbildung 3.26).

`Befehl eingeben` ***Linie***
`Ersten Punkt angeben:` ***Funktion Temporärer Spurpunkt aus dem Kontextmenü wählen***
`Temporären Punkt für OTRACK angeben:` ***P1 anklicken***
`Ersten Punkt angeben:` ***Temporären Spurpunkt aus dem Kontextmenü wählen***
`Temporären Punkt für OTRACK angeben:` ***Hilfslinie waagerecht bis P2 ziehen und P2 anklicken***
`Ersten Punkt angeben:` ***Hilfslinie unter 45° bis zu P3 ziehen und P3 anklicken***
`Nächsten Punkt angeben oder [Zurück]:` ***P4 anklicken***
`Nächsten Punkt angeben oder [Zurück]:` ***Mit ↵ beenden***

Gehen Sie bei der anderen Linie genauso vor.

Das Ergebnis sollte wie in Abbildung 3.26 aussehen. Falls nicht, ist die Lösung auch in der Zeichnung ***L03-05.dwg*** im Ordner *Aufgaben*. Sie haben ja recht, unsichtbare Kanten sollten gestrichelt dargestellt werden. Da müssten wir jetzt die Objekteigenschaften bearbeiten. Das vertagen wir aber erst einmal auf Kapitel 6.

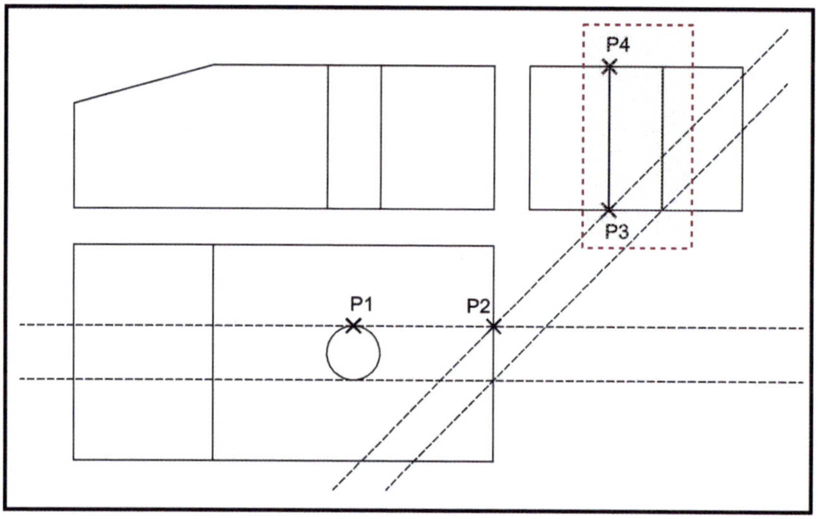

Abbildung 3.26: Senkrechte Linien in der Seitenansicht

Sie haben jetzt eine ganze Reihe an Zeichenhilfen, Zeichenfunktionen und Hilfsmitteln kennengelernt. Zum Teil überschneiden sich die Möglichkeiten, die Sie damit haben. Es ist auch nicht notwendig, immer alle zu kennen. Eignen Sie sich die effektivsten Methoden an, vor allem die dynamische Eingabe, Objektfangspuren und Objektfang, und Sie werden alles zeichnen können. Oft ist schneller eine Hilfslinie gezeichnet, die später wieder gelöscht wird, als ewig mit einer selten benutzten Funktion herumzuexperimentieren. Die Funktion *Temporärer Spurpunkt* ist so ein Beispiel, bei dem Sie bestimmt morgen schon wieder herumprobieren.

3.9 Von Limiten, Maßstäben und Papiermaßen

Wir zeichnen nicht immer Gegenstände, die auf einem Blatt Papier Platz haben. Aber was tun wir, wenn der Grundriss eines Hauses gezeichnet werden soll oder ein Stadtplan, eine Landkarte usw.? Wenn Sie auf Papier zeichnen, multiplizieren Sie die Größen mit dem Maßstab und stellen sie kleiner oder größer als in Wirklichkeit dar. Der Nachteil dabei ist, dass Sie jedes Maß mit dem Maßstab multiplizieren müssen. Wenn Sie mit einem CAD-Programm zeichnen, sollten Sie das Rechnen dem Computer überlassen.

Es gelten zwei wichtige Regeln:

Regel 1: Zeichnen Sie mit AutoCAD immer 1:1!

Ihnen steht im Computer ein beliebig großes oder beliebig kleines Zeichenblatt zur Verfügung. Erst bei der Ausgabe der Zeichnung vergrößern oder verkleinern Sie diese so, dass sie auf das gewünschte Papierformat passt. Das Zeichenblatt hat immer die Originalgröße. Sie müssen keine Maße mehr umrechnen.

Regel 2: Innerhalb von AutoCAD gibt es nur Zeichnungseinheiten.

Egal, was Sie zeichnen, in AutoCAD wird immer in Zeichnungseinheiten gezeichnet. Das können mm, cm, m oder km und im angelsächsischen Raum auch Zoll oder Fuß sein.

Mit diesen beiden Regeln als Grundlage können wir weitere Überlegungen anstellen. Drei Größen sind jetzt wichtig, um das Layout für eine neue Zeichnung zu planen:

3.9.1 Die Zeichnungslimiten

Durch die Abmessungen des zu zeichnenden Objekts können zwei Punkte ermittelt werden, ein linker unterer und ein rechter oberer. Innerhalb des Rechtecks, das sich aus diesen Punkten bildet, befindet sich die Zeichnung. Diese Punkte werden in AutoCAD ***Limiten*** genannt. Meist liegt die linke untere Limite bei 0,0, dem Koordinatenursprung. Sie könnte aber auch an jedem beliebigen Punkt der Zeichnung liegen.

3.9.2 Papierformat und Plotmaßstab

Eine dieser Größen ist meist gegeben und die andere resultiert daraus: Entweder wird ein Papierformat vorgegeben und daraus resultiert ein Plotmaßstab, oder eine Zeichnung soll in einem bestimmten Maßstab erstellt werden und daraus ergibt sich das erforderliche Papierformat.

3.9.3 Der Maßstab

Der Maßstab wird in AutoCAD erst beim Plotten der Zeichnung erforderlich. Er wird angegeben mit:

Geplottete mm = Zeichnungseinheiten

Wenn also eine Zeichnung 1:50 auf das Papier kommen soll, entspricht 1 geplotteter Millimeter 50 Zeichnungseinheiten.

3.9.4 Berechnung der Limiten

Der Koordinatenwert für die rechte obere Limite errechnet sich wie folgt, wenn davon ausgegangen wird, dass die linke untere Limite beim Punkt 0,0 liegt:

Rechte obere Limite = Papiermaß / Plotmaßstab

Beim A3-Blatt im Maßstab 1:50 (=0.02) ergibt sich:

```
X:  420 / 0.02 = 21000
Y:  297 / 0.02 = 14850
```

Aber bringen wir das Ganze etwas leichter handhabbar in tabellarische Form. Die Werte in der Tabelle entsprechen der rechten oberen Limite, wenn die linke untere bei 0,0 liegt.

Maßstab	*A4*	*A3*	*A2*	*A1*	*A0*
10:1	***29.7,21***	***42,29.7***	***59.4,42***	***84,59.4***	***118.8,84.0***
5:1	***59.4,42***	***84,59.4***	***118.8,84***	***168,118.8***	***237.6,168***
1:1	***297,210***	***420,297***	***594,420***	***840,594***	***1188,840***
1:5	***1485,1050***	***2100,1485***	***2970,2100***	***4200,2970***	***5945,4200***
1:10	***2970,2100***	***4200,2970***	***5940,4200***	***8400,5940***	***11880,8400***
1:50	***14850,1050***	***21000,14850***	***29700,21000***	***42000,29700***	***59450,42000***
1:100	***29700,21000***	***42000,29700***	***59400,42000***	***84000,59400***	***118800,84000***

Tabelle 3.1: Limiten in Abhängigkeit von Maßstab und Papierformat

Da kein Drucker bis zum Rand drucken kann, muss der nicht bedruckbare Rand abgezogen werden. Der ist aber bei jedem Drucker oder Plotter anders, deshalb finden Sie in der Tabelle die vollen Papiermaße. Bei Plottern wird oft Papier im Überformat verwendet, sodass man bis zur Normgröße des Papiers plotten kann.

3.9.5 Wenn die Zeichnungseinheiten nicht mm entsprechen

Etwas komplizierter wird es, wenn nicht in mm gezeichnet wird, sondern in cm, m oder km. Dann verändern sich die Limiten, und der Plotmaßstab ist nicht mehr identisch mit dem Maßstab der Zeichnung. Der Zeichenbereich verringert sich bei cm um den Faktor 10 und bei m um den Faktor 1000.

Soll beispielsweise in cm gezeichnet und auf einem A4-Blatt im Maßstab 1:1 ausgegeben werden, liegt die rechte obere Limite bei 29.7,21 Zeichnungseinheiten (= cm). Der Plotmaßstab muss ebenfalls korrigiert werden, 1 geplotteter mm entspricht dann 0.1 Zeichnungseinheiten (= cm).

Noch ein Beispiel: Auf einem A3-Blatt wird in m gezeichnet, der Maßstab der geplotteten Zeichnung soll 1:50 sein. Die rechte obere Limite ist dann 21,14.85 (= m). Ein geplotteter mm entspricht in diesem Fall 0.05 Einheiten (= m).

3.9.6 Plotmaßstab und Beschriftungen

Da die Zeichnung erst beim Plotten oder Drucken vergrößert oder verkleinert wird, ist es erforderlich, alle papierbezogenen Größen mit dem Plotmaßstab zu multiplizieren. Soll beispielsweise in einer Zeichnung beim Plotten 1 geplotteter mm=100 Zeichnungseinheiten entsprechen, sollte auch ein Text in der Zeichnung mit der Texthöhe 350 geschrieben werden, wenn er auf dem Papier 3.5 mm hoch sein soll.

3.9.7 Hinweis: Modellbereich - Papierbereich

Etwas einfacher mit den Maßstäben haben Sie es, wenn Sie außer dem Modellbereich auch den Papierbereich verwenden. Alles dazu in Kapitel 15. Etwas mehr Planung und Sorgfalt sind dabei beim Zeichnen erforderlich. Das ist aber ein Aufwand, der sich lohnt. Sie können damit mehrere Ansichten in verschiedenen Maßstäben Ihres Modells aufs Papier legen. Bei 3D-Modellen ist diese Methode unumgänglich. Alles dazu werden wir uns in Kapitel 16.3 im Detail ansehen.

3.9.8 Befehl Limiten

Sie müssen die Limiten nicht einstellen, sondern können einfach draufloszeichnen und nachher sehen, in welchem Maßstab und welchem Papierformat Sie Ihre Zeichnung aufs Papier bringen können. Trotzdem haben Sie mit dem Befehl *Limiten* die Möglichkeit, diese einzustellen und unter Umständen das Zeichnen nur innerhalb der Limiten möglich zu machen.

```
Befehl eingeben: Befehl Limiten eintippen
Modellbereich Limiten zurücksetzen:
Linke untere Ecke angeben oder [Ein/Aus] <0.00,0.00>: linken unteren Eckpunkt
eingeben, normalerweise 0,0
Obere rechte Ecke angeben <420.00,297.00>: rechten oberen Eckpunkt eingeben,
siehe Berechnung oben
```

Folgende Optionen stehen Ihnen außerdem zur Verfügung:

- **Ein** bzw. **Aus:** Mit den Optionen kann die Limitenkontrolle ein- und ausgeschaltet werden. Sie bewirkt beim Zeichnen, dass jede Eingabe überprüft wird und nicht angenommen wird, wenn sie außerhalb der Limiten liegt.

3.9.9 Befehl Einheit

Die Genauigkeit sowie das Einheitenformat für die Anzeige der Koordinaten am Fadenkreuz (siehe Abbildung 3.28), beim Messen usw. können mit dem Befehl *Einheit* eingestellt werden. Den Befehl finden Sie wie folgt:

- Menübrowser, Untermenü *Zeichnungsprogramme*, Funktion *Einheiten*

Die Einstellungen können Sie im Dialogfeld vornehmen (siehe Abbildung 3.27).

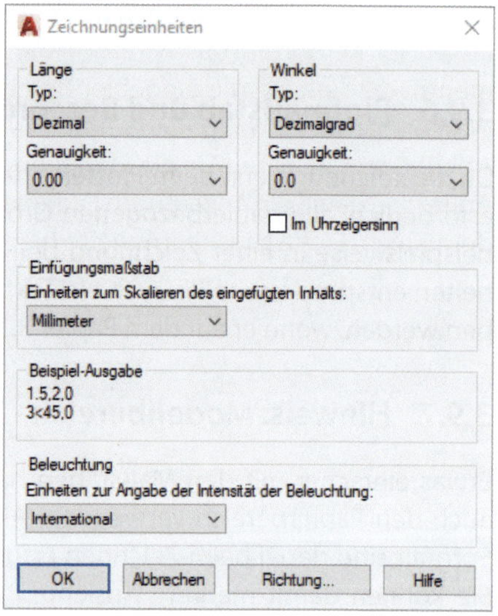

Abbildung 3.27: Einstellung der Zeichnungseinheiten

- **Länge, Typ:** In einem Pull-down-Menü können Sie für die Längenangaben zwischen den Formaten *Dezimal* und *Wissenschaftlich* (exponentielle Darstellung, z. B. 1.50E+03) sowie *Architectural*, *Bruch* oder *Engineering* (in Fuß und Zoll) wählen.
- **Länge, Genauigkeit:** Legen Sie in einem weiteren Pull-down-Menü die Genauigkeit der Anzeige zwischen null und acht Nachkommastellen fest.
- **Winkel, Typ:** Dieses Pull-down-Menü gestattet Ihnen die Auswahl des Formats für Winkel. Zur Verfügung stehen hier *Dezimalgrad* (Standardeinstellung), *Bogenmaß*, *Grad*, *Grad/Min/Sek* und *Feldmaß*.
- **Winkel, Genauigkeit:** Wie bei den Längen können Sie auch für die Winkel die Genauigkeit zwischen null und acht Nachkommastellen einstellen.
- **Winkel, Im Uhrzeigersinn:** Normalerweise werden Winkel in AutoCAD im mathematischen Sinn entgegen dem Uhrzeigersinn positiv gemessen. Klicken Sie diese Option an, werden sie hingegen im Uhrzeigersinn positiv gemessen.
- **Richtung:** Mit einem Klick auf diese Schaltfläche gelangen Sie zu einem weiteren Dialogfeld, in dem Sie die 0°-Richtung für Winkel festlegen können. Standardmäßig ist Osten eingestellt. Sie können jeden Quadranten wählen oder einen beliebigen Winkel eintragen oder aus der Zeichnung abgreifen.

Für das Zeichnen in metrischen Einheiten sollten Sie bei den Längen *Dezimal* und bei den Winkeln *Dezimalgrad* wählen. Die Winkelmessrichtung und die 0°-Richtung sollten Sie in der Standardeinstellung belassen.

3.9.10 Koordinatenanzeige in der Statuszeile

Sie können sich auch eine mitlaufende Koordinatenanzeige in der Statuszeile anzeigen lassen. Klicken Sie auf das Symbol in der Statusleiste ganz rechts. Es öffnet sich ein Kontextmenü, mit dem Sie die eingeblendeten Elemente der Statuszeile konfigurieren können. Wählen Sie den Eintrag *Koordinaten*, wenn Sie diese in der Statuszeile haben wollen. In Abbildung 3.28 sehen Sie die mitlaufende Koordinatenanzeige beim Zeichnen einer Linie. Außerdem läuft die Anzeige am Fadenkreuz mit. Die Genauigkeit der Anzeigen wurde mit dem Befehl *Einheit* ausnahmsweise hier einmal auf vier Nachkommastellen eingestellt.

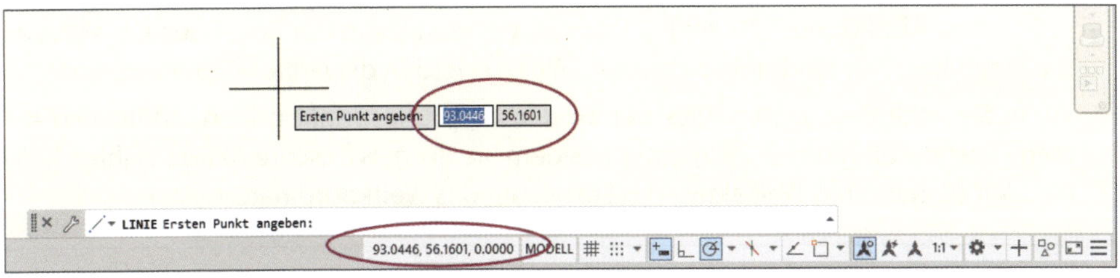

Abbildung 3.28: Koordinaten in der Statuszeile und am Fadenkreuz

Mit jeweils einem Klick auf die Koordinatenanzeige können Sie weiterschalten und wechseln zwischen absoluter Anzeige, polarer Anzeige und Stillstand mit Anzeige geklickter Punkte. Um ganz ehrlich zu sein: Eigentlich braucht man die Koordinatenanzeige nicht mehr. Schalten Sie diese besser ab.

3.10 Welt- und Benutzerkoordinatensysteme

Wenn Sie irgendwo in einem Teil ohne Orientierungspunkte eine neue Kontur erstellen wollen, ist es manchmal hilfreich, den Koordinatennullpunkt und die Ausrichtung des Koordinatensystems zu ändern. In AutoCAD setzt man dazu in das feste Koordinatensystem, das sogenannte Weltkoordinatensystem, abgekürzt WKS, weitere Koordinatensysteme, die Benutzerkoordinatensysteme, abgekürzt BKS. Diese haben folgende Eigenschaften:

- Sie können in beliebiger Anzahl erzeugt und mit Namen versehen in der Zeichnung gespeichert werden.
- Ein Benutzerkoordinatensystem ist immer das aktuelle BKS.
- Koordinaten geben Sie im aktuellen BKS ein. Auch die Koordinatenanzeige in der Statusleiste zeigt die Koordinaten im aktuellen BKS an.

Solange Sie nur zweidimensionale Zeichnungen erstellen, ist es im Allgemeinen nicht erforderlich, verschiedene Benutzerkoordinatensysteme zu speichern. Hier reicht es meist aus, das Weltkoordinatensystem zu verschieben oder zu verdrehen. Mit einer solchen Aktion wird schon automatisch ein neues Benutzerkoordinatensystem erstellt.

3.10.1 Benutzerkoordinatensystem ändern

In AutoCAD gibt es verschiedene Befehle, um das BKS zu setzen, zu speichern und gespeicherte Koordinatensysteme wieder zu aktivieren. Seit AutoCAD 2012 gibt es aber eine wesentlich einfachere Methode, ganz ohne Befehl:

- Klicken Sie das Koordinatensymbol links unten an und es bekommt sogenannte Griffe (siehe Abbildung 3.29, links).
- Klicken Sie auf den quadratischen Griff, den Ursprungsgriff, und danach an eine neue Stelle in der Zeichnung, wird der Ursprung des Koordinatensystems an diese Stelle gesetzt (siehe Abbildung 3.29, Mitte). Dazu verwenden Sie in der Regel den Objektfang, um einen bestimmten Punkt zu treffen. Mit Esc werden die Griffe wieder entfernt.
- Wenn Sie nach dem ersten Klick nur an den Ursprungspunkt zeigen, öffnet sich ein Menü (siehe Abbildung 3.29, rechts), aus dem Sie die gewünschte Aktion wählen können. Mit dem Eintrag *Welt* aktivieren Sie wieder das Weltkoordinatensystem.

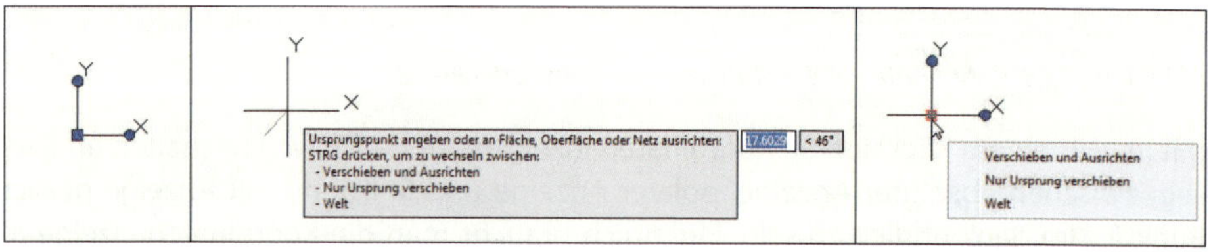

Abbildung 3.29: BKS, Ursprung verschieben

- Klicken Sie dagegen auf einen runden Griff an den Achsenendpunkten, können Sie die Ausrichtung der Achse ändern (siehe Abbildung 3.30, Mitte). Klicken Sie einen Punkt an und die Achse wird entsprechend ausgerichtet. Auch hier sollte der Objektfang oder eine Winkeleingabe für eine exakte Ausrichtung verwendet werden.
- Wenn Sie nach dem ersten Klick nur auf einen Achsenendpunkt zeigen, öffnet sich ein Menü (siehe Abbildung 3.30, rechts). Mit dem Eintrag *Um Z-Achse drehen* können Sie den Winkelwert eingeben, um den das BKS gedreht werden soll.

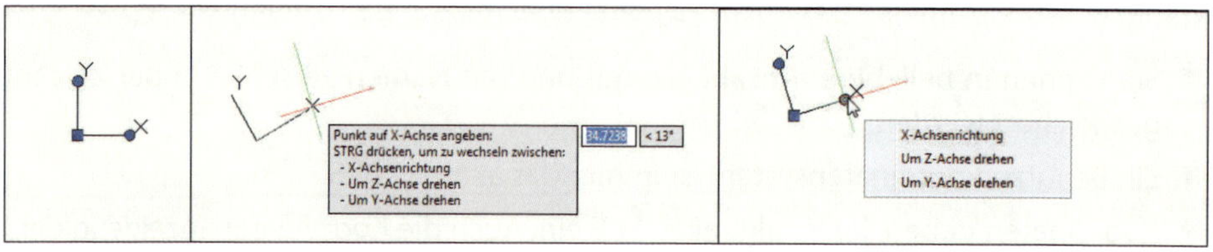

Abbildung 3.30: BKS, um Achse drehen

Wenn Sie bis hierher durchgehalten haben, dann sind Sie jetzt bestimmt ganz heiß aufs Zeichnen. Im nächsten Kapitel geht es genau darum.

4. Die Zeichenbefehle

Linien, Rechtecke und Kreise haben Sie in der ersten Übung schon gezeichnet. Jetzt sollen diese Befehle noch etwas genauer beleuchtet werden. Danach geht es um die weiteren Zeichenfunktionen.

4.1 Linien, Rechtecke, Kreise und Punkte

Mit den geometrischen Grundformen können Sie schon sehr viel ausrichten, vor allem dann, wenn Sie den kompletten Funktionsumfang der Befehle kennen.

4.1.1 Befehl »Linie«

Der elementarste Zeichenbefehl ist der Befehl *Linie*. Mit ihm lassen sich einzelne Linien oder Linienzüge erstellen.

- Multifunktionsleiste: Symbol im Register *Start*, Gruppe *Zeichnen*

```
Befehl eingeben Linie
Ersten Punkt angeben:
Nächsten Punkt angeben oder [Zurück]:
Nächsten Punkt angeben oder [Zurück]:
Nächsten Punkt angeben oder [Schließen/Zurück]:
...
Nächsten Punkt angeben oder [Schließen/Zurück]: Mit ↵ Befehl beenden
```

Sie können Punkte auf der Zeichenfläche anklicken, deren Koordinaten eingeben oder mit einer der Methoden fangen. Die Punkte werden durch Linienzüge verbunden. Ist ein Punkt gesetzt, wird eine Linie zum Fadenkreuz gezogen, die sich wie ein Gummiband mit der Stellung des Fadenkreuzes verändert. Wenn Sie die erste Befehlsanfrage mit ↵ bestätigen oder die rechte Maustaste drücken, wird der neue Linienzug am zuletzt gezeichneten Punkt angesetzt, aber nur dann, wenn in dieser Sitzung schon gezeichnet wurde.

Folgende Optionen gibt es:

- **Zurück:** Wählen Sie bei einer Punktanfrage diese Option, wird der zuletzt eingegebene Punkt entfernt und mit ihm das letzte Liniensegment. Die Funktion kann mehrmals ausgeführt werden, bis alle Punkte entfernt sind und der Startpunkt wieder neu gesetzt werden kann.
- **Schließen:** Mit dieser Option wird der letzte Punkt mit dem Anfangspunkt des Linienzugs verbunden und der Befehl beendet. Das ist nur möglich, wenn mindestens drei Punkte eingegeben wurden.

4.1.2 Befehl »Rechteck«

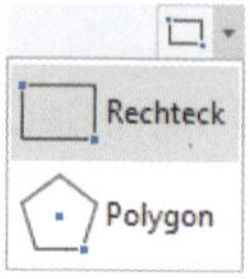

Rechtecke bzw. Quadrate können Sie mit dem Befehl *Linie* als geschlossenen Linienzug zeichnen. Einfacher haben Sie es jedoch mit dem Befehl *Rechteck*, denn hier reicht die Angabe zweier diagonaler Eckpunkte:

- Multifunktionsleiste: Flyout im Register *Start*, Gruppe *Zeichnen*

```
Befehl eingeben Rechteck
Ersten Eckpunkt angeben oder [Fasen/Erhebung/Abrunden/Objekthöhe/Breite]:
Anderen Eckpunkt angeben oder [Fläche/Abmessungen/Drehung]:
```

Statt der Eingabe des Startpunkts können Sie zuerst Optionen wählen. Erst wenn die Option bearbeitet wurde, wird die Eingabe des Startpunkts erneut angefragt.

- **Fasen:** Mit dieser Option können Sie zwei Fasenabstände eingeben:

```
Ersten Eckpunkt angeben oder [Fasen/Erhebung/Abrunden/Objekthöhe/Breite]:
Option Fasen wählen
Ersten Fasenabstand für Rechtecke angeben <5.00>: Abstand eingeben
Zweiten Fasenabstand für Rechtecke angeben <5.00>: Abstand eingeben
```

  Bei dem Rechteck werden alle Ecken gefast (siehe Abbildung 4.1, b).

- **Abrunden:** Mit dieser Option kann ein Rundungsradius für die Ecken des Rechtecks eingegeben werden:

```
Ersten Eckpunkt angeben oder [Fasen/Erhebung/Abrunden/Objekthöhe/Breite]:
Option Abrunden wählen
Rundungsradius für Rechtecke angeben <2.00>: Rundungsradius eingeben
```

  Bei dem Rechteck werden alle Ecken gerundet (siehe Abbildung 4.1, c).

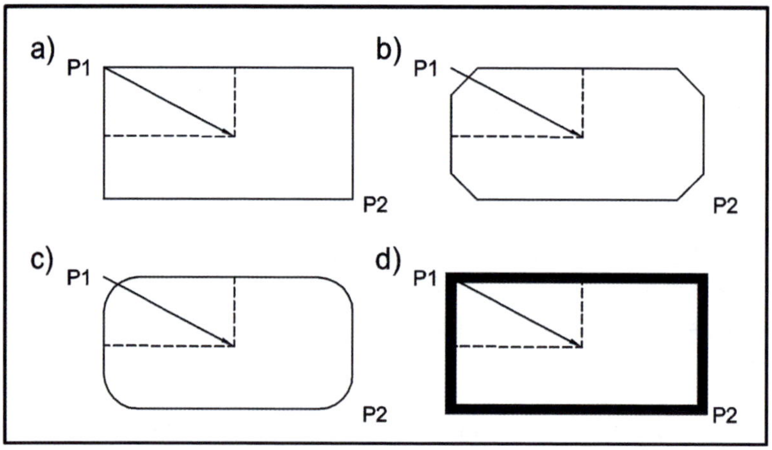

Abbildung 4.1: Varianten zum Zeichnen von Rechtecken

- **Breite:** Eingabe einer Linienbreite für das Rechteck:

  `Ersten Eckpunkt angeben oder [Fasen/Erhebung/Abrunden/Objekthöhe/Breite]:`
  Option Breite wählen
  `Linienbreite für Rechtecke angeben <0.00>:` ***Breite eingeben***

  Das Rechteck wird mit einer Linienbreite gezeichnet (siehe Abbildung 4.1, d).

Nach der Wahl einer Option wird die Optionsliste erneut angezeigt und Sie könnten eine weitere wählen. Danach kann der erste Punkt angeklickt werden. Nach der Eingabe des ersten Punkts wird das Rechteck dynamisch nachgezogen, nach Eingabe des zweiten Punkts wird es gezeichnet (siehe Abbildung 4.1, a).

Achtung: Wenn Sie bei einer vorherigen Verwendung des Befehls Werte für die *Breite, Fase, Drehung* usw. eingestellt haben, bleiben diese gespeichert. Wird später ein weiteres Rechteck erstellt, besitzt es ebenfalls diese Einstellungen. Prüfen Sie also unter Umständen vor dem Zeichnen, was eingestellt ist.

Auch bei der Eingabe des zweiten Punkts stehen weitere Optionen zur Verfügung:

- **Fläche:** Legen Sie die Fläche des Rechtecks fest und wählen Sie dann, ob Sie dazu die Länge oder Breite vorgeben wollen. Nachdem Sie diese Größe ebenfalls bestimmt haben, wird das Rechteck gezeichnet. Geben Sie die Größe negativ ein, wird das Rechteck entgegen der entsprechenden Achsrichtung gezeichnet.

  `Anderen Eckpunkt angeben oder [Fläche/Abmessungen/Drehung]:` ***Option Fläche wählen***
  `Fläche des Rechtecks in aktuellen Einheiten angeben <100.0000>:` ***Wert für die Fläche des Rechtecks eingeben***
  `Abmessungen des Rechtecks berechnen auf Grundlage der [Länge/Breite] <Länge>:`
  Option Länge oder Breite wählen z. B. Option Länge
  `Länge des Rechtecks eingeben <10.0000>:` ***Länge eingeben***

- **Abmessungen:** Damit geben Sie die Länge und Breite des Rechtecks vor.

  `Anderen Eckpunkt angeben oder [Fläche/Abmessungen/Drehung]:` ***Option Abmessungen wählen***
  `Länge der Rechtecke angeben <0.0000>:` ***Länge eingeben***
  `Breite der Rechtecke angeben <0.0000>:` ***Breite eingeben***
  `Anderen Eckpunkt angeben oder [Fläche/Abmessungen/Drehung]:` ***Seite anklicken, auf die das Rechteck gezeichnet werden soll***

  Geben Sie die Maße für die Länge und Breite des Rechtecks ein und klicken Sie in die Richtung, in die das Rechteck aufgebaut werden soll. Da nur der Startpunkt festgelegt wurde, könnte das Rechteck in alle vier Quadranten gezeichnet werden.

- **Drehung:** Wollen Sie ein gedrehtes Rechteck, wählen Sie diese Option.

  `Anderen Eckpunkt angeben oder [Fläche/Abmessungen/Drehung]:` ***Option Drehung wählen***
  `Drehwinkel angeben oder [Punkte auswählen] <0>:` ***Drehwinkel eingeben***
  `Anderen Eckpunkt angeben oder [Fläche/Abmessungen/Drehung]:` ***Anderen Eckpunkt des gedrehten Rechtecks eingeben***

  Geben Sie den Drehwinkel ein. Danach können Sie den zweiten Eckpunkt für das Rechteck eingeben. Nach Eingabe einer Option wird die Optionsliste wiederholt und Sie könnten eine weitere Option wählen.

4.1.3 Befehl »Kreis«

Die einfachste Methode, einen Kreis zu zeichnen, ist die mit der Angabe von Mittelpunkt und Radius. Mit dem Befehl können Sie aber wesentlich mehr machen.

- Multifunktionsleiste: Flyout im Register *Start*, Gruppe *Zeichnen*

Die Standardmethode und die weiteren Optionen wählen Sie wie folgt:

`Befehl eingeben` ***Kreis***
`Zentrum für Kreis angeben oder`
`[3P/2P/Ttr(Tangente Tangente Radius)]:` ***Zentrum anklicken oder andere Option wählen***
`Radius für Kreis angeben oder [Durchmesser]:` ***Radius eingeben oder Option Durchmesser wählen***

Der Standardablauf ist: Mittelpunkt anklicken und Radius eingeben (siehe Abbildung 4.2, a). Bis zur Festlegung des Radius wird der Kreis dem Fadenkreuz nachgezogen.

Dann haben Sie die Möglichkeit, den Radius einzugeben, oder eine weitere Option zur Auswahl:

- **Durchmesser:** Verwenden Sie bei der Radiusabfrage diese Option, wird auf die Durchmesserabfrage umgeschaltet. Hätten Sie im Flyout gleich das entsprechende Symbol, hätte es Ihnen diese Optionswahl erspart. Der Kreis wird mit dem eingegebenen Durchmesser gezeichnet (siehe Abbildung 4.2, b).

Weitere Optionen können Sie schon bei der ersten Abfrage wählen:

- **3 Punkte:** Damit können Sie drei Punkte zum Zeichnen eines Kreises vorgeben (siehe Abbildung 4.2, c).
- **2 Punkte:** Diese Option zeichnet einen Kreis durch zwei Punkte, die die Endpunkte der Durchmesserlinie bilden (siehe Abbildung 4.2, d).

- **Tan, Tan, Radius:** Mit dieser Option werden zwei Objekte und ein Radius abgefragt. Der Kreis wird tangential an die Objekte angelegt und mit dem eingegebenen Radius gezeichnet. Dabei wird der Objektfang *Tangente* automatisch aktiviert (siehe Abbildung 4.2, e).
- **Tan, Tan, Tan:** Nur im Flyout finden Sie diese Funktion, die mit *Tan, Tan, Tan* bezeichnet ist. Dabei handelt es sich um eine Variante der Option *3 Punkte*. Für alle drei Punkteingaben wird bei dieser Methode der Objektfang *Tangente* aktiviert. Damit können Sie zum Beispiel auf einfache Art einen Inkreis in ein Dreieck zeichnen (siehe Abbildung 4.2, f).

Alle der letztgenannten Optionen müssen Sie nicht manuell wählen, wenn Sie gleich das entsprechende Symbol im Flyout wählen.

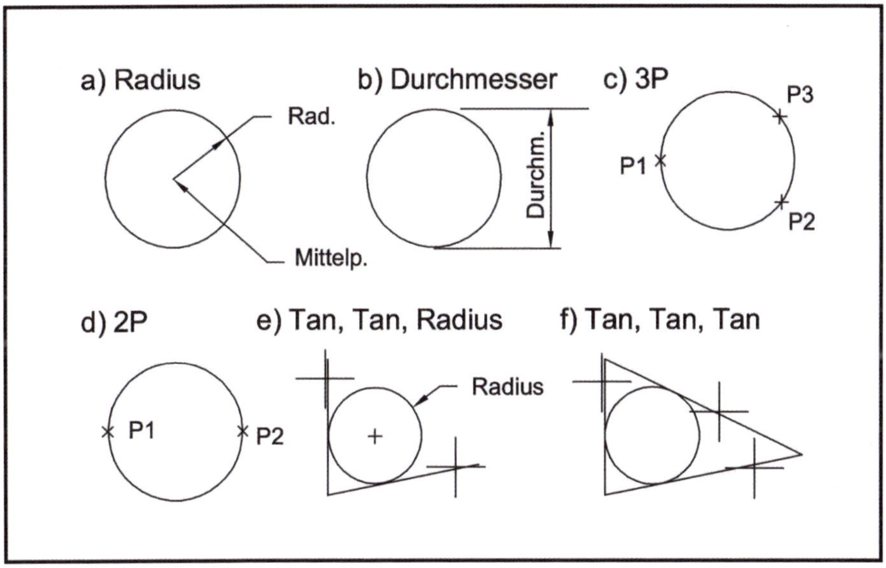

Abbildung 4.2: Varianten zum Zeichnen von Kreisen

4.1.4 Befehlswiederholung

Nach Beenden eines Befehls können Sie den letzten Befehl mit ↵ oder der Leer-Taste erneut starten. Leider wird er dann nur in der Standardversion aktiviert, nicht wie bei der Wahl aus einem Flyout mit einer bestimmten Variante.

Nach Abschluss eines Befehls können Sie mit der rechten Maustaste ein Kontextmenü aktivieren (siehe Abbildung 4.3). Darin finden Sie den Eintrag zum Wiederholen des letzten Befehls, z. B. *Wiederholen KREIS*. Außerdem können Sie aus dem Untermenü *Letzte Eingabe* die zuletzt verwendeten Befehle aktivieren. Aber auch damit nur in der Grundversion.

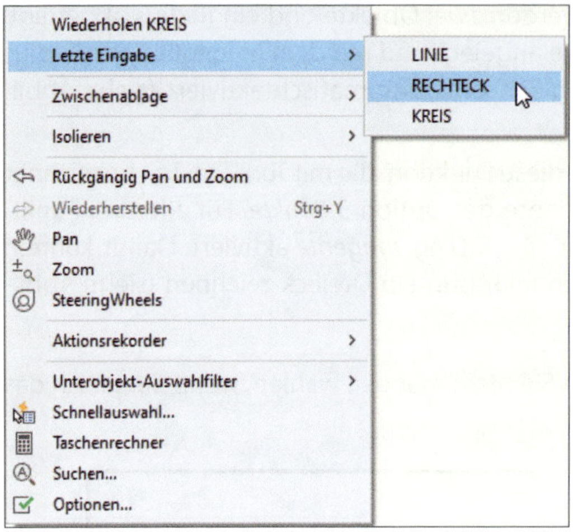

Aber es geht auch besser. Haben Sie aus einem Flyout einen Befehl gewählt, bleibt die zuletzt gewählte Variante als oberstes Symbol liegen. Jetzt kann diese Variante mit einem Klick noch einmal aktiviert werden.

Abbildung 4.3: Kontextmenü unter anderem für die Befehlswiederholung

4.1.5 Befehl »Punkt«

Sie können Punkte in der Zeichnung setzen. Was das soll? Diese können als Konstruktionshilfen platziert werden, die Sie später mit dem Objektfang *Punkt* wieder einfangen und verbinden können. Bei technischen Zeichnungen werden Sie Punkte nicht benötigen, lediglich in der Vermessungstechnik sind sie wichtig. Punkte setzen Sie in die Zeichnung mit dem Befehl *Punkt*. Sie finden den Befehl:

- Multifunktionsleiste: Symbol im Register *Start*, Gruppe *Zeichnen* (erweiterter Bereich)

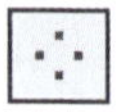

```
Befehl: Punkt
Einen Punkt angeben: Punkt eingeben
```

Geben Sie eine Koordinate an oder klicken Sie einen Punkt in der Zeichnung an. Sie können Punkte im Wiederholmodus so lange eingeben, bis Sie den Befehl abbrechen, beispielsweise mit den Tasten [Esc] oder [↵]. In der normalen Einstellung werden Punkte nur ein Pixel groß angezeigt und sind so kaum sichtbar.

4.1.6 Punktstil einstellen

Damit Punkte in der Zeichnung auch sichtbar werden, können Sie mit dem Befehl *Ddpstyle* einen anderen Anzeigestil für Punkte wählen.

- Multifunktionsleiste: Symbol im Register *Start*, Gruppe *Dienstprogramme* (erweiterter Bereich)

Jetzt können Sie sich ein Symbol aussuchen, mit dem der Punkt in der Zeichnung dargestellt werden soll. Darunter stellen Sie die Punktgröße ein. Die Größenangabe kann absolut in Zeichnungseinheiten (Einstellung: *Größe in absoluten Werten einstellen*) oder proportional zum Bildschirm als Prozentwert (Einstellung: *Größe verhältnismäßig zum Bildschirm einstellen*) festgelegt werden.

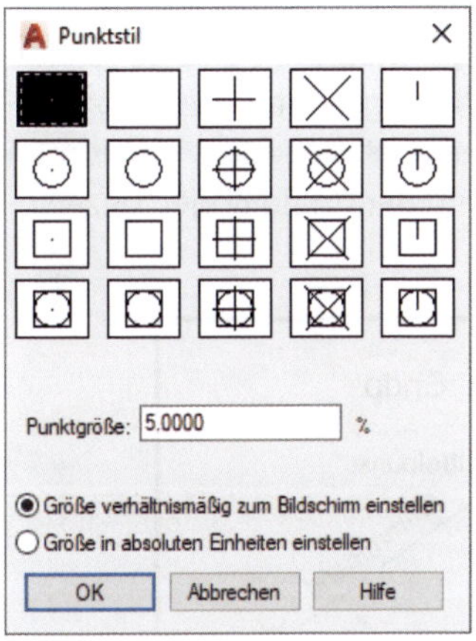

Abbildung 4.4: Einstellung des Punktstils

4.2 Zeichnen von Bögen, Ringen, Polygonen, Ellipsen und Spiralen

Nicht nur für die geometrischen Grundformen gibt es Befehle. Auch komplexere Elemente müssen Sie nicht konstruieren. Auch dafür gibt es eigene Befehle.

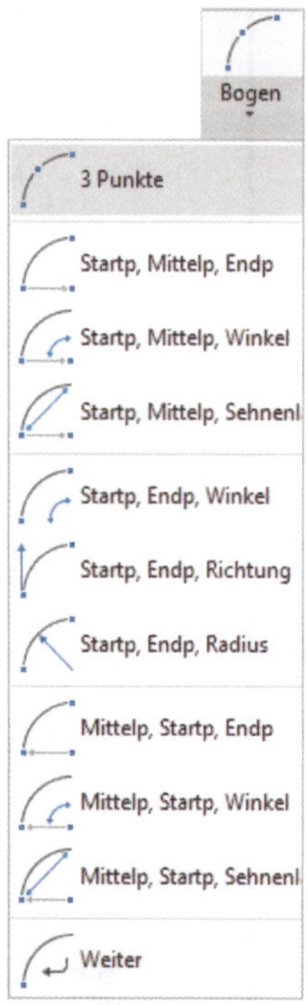

4.2.1 Befehl »Bogen«

Bögen werden in der Zeichnung häufig benötigt. Manchmal ist es oft einfacher, einen Kreis zu zeichnen und diesen auf den gewünschten Bogen zurechtzustutzen. Trotzdem lassen sich Bögen in AutoCAD auch direkt zeichnen, und manchmal geht es auch nicht anders. Zum Zeichnen von Bögen verwenden Sie den Befehl *Bogen*:

- Multifunktionsleiste: Symbole für die verschiedenen Zeichenmethoden in einem Flyout im Register *Start*, Gruppe *Zeichnen*

Im Flyout steht Ihnen für jede Konstruktionsmethode des Befehls *Bogen* ein eigener Menüpunkt zur Verfügung:

- **3 Punkte:** Standardmethode (siehe oben und Abbildung 4.5, a) mit Anfangspunkt, einem zweiten Punkt und dem Endpunkt.
- **Startp, Mittelp, Endp:** Methode aus Startpunkt, Mittelpunkt und Endpunkt. Der Bogen wird immer entgegen dem Uhrzeigersinn gezeichnet (siehe Abbildung 4.5, b).

- **Startp, Mittelp, Winkel:** Methode aus Startpunkt, Mittelpunkt und dem eingeschlossenen Winkel. Positive Winkel erzeugen einen Bogen entgegen dem Uhrzeigersinn, negative Winkel einen Bogen im Uhrzeigersinn (siehe Abbildung 4.5, c).
- **Startp, Mittelp, Sehnenlänge**: Methode aus Startpunkt, Mittelpunkt und der Länge der Sehne des Bogens. Der Bogen wird entgegen dem Uhrzeigersinn gezeichnet. Dabei sind zwei Bögen möglich. Wird die Sehnenlänge positiv eingegeben, erhält man den kleinen Bogen, bei Eingabe eines negativen Werts wird der große Bogen gezeichnet (siehe Abbildung 4.5, d).

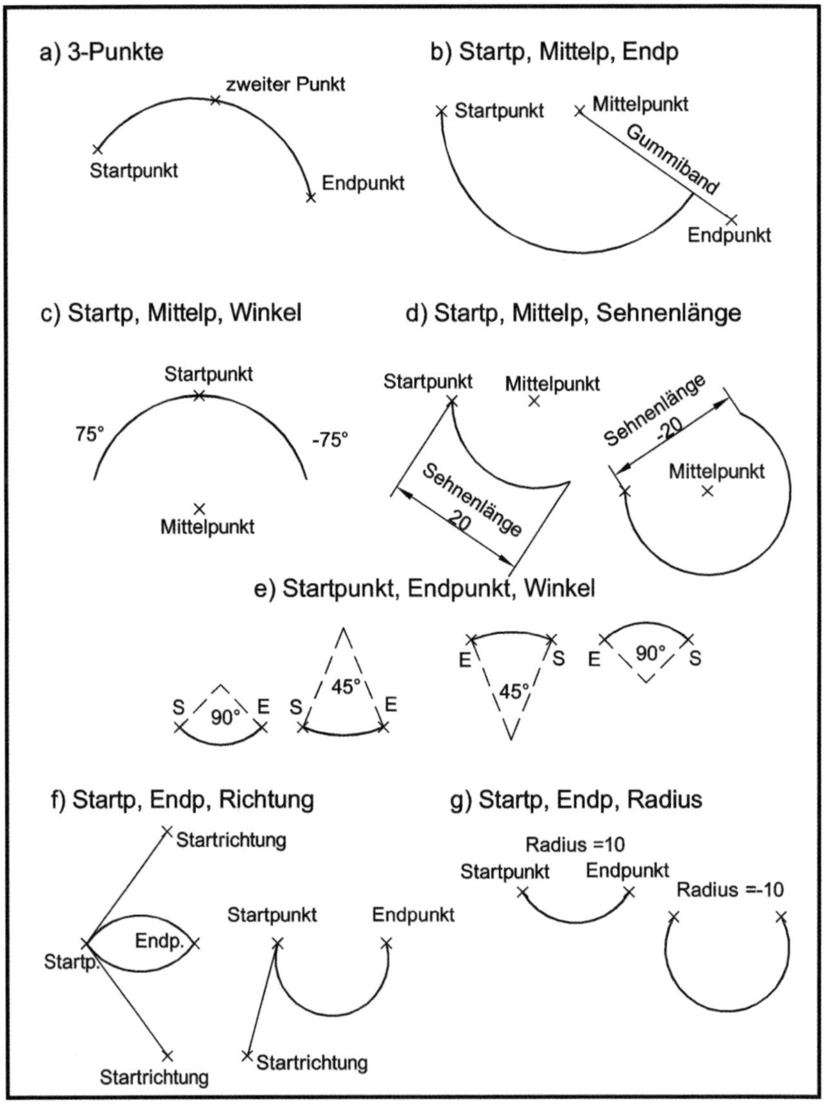

Abbildung 4.5: Konstruktion von Bögen

- **Startp, Endp, Winkel:** Methode aus Startpunkt, Endpunkt und dem eingeschlossenen Winkel. Auch hier gilt wieder: Positive Winkel erzeugen einen Bogen entgegen dem Uhrzeigersinn, negative Winkel einen Bogen im Uhrzeigersinn (siehe Abbildung 4.5, e).
- **Startp, Endp, Richtung:** Methode aus Startpunkt, Endpunkt und der Vorgabe einer Startrichtung. Das ist der Winkel der Tangente am Startpunkt (siehe Abbildung 4.5, f).
- **Startp, Endp, Radius:** Methode aus Startpunkt, Endpunkt und dem Radius des Bogens. Auch hier gibt es eine Besonderheit. Ein positiver Wert für den Radius erzeugt den kleinen Bogen, ein negativer Wert den großen. Der Bogen wird immer entgegen dem Uhrzeigersinn gezeichnet (siehe Abbildung 4.5, g).
- **Mittelp, Startp, Endp/Mittelp, Startp, Winkel/Mittelp, Startp, Sehnenlänge:** Oft ist es bei der Bogenkonstruktion sinnvoller, mit dem Mittelpunkt zu beginnen, weil Sie diesen mit dem Objektfang leichter ermitteln können. Deshalb sind die ersten drei Methoden nochmals vorhanden, aber in anderer Eingabereihenfolge der Punkte.
- **Weiter:** Diese Methode setzt einen Bogen an die zuletzt gezeichnete Linie oder den zuletzt gezeichneten Bogen tangential an. Sie müssen nur noch den Endpunkt für den Bogen eingeben.

Übung: Zeichnen von Bögen

- Öffnen Sie die Zeichnung ***A04-01.dwg*** aus dem Ordner *Aufgaben*.
- Stellen Sie den Objektfang *Schnittpunkt* ein und zeichnen Sie Bögen mit den verschiedenen Zeichenmethoden wie in Abbildung 4.5.
- Die Lösung finden Sie auch im Ordner *Aufgaben*, die Zeichnung ***L04-01.dwg***.

4.2.2 Befehl »Ring«

Auch zum Zeichnen von Ringen steht Ihnen ein spezieller Befehl zur Verfügung. Damit können Sie im Wiederholmodus ganze Serien von gleichartigen Ringen zeichnen. Der Befehl heißt wie das Objekt, das damit erstellt wird: *Ring*.

- Multifunktionsleiste: Symbol im Register *Start*, Gruppe *Zeichnen* (erweiterter Bereich)

Folgende Angaben werden benötigt:

Befehl: ***Ring***
Innendurchmesser des Rings angeben <10.0000>: ***Wert eingeben oder in der Zeichnung abgreifen***
Außendurchmesser des Rings angeben <20.0000>: ***Wert eingeben oder in der Zeichnung abgreifen***
Ringmittelpunkt angeben oder <beenden>: ***Mittelpunkt eingeben***

Mit jeder Mittelpunkteingabe wird ein neuer Ring mit den zuvor angegebenen Maßen gezeichnet, bis Sie mit den Tasten [Esc] oder [↵] beenden.

Übung: Zeichnen von Ringen

- Öffnen Sie die Zeichnung ***A04-02.dwg*** aus dem Ordner *Aufgaben*, eine kleine elektronische Platine, bei der die Lötaugen gezeichnet werden sollen.
- Stellen Sie den Fang auf 1.27 und das Raster etwas größer, beispielsweise auf 2.54. Warum diese seltsamen Werte? Leiterplatten sind normalerweise in ein Raster von 1/10-Zoll-Bereichen unterteilt. Den Objektfang können Sie ausschalten.
- Zeichnen Sie die Lötaugen mit dem Befehl *Ring* in den angegebenen Maßen an den Enden der Leiterbahnen.
- Das Ergebnis sollte wie in Abbildung 4.6 aussehen. Die Lösung finden Sie im Ordner *Aufgaben* in der Zeichnung ***L04-02.dwg***.

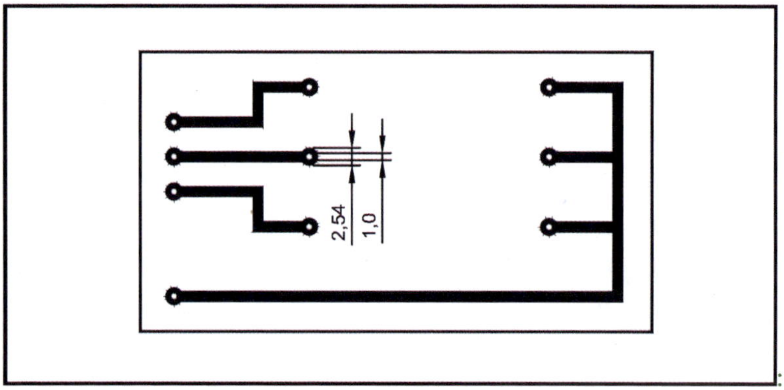

Abbildung 4.6: Lötaugen mit dem Befehl Ring

4.2.3 Befehl »Polygon«

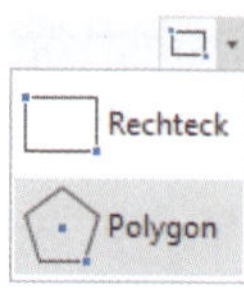

Haben Sie regelmäßige Vielecke zu zeichnen, steht Ihnen ein weiterer Spezialbefehl zur Verfügung. Mit dem Befehl *Polygon* können Sie regelmäßige Vielecke zeichnen, vom Dreieck bis zum Tausendvierundzwanzigeck. Sie finden den Befehl:

- Multifunktionsleiste: Symbol in einem Flyout im Register *Start*, Gruppe *Zeichnen*

```
Befehl: Polygon
Anzahl Seiten eingeben <4>: Eingabe von 3 bis 1024 möglich
Polygonmittelpunkt angeben oder [Seite]: Mittelpunkt eingeben
Option eingeben [Umkreis/Inkreis] <U>: Methode wählen
Kreisradius angeben: Wert für Inkreis oder Umkreis eingeben, je nachdem, welche
Option Sie vorher gewählt haben
```

- Geben Sie zuerst die Anzahl der Seiten ein. Werte von 3 bis 1024 sind möglich.
- **Polygonmittelpunkt:** Sie können das Polygon um einen Mittelpunkt aufbauen. Geben Sie in diesem Fall den Mittelpunkt des Polygons ein.

- **Umkreis/Inkreis:** Legen Sie dann fest, ob Sie das Maß für den Inkreis oder den Umkreis des Polygons angeben wollen.
- **Kreisradius:** Zuletzt wird der Wert für den Kreisradius angefragt und danach das Polygon gezeichnet.
- **Seite:** Sie können aber auch bei der zweiten Anfrage die Option *Seite* wählen. Dann wird es über eine Seite definiert. Geben Sie die beiden Endpunkte einer Seite ein, und das Polygon wird entgegen dem Uhrzeigersinn aufgebaut.

Übung: Zeichnen von Polygonen

- Öffnen Sie die Zeichnung ***A04-03.dwg*** aus dem Ordner *Aufgaben*.
- Zeichnen Sie für den Schraubenkopf ein Sechseck um P1 mit dem Maß 5 für den Inkreis (siehe Abbildung 4.7).
- Zeichnen Sie ein Fünfeck um P2 mit dem Maß 5 für den Umkreis.
- Zeichnen Sie an das Achteck zwei weitere Achtecke mit der Option *Seite*. Beachten Sie, dass die Polygone entgegen dem Uhrzeigersinn aufgebaut werden.
- Das Ergebnis sollte wie in Abbildung 4.7 aussehen. Die Lösung ***L04-03.dwg*** finden Sie im Ordner *Aufgaben*.

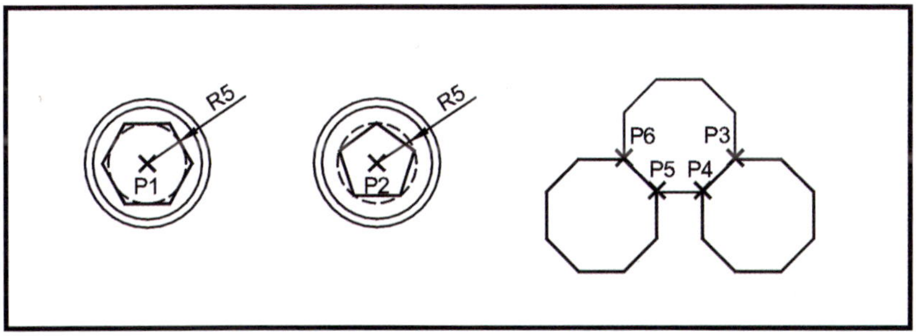

Abbildung 4.7: Zeichnen von Polygonen

4.2.4 Befehl »Ellipse«

Bevor wir mit den Ellipsen beginnen, eine Anmerkung: Ellipsen können mathematisch genau gezeichnet oder durch Polylinien angenähert werden. Setzen Sie dazu vor dem Zeichnen einer Ellipse eine Systemvariable:

```
Befehl: Pellipse
Neuen Wert für PELLIPSE eingeben <0>:
```

In AutoCAD gibt es eine ganze Menge sogenannter Systemvariablen. In diesen Variablen werden Zeichnungs- und Systemeinstellungen gespeichert. Diese finden Sie nicht in der Multifunktionsleiste. Zum Ändern können Sie aber den Namen eintippen. *Pellipse* ist so eine Systemvariable.

Also eintippen:

- Bei der Einstellung 0 wird eine mathematische Ellipse gezeichnet. Nur so können Sie auch exakt die Fläche und den Umfang messen.
- Bei der Einstellung 1 wird die Ellipse durch eine Polylinie angenähert (Polylinien siehe Abschnitt 4.4). Der Vorteil ist, dass Sie diese eventuell an den Griffen beliebig verzerren können, aber nicht in den Abmessungen ändern.
- Ellipsenbögen können Sie nur zeichnen, wenn Sie die mathematische Ellipse gewählt haben, also vorher die Systemvariable *Pellipse* prüfen.

Fazit: Arbeiten Sie immer mit mathematischen Ellipsen und lassen Sie die Systemvariable *Pellipse* auf 0 eingestellt. Es könnte aber sein, dass Sie eine Zeichnung aus einem anderen CAD-System bekommen, in der die Ellipsen als Polylinien gezeichnet sind.

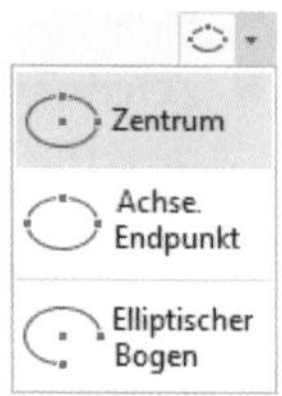

Für Ellipsen und Ellipsenbögen gibt es den Befehl *Ellipse*, mit dem Sie Ellipsen und Ellipsenbögen auf verschiedene Arten zeichnen können. Wählen Sie ihn:

- Multifunktionsleiste: Symbole für die verschiedenen Methoden in einem Flyout im Register *Start*, Gruppe *Zeichnen*

Im Flyout finden Sie schon Funktionen für die verschiedenen Zeichenmethoden. Wählen Sie das entsprechende Symbol im Flyout, werden die erforderlichen Optionen automatisch gewählt:

- **Zentrum:** Konstruktion der Ellipse durch Angabe des Zentrums und der beiden Achsenendpunkte.

  `Befehl eingeben` ***Ellipse***
  `Achsenendpunkt des elliptischen Bogens angeben oder [Zentrum]:`
  Die Option Zentrum wird automatisch gewählt
  `Zentrum der Ellipse angeben:` ***Zentrumspunkt klicken***
  `Achsenendpunkt angeben:` ***Achsenendpunkt klicken***
  `Abstand zur anderen Achse angeben oder [Drehung]:` ***Einen Punkt auf der Ellipse eingeben, es muss nicht der Achsenendpunkt sein***

- **Achse, Endpunkt:** Konstruktion der Ellipse durch Angabe der beiden Endpunkte der Hauptachse und des Endpunkts der anderen Achse.

  `Befehl eingeben` ***Ellipse***
  `Achsenendpunkt des elliptischen Bogens angeben oder [Zentrum]:`
  Achsenendpunkt klicken
  `Anderen Endpunkt der Achse angeben:` ***Entgegengesetzten Achsenendpunkt klicken***
  `Abstand zur anderen Achse angeben oder [Drehung]:` ***Einen Punkt auf der Ellipse eingeben, es muss nicht der Achsenendpunkt sein***

- **Drehung:** Bei beiden Methoden können Sie bei der letzten Anfrage auch die Option *Drehen* wählen. Die Ellipse, die dabei gezeichnet wird, entspricht einem Kreis, der um einen Winkel (zwischen 0.1° und 89.9°) um die Hauptachse gedreht wurde und in die Zeichenebene projiziert wird. Bei der Option *Drehung* geben Sie diesen Winkel an.

4.2.5 Elliptischer Bogen

Die Konstruktion eines Ellipsenbogens erfolgt zunächst wie oben beschrieben. Allerdings müssten Sie hier, wenn Sie die Methode mit der Angabe des Zentrums wählen, diese Option manuell bei der ersten Anfrage angeben. Danach zeichnen Sie die Ellipse wie oben. Erst danach werden Start- und Endwinkel oder der eingeschlossene Winkel abgefragt. Wie oben schon erwähnt, muss die Systemvariable *Pellipse* 0 sein, sonst wird eine volle Ellipse gezeichnet.

4.2.6 Übung: Zeichnen von Ellipsen

- Öffnen Sie die Zeichnung ***A04-04.dwg*** aus dem Ordner *Aufgaben*. Überprüfen Sie, ob der Wert für *Pellipse* 0 ist, korrigieren Sie ihn eventuell. Schalten Sie den Objektfang *Schnittpunkt* ein.
- Zeichnen Sie eine Ellipse mit dem Symbol *Achse, Endpunkt* im Flyout-Menü (siehe Abbildung 4.8, a). Klicken Sie dabei die Punkte P1, P2 und P3 an.
- Zeichnen Sie jetzt eine Ellipse mit dem Symbol *Zentrum* im Flyout-Menü (siehe Abbildung 4.6, b). Auch hier sind es wieder die Punkte P1, P2 und P3.
- Zeichnen Sie eine Ellipse mit dem Symbol *Achse, Endpunkt* (siehe Abbildung 4.8, c). Klicken Sie die Punkte P1 und P2 an und geben Sie eine Drehung von 55° vor.

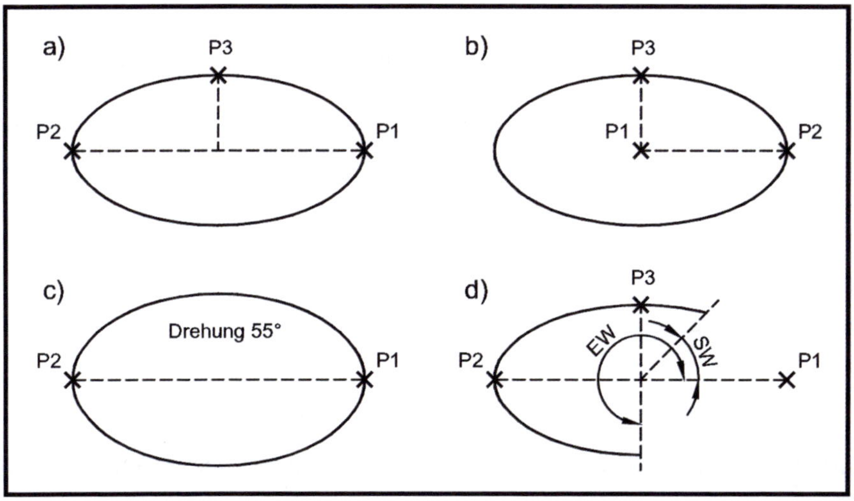

Abbildung 4.8: Zeichnen von Ellipsen

- Zum Schluss zeichnen Sie einen Ellipsenbogen. Verwenden Sie diesmal das Symbol *Elliptischer Bogen* im Flyout-Menü. Klicken Sie die Punkte P1, P2 und P3 an (siehe Abbildung 4.8, d). Danach geben Sie Start- und Endwinkel ein.
- Das Ergebnis sollte so oder so ähnlich wie in Abbildung 4.8 aussehen. Die Lösung finden Sie im Ordner *Aufgaben*: ***L04-04.dwg***.

4.2.7 Befehl »Spirale«

Mit dem Befehl *Spirale* lassen sich Spiralen zeichnen (nicht in AutoCAD LT). Diese lassen sich flach als 2D-Objekte erstellen (siehe Abbildung 4.9). Arbeiten Sie an 3D-Objekten, können Sie auch räumliche Spiralen erstellen und daraus beispielsweise eine Feder modellieren. Der Befehl *Spirale* kann aber auch gut für 2D-Zeichnungen verwendet werden, deshalb hier nur die Möglichkeiten in 2D.

Sie finden den Befehl:

- Multifunktionsleiste: Symbol im Register *Start*, Gruppe *Zeichnen* (erweiterter Bereich)

Die Parameter für die Spirale werden abgefragt. Geben Sie den Mittelpunkt, den inneren und den äußeren Radius an. Sie können bei beiden Anfragen auch mit der Option *Durchmesser* auf die Durchmessereingabe umschalten. Bei der Abfrage der *Spiralenhöhe* geben Sie bei einer flachen Spirale 0 ein.

Außerdem stehen Ihnen an dieser Stelle weitere Optionen zur Verfügung.

```
Befehl: Spirale
Anzahl der Drehungen = 5.0000 Drehen=GUZ
Mittelpunkt der Basis angeben: Punkt anklicken
Basisradius angeben oder [Durchmesser] <10.0000>: Wert für den inneren Radius eingeben
Oberen Radius angeben oder [Durchmesser] <30.0000>: Wert für den äußeren Radius eingeben
Spiralenhöhe angeben oder [Achsenendpunkt/Drehungen/drehHöhe/dRehen] <0.0000>: 0 für eine 2D-Spirale
```

- **Drehungen:** Mit dieser Option geben Sie die Anzahl der Umdrehungen vor.
- **dRehen:** Diese Option dient dazu, die Drehrichtung der Spirale zu bestimmen, im Uhrzeigersinn (UZ) oder gegen den Uhrzeigersinn (GUZ).

Zeichnen von Spiralen

Dafür gibt es keine spezielle Aufgabe, experimentieren Sie mit dem Befehl (siehe Abbildung 4.9).

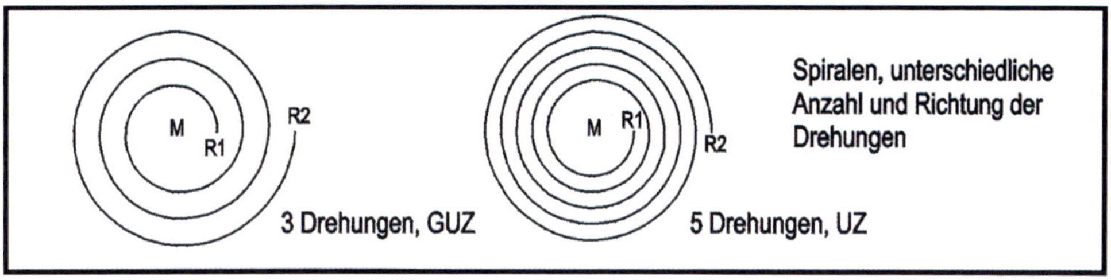

Abbildung 4.9: Zeichnung von Spiralen

4.3 Konstruktionslinien und Strahlen

Die Zeichenmethode mit Hilfslinien ist ebenfalls möglich. In AutoCAD werden dabei sogenannte Konstruktionslinien und Strahlen verwendet. Durch die umfangreichen Zeichenhilfen, die Sie inzwischen kennengelernt haben, wird dies aber fast überflüssig. Trotzdem soll hier kurz darauf eingegangen werden. Diese Methode kommt der klassischen Arbeit am Reißbrett am nächsten.

4.3.1 Befehl »Klinie«

Bei Konstruktionslinien handelt es sich um Linien, die unendlich lang sind, also über den ganzen Zeichenbereich gehen, und die Sie als Hilfsliniennetz erzeugen können. Der Befehl dazu heißt *Klinie*. Sie finden ihn:

- Multifunktionsleiste: Symbol im Register *Start*, Gruppe *Zeichnen* (erweiterter Bereich)

```
Befehl eingeben Klinie
Einen Punkt angeben oder [HOr/Ver/Win/HAlb/Abstand]: Ursprungspunkt angeben
Durch Punkt angeben: Zweiten Punkt angeben
```

- **Punkteingabe:** Geben Sie einen Punkt ein, danach wird ein zweiter angefragt und durch beide Punkte eine Konstruktionslinie gezeichnet. Der Befehl bleibt im Wiederholmodus. Mit jeder Punkteingabe wird eine Konstruktionslinie durch diesen Punkt und den ersten gezeichnet.
- **Horizontal/Vertikal:** Damit zeichnen Sie horizontale bzw. vertikale Konstruktionslinien. Für jede Konstruktionslinie ist nur Punkteingabe erforderlich.
- **Winkel:** Bei den Konstruktionslinien mit Winkelangabe können Sie einen Winkel vorgeben und Punkte, durch die die Linien laufen sollen.
- **Halb:** Damit werden winkelhalbierende Konstruktionslinien gezeichnet.
- **Abstand:** Damit können Sie Konstruktionslinien parallel zu einem vorhandenen wählbaren Objekt zeichnen. Der Befehl bleibt bei allen Optionen im Wiederholmodus, bis Sie die Anfrage nach einem Objekt mit ↵ beenden.

4.3.2 Befehl »Strahl«

Strahlen sind den Konstruktionslinien ähnlich. Sie laufen aber von einem Punkt in eine wählbare Richtung unendlich weit. Sie werden mit dem Befehl *Strahl* gezeichnet, den Sie auch an gleicher Stelle finden.

- Multifunktionsleiste: Symbol im Register *Start*, Gruppe *Zeichnen* (erweiterter Bereich)

```
Befehl eingeben Strahl
Startpunkt angeben: Ursprungspunkt angeben
Durch Punkt angeben: Zweiten Punkt angeben
```

Der Befehl bleibt ebenfalls im Wiederholmodus. Mit dem ersten Punkt legen Sie den gemeinsamen Ursprung der Strahlen fest. Mit jeder zweiten Punkteingabe erzeugen Sie einen Strahl in dieser Richtung.

4.4 Erstellen von Polylinien

Neben den geometrischen Grundelementen bietet AutoCAD auch spezielle Objekte an: zusammenhängende Konturen aus Linien- und Bogensegmenten, die auch über eine Breite verfügen können. Sie haben bisher schon Objekte kennengelernt, die eigentlich aus Polylinien bestehen, zum Beispiel Rechtecke und Polygone.

4.4.1 Befehl »Plinie«

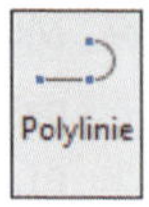

Mit dem Befehl *Plinie* werden Polylinien gezeichnet. Wählen Sie den Befehl:

- Multifunktionsleiste: Symbol im Register *Start*, Gruppe *Zeichnen*

```
Befehl eingeben Plinie
Startpunkt angeben: Startpunkt der Kontur angeben
Aktuelle Linienbreite beträgt 0.00
Nächsten Punkt angeben oder [Kreisbogen/Schließen/
Halbbreite/sehnenLänge/Zurück/Breite]: Eingabe des nächsten Punkts oder
Option wählen
```

Die Polylinie beginnen Sie mit der Eingabe des Startpunkts. Erst dann erscheint die Liste mit den zusätzlichen Optionen:

- **Nächsten Punkt eingeben:** Wenn Sie einen Punkt eingeben, ohne eine Option zu wählen, wird dieser zum nächsten Stützpunkt der Polylinie.
- **Schließen:** Schließen der Polylinie. Im Linienmodus wird mit einem Liniensegment geschlossen. Sind Sie im Kreisbogenmodus (siehe unten), wird mit einem Kreisbogen geschlossen.

- **Breite oder Halbbreite:** Eingabe der Anfangs- und Endbreite bzw. Halbbreiten für die nächsten Segmente. Einmal eingestellte Breiten bleiben so lange gespeichert, bis sie verändert werden.
- **Sehnenlänge:** Bei der Sehnenlänge geben Sie nur die Länge des nächsten Segments vor. Es wird als Verlängerung bzw. tangential an das letzte Segment angehängt.
- **Zurück:** Nimmt das zuletzt gezeichnete Segment zurück.
- **Kreisbogen:** Umschaltung in den Modus zum Zeichnen von Kreisbogensegmenten.

```
Nächsten Punkt angeben oder [Kreisbogen/Schließen/
Halbbreite/sehnenLänge/Zurück/Breite]: Option Kreisbogen wählen
Endpunkt des Bogens angeben oder [Winkel/ZEntrum/
Schließen/RIchtung/Halbbreite/LInie/RAdius/
zweiter Pkt/ZUrück/Breite]: Bogenendpunkt oder Option wählen
```

- Geben Sie ohne die Wahl einer Option sofort den Endpunkt an, wird der Bogen tangential an das letzte Segment angehängt.
- Wie beim Befehl *Bogen* können Sie auf verschiedene Arten Bögen an die Polylinie anhängen. Mit den Optionen *Winkel*, *Mittelpunkt*, *Radius*, *Richtung* und *zweiter Pkt* bestimmen Sie, welchen Wert Sie als nächsten zum Zeichnen eingeben möchten. Mit der Option *Schließen* wird die Polylinie mit einem Bogensegment geschlossen.
- **Linie:** Mit dieser Option schalten Sie wieder in den Linienmodus.

4.4.2 Darstellung von Polylinien, Systemvariable Fillmode

Polylinien mit einer Breite werden nur dann ausgefüllt gezeichnet, wenn der Füllmodus eingeschaltet ist. Das ist die Standardeinstellung und wird durch die Systemvariable *Fillmode* gesteuert. Wie schon erwähnt, können Systemvariablen nur eingetippt werden.

```
Befehl eingeben Fillmode
Neuen Wert für FILLMODE eingeben <1>:
```

Wenn Sie den Wert auf 0 setzen, werden breite Polylinien nur mit den Randlinien angezeigt. Das gilt für die ganze Zeichnung und unabhängig davon, wie die Polylinie ursprünglich gezeichnet wurde. Wenn Sie den Wert geändert haben, müssen Sie die Zeichnung regenerieren.

Dies geschieht im Normalfall automatisch, wenn es erforderlich ist. Hier müssen Sie den Vorgang manuell auslösen. Der Befehl dazu heißt *Regen*. Auch den können Sie nur durch Eintippen starten.

```
Befehl eingeben Regen
Regeneriert Modell:
```

4.4.3 Übung: Zeichnen mit Polylinien

- Öffnen Sie die Zeichnung ***A04-05.dwg*** aus dem Ordner *Aufgaben*.
- Zeichnen Sie die Bahnen auf eine elektronische Leiterplatte wie in Abbildung 4.10. In der Zeichnung befinden sich bis jetzt nur die Lötaugen. Der Zeichnung sind ein Raster von 2.54 und ein Fang mit 1.27 unterlegt, denn Leiterplatten sind normalerweise in ein Raster von 1/10-Zoll unterteilt.
- Schalten Sie nur den Objektfang *Quadrant* ein und zeichnen Sie die Leiterbahnen jeweils von den Quadranten der Ringe mit Polylinien mit der Start- und Endbreite 1 (siehe Abbildung 4.10).

Befehl eingeben ***PLinie***
Startpunkt angeben: ***Startpunkt anklicken, eventuell mit der Taste [Tab] die Quadrantenpunkte durchblättern***
Aktuelle Linienbreite beträgt 0.00
Nächsten Punkt angeben oder [Kreisbogen/Schließen/
Halbbreite/sehnenLänge/Zurück/Breite]: ***Option Breite wählen***
Startbreite angeben <0.00>: ***1 eingeben***
Endbreite angeben <1.00>: ***1 eingeben***
Nächsten Punkt angeben oder [Kreisbogen/Schließen/
Halbbreite/sehnenLänge/Zurück/Breite]: ***Nächsten Punkt eingeben***
usw.

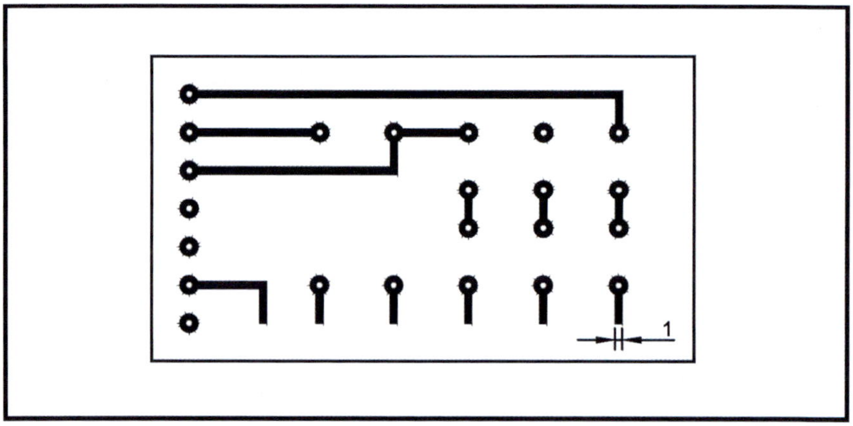

Abbildung 4.10: Zeichnen der Leiterbahnen mit der Breite 1

- Zeichnen Sie jetzt die untere Polylinie, das erste Segment mit Breite 1, dann ein konisches Segment mit Startbreite 1 und Endbreite 2. Wenn Sie danach keine neue Breite eingeben, wird mit der Endbreite weitergezeichnet (siehe Abbildung 4.11).

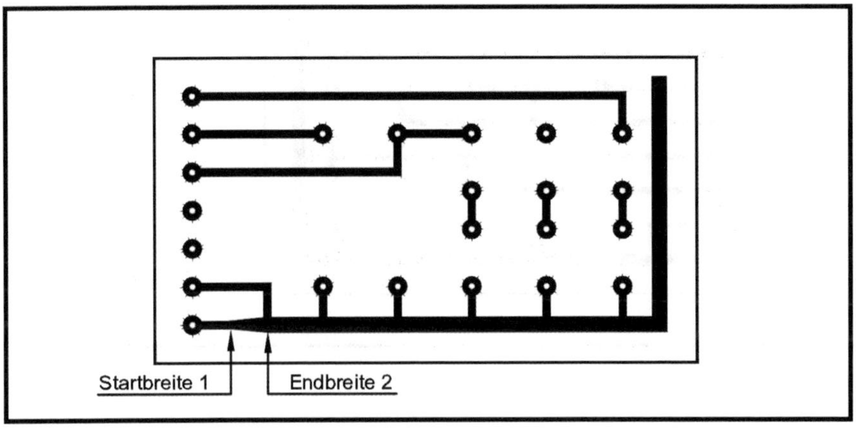

Abbildung 4.11: Polylinie mit konischem Segment

- Zeichnen Sie jetzt die Polylinien mit Bogensegmenten (siehe Abbildung 4.12).

```
Befehl eingeben Plinie
Startpunkt angeben: P1 anklicken
Aktuelle Linienbreite beträgt 2.00
Nächsten Punkt angeben oder [Kreisbogen/Schließen/
Halbbreite/sehnenLänge/Zurück/Breite]: Option Breite wählen
Startbreite angeben <0.00>: 1 eintippen
Endbreite angeben <1.00>: 1 oder Vorgabe mit ↵ übernehmen
Nächsten Punkt angeben oder [Kreisbogen/Schließen/
Halbbreite/sehnenLänge/Zurück/Breite]: P2 anklicken
Nächsten Punkt angeben oder [Kreisbogen/Schließen/
Halbbreite/sehnenLänge/Zurück/Breite]: Option Kreisbogen wählen
Endpunkt des Bogens angeben oder [Winkel/ZEntrum/
Schließen/RIchtung/Halbbreite/LInie/RAdius/
zweiter Pkt/ZUrück/Breite]: P3 anklicken
Endpunkt des Bogens angeben oder [... siehe oben ...]: P4 anklicken
Endpunkt des Bogens angeben oder [... siehe oben ...]: Option Linie
Nächsten Punkt angeben oder [Kreisbogen/Schließen/
Halbbreite/sehnenLänge/Zurück/Breite]: P5 anklicken
Nächsten Punkt angeben oder [Kreisbogen/Schließen/
Halbbreite/sehnenLänge/Zurück/Breite]: ↵ zum Beenden
```

- Wiederholen Sie das Ganze mit dem Polygonzug darüber noch einmal.

- Das Ergebnis sollte wie in Abbildung 4.12 aussehen. Die Lösung finden Sie auch im Ordner *Aufgaben* in der Zeichnung ***L04-05.dwg***.

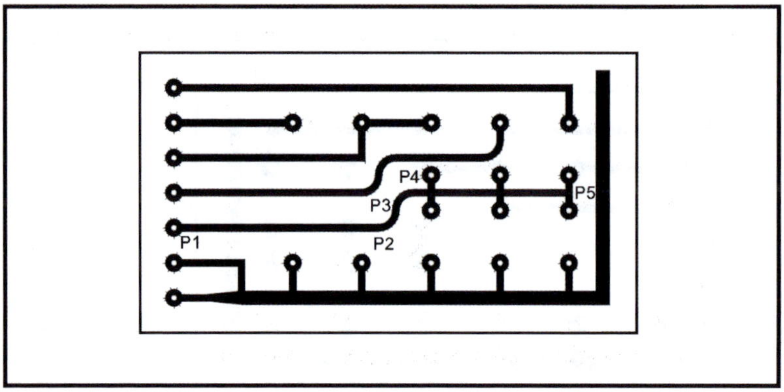

Abbildung 4.12: Polylinien mit Bogensegmenten

4.4.4 Anmerkung zu Polylinien

Die Befehle *Rechteck, Polygon, Ring* und je nach Einstellung auch *Ellipse* erzeugen Polylinien. Sie können deshalb auch mit den nachfolgenden Befehlen bearbeitet werden.

4.5 Bearbeiten von Polylinien

Änderungsbefehle können auch auf Polylinien angewendet werden. Manche Änderungsbefehle haben spezielle Optionen für Polylinien, etwa die Befehle *Fase* und *Abrunden* (siehe Kapitel 5.5). Der Befehl *Versetz* (siehe Kapitel 5.6) versetzt komplette Polylinien (siehe Abbildung 4.13).

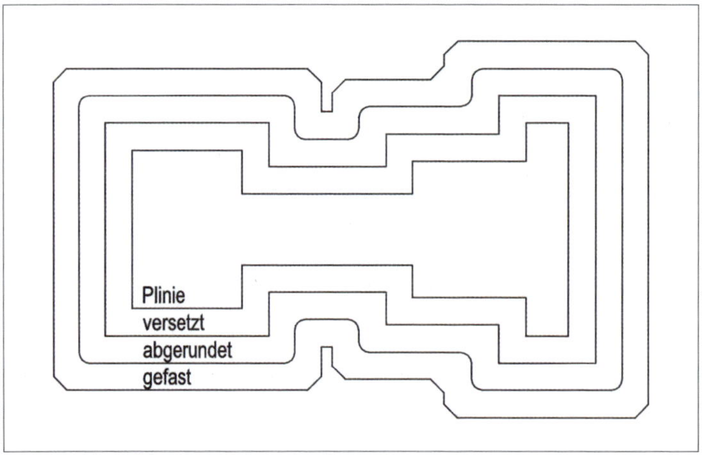

Abbildung 4.13: Polylinien komplett bearbeiten – versetzen, fasen und abrunden

4.5.1 Befehl »Pedit«

Mit dem Befehl *Pedit* lassen sich Polylinien bearbeiten.

- Multifunktionsleiste: Symbol im Register *Start*, Gruppe *Ändern* (erweiterter Bereich)
- oder Doppelklick auf die Polylinie

```
Befehl eingeben Pedit
Polylinie wählen oder [mehrere Objekte]:
```

Wählen Sie eine Polylinie (eine breite Polylinie am Rand wählen), eine Linie oder einen Bogen. Haben Sie keine Polylinie, kommt die Anfrage:

```
Das gewählte Objekt ist keine Polylinie
Soll es in eine Polylinie verwandelt werden? <J>
```

Drücken Sie J, wird das Objekt in eine Polylinie mit einem einzelnen Segment umgewandelt.

Danach oder wenn Sie anfangs schon eine Polylinie gewählt haben, kommt die Liste der möglichen Optionen für die Bearbeitung:

```
Option eingeben [Schließen/Verbinden/Breite/BEarbeiten/kurve Angleichen/
Kurvenlinie/kurve beGradigen/LInientyp/Richtung wechseln/Zurück]:
```

Diese Optionsliste wird nach jeder Aktion wieder angezeigt, bis Sie den Befehl mit ↵ beenden.

4.5.2 Mehrere Polylinien bearbeiten

Ganz am Anfang können Sie mit der Option *Mehrere Objekte* auf die Bearbeitung mehrerer Polylinien umschalten. So lassen sich mehrere Polylinien gleichzeitig in der Breite ändern, öffnen oder schließen usw. oder auch mehrere Objekte in Polylinien umwandeln.

4.5.3 Polylinie insgesamt bearbeiten

Haben Sie eine Polylinie gewählt, können Sie jetzt die gesamte Polylinie oder Scheitelpunkte davon bearbeiten. Optionen, die die gesamte Polylinie betreffen, sind:

- **Schließen** bzw. **Öffnen:** Schließen einer offenen Polylinie. Ist die Polylinie geschlossen, wird stattdessen die Option *Öffnen* angezeigt, die Polylinie kann dann geöffnet werden.
- **Verbinden:** Damit lassen sich Linien- und Bogensegmente an eine bestehende Polylinie anhängen. Voraussetzung ist, dass sich die Segmente an den Eckpunkten treffen, aber nicht überschneiden.
- **BReite:** Wahl der neuen Breite für die ganze Polylinie (siehe Abbildung 4.14).

- **kurve Angleichen**: Die Option ersetzt die Polylinie durch einen Kurvenzug aus Bogensegmenten. Alle Scheitelpunkte der Polylinie werden angefahren und die Bögen laufen tangential ineinander über (siehe Abbildung 4.14).
- **Kurvenlinie:** Diese Option erzeugt dagegen eine Kurve, die den Linienzug interpoliert. Die Kurve läuft durch den ersten und letzten Punkt, alle anderen werden gemittelt (siehe Abbildung 4.14).
- **kurve beGradigen:** Damit wird die Kurve entfernt und die ursprüngliche Polylinie wieder angezeigt.
- **Richtung wechseln**: Mit der Polylinie wird eine Richtung gespeichert, nämlich die, in der die Polylinie gezeichnet wurde. Das ist dann wichtig, wenn die Polylinie beispielsweise eine Fräsbahn darstellt, die in einer bestimmten Richtung bearbeitet werden soll. Mit dieser Option lässt sich nachträglich die Richtung umkehren.

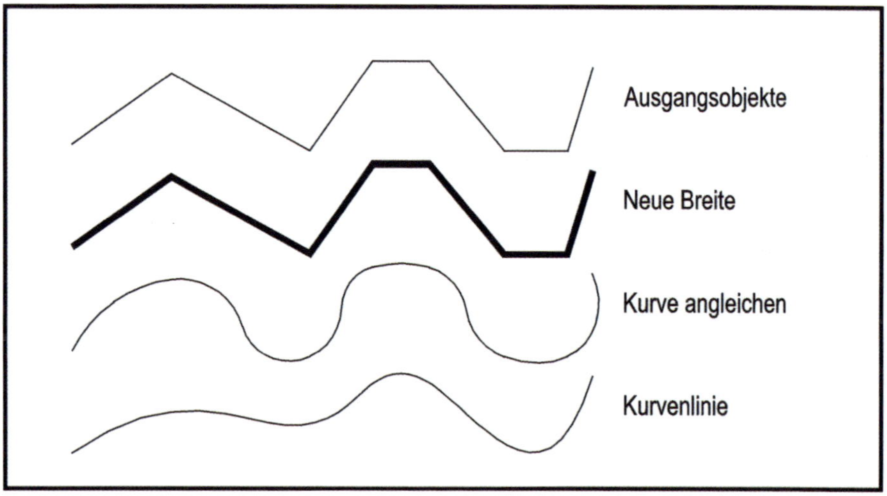

Abbildung 4.14: Polylinien editieren – Breite und Kurven

4.5.4 Scheitelpunkte editieren

Wenn Sie die Option *BEarbeiten* anwählen, können Sie einzelne Scheitelpunkte der Polylinie editieren.

```
[Schließen/Verbinden/BReite/BEarbeiten/kurve Angleichen/Kurvenlinie/kurve LÖschen/
LInientyp/Zurück]: Option Bearbeiten wählen
Option zum Bearbeiten des Scheitelpunkts eingeben
[Nächster/Vorher/BRUch/Einfügen/Schieben/Regen/Linie/
Tangente/BREite/eXit] <N>:
```

Am Startpunkt der Polylinie wird jetzt ein Markierungskreuz angezeigt, das mit den Optionen *Vorher* und *Nächster* über die Polylinie bewegt werden kann.

Weitere Optionen sind:

- **BRUch:** Mit dieser Option lassen sich Segmente aus einer Polylinie entfernen. Gehen Sie dazu wie folgt vor: Platzieren Sie das Markierungskreuz an der ersten Stelle, geben Sie dann die Option *BRUch* ein. Eine weitere Liste mit Unteroptionen erscheint.

  `Option eingeben [Nächster/Vorher/Los/eXit] <N>:`

  Platzieren Sie das Kreuz an einer anderen Stelle mit den Optionen *Nächster* bzw. *Vorher* oder bleiben Sie an der Stelle und wählen dann die Funktion ***Los***. Das Segment zwischen den beiden Punkten wird aus der Polylinie heraus gelöscht. Bei nur einem Punkt wird die Polylinie an der Stelle getrennt.
- **Einfügen:** Die Option bewirkt, dass nach der Markierung ein neuer Scheitelpunkt eingefügt werden kann und die Polylinie durch diesen gezeichnet wird.
- **Schieben:** Verschieben des Scheitelpunkts, an dem die Markierung steht.
- **Regen:** Zeichnet die geänderte Polylinie neu, ohne den Befehl zu beenden.
- **Linie:** Mit der Option *Linie* lassen sich mehrere Segmente entfernen und Start- und Endpunkt durch eine gerade Linie verbinden. Gehen Sie dabei wie bei der Option *BRUch* vor.
- **Tangente:** Setzt die Tangentenrichtung am markierten Punkt. Kurven, die mit der Option *kurve Angleichen* erzeugt werden, laufen in dieser Richtung durch den Scheitelpunkt.
- **BREite***:* Start- und Endbreite für das nächste Segment setzen.
- **eXit:** Beendet die Bearbeitung von Scheitelpunkten.

4.5.5 Übung: Bearbeiten von Polylinien

- Bearbeiten Sie Ihre Zeichnung mit der Leiterplatte (siehe Abbildung 4.15) weiter oder öffnen Sie die Zeichnung ***A04-06.dwg*** aus dem Ordner *Aufgaben*.

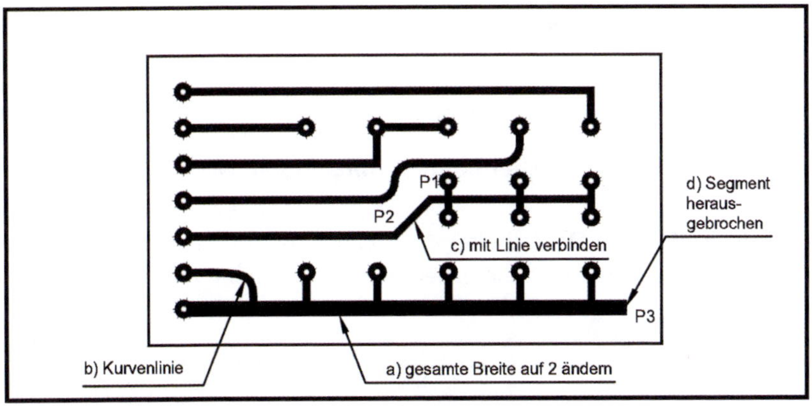

Abbildung 4.15: Polylinie bearbeitet

- Ändern Sie die Breite der unteren waagerechten Polylinie auf konstant 2 (siehe Abbildung 4.15, a).
- Ersetzen Sie das rechtwinklige Polyliniensegment (siehe Abbildung 4.15, b) durch eine Kurvenlinie.
- Verbinden Sie die Punkte P1 und P2 durch ein Liniensegment (siehe Abbildung 4.15, c).
- Brechen Sie das letzte Segment der breiteren Polylinie am Punkt P3 heraus (siehe Abbildung 4.15, d).

Das Ergebnis sollte wie in Abbildung 4.15 aussehen. Die Lösung finden Sie auch im Ordner *Aufgaben*, und zwar die Datei ***L04-06.dwg***.

4.5.6 Polylinie an Griffen bearbeiten

Einfacher geht das Bearbeiten von Polylinien oft auch mit den Griffen. Immer wenn ein Objekt ohne Befehl angewählt wird, bekommt es Griffe, so auch bei Polylinien: quadratische Griffe an den Scheitelpunkten und rechteckige an den Mittelpunkten der Segmente (siehe Abbildung 4.16).

Bei Polylinien sind die Griffe besonders intelligent. Zeigen Sie dann auf einen Griff, öffnet sich ein Kontextmenü, aus dem Sie Bearbeitungsfunktionen wählen können.

Folgende Möglichkeiten haben Sie, wenn Sie auf einen Mittelgriff zeigen:

- **Strecken:** Verschieben des Mittelgriffs und Anpassen anderer Segmente. Die neue Position kann angeklickt oder mit Koordinaten angegeben werden (siehe Abbildung 4.16, oben).
- **Scheitelpunkt hinzufügen:** Um einen neuen Scheitelpunkt hinzuzufügen, kann die Position des zusätzlichen Scheitelpunkts angeklickt oder mit Koordinaten angegeben werden (siehe Abbildung 4.16, Mitte).
- **In Bogen konvertieren:** Linien- in Bogensegment konvertieren. Die Position des Bogenmittelpunkts kann angeklickt oder mit Koordinaten angegeben werden (siehe Abbildung 4.16, unten).

Zeigen Sie auf einen Eckgriff, hat das Menü diese Funktionen:

- **Scheitelpunkt strecken** oder **Scheitelpunkt hinzufügen:** wie oben bei einem Mittelgriff.
- **Scheitelpunkt entfernen:** Der Scheitelpunkt wird entfernt, und die benachbarten Scheitelpunkte werden durch ein Liniensegment miteinander verbunden (siehe Abbildung 4.17).

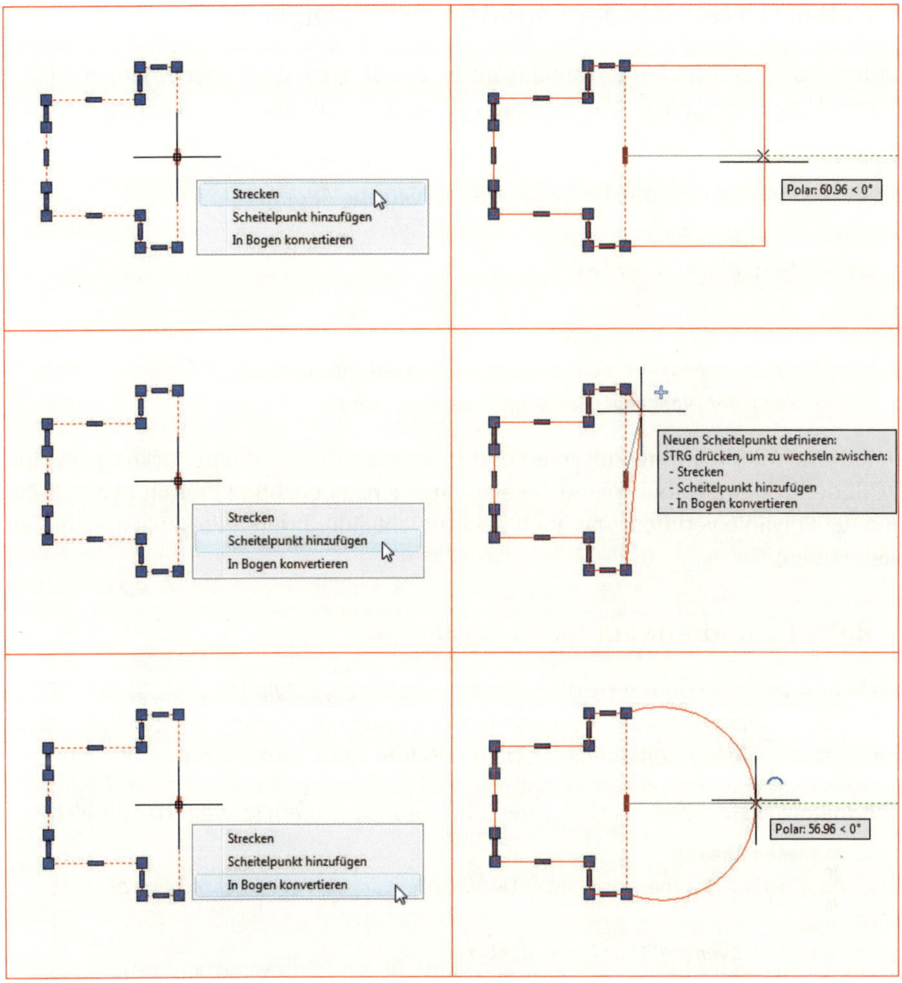

Abbildung 4.16: Polylinie an einem Mittelgriff bearbeiten

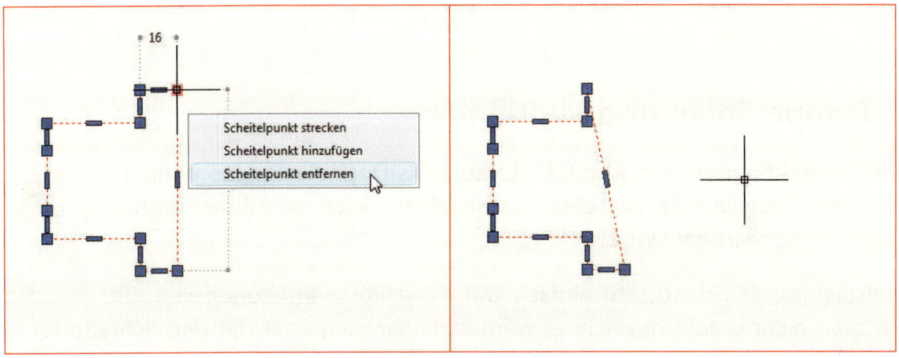

Abbildung 4.17: Polylinie an einem Eckgriff bearbeiten

4.5.7 Befehl »Ursprung« zum Auflösen von Polylinien

So praktisch Polylinien sind, manchmal wäre es besser, Sie hätten wieder Linien oder Bögen. Dann zerlegen Sie die Polylinien mit dem Befehl *Ursprung*. Sie finden ihn hier:

- Multifunktionsleiste: Symbol im Register *Start*, Gruppe *Ändern*

```
Befehl eingeben Ursprung
Objekte wählen: Objekte wählen
...
Objekte wählen: Mit ↵ beenden
Zerlegen Polylinie bewirkt den Verlust von Daten zur Breite.
Mit ZURÜCK kann der Vorgang rückgängig gemacht werden.
```

Wählen Sie eine oder mehrere Polylinien und sie werden ohne weitere Rückfrage in Linien bzw. Bögen zerlegt. Dabei sollten Sie allerdings eines beachten: Breiten gehen beim Zerlegen der Polylinie verloren, was auch bei Auswahl einer breiten Polylinie angegeben wird (siehe oben).

4.5.8 Befehl »Umdreh« zur Richtungsumkehr

Mit dem Befehl *Umdreh* können Sie die Richtung von Linien, Polylinien und Splines umdrehen. Bei Polylinien haben Sie diese Funktion auch als Option des Befehls *Pedit* (siehe oben). Sie können aber auch diesen Befehl dafür verwenden.

- Multifunkionsleiste: Symbol im Register *Start*, Gruppe *Ändern* (erweiterter Bereich)

```
Befehl eingeben Umdreh
Linie, Polylinie, Spline oder Spirale zur Richtungsumkehr auswählen: Objekte
wählen
Objekte wählen: Eventuell weitere wählen
...
Objekte wählen: Mit ↵ beenden
Objektrichtung wurde gewechselt.
```

4.6 Doppellinien und Multilinien

Parallele Linien können Sie in AutoCAD LT auch als Doppellinien zeichnen. Der Unterschied zur Polylinie: Sie bestehen aus einzelnen Linien- und Bogensegmenten, die getrennt bearbeitet werden können.

Zum Beispiel lassen sich so sehr einfach Wandanschlüsse in Grundrissen zeichnen. Sie können zwar nicht gefüllt gezeichnet werden, lassen sich aber mit den Schraffurfunktionen füllen.

Warum dieser Befehl in AutoCAD LT nicht in den Menüs zu finden ist und warum es den Befehl in AutoCAD nicht gibt, lässt sich vernünftigerweise nicht erklären. In AutoCAD sollten die Multilinien die Doppellinien ersetzen. Die sind aber umständlicher zu handhaben und dabei noch unflexibler.

4.6.1 Befehl »Dlinie«

Doppellinien zeichnen Sie mit dem Befehl *Dlinie*. Sie finden den Befehl nicht in den Menüs, Sie können ihn nur durch Eintippen des Namens aktivieren.

```
Befehl eingeben Dlinie
BRUch/ABschluss/AChslinie/Fang/BREite/<Startpunkt>:
```

Bevor Sie loslegen, sollten Sie die Parameter überprüfen und eventuell einstellen. Außer bei der Option *Breite* und eventuell noch bei der Option *AChslinie* können Sie normalerweise meist die Standardwerte eingestellt lassen.

- **BREite:** Damit stellen Sie den Abstand der Liniensegmente zueinander ein.
- **AChslinie:** Zusätzlich können Sie wählen, welche Punkte Sie eingeben wollen, um den Doppellinienzug zu erstellen. Normalerweise werden die Mittelpunkte eingegeben, und es wird symmetrisch darum gezeichnet. Sie können aber auch die linke oder rechte Seite vorgeben. Links und rechts bezieht sich dabei immer auf die Zeichenrichtung. Außerdem können Sie auch den Versatz von der Mittellinie eingeben (negativ = Versatz nach links, positiv = Versatz nach rechts).
- **ABschluss:** Doppellinien werden normalerweise an Start und Ende geschlossen, wenn sie nicht an anderen Objekten anschließen (Einstellung Auto). Sie können aber auch einstellen, dass immer geschlossen oder immer offen gezeichnet wird.
- **BRUch:** Mit der Option wählen Sie, ob die Doppellinie an eine andere Linie oder Doppellinie anschließen und diese aufbrechen soll.
- **Fang:** Zusätzlich können Sie einstellen, ob Linien oder Doppellinien zum Aufbrechen gefangen werden sollen oder ob die Linien exakt angeklickt werden müssen. Der Fangwert kann in Pixeln eingegeben werden.

Jetzt kann gezeichnet werden. Geben Sie den Startpunkt an und danach eventuell eine weitere Option.

```
BRUch/ABschluss/AChslinie/Fang/BREite/<Startpunkt>: Startpunkt eingeben
Nächsten Punkt angeben oder [BOgen/BRUch/ABschluss/Schließen/AChslinie/Fang/Zurück/
BREite]: Weiteren Punkt eingeben oder Option wählen
```

- **Punkte eingeben:** Zeichnen Sie Doppellinien wie Linien durch Eingabe der Stützpunkte. Mit der Eingabe von [↵] beenden Sie den Befehl und die Doppellinie wird gezeichnet.

Wenn Sie den ersten Punkt gesetzt haben, stehen weitere Optionen bereit:

- **BOgen:** Damit schalten Sie in den Bogenmodus um.

```
Nächsten Punkt angeben oder [BOgen/BRUch/ABschluss/Schließen/AChslinie/Fang/
Zurück/BREite]: Option Bogen wählen
Zweiten Punkt angeben oder [BRUch/ABschluss/Mittelpunkt/Schließen/AChslinie/
Endpunkt/Linie/Fang/Zurück/BREite]:
```

- Geben Sie den zweiten Punkt und danach den Endpunkt ein oder wählen Sie die Option *Mittelpunkt* oder *Endpunkt*. Geben Sie jetzt den Punkt ein, den Sie mit der Option gewählt haben, und danach den zweiten Punkt für das Bogensegment.
- **Linie:** Mit dieser Option schalten Sie in den Linienmodus zurück.

4.6.2 Übung: Zeichnen von Doppellinien

Beginnen Sie eine neue Zeichnung und erstellen Sie Grundrisse mit dem Befehl *Dlinie* wie oder ähnlich wie in Abbildung 4.18. Experimentieren Sie weiter mit dem Befehl. Die Fläche zwischen den Linien ist nachträglich schraffiert worden. Mit dem Schraffieren werden wir uns in Kapitel 9 beschäftigen, lassen Sie es jetzt unschraffiert.

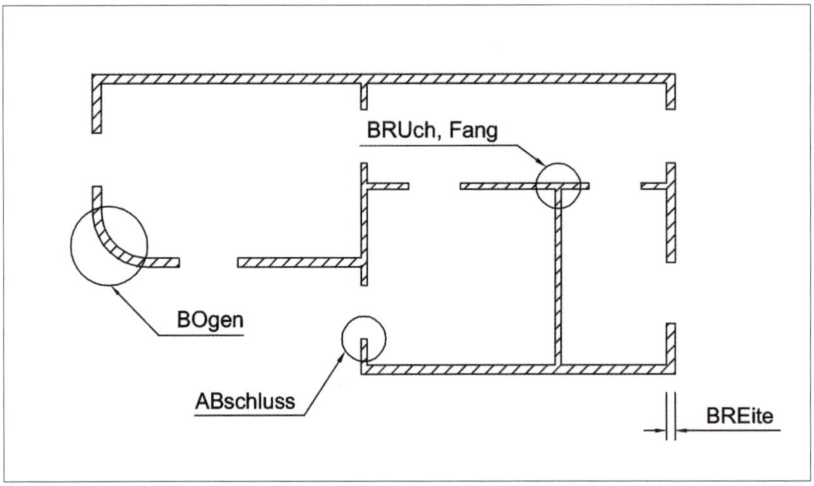

Abbildung 4.18: Zeichnen von Doppellinien

4.6.3 Multilinien

In AutoCAD wurde die Doppellinie durch die Multilinie ersetzt. Mit der Multilinie haben Sie zwar etwas mehr Möglichkeiten. Zum Zeichnen von Doppellinien, wie sie häufig in Grundrissen benötigt werden, ist die Multilinie allerdings nur bedingt geeignet, weil sie zu unflexibel ist. Die Befehle erscheinen in AutoCAD auch nicht in den Menüs, was für sich spricht.

4.6.4 Zeichnen mit Multilinien

- Mit dem Befehl *Mlstil* lassen sich Multilinienstile erzeugen, Multilinienstile aus einer Datei laden und Multilinienstile aus der Zeichnung in einer Datei speichern. Er definiert das Aussehen der Multilinie, aus wie vielen parallelen Linien sie sich zusammensetzt und welchen Abstand, welche Farbe und welchen Linientyp die einzelnen Linien haben. Zudem kann der Abschluss der Multilinie bestimmt werden (kein Abschluss, Abschluss mit Linien, Bogen oder beides) und ob sie gefüllt dargestellt werden sollen oder nicht.
- Multilinien werden mit dem Befehl *Mlinie* gezeichnet. Leider ist es mit diesem Befehl nicht möglich, Bogensegmente zu zeichnen.
- Multilinien können Sie mit dem Befehl *Mledit* bearbeiten. Andere Editierbefehle können nicht verwendet werden.
- Multilinien lassen sich mit dem Befehl *Ursprung* zerlegen und ergeben damit Liniensegmente.

4.7 Splines zeichnen und bearbeiten

Splines sind Kurven, die auf den Funktionen der NURBS-Mathematik beruhen (Non-Uniform Rational B-Spline). Damit lassen sich geglättete Kurven zeichnen. Zwei Befehle stehen zur Verfügung: *Spline* zum Zeichnen von Spline-Kurven und *Splineedit* zum Bearbeiten solcher Kurven.

4.7.1 Befehl »Spline«

Den Befehl *Spline* zum Zeichnen von Spline-Kurven wählen Sie:

- Multifunktionsleiste: Symbol im Register *Start*, Gruppe *Zeichnen* (erweiterter Bereich)

```
Befehl eingeben Spline
Aktuelle Einstellungen: Verfahren=Einpassen  Knoten=Sehne
Ersten Punkt angeben oder [Verfahren/Knoten/Objekt]:
```

- **Verfahren:** Mit dieser Option geben Sie an, wie der Spline erstellt werden soll. Bei der Befehlswahl aus der Multifunktionsleiste gibt es für die beiden Zeichenverfahren jeweils ein eigenes Symbol, für *Einpassen* und *KS*. Wenn Sie nicht mit dem Symbol gestartet sind, können Sie mit dieser Option wählen:

```
Ersten Punkt angeben oder [Verfahren/Knoten/Objekt]: Option Verfahren wählen
Spline-Erstellungsverfahren eingeben [Einpassen/KS] <Einpassen>: Option
auswählen
```

- **Einpassen:** Bei diesem Verfahren zeichnen Sie einen Spline durch Eingabe von Anpassungspunkten (siehe Abbildung 4.19, links).

- **KS:** Bei diesem Verfahren zeichnen Sie den Spline durch Festlegen von Kontrollscheitelpunkten (siehe Abbildung 4.19, rechts). 
- **Objekt:** Mit dieser Option, die Sie bei der ersten Abfrage wählen können, wandeln Sie eine mit dem Befehl *Pedit* und der Option *Kurvenlinie* angeglichene Polylinie in einen Spline um.

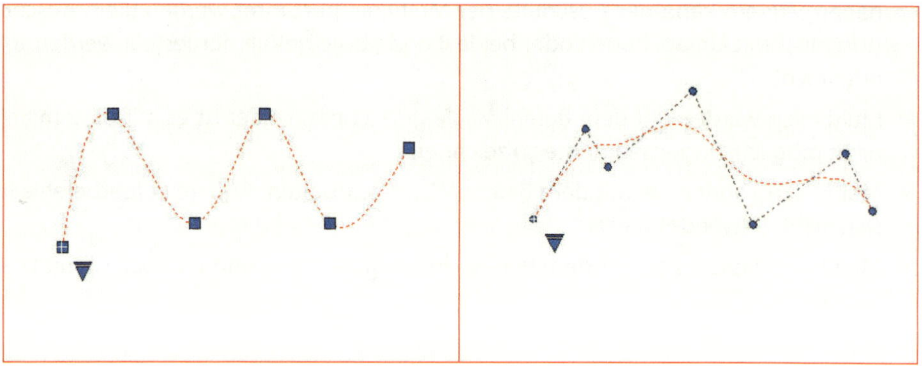

Abbildung 4.19: Verfahren zum Zeichnen von Splines

4.7.2 Zeichnen des Splines mit dem Verfahren »Einpassen«

Beim Verfahren *Einpassen* geben Sie die Anpassungspunkte an (siehe Abbildung 4.19, links). Das sind die Punkte, durch die der Spline laufen soll.

```
Ersten Punkt angeben oder [Verfahren/Knoten/Objekt]: Punkt eingeben
Nächsten Punkt eingeben oder [Tangentialität starten/toLeranz]: Weitere Punkte
Nächsten Punkt eingeben oder [Tangentialität beenden/toLeranz/Zurück/Schließen]:
...
Nächsten Punkt eingeben oder [Tangentialität beenden/toLeranz/Zurück/Schließen]:
Mit ↵ beenden
```

Weitere Optionen und Unteroptionen stehen Ihnen zur Verfügung:

- **Knoten:** Bei diesem Verfahren können Sie, bevor Sie den ersten Punkt eingeben, die Option *Knoten* wählen. Damit wird der Verlauf des Splines durch die Anpassungspunkte beeinflusst.
- **Toleranz:** Mit dieser Option bestimmen Sie die Genauigkeit, mit der der Spline an die eingegebenen Punkte angeglichen wird. Ist der Wert 0, geht der Spline durch die Punkte. Je höher der Wert ist, desto größer wird die Abweichung.
- **Tangentialität starten:** Nach Eingabe des ersten Punkts kann mit dieser Option die Starttangente bestimmt werden. Damit geben Sie die Richtung vor, mit der der Spline aus dem ersten Punkt herauslaufen soll.

- **Tangentialität beenden:** Beendet die Eingabe des Splines und Sie können danach die Endtangente angeben. Damit geben Sie die Richtung vor, mit der der Spline in den letzten Punkt hineinlaufen soll.
- **Zurück:** Nimmt das letzte Segment zurück. Diese Option kann mehrfach hintereinander verwendet werden.
- **Schließen:** Beendet die Abfrage und zeichnet einen geschlossenen Spline.

4.7.3 Zeichnen des Splines mit dem KS-Verfahren

Beim Verfahren *KS* geben Sie die Kontrollscheitelpunkte an (siehe Abbildung 4.19, rechts). Das sind die Punkte, die den Verlauf des Splines bestimmen.

```
Ersten Punkt angeben oder [Verfahren/Grad/Objekt]: Punkt eingeben
Nächsten Punkt eingeben: Punkt eingeben
...
Nächsten Punkt eingeben oder [Schließen/Zurück]: Mit ↵ beenden
```

Weitere Optionen und Unteroptionen stehen Ihnen zur Verfügung:

- **Grad:** Bei diesem Verfahren legt der Grad die maximale Anzahl von Biegungen fest, die Sie in jedem Segment haben können. Der Gradwert kann 1, 2 oder 3 sein.
- **Zurück:** Nimmt das letzte Segment zurück.
- **Schließen:** Beendet die Abfrage und zeichnet einen geschlossenen Spline.

4.7.4 Befehl »Splineedit«

Splines können Sie mit dem Befehl *Splineedit* bearbeiten.

- Multifunktionsleiste: Symbol im Register *Start*, Gruppe *Ändern* (erweiterter Bereich)

```
Befehl eingeben Splineedit
Spline wählen: Spline wählen
Option eingeben [Schließen/Verbinden/Anpassungsdaten/sCheitelpunkt bearbeiten/
in Polylinie konvertieren/Umkehren/Zurück/eXit] <eXit>:
```

Folgende Optionen stehen Ihnen zur Verfügung:

- **Schließen** bzw. **Öffnen:** Mit diesen Optionen können Sie den Spline schließen bzw. öffnen.
- **Verbinden:** Damit können Sie eine weitere offene Kurve mit dem gerade bearbeiteten Spline zu einem gemeinsamen verbinden. Bedingung ist, dass sie sich an den Endpunkten treffen.

- **Anpassungsdaten:** Mit dieser Option können Sie die Stützpunkte des Splines bearbeiten. Ähnlich wie bei Polylinien können Sie Stützpunkte hinzufügen, löschen und verschieben, den Spline schließen bzw. öffnen, den Spline bereinigen, Start- und Endtangente verändern und die Toleranz in den Stützpunkten verändern. Diese weiteren Optionen finden Sie in einer Unteroptionsliste.
- **Scheitelpunkte bearbeiten:** Mit dieser Option können Sie Scheitelpunkte des Splines bearbeiten, verschieben, zusätzliche einfügen und vorhandene löschen, den Grad ändern usw. Diese Möglichkeiten finden Sie in einer weiteren Unteroptionsliste.
- **In Polylinie konvertieren:** Mit dieser Option wird der gewählte Spline in eine Polylinie umgewandelt.
- **Umkehren:** Mit dieser Option werden die Stützpunkte in einer anderen Reihenfolge gespeichert. Das hat Einfluss auf die Bearbeitung; die Form des Splines ändert sich dadurch nicht.
- **Zurück:** Nimmt die jeweils letzte Aktion zurück.

4.7.5 Spline an Griffen bearbeiten

Wie eine Polylinie lässt sich auch ein Spline an Griffen bearbeiten. Markieren Sie den Spline, bekommen Sie quadratische Griffe an den Scheitelpunkten. Je nachdem, nach welchem Verfahren er gezeichnet wurde, sind die Griffe auf dem Spline oder an den Kontrollpunkten.

Zeigen Sie auf einen Griff, wird ein Kontextmenü eingeblendet, in dem Sie Bearbeitungsfunktionen wählen können (siehe Abbildung 4.20). Wie bei Polylinien können Sie Anpassungs- oder Scheitelpunkte verschieben, hinzufügen oder entfernen. Bei einem Spline aus Kontrollscheitelpunkten lässt sich der Spline am gewählten Punkt verfeinern.

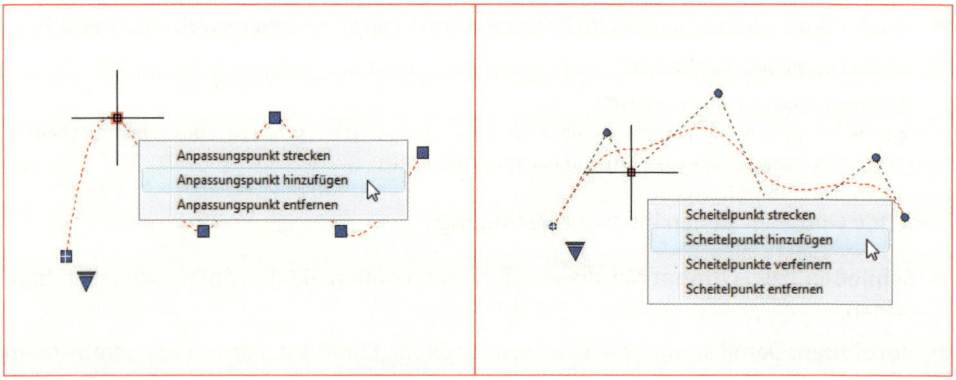

Abbildung 4.20: Verschiedene Splines bearbeiten

4.7.6 Übung: Splines zeichnen und bearbeiten

- Zeichnen Sie Splines nach den verschiedenen Methoden.
- Bearbeiten Sie die Splines mit dem Befehl *Splineedit* und mit den Griffen.

4.7.7 Befehl »Mischen«

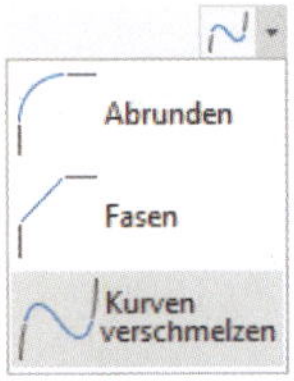

Mit dem Befehl *Mischen* lassen sich Linien, Bögen, elliptische Bögen, Spiralen, offene Polylinien und offene Splines mit einem Spline verbinden. Die Glättung der Übergänge kann dabei eingestellt werden.

Sie finden den Befehl:

- Multifunktionsleiste: Symbol in einem Flyout im Register *Start*, Gruppe *Ändern* (versteckt im Flyout der Funktionen *Abrunden* und *Fasen*)

```
Befehl eingeben Mischen
Kontinuität = Tangente
Erstes Objekt auswählen oder [KONtinuität]: Erstes Objekt anklicken
Zweites Objekt wählen: Zweites Objekt anklicken
```

Klicken Sie nacheinander die Enden der beiden zu verschmelzenden Objekte an. Wenn Sie auf das zweite Objekt zeigen, wird Ihnen eine Vorschau angezeigt. Erst wenn Sie klicken, wird die Funktion ausgeführt.

Vor der Wahl des ersten Objekts können Sie eine Option wählen:

- **Kontinuität:** Mit der Option *Kontinuität* können Sie mit weiteren Optionen zwischen zwei Verschmelzungstypen wählen.
- **Tangente:** Erstellt einen Spline dritten Grades mit Tangentialkontinuität (G1) an den Endpunkten der ausgewählten Objekte.
- **Glatt:** Erstellt einen Spline fünften Grades mit Krümmungskontinuität (G2) an den Endpunkten der ausgewählten Objekte.

Die aktuell eingestellte Kontinuität wird Ihnen beim Befehlsstart angezeigt. Ein einmal eingestellter Wert bleibt gespeichert, bis Sie einen anderen einstellen.

4.7.8 Übung: Kurven verschmelzen

- Laden Sie die Zeichnung ***A04-07.dwg*** aus dem Ordner *Aufgaben*.
- Verschmelzen Sie die Bögen und Splines mit verschiedenen Einstellungen für die Kontinuität (siehe Abbildung 4.21). Die Lösung in der Zeichnung ***L04-07.dwg*** finden Sie im Ordner *Aufgaben*.

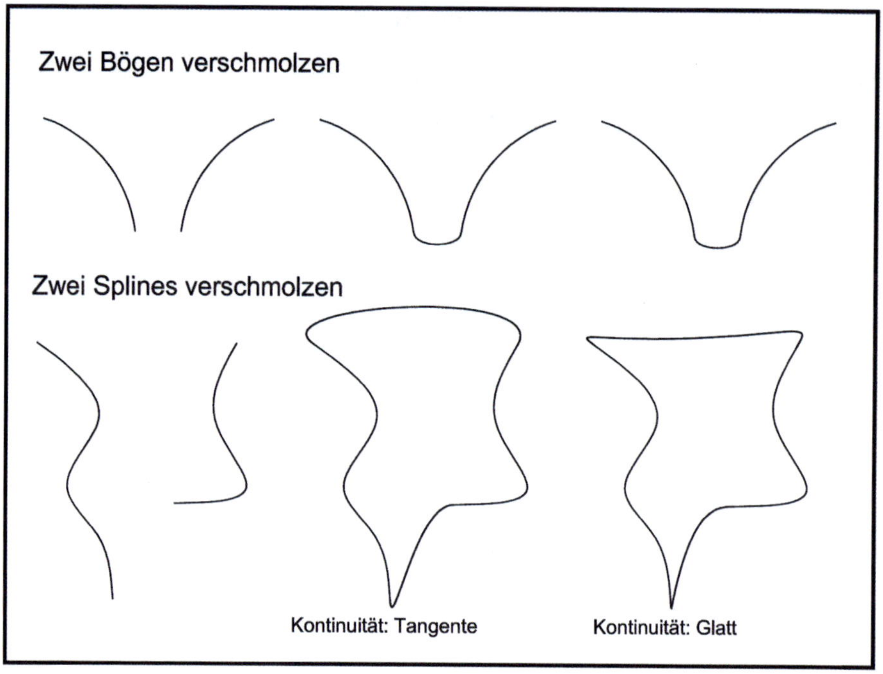

Abbildung 4.21: Bögen und Splines verschmolzen

4.8 Revisionsmarkierungen

Wenn Sie eine Zeichnung kontrollieren, haben Sie die Möglichkeit, Fehler zu markieren. Zeichnen Sie einfach eine Wolke als Markierung um die Stelle. Dafür gibt es einen speziellen Befehl.

4.8.1 Befehl »Revwolke«

Mit dem Befehl *Revwolke* können Sie wolkenförmige Markierungen in der Zeichnung anbringen. Sie finden den Befehl in drei Varianten:

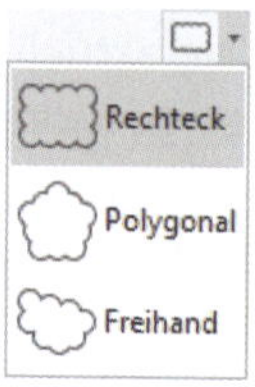

- Multifunktionsleiste: Symbole in einem Flyout im Register *Start*, Gruppe *Zeichnen* (erweiterter Bereich)
- Multifunktionsleiste: Symbole in einem Flyout im Register *Beschriften*, Gruppe *Markierung*

```
Befehl eingeben Revwolke
Minimale Bogenlänge: 5  Maximale Bogenlänge: 10  Stil: Normal  Typ: Rechteckig
Ersten Punkt angeben oder [Bogenlänge/Objekt/Rechteckig/Polygonal/Freihand/
Stil/Ändern] <Objekt>:
```

Zunächst werden die aktuellen Bogenlängen (minimale und maximale Bogenlänge) angezeigt. Bei der ersten Abfrage können Sie die Option wählen, wie die Wolke erstellt werden soll. Wenn Sie aus dem Flyout gewählt haben, wird gleich mit der entsprechenden Option gestartet. Die zuletzt verwendete Option bleibt als Vorgabe erhalten.

- **Freihand:** Geben Sie einen Startpunkt ein und führen Sie das Fadenkreuz freihändig um das zu markierende Objekt. Dabei werden Bogensegmente aneinandergehängt. Kommen Sie wieder in die Nähe des Startpunkts, wird der Befehl beendet und die Wolke geschlossen (siehe Abbildung 4.22).

  Führungs-Fadenkreuze entlang Wolkenpfad... ***Bereich umfahren***
  Revisionswolke abgeschlossen.

- Wollen Sie keine geschlossene Wolke, drücken Sie an einer beliebigen Stelle ↵ und die Wolke wird offen beendet. In diesem Fall erscheint eine weitere Abfrage, in der Sie auf Wunsch die Bögen auch umdrehen können.

  Richtung umkehren [Ja/Nein] <Nein>: ***Wählen Sie Ja, wenn Sie die Bögen umkehren möchten, oder Nein, wenn Sie keine Änderungen vornehmen möchten***
  Revisionswolke abgeschlossen.

- **Rechteckig:** Geben Sie zwei Eckpunkte ein und die Wolke wird rechteckig durch diese Punkte gezeichnet (siehe Abbildung 4.22).

  Ersten Eckpunkt angeben oder [Bogenlänge/Objekt/Rechteckig/Polygonal/Freihand/Stil/Ändern] <Objekt>: ***Ersten Eckpunkt klicken***
  Entgegengesetzte Ecke angeben: ***Zweiten Eckpunkt klicken***

- **Polygonal:** Festlegung der Wolke über die Eckpunkte eines unregelmäßigen Vielecks (siehe Abbildung 4.22).

  Startpunkt angeben oder [Bogenlänge/Objekt/Rechteckig/Polygonal/Freihand/Stil/Ändern] <Objekt>: ***Ersten Punkt klicken***
  Nächsten Punkt angeben: ***Ersten Punkt klicken***
  ...
  Nächsten Punkt angeben oder [Zurück]: ***Mit ↵ abschließen und erstellen***

- **Bogenlänge:** Geben Sie diese Option ein, können Sie angeben, wie groß die Bögen mindestens und höchstens werden dürfen.
- **Objekt:** Mit dieser Option können Sie Linien, Kreise, Bögen oder Polylinien, also auch Rechtecke und Polygone, in eine Wolke umwandeln. Auch hier können Sie wählen, ob Sie die Bögen umkehren wollen.
- **Stil:** Sie können mit dieser Option zwischen einem normalen Stil und einem Kalligraphie-Stil wählen. Beim normalen Stil wird mit der Polylinienbreite 0 gezeichnet, beim Kalligraphie-Stil haben die Bögen eine unterschiedliche Start- und Endbreite, sodass sich die Wolken besser in der Zeichnung abheben (siehe Abbildung 4.22).

- **Ändern:** Mit dieser Option können Sie bereits gezeichnete Wolken ändern. Sie können Segmente an der Stelle, an der Sie die Wolke anwählen, hinzufügen und danach Segmente wieder löschen.

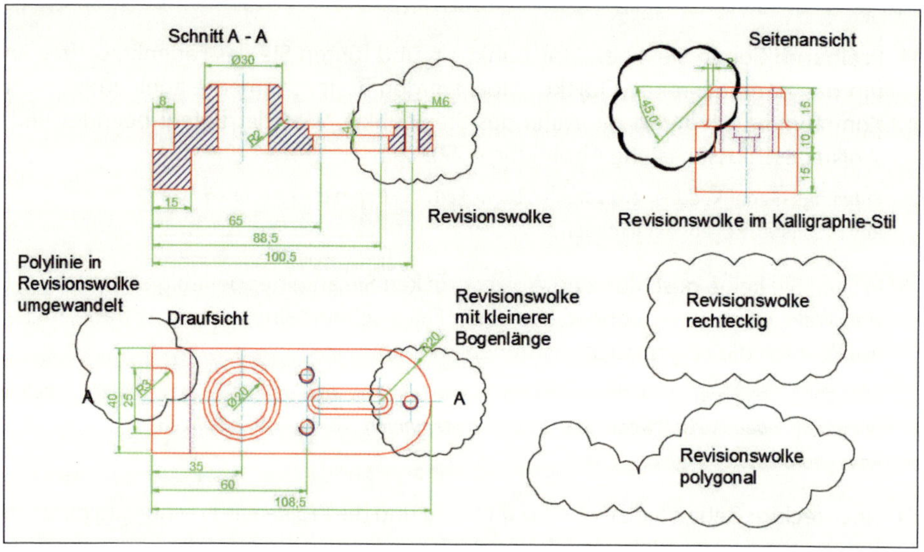

Abbildung 4.22: Verschiedene Revisionswolken

4.8.2 Revisionswolken an Griffen bearbeiten

Revisionswolken sind Polylinien und können an den Griffen bearbeitet werden (siehe Kapitel 4.5 sowie Abbildungen 4.16 und 4.17). Bei Freihandwolken oder umgewandelten Objekten kann jedes Bogensegment bearbeitet werden. Bei rechteckigen Revisionswolken sind es dagegen nur die eingegebenen Stützpunkte. Aber das Bearbeiten von Revisionswolken ist außerordentlich mühsam. Meist ist es einfacher, diese zu löschen und neu zu zeichnen.

4.8.3 Übung: Erstellen von Revisionswolken

Zeichnen Sie Revisionswolken. Testen Sie die verschiedenen Methoden. Eine Übungszeichnung brauchen Sie dazu nicht.

4.9 Assoziative Mittellinien

Diese Mittellinien und Markierungen unterscheiden sich von den bisherigen Zeichenobjekten dadurch, dass sie an andere Objekte gebunden sind, also assoziativ sind. Sie sind an Linien, Bögen und Kreise gebunden. Wenn diese sich ändern, dann ändern sie sich mit. Außerdem lassen sich diesen Objekten unabhängig vom aktuellen Layer eigene Layer, Farben oder Linientypen zuordnen.

4.9.1 Befehl »Zentrumsmarkierung«

Zunächst zum Befehl *Zentrumsmarkierung* für Mittellinien und Zentrumsmarkierungen bei Kreisen und Bögen.

- Multifunktionsleiste: Symbol im Register *Beschriften*, Gruppe *Mittellinien*

Damit können Sie nacheinander Bögen oder Kreise anklicken, bis Sie auf eine Anfrage ⏎ drücken. Damit wird der Wiederholmodus beendet.

```
Befehl eingeben Zentrumsmarkierung
Kreis oder Bogen zum Hinzufügen zur Zentrumsmarkierung auswählen oder [Layer]:
```

Wählen Sie einen Kreis oder Bogen an und er bekommt Mittellinien bzw. Zentrumsmarkierungen je nach Einstellung der Variablen (siehe unten). Änderungen an den Objekten durch Schieben, Skalieren usw. wirken sich auch auf die Mittellinien aus. Mit Systemvariablen lässt sich die Form der Mittellinien einstellen. Welche Parameter dadurch beeinflusst werden, ist in Abbildung 4.23 dargestellt.

- **Layer:** Zudem gibt es die Option *Layer*. Damit können Sie abweichend vom aktuellen Layer einen Layer angeben, auf den die Mittellinien gelegt werden sollen. Der aktuelle Layer bleibt unverändert.

  ```
  Befehl eingeben Zentrumsmarkierung
  Kreis oder Bogen zum Hinzufügen zur Zentrumsmarkierung auswählen oder [Layer]:
  Option Layer wählen
  Layernamen eingeben oder Objekt wählen, um den Layer zum Platzieren von
  Zentrumsmarkierungen anzugeben, oder . zur Verwendung des aktuellen Layers
  [?/Beenden] <"VERDECKT">: Layernamen eingeben oder Objekt mit dem gewünschten
  Layer anklicken
  ```

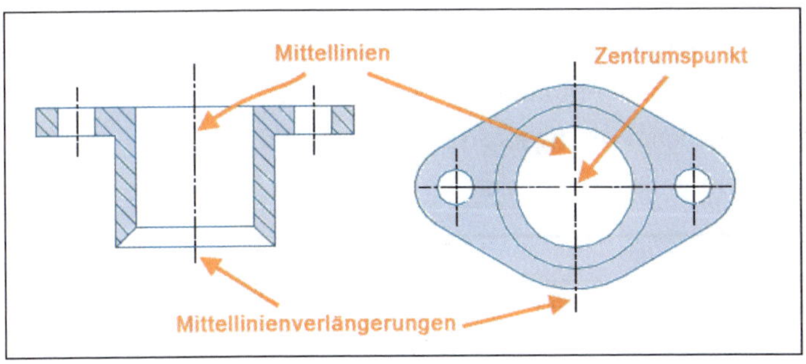

Abbildung. 4.23: Parameter für Mittellinien

4.9.2 Systemvariablen für Mittellinien

Folgende Systemvariablen bestimmen die Form der Mittellinien:

- **Centerlayer:** Layer für Mittellinien.
- **Centerltscale:** Linientypfaktor für Mittellinien, Korrektur des aktiven Faktors.

- **Centerltype:** Linientyp für die Mittellinien.
- **Centerltypefile:** Linientypdatei für eventuell zu ladende Linientypen.
- **Centerexe:** Mittellinienverlängerung über die Kante.
- **Centercrosssize:** Größe des Kreuzes am Zentrumspunkt. Der Wert wird in Zeichnungseinheiten angegeben oder in Bruchteilen des Kreisdurchmessers, wenn x angehängt wird.
- **Centercrossgap:** Gibt den Abstand des Kreuzes am Zentrumspunkt zu den Mittellinien an. Der Wert wird in Zeichnungseinheiten angegeben oder in Bruchteilen des Kreisdurchmessers, wenn ein x angehängt wird.
- **Centermarkexe:** Gibt an, ob Mittellinien gezeichnet werden sollen oder nur das Kreuz am Zentrumspunkt.

4.9.3 Befehl »Zentrumslinie«

Der Befehl *Zentrumslinie* setzt Mittellinien zwischen Liniensegmenten.

- Multifunktionsleiste: Symbol im Register *Beschriften*, Gruppe *Mittellinien*

```
Befehl eingeben Zentrumslinie
Erste Linie wählen oder [Layer]: Linie anklicken
Zweite Linie wählen: Zweite Linie anklicken
```

Zwischen den beiden Linien wird eine Mittellinie eingezeichnet.

- **Layer:** Die Option *Layer* funktioniert wie oben beim Befehl *Zentrumsmarkierung*, um die Objekte auf einen anderen Layer als den aktuellen zu legen.

4.9.4 Übung: Zeichnen von Mittellinien

- Laden Sie die Zeichnung ***A04-08.dwg*** aus dem Ordner *Aufgaben*.
- Bringen Sie die Mittellinien wie in Abbildung 4.24 an.
- Eine Musterlösung finden Sie im Übungsordner, die Datei ***L04-08.dwg***.
- Ändern Sie die Ausgangsobjekte, sollten sich die Mittellinien mit ändern.

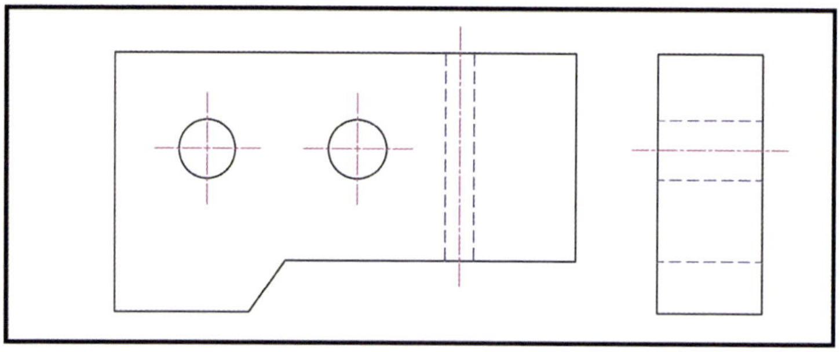

Abbildung. 4.24: Zeichnen von assoziativen Mittellinien

5. Besser ändern als neu zeichnen

Bei der ersten Übung (siehe Kapitel 2) haben Sie es schon gesehen, eine Kontur zu versetzen geht wesentlich schneller und fehlerfreier, als eine parallele Kontur neu zu zeichnen. Sie hatten dort schon einige Bearbeitungs- bzw. Änderungsfunktionen kurz kennengelernt. Nach der Objektwahl wollen wir uns in diesem Kapitel alle Änderungsbefehle einmal genauer ansehen.

5.1 Objekte wählen und löschen

Wollen Sie beispielsweise ein Objekt in der Zeichnung löschen, benötigen Sie die Objektwahl – ebenso wie bei den meisten anderen Änderungsbefehlen.

Zuerst aber noch eine Anmerkung: Sie können ein Objekt in AutoCAD immer nur im Gesamten bearbeiten. Es ist nicht möglich, nur einen Teil einer Linie zu löschen – dazu müssten Sie sie vorher auftrennen. Damit Sie zusammengehörige Objekte sehen, werden diese hervorgehoben dargestellt, wenn Sie mit dem Fadenkreuz darüberfahren.

5.1.1 Übung: Objektwahl

- Laden Sie die Zeichnung ***A05-01.dwg*** aus dem Ordner *Aufgaben*. Testen Sie die Funktionen der Objektwahl, die im Folgenden beschrieben werden, an dieser Zeichnung. Verwenden Sie dabei den Befehl *Löschen*.
- Machen Sie den Löschvorgang immer wieder rückgängig, um die nächste Funktion testen zu können.

5.1.2 Befehl »Löschen«

Schauen wir uns die Objektwahl beim Befehl *Löschen* ausführlich an. Bei den meisten Änderungsfunktionen läuft die Objektwahl gleich ab.

Wählen Sie:

- Multifunktionsleiste: Symbol im Register *Start*, Gruppe *Ändern*

Der Befehl startet mit der Objektwahl und Sie können die Objekte im Wiederholmodus einzeln wählen, indem Sie sie anklicken.

```
Befehl eingeben Löschen
Objekte wählen:
```

5.1.3 Objektwahl mit der Pickbox und den Fenstern

Diese Anfrage bleibt im Wiederholmodus, bis sie mit [↵] abgeschlossen wird. Erst danach wird der Löschvorgang ausgeführt. Die gewählten Objekte werden in den sogenannten Auswahlsatz aufgenommen.

- **Auswahl mit der Pickbox:** Bei der Objektwahl erscheint zunächst die sogenannte Pickbox auf dem Bildschirm, ein kleines Quadrat, mit dem Sie Objekte einzeln anklicken können.

  ```
  Objekte wählen: Mit der Pickbox anklicken
  1 gefunden
  Objekte wählen: Noch ein Objekt anklicken
  1 gefunden, 2 gesamt
  ```

  Wurde das Objekt innerhalb dieses Auswahlvorgangs schon einmal gewählt, dann wird dies angezeigt.

- **Auswahl mit verschiedenen Fenstern:** Klicken Sie mit der Pickbox ins Leere, wird dieser Punkt automatisch als Eckpunkt eines Fensters angenommen, und Sie können die zweite, diagonal gegenüberliegende Ecke des Fensters anklicken. Achtung: Maustaste nicht gedrückt halten, denn damit aktivieren Sie eine andere Funktion (siehe unten)!

  ```
  Objekte wählen:
  Entgegengesetzte Ecke angeben:
  7 gefunden
  ```

  Wenn Sie von links nach rechts ziehen, werden nur die Objekte ausgewählt, die sich vollständig im Fenster befinden (siehe Abbildung 5.1, links). Diese Methode wird als Option *Fenster* bezeichnet.

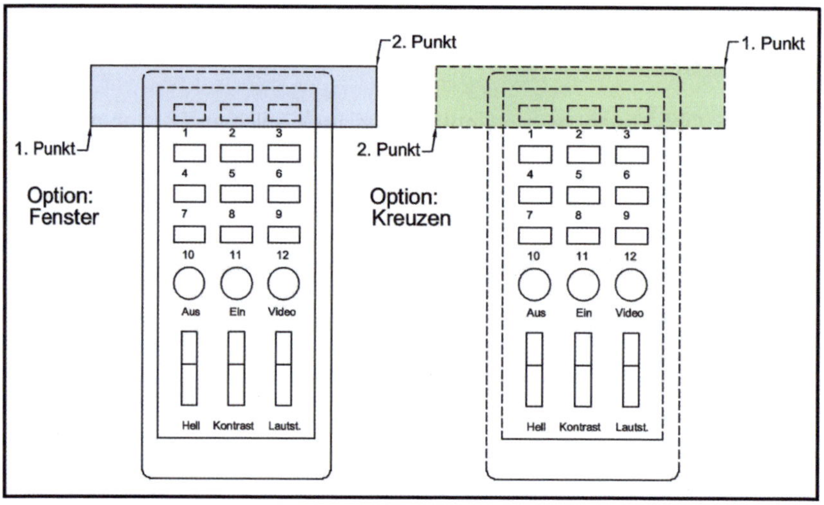

Abbildung 5.1: Objektwahl mit verschiedenen Fenstern

Ziehen Sie es dagegen umgekehrt auf, also von rechts nach links, werden die Objekte ausgewählt, die sich vollständig oder teilweise im Fenster befinden (siehe Abbildung 5.1, rechts). Diese Methode wird als Option *Kreuzen* bezeichnet.

Damit Sie sofort erkennen können, welche Methode gerade aktiv ist, haben die Fenster verschiedene Ränder und sind in unterschiedlichen Farben gefüllt: Bei der Option *Fenster* ist der Fensterrand als ausgezogene Linie dargestellt und das Fenster transparent blau gefüllt. Bei der Option *Kreuzen* ist der Fensterrand gestrichelt und das Fenster transparent grün gefüllt.

5.1.4 Objektwahl mit dem Lasso

Der Nachteil bei den Fenstermethoden ist, dass Fenster immer rechteckig sind. Hier bietet sich das Lasso an. Ziehen Sie mit gedrückter Maustaste eine Umrandung um die gewünschten Objekte.

- **Fenster-Lasso und Kreuzen-Lasso:** Im Uhrzeigersinn werden alle Objekte gewählt, die sich komplett in der Umrandung, dem Lasso, befinden (siehe Abbildung 5.2, links, *Fenster-Lasso*). Fahren Sie entgegen dem Uhrzeigersinn, werden dagegen alle Objekte gewählt, die sich komplett im Lasso befinden und die vom Lasso geschnitten werden (siehe Abbildung 5.2, Mitte, *Kreuzen-Lasso*). Die Fläche innerhalb der Umrandung wird während der Umrandung farbig hervorgehoben. Die Farben entsprechen denen, die auch bei den Fenstermethoden verwendet werden: *Fenster-Lasso* blau und *Kreuzen-Lasso* grün. Wenn Sie die Umgrenzung im Uhrzeigersinn ziehen, aber eigentlich das *Kreuzen-Lasso* oder das *Zaun-Lasso* verwenden wollten, müssen Sie nicht abbrechen und von vorne beginnen: Mit der [Leer]-Taste oder [↵] können Sie zwischen den verschiedenen Modi hin und her wechseln.

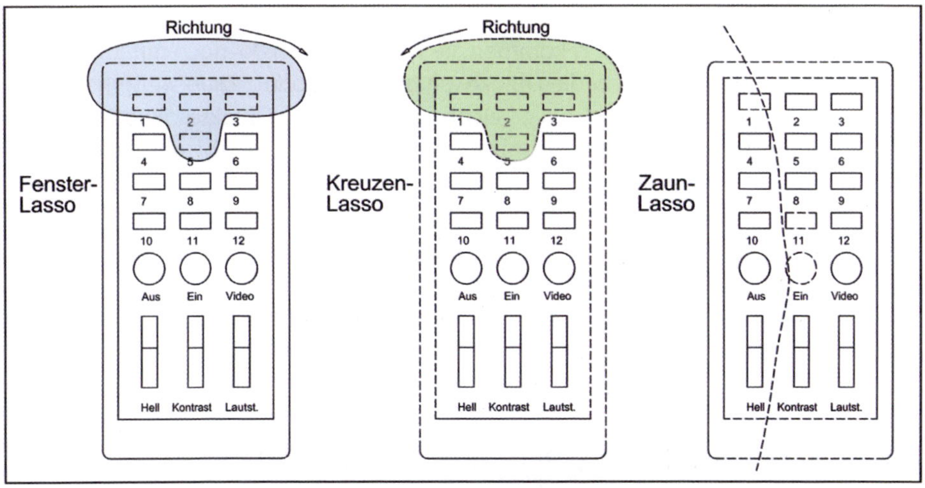

Abbildung 5.2: Objektwahl mit den verschiedenen Lasso-Arten

- **Zaun-Lasso:** Außerdem können Sie so noch eine dritte Methode wählen: Mit dem *Zaun-Lasso* können Sie eine Freihandlinie ziehen, einen sogenannten Zaun. Dabei werden alle Objekte, die dieser Zaun schneidet, ausgewählt (siehe Abbildung 5.2, rechts, *Zaun-Lasso*). Auch zu dieser Methode können Sie mit der [Leer]-Taste oder [↵] wechseln.

5.1.5 Weitere Optionen

Die bisherigen Funktionen bei der Objektwahl konnten Sie ohne Angabe einer Option ausführen. Es gibt allerdings eine Reihe spezieller Optionen, die Sie bei Bedarf vorher angeben müssen. Wichtig: Diese können Sie nicht per Rechtsklick aus einem Kontextmenü wählen. Sie müssen die gewünschte Option jeweils über die Tastatur eingeben.

- **Letztes Objekt:** Ganz ohne Pickbox und Fenster geht es auch: Mit der Option *Letztes* können Sie bei der Objektwahl das zuletzt erstellte Objekt auswählen.
- **Vorherige Objekte:** Wollen Sie einen Auswahlsatz für mehrere Änderungsbefehle verwenden, zum Beispiel für die Befehle *Schieben* und *Drehen*, können Sie bei der zweiten Objektwahl die Option *Vorher* nutzen, um so noch einmal den gleichen Auswahlsatz zu erhalten.
- **Alles auswählen:** Möchten Sie alles auf einmal anwählen, verwenden Sie die Option *Alle* (ausgeschrieben, kein Kürzel möglich). Achtung: Damit werden auch die Objekte auf ausgeschalteten Layern gewählt, nicht aber die auf gefrorenen Layern (siehe Kapitel 6).
- **Auswahl mit Polygonen:** Soll das Fenster zur Auswahl nicht rechteckig sein, können Sie diese Methode verwenden. Bei der Methode *FPolygon* werden alle Objekte ausgewählt, die sich innerhalb des Polygons befinden. Bei der Methode *KPolygon* werden zusätzlich die Objekte gewählt, die vom Polygon geschnitten werden. Jede Punkteingabe legt einen Polygonpunkt fest.
- **Auswahl mit dem Zaun:** Oft kommen Sie weder mit *Fenster* noch mit *Kreuzen* weiter. Vielleicht kann Ihnen dann die Objektwahl mit der Option *Zaun* weiterhelfen. Damit können Sie einen Linienzug in die Zeichnung legen. Alle Objekte, die davon geschnitten werden, werden in die Auswahl aufgenommen. Die Eingabe des Linienzugs kann mit [↵] beendet werden.

5.1.6 FPolygon, KPolygon und Zaun überholt?

Durch die Lasso-Funktionen, die es seit der AutoCAD-Version 2015 gibt, sind die Optionen *FPolygon*, *KPolygon* und *Zaun* überholt. Die Lasso-Funktionen sind viel flexibler und müssen nicht erst per Tastatur vorgewählt werden.

5.1.7 Zu viel gewählt, aus der Auswahl entfernen

Trotz aller Hilfsmittel kommt es vor, dass Ihnen bei der Auswahl der Objekte ein Fehler unterläuft. Und dann wäre es doch wirklich ärgerlich, wenn Sie noch einmal von vorne anfangen müssten. Wenn Sie bei der Objektwahl die ⇧-Taste drücken, können Sie so lange Objekte aus dem Auswahlsatz entfernen, wie Sie die Taste gedrückt halten. Dabei können Sie auch ein Fenster aufziehen oder ein Lasso einsetzen.

5.1.8 Objektwahl beenden

Zum endgültigen Abschluss der Objektwahl drücken Sie nach der Anfrage ↵. Der Befehl *Löschen* wird danach ohne weitere Anfragen ausgeführt.

5.1.9 Schnelles Löschen

- Klicken Sie ein oder mehrere Objekte an, ohne dass ein Befehl gewählt ist. Drücken Sie die Taste Entf und das Objekt oder die Objekte werden gelöscht.
- Sie können auch die Fenster- oder Lasso-Methoden ohne vorherige Befehlswahl verwenden und Objekte mit gedrückter ⇧-Taste wieder abwählen. Beim Drücken von Entf werden die markierten Objekte gelöscht.

5.1.10 Wechselnde Auswahl bei der Objektwahl

Immer dann, wenn Objekte übereinanderliegen, zum Beispiel bei doppelten Linien, ist es schwierig, das richtige Objekt zu wählen. Hier hilft Ihnen die Funktion der wechselnden Auswahl weiter. Diese Funktion können Sie wie folgt aktivieren:

- Symbol in der Statusleiste zum Ein- und Ausschalten

Wird das Symbol nicht in der Statusleiste angezeigt, können Sie es zuschalten, wie es in Kapitel 3 beschrieben wird. Haben Sie diese Funktion eingeschaltet und fahren mit dem Fadenkreuz an eine Stelle, an der sich Objekte überlappen bzw. übereinanderliegen, wird ein spezielles Symbol am Fadenkreuz angezeigt (siehe Abbildung 5.3, links). Klicken Sie auf die Stelle, erhalten Sie das Auswahlfenster (siehe Abbildung 5.3, rechts). Darin werden alle Objekte angezeigt, die sich unter dem Fadenkreuz befinden. Wenn Sie das gewünschte Objekt in der Liste anklicken, wird dieses gewählt.

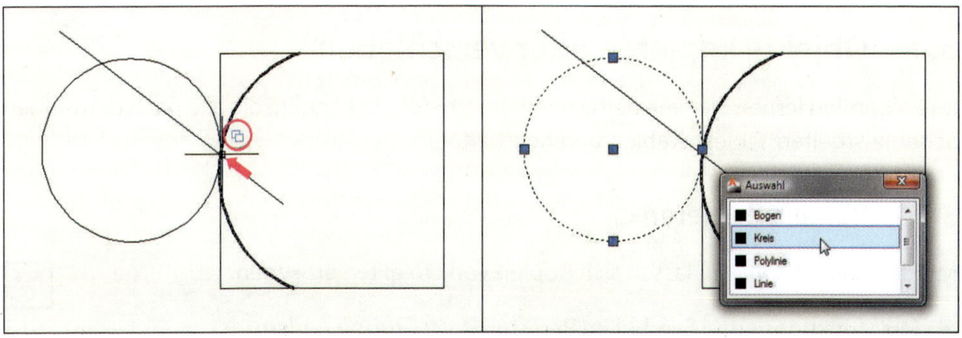

Abbildung 5.3: Auswahl bei überlappenden Objekten

5.1.11 Objekte isolieren oder ausblenden

Befinden sich viele Objekte auf dem Bildschirm, kann es sinnvoll sein, einige davon zu isolieren oder nicht benötigte auszublenden. Wählen Sie Objekte, ohne einen Befehl aktiviert zu haben. Öffnen Sie mit der rechten Maustaste das Kontextmenü und wählen Sie darin den Menüpunkt *Isolieren* (siehe Abbildung 5.4, links).

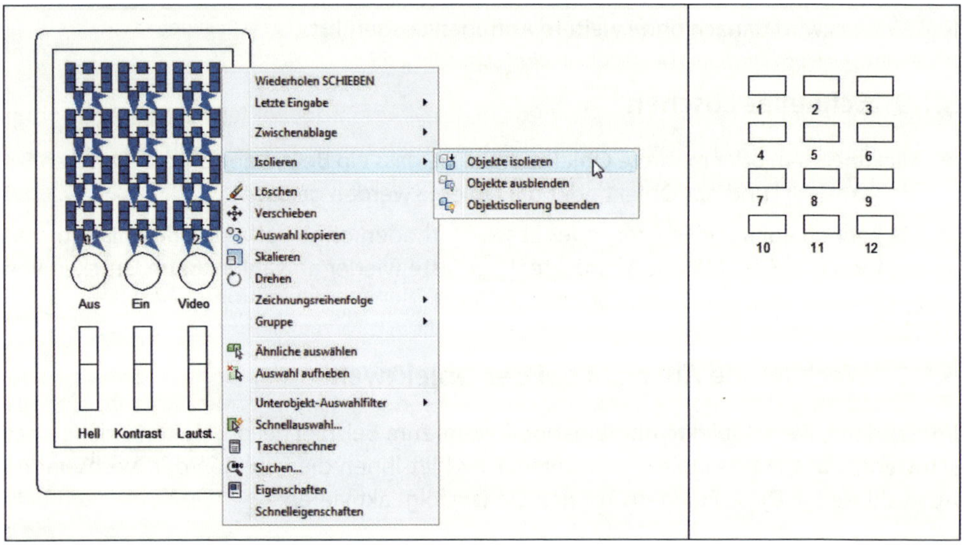

Abbildung 5.4: Objekte isolieren oder ausblenden

- **Objekte isolieren:** Es werden nur noch die gewählten Objekte angezeigt, alle anderen werden ausgeblendet (siehe Abbildung 5.4, rechts).
- **Objekte ausblenden:** Die gewählten Objekte werden ausgeblendet, alle anderen werden weiterhin angezeigt.
- **Objektisolierung beenden:** Alle Objekte werden wieder angezeigt.

5.2 Objekte kopieren oder verschieben

Im Folgenden lernen Sie eine Reihe von Editierbefehlen kennen, die alle nach demselben Schema arbeiten: Objekt wählen und bearbeiten.

5.2.1 Befehl »Kopieren«

Mit dem Befehl *Kopieren* lassen sich Kopien von Objekten erzeugen:

- Multifunktionsleiste: Symbol im Register *Start*, Gruppe *Ändern*

Befehl eingeben ***Kopieren***
Objekte wählen: ***Objektwahl wie oben beschrieben***
Aktuelle Einstellungen: Kopiermodus = Mehrfach
Basispunkt angeben oder [Verschiebung/mOdus] <Verschiebung>: ***Punkt wählen, eventuell Objektfang verwenden***
Zweiten Punkt angeben oder [Anordnung] <ersten Punkt der Verschiebung verwenden>: ***Zweiten Punkt für die Verschiebung eingeben***
Zweiten Punkt angeben oder [Anordnung/Beenden/Rückgängig] <Beenden>: ***Punkt für weitere Kopie angeben oder Option wählen***

- Die Kopie der gewählten Objekte wird um die Differenz der beiden Punkte verschoben. Der Befehl arbeitet im Wiederholmodus. Mit jedem zweiten Punkt wird eine neue Kopie erzeugt – so lange, bis Sie auf eine Abfrage ↵ drücken (siehe Abbildung 5.5, oben).
- **Rückgängig:** Mit dieser Option machen Sie die letzte Kopie rückgängig.
- **Modus:** Normalerweise können Sie mit dem Befehl mehrere Kopien erstellen. Jeder »zweite Punkt« erstellt eine weitere Kopie. Wählen Sie die Option *mOdus*. Bei der Anfrage nach der Objektwahl können Sie einstellen, dass nach einer Kopie abgebrochen wird.
- **Anordnung:** Mit dieser Option können Sie bei der entsprechenden Anfrage eine Anordnung von Kopien in gleichem Abstand erstellen.

Zweiten Punkt angeben oder [Anordnung] <ersten Punkt der Verschiebung verwenden>: ***Option Anordnung wählen***
Anzahl der Elemente in Anordnung eingeben: ***Anzahl der gewünschten Elemente eingeben***
Zweiten Punkt angeben oder [Zbereich]: ***Abstand der Elemente zueinander eingeben***

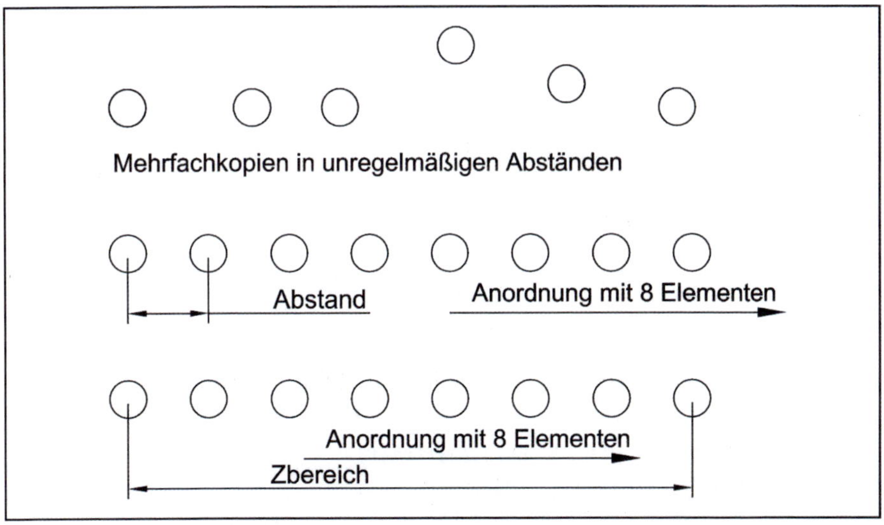

Abbildung 5.5: Kopieren mehrfach und als Anordnung

- **Abstand der Elemente:** Nachdem Sie die Anzahl der gewünschten Kopien festgelegt haben, geben Sie einen zweiten Punkt ein – per Mausklick oder Abstand in Mausrichtung. Die Anordnung wird so erzeugt, dass der eingegebene Wert dem Abstand zwischen den Elementen entspricht (siehe Abbildung 5.5, Mitte).
- **Zbereich:** Damit können Sie statt des Abstands zwischen den Elementen die Abmessung der gesamten Anordnung eingeben (siehe Abbildung 5.5, unten).

  `Anzahl der Elemente in Anordnung eingeben:` ***Anzahl der gewünschten Elemente eingeben***
  `Zweiten Punkt angeben oder [Zbereich]:` ***Option Zbereich wählen***
  `Zweiten Punkt angeben oder [Anordnung]:` ***Zweiten Punkt angeben***

5.2.2 Übung: Kopieren von Objekten

- Laden Sie die Zeichnung ***A05-02.dwg*** aus dem Ordner *Aufgaben*.
- Kopieren Sie die einzelne Taste (siehe Abbildung 5.6, links) oben waagerecht um 30 nach rechts und nach links (siehe Abbildung 5.6, Mitte). Kopieren Sie dann die drei Tasten in einer Anordnung von vier Objekten um 25 senkrecht nach unten (siehe Abbildung 5.6, rechts).
- Eine Musterlösung finden Sie in der Zeichnung ***L05-02.dwg*** im Ordner *Aufgaben*.

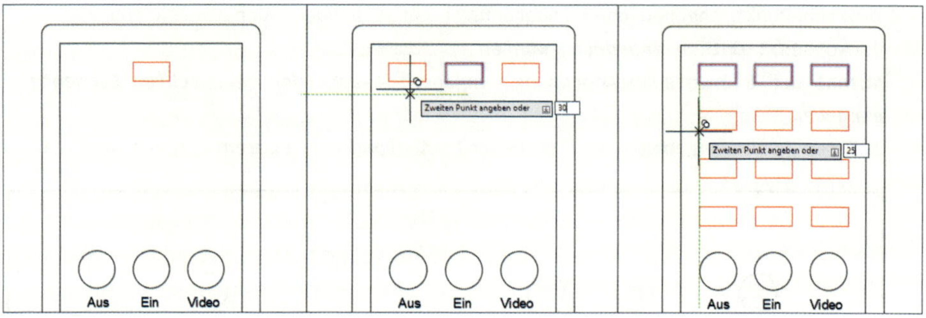

Abbildung 5.6: Kopieren von Objekten

5.2.3 Befehl »Schieben«

Mit dem Befehl *Schieben* können Sie Objekte innerhalb der Zeichnung verschieben. Sie finden den Befehl:

- Multifunktionsleiste: Symbol im Register *Start*, Gruppe *Schieben*

  `Befehl eingeben` ***Schieben***
  `Objekte wählen:` ***Objektwahl wie oben beschrieben***
  `Basispunkt oder [Verschiebung] <Verschiebung>:`
  `Zweiten Punkt angeben oder <ersten Punkt der Verschiebung verwenden>:`

- **Zwei Punkte eingeben:** Sie können zwei Punkte eingeben, um die neue Position zu bestimmen. Die beiden Punkte lassen sich auch mit dem Objektfang fangen, um sie passgenau aneinanderzusetzen, oder Sie geben beim zweiten Punkt nur die Richtung vor und tippen einen Abstand ein.

5.3 Objekte drehen und spiegeln

Selbstverständlich gibt es auch einen Befehl zum Drehen von Objekten. Sie können Drehpunkt und Winkel oder Drehwinkel und einen Bezugswinkel wählen.

5.3.1 Befehl »Drehen«

Der Befehl heißt logischerweise *Drehen* und Sie finden ihn:

- Multifunktionsleiste: Symbol im Register *Start*, Gruppe *Ändern*

```
Befehl eingeben Drehen
Aktueller positiver Winkel in BKS: ANGDIR=gegen den Uhrzeigersinn ANGBASE=0
Objekte wählen: Objektwahl wie immer
Basispunkt angeben:
Drehwinkel angeben oder [Kopie/Bezug] <0.0>:
```

- **Basispunkt und Winkel:** Wählen Sie die Objekte, bestimmen Sie den Basispunkt, damit ist der Drehpunkt gemeint, und geben Sie einen Winkel ein. Den Winkel können Sie als Zahlenwert eingeben oder einen Punkt in der Zeichnung anklicken (siehe Abbildung 5.7, a).
- **Bezug:** Mit dieser Option werden zwei Winkel abgefragt: Der Bezugswinkel ist der aktuelle Winkel des Objekts, den Sie am besten durch Anklicken zweier Punkte auf dem Objekt bestimmen, die diesen Winkel bilden. Danach kann der neue Winkel als Zahlenwert oder per Klick in der Zeichnung angegeben werden (siehe Abbildung 5.7, b).
- **Kopie:** Bei dieser Option bleibt das Original unverändert und es wird eine gedrehte Kopie erstellt.

5.3.2 Übung: Drehen mit Winkelangabe und Bezug

- Öffnen Sie die Zeichnung *A05-03.dwg* aus dem Ordner *Aufgaben*.
- Drehen Sie die obere Fernbedienung um 15° (siehe Abbildung 5.7, a).
- Drehen Sie die untere Fernbedienung mit der Option *Bezug* auf eine Ausrichtung von 0° (siehe Abbildung 5.7, b).

```
Drehwinkel angeben oder [Kopie/Bezug] <0.0>: Option Bezug wählen
Bezugswinkel angeben <0>: P1 anklicken
Zweiten Punkt angeben: P2 anklicken
Neuen Winkel angeben: 0 eintippen
```

- Ihre Ergebnisse sollten wie in Abbildung 5.7, rechte Spalte aussehen. Falls nicht, finden Sie eine Musterlösung im Ordner *Aufgaben*, die Datei ***L05-03.dwg***.

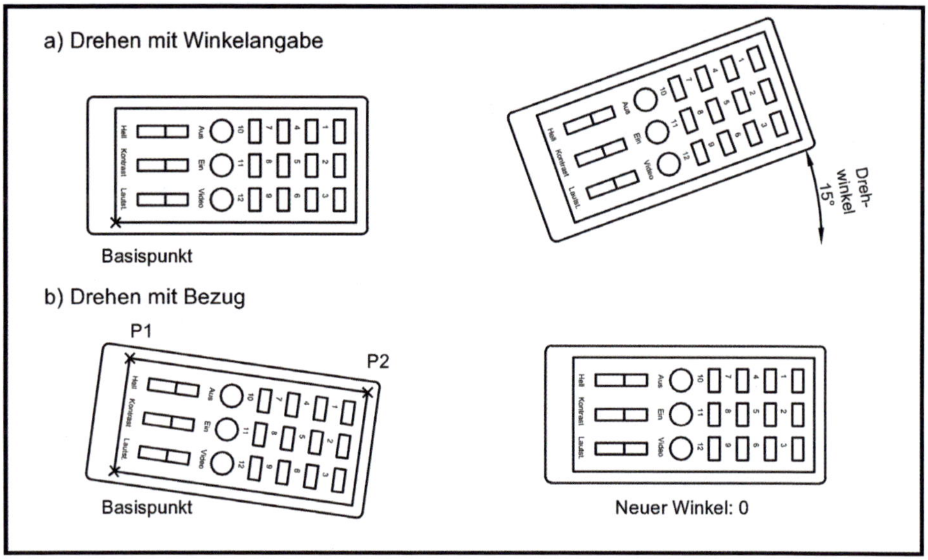

Abbildung 5.7: Drehen mit Winkelangabe oder Bezug

5.3.3 Befehl »Spiegeln«

Mit einem weiteren Befehl können Sie Objekte der Zeichnung um eine Achse spiegeln. Die Spiegelachse muss nicht als Objekt in der Zeichnung vorhanden sein, zwei Punkte, frei platziert oder mit dem Objektfang ermittelt, reichen aus. Spiegelbilder erstellen Sie mit dem Befehl *Spiegeln*.

- Multifunktionsleiste: Symbol im Register *Start*, Gruppe *Ändern*

```
Befehl eingeben Spiegeln
Objekte wählen: Objektwahl wie immer
Ersten Punkt der Spiegelachse angeben:
Zweiten Punkt der Spiegelachse angeben:
Quellobjekte löschen? [Ja/Nein] <N>:
```

- Wählen Sie die Spiegelachse mit zwei beliebigen Punkten. Danach legen Sie fest, ob Sie Original und Spiegelbild haben oder das Original löschen wollen.

5.3.4 Texte spiegeln oder nicht

Die Systemvariable *Mirrtext* legt fest, ob Texte mit gespiegelt werden sollen oder nicht. Ist sie 1, werden Texte gespiegelt (Standardeinstellung), bei 0 werden sie nicht gespiegelt. Tippen Sie die Variable bei der Befehlsanfrage ein, um die Einstellung zu prüfen.

5.3.5 Übung: Spiegeln an verschiedenen Achsen

- Öffnen Sie die Zeichnung ***A05-04.dwg*** aus dem Ordner *Aufgaben*.
- Setzen Sie die Variable *Mirrtext* auf 0.
- Spiegeln Sie die Fernbedienung oben links mehrmals, und zwar an den Achsen P1-P2, P3-P4 und P5-P6 (siehe Abbildung 5.8). Löschen Sie die Quellobjekte nicht. Die Spiegelbilder sollten wie in Abbildung 5.8 aussehen. Sie finden die Musterlösung im Ordner *Aufgaben*, die Datei ***L05-04.dwg***.

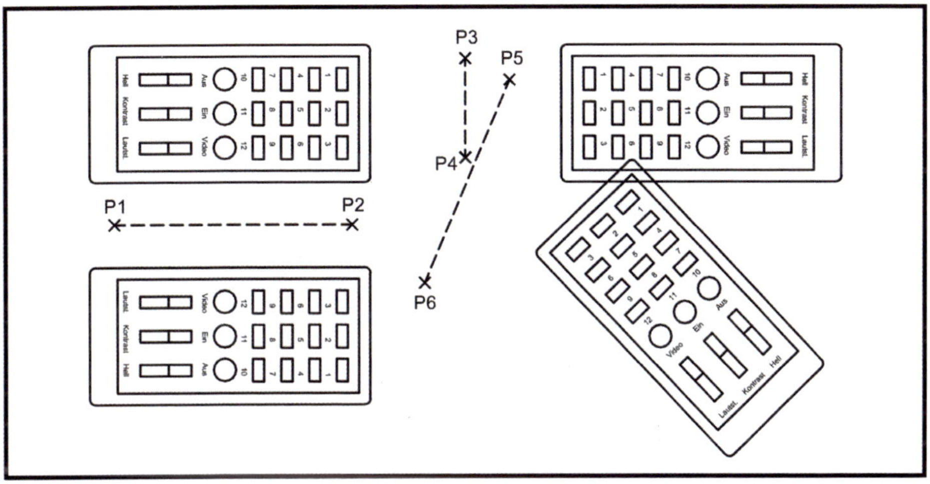

Abbildung 5.8: Spiegeln an verschiedenen Achsen

5.4 Vergrößern oder Verkleinern und Ausrichten

Wollen Sie Objekte vergrößern oder verkleinern bzw. an einem anderen Objekt ausrichten, haben Sie auch dazu die passenden Befehle.

5.4.1 Befehl »Varia«

Mit dem Befehl *Varia* können Sie vergrößern oder verkleinern, also skalieren.

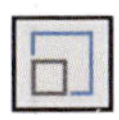

- Multifunktionsleiste: Symbol im Register *Start*, Gruppe *Ändern*

```
Befehl eingeben Varia
Objekte wählen: Objektwahl wie gehabt
Basispunkt angeben:
Skalierfaktor angeben oder [Kopie/Bezug] <0.0>:
```

- **Skalierfaktor:** Wählen Sie die Objekte und den Basispunkt, den Bezugspunkt, um den vergrößert wird. Danach können Sie einen Skalierfaktor eingeben, größer 1 zum

Vergrößern oder kleiner 1 zum Verkleinern. Zu beachten ist, dass bei der Abfrage des Skalierfaktors die Distanz vom Basispunkt zum Fadenkreuz zunächst als Skalierfaktor genommen wird. Bewegen Sie das Fadenkreuz nur ein kleines Stück, wird die Vergrößerung gleich riesig. Deshalb ist es in den meisten Fällen sinnvoll, einen Zahlenwert einzugeben.

- **Bezug:** Mit der Option sparen Sie sich Rechenarbeit. Aus einer Bezugslänge und der neuen Länge wird der Skalierfaktor ermittelt. Die Bezugslänge können Sie an zwei Punkten in der Zeichnung abgreifen.
- **Kopie:** Mit dieser Option bleibt das Original unverändert und es wird eine skalierte Kopie erstellt. Nach Eingabe der Option wird die Anfrage wiederholt.

5.4.2 Übung: Verkleinern und Vergrößern

- Öffnen Sie die Zeichnung *A05-05.dwg* aus dem Ordner *Aufgaben*.
- Verkleinern Sie das obere Teil um den Faktor 0.8 (siehe Abbildung 5.9, a).
- Vergrößern Sie die untere Fernbedienung mit der Option *Bezug* so, dass die Bezugslänge 38 wird (siehe Abbildung 5.9, b).

```
Skalierfaktor angeben oder [Kopie/Bezug] <0.0>: Option Bezug
Bezugslänge angeben <1>: P1 anklicken
Zweiten Punkt angeben: P2 anklicken
Neue Länge angeben: 38 eintippen
```

- Ihre Ergebnisse sollten wie in Abbildung 5.9, rechte Spalte, aussehen. Die Musterlösung ist im Ordner *Aufgaben*, die Datei *L05-05.dwg*.

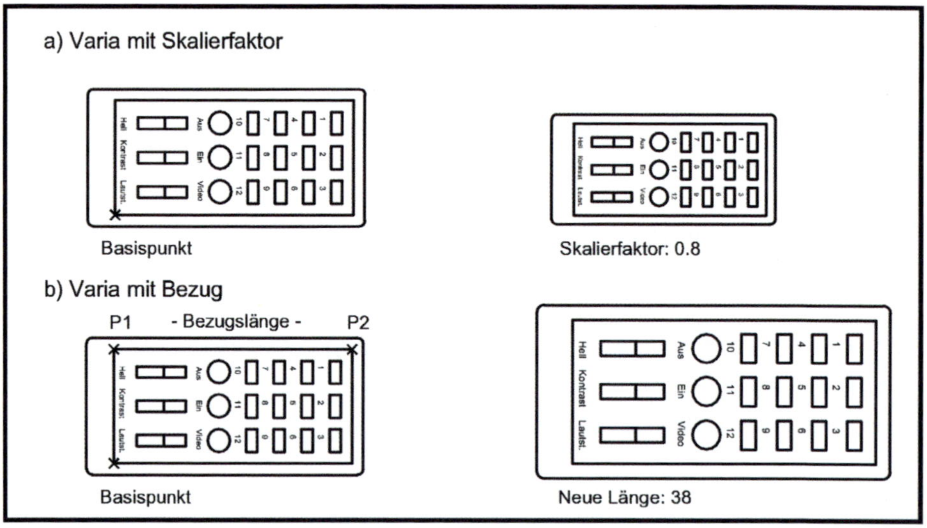

Abbildung 5.9: Vergrößern und Verkleinern

5.4.3 Befehl »Ausrichten«

Der Befehl *Ausrichten* ist sozusagen eine Kombination der Befehle *Schieben*, *Drehen* und *Varia*. Damit können Sie zwei Objekte mit einem, zwei oder drei Paaren von Punkten zueinander ausrichten.

- Multifunktionsleiste: Symbol im Register *Start*, Gruppe *Ändern* (erweiterter Bereich). In AutoCAD LT nicht im Menü, funktioniert aber trotzdem durch Eintippen.

  `Befehl eingeben` ***Ausrichten***
  `Objekte wählen:` ***Objektwahl wie üblich***
  `Ersten Ursprungspunkt angeben:` ***Punkt eingeben***
  `Ersten Zielpunkt angeben:` ***Punkt eingeben***
  `Zweiten Ursprungspunkt angeben:` ***Punkt eingeben oder ↵ zum Beenden***
  `Zweiten Zielpunkt angeben:` ***Punkt eingeben***
  `Dritten Ursprungspunkt angeben oder <weiter>:` ***Bei 2D-Anwendung mit ↵ beenden***
  `Objekte anhand von Ausrichtungspunkten skalieren? [Ja/Nein] <N>:`

- Je nachdem, wie viele Punktpaare Sie eingeben, wird das Objekt in der entsprechenden Zahl von Ebenen ausgerichtet (siehe Abbildung 5.10).

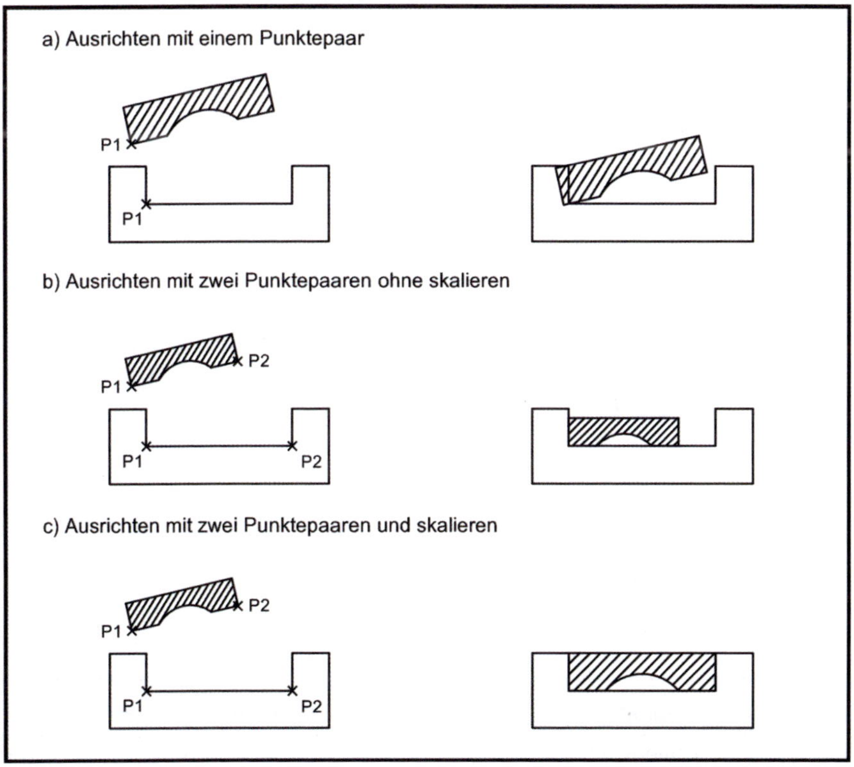

Abbildung 5.10: Ausrichten von Objekten

Sie beenden die Eingabe, wenn Sie auf die Anfrage nach einem Ursprungspunkt ↵ drücken. Bei 2D-Anwendungen ist das spätestens beim dritten Ursprungspunkt der Fall. Danach können Sie wählen, ob die Objekte skaliert werden sollen. Dann werden sie so skaliert, dass sie zwischen die beiden Zielpunkte passen. Bei *Nein* werden sie an den ersten Zielpunkt geschoben und in der Richtung des zweiten Punkts ausgerichtet.

5.4.4 Übung: Objekte ausrichten

- Öffnen Sie die Zeichnung ***A05-06.dwg*** aus dem Ordner *Aufgaben*.
- Richten Sie die Figur mit einem Punktepaar aus (siehe Abbildung 5.10, a).
- Richten Sie die Figur mit zwei Punktepaaren aus, ohne sie zu skalieren (siehe Abbildung 5.10, b), und die untere Figur mit zwei Punktepaaren und skalieren Sie sie dabei (siehe Abbildung 5.10, c).
- Ihre Ergebnisse sollten wie in Abbildung 5.10, rechte Spalte, aussehen. Die Musterlösung finden Sie im Ordner *Aufgaben*, die Datei ***L05-06.dwg***.

5.5 Abrunden und Fasen von Kanten

Im Folgenden wollen wir uns Befehle ansehen, die nicht den kompletten Auswahlsatz verändern, sondern nur die Kanten von Objekten. Dafür haben Sie zwei Befehle: *Abrunden* und *Fasen*.

5.5.1 Befehl »Abrunden«

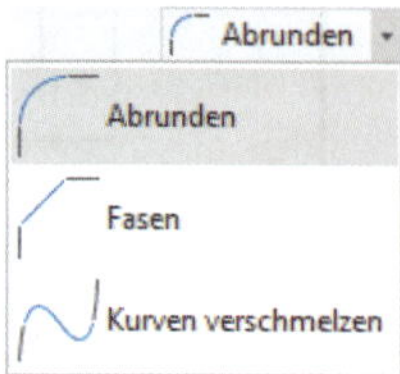

Mit dem Befehl *Abrunden* lassen sich Linien, Bögen oder Polylinien an ihren Kanten oder Schnittpunkten abrunden.

- Multifunktionsleiste: Symbol in einem Flyout im Register *Start*, Gruppe *Ändern*

```
Befehl eingeben Abrunden
Aktuelle Einstellungen: Modus = STUTZEN, Radius = 5.00
Erstes Objekt wählen oder [rÜckgängig/Polylinie/Radius/Stutzen/Mehrere]:
```

Zunächst wird Ihnen der eingestellte Radius angezeigt, und Sie sehen, ob der Stutzenmodus aktiv ist. Jetzt können Sie wählen:

- **Radius:** Einstellen des Rundungsradius. Die Einstellung bleibt gespeichert, bis Sie die Option erneut wählen.
- **Stutzen:** Ein-/Ausschalten des Stutzenmodus. Ist er eingeschaltet, werden die Originalobjekte am Schnittpunkt gekürzt. Ist er ausgeschaltet, bleiben sie unverändert.
- **Polylinie:** Rundet alle Kanten einer Polylinie. Soll nur eine Kante gerundet werden, klicken Sie nur die beiden zu rundenden Segmente an.

- **rÜckgängig:** Macht die letzte Rundungsaktion rückgängig.
- **Mehrere:** Haben Sie diese Option gewählt, bleibt der Befehl im Wiederholmodus und Sie können nacheinander mehrere Kanten anwählen.
- **Erstes Objekt wählen:** Wählen Sie das abzurundende Objekt an der Stelle, die stehen bleiben soll, und danach das andere Objekt, ebenfalls an der Stelle, die übrig bleiben soll.

```
Erstes Objekt wählen oder [rÜckgängig/Polylinie/Radius/Stutzen/Mehrere]:
Objekt anklicken
Zweites Objekt wählen oder mit der Umschalt-Taste wählen, um Ecke anzuwenden
oder [Radius]:
```

- **Zweites Objekt wählen:** Wenn Sie mit der Pickbox auf das zweite Objekt fahren, aber noch nicht klicken, wird Ihnen der künftige Radius angezeigt (siehe Abbildung 5.11, links). Jetzt kann noch mal die Option *Radius* gewählt und der Radius geändert werden. Erst wenn Sie die zweite Kontur anklicken, wird der Befehl ausgeführt.
- **Abrunden mit Radius 0:** Was auf den ersten Blick sinnlos erscheint, zeigt sich als äußerst praktisches Werkzeug. Sich überschneidende oder nicht treffende Linien werden dann an ihrem Schnittpunkt abgeschnitten bzw. bis zum Schnittpunkt verlängert. Der Stutzenmodus muss dazu aktiviert sein. Damit Sie dazu nicht jedes Mal den Radius auf 0 umstellen müssen, können Sie beim Anklicken des zweiten Objekts die ⇧-Taste drücken. So wird ebenfalls mit 0 abgerundet, unabhängig von der Radiuseinstellung.
- **Zu rundende Objekte:** Es lassen sich auch Bogenenden, Kreise, Linien oder Splines miteinander runden (siehe Abbildung 5.11, blaue Objekte zeigen die erzeugten Rundungen). Sind Bögen, Kreise oder Splines am Runden beteiligt, muss der Stutzenmodus ausgeschaltet sein. Parallele Linien werden immer mit einem Halbkreis verrundet, egal, welcher Radius eingestellt ist. Bei Polylinien funktioniert das nicht.

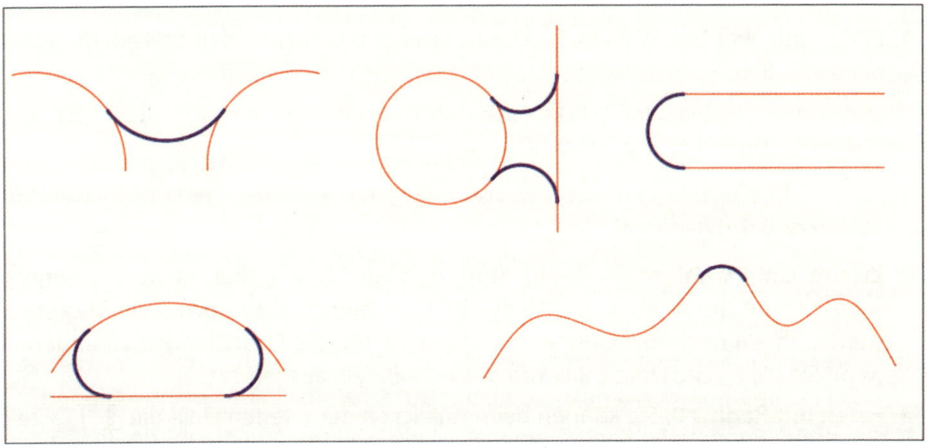

Abbildung 5.11: Runden verschiedener Objekte

5.5.2 Befehl »Fase«

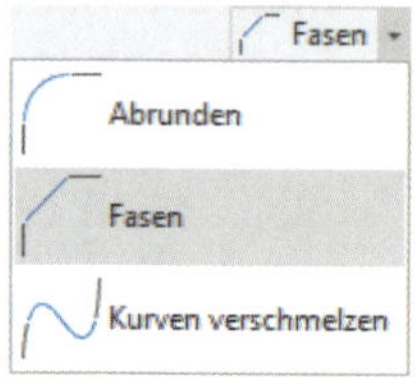

Der Befehl *Fase* arbeitet analog zum Befehl *Abrunden*. Linienobjekte werden bei diesem Befehl mit einer Fase (angeschrägte Kante) versehen.

- Multifunktionsleiste: Symbol in einem Flyout im Register *Start*, Gruppe *Ändern*

```
Befehl eingeben Fase
(STUTZEN-Modus) Gegenwärtiger Fasenabst1 = 10.00, Abst2 = 10.00
Erste Linie wählen oder [rÜckgängig/Polylinie/Abstand/Winkel/Stutzen/METhode/
MEHrere:
```

Wie beim Abrunden werden zuerst die momentan eingestellten Abstände angezeigt, und Sie sehen, ob der Stutzenmodus aktiv ist oder nicht. Danach wählen Sie die erste Linie oder eine der Optionen.

- **Abstand:** Einstellen der Fasenabstände. Der erste Fasenabstand wird an der zuerst gewählten Linie abgetragen, der zweite an der danach gewählten Linie.
- **Winkel:** Einstellung eines Abstands und eines Fasenwinkels. Der Abstand wird an der zuerst gewählten Linie abgetragen und der Winkel zur zweiten Linie hin.
- **METhode:** Je nachdem, was Sie hier einstellen, werden Ihnen beim Start des Befehls Abstand und Winkel oder die beiden Abstände angezeigt.
- **Stutzen**: Ist der Stutzenmodus aktiviert, werden die Originalobjekte am Schnittpunkt gekürzt, ist er ausgeschaltet, bleiben sie unverändert.
- **Polylinie:** Alle Kanten einer Polylinie werden gefast. Soll nur eine Kante einer Polylinie gefast werden, klicken Sie nur die beiden Segmente an.
- **rÜckgängig:** Diese Option macht die letzte Rundungsaktion rückgängig.
- **MEHrere:** Mit dieser Option schalten Sie den Wiederholmodus ein bzw. aus.
- **Erste Linie wählen:** Wählen Sie die zu fasenden Linien an den Stellen, die erhalten bleiben sollen.

```
Erste Linie wählen oder [rÜckgängig/Polylinie/Abstand/Winkel/Stutzen/METhode/
MEHrere]: Erste Linie anklicken

Zweite Linie wählen oder mit gedrückter ⇧-Taste wählen, um Ecke anzuwenden
[Abstand/Winkel/Methode]:
```

- **Zweite Linie wählen:** Wie beim Abrunden wird Ihnen eine Voransicht angezeigt, wenn Sie mit der Pickbox auf die zweite Linie fahren, aber noch nicht klicken. Jetzt werden Ihnen noch mal Optionen angeboten, um die Einstellungen zu ändern. Erst wenn Sie die zweite Linie anklicken, wird der Befehl ausgeführt.
- **Fasen mit Radius 0:** Sie können beim Anklicken der zweiten Linie die ⇧-Taste drücken. Dann ergeben sich scharfe Kanten und die Überstände werden abgetrennt. Dazu sollte der Stutzenmodus eingeschaltet sein.

5.5.3 Übung: Abrunden und Fasen von Objekten

- Öffnen Sie die Zeichnung ***A05-07.dwg*** aus dem Ordner *Aufgaben*.
- Runden Sie die Objekte in der mittleren Spalte mit einem Radius von 5 und die Linien an den Punkten P1-P2, P3-P4 und P5-P6 ab (siehe Abbildung 5.12). Ändern Sie dann die Einstellungen für den Radius und runden Sie die Linien an den Punkten P7-P8 mit 0 ab. Besser noch: Ändern Sie die Einstellungen nicht und halten Sie beim Klicken des zweiten Objekts die ⇧-Taste gedrückt.
- Runden Sie die Linien an den Punkten P9-P10 ab. Schalten Sie diesmal aber den Stutzenmodus aus. Fasen Sie die Objekte in der rechten Spalte (siehe Abbildung 5.12) mit den Abständen 4 und 6. Gehen Sie wie beim Abrunden vor. Überprüfen Sie die Einstellung des Stutzenmodus. Der könnte vom letzten Abrunden noch deaktiviert sein.
- Ändern Sie die Einstellungen nicht für das Fasen mit Abstand 0. Halten Sie nur die ⇧-Taste gedrückt, wenn Sie die zweite Linie anklicken. Schalten Sie beim Fasen an den Punkten P9-P10 den Stutzenmodus aus.
- Ihre Ergebnisse sollten wie in Abbildung 5.12 aussehen. Falls nicht, haben Sie eine Musterlösung im Ordner *Aufgaben*, die Datei ***L05-07.dwg***.

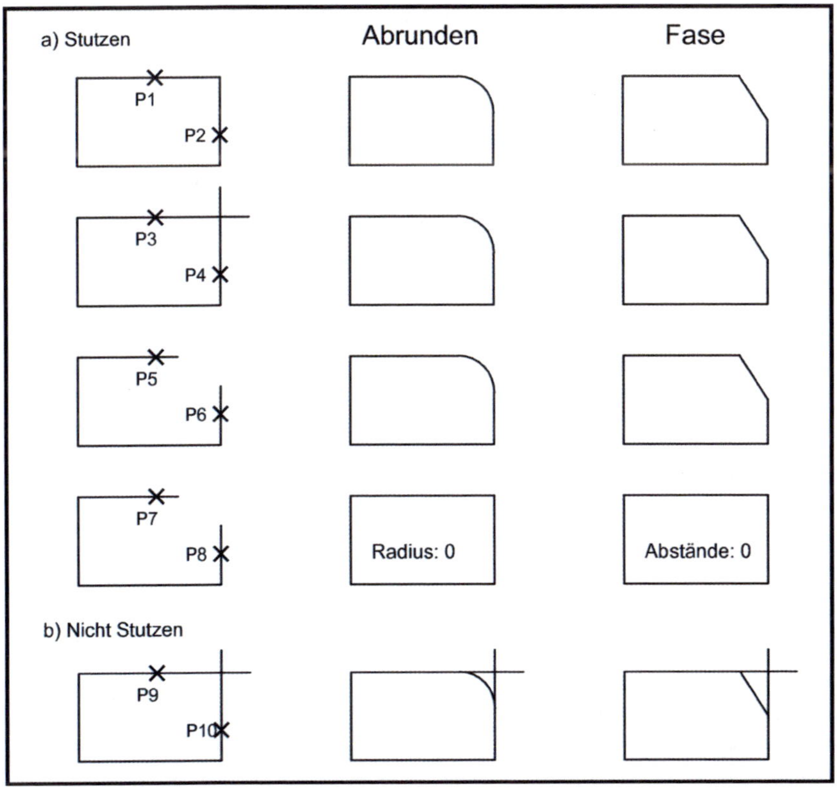

Abbildung 5.12: Abrunden und Fasen

5.6 Versetzen von Objekten und Länge ändern

Ein einfaches, aber sehr wirkungsvolles Werkzeug zur Erzeugung neuer Objekte ist der Befehl *Versetz*. Mit diesem Befehl lassen sich Parallelen oder konzentrische Kreise bzw. Bögen erzeugen.

5.6.1 Befehl »Versetz«

Mit dem Befehl *Versetz* lassen sich Parallelen oder konzentrische Kreise bzw. Bögen erzeugen. Sie finden den Befehl:

- Multifunktionsleiste: Symbol im Register *Start*, Gruppe *Ändern*

```
Befehl eingeben Versetz
Aktuelle Einstellungen: Quelle löschen=Nein  Layer=Quelle  OFFSETGAPTYPE=0
Abstand angeben oder [Durch punkt/lÖschen/Layer] <Durch punkt>:
```

  Zunächst werden Ihnen die aktuellen Einstellungen angezeigt. Danach haben Sie zwei Möglichkeiten:

- **Versetzen mit Abstand:** Nachdem Sie den Abstand eingegeben haben, fragt das Programm im Wiederholmodus Objekt und Seite ab. Das gewählte Objekt wird jeweils um den eingestellten Abstand auf die geklickte Seite versetzt. Beim Zeigen der Seite reicht es aus, einen Punkt auf der gewünschten Seite anzuklicken. Sobald Sie mit der Maus auf die entsprechende Seite zeigen, kommt die zugehörige Vorschau, und Sie können jetzt noch den Wert in einem Eingabefenster ändern (siehe Abbildung 5.13, links). Dazu muss allerdings die *Dynamische Eingabe* eingeschaltet sein. Beenden Sie den Befehl auf die Frage nach einem weiteren Objekt mit ↵.

```
Abstand angeben oder [Durch punkt/lÖschen/Layer] <Durch punkt>:
Wert für den Abstand eingeben
Zu versetzendes Objekt wählen oder [Beenden/Rückgängig] <Beenden>:
Objekt wählen
Punkt auf Seite angeben, auf die versetzt werden soll, oder [Beenden/Mehrfach/
Rückgängig] <Beenden>: Auf die Seite klicken, auf die versetzt werden soll
```

- **Versetzen durch Punkt:** Bei dieser Methode geben Sie keinen Abstand vor – stattdessen wählen Sie das zu versetzende Objekt und einen Punkt, durch den die Parallele gehen soll. Auch hier können Sie noch ändern und in einem Eingabefenster einen numerischen Wert für den Abstand eingeben (siehe Abbildung 5.13, rechts). Der Wiederholmodus kann mit ↵ beendet werden.

```
Abstand angeben oder [Durch punkt/lÖschen/Layer] <Durch punkt>:
Option Durch punkt wählen
Zu versetzendes Objekt wählen oder [Beenden/Rückgängig] <Beenden>:
Objekt anklicken
Durch punkt angeben oder [Beenden/Mehrfach/Rückgängig] <Beenden>:
Einen Punkt anklicken, durch den die Parallele gehen soll
```

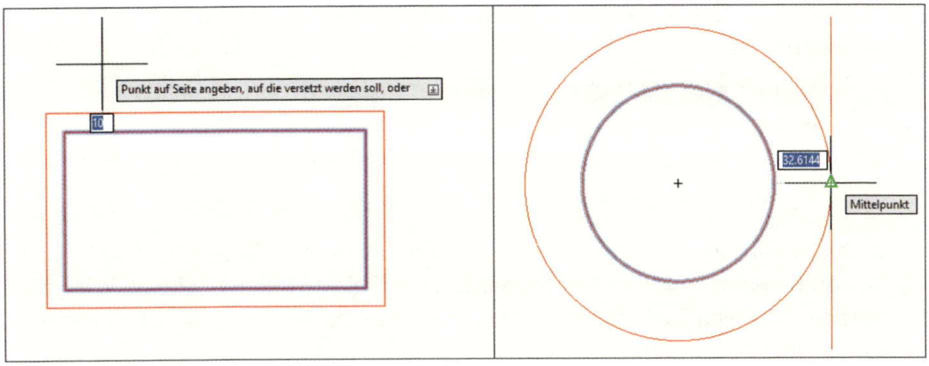

Abbildung 5.13: Versetzen mit Vorschau

- **Mehrfach:** Damit lassen sich mehrfache Parallelen zum zuerst gewählten Objekt erstellen. Ist der Modus aus, kann dagegen immer ein neues zu versetzendes Objekt gewählt werden.
- **Rückgängig:** Nimmt die zuletzt erzeugte Parallele zurück.
- **Beenden:** Beendet den Befehl, kann auch mit [↵] ausgeführt werden.
- **Einstellungen beim Versetzen:** Vor der ersten Abfrage werden die Einstellungen des Befehls angezeigt. Auch hier gibt es noch Optionen.
- **Löschen:** Bei Aktivierung dieser Option wird das Originalobjekt beim Versetzen gelöscht.
- **Layer:** Mit dieser Option können Sie wählen, ob die Objekte auf den gleichen Layer wie das Original (Einstellung *Quelle*) oder auf den aktuellen Layer versetzt werden sollen (Einstellung *Aktuell*). Alles zu Layern finden Sie in Kapitel 6.
- **Vorgabeeinstellungen:** Die gewählten Einstellungen bleiben gespeichert und gelten so lange, bis sie bei erneuter Auswahl des Befehls geändert werden.

5.6.2 Befehl »Länge«

Oft kommt es vor, dass Linien nur bis zu einem Fangpunkt gezeichnet werden können. Manchmal sollten sie jedoch etwas darüber hinausgehen, etwa Mittellinien, die über die Kontur hinausreichen. Mit dem Befehl *Länge* kann die Länge von Linien- und Bogensegmenten geändert werden.

Sie finden den Befehl:

- Multifunktionsleiste: Symbol im Register *Start*, Gruppe *Ändern* (erweiterter Bereich)

```
Befehl eingeben Länge
Objekt wählen oder [DElta/Prozent/Gesamt/DYnamisch]:
```

- Klicken Sie ein Objekt an, wird dessen aktuelle Länge angezeigt und die Optionsliste wiederholt.

```
Objekt wählen oder [DElta/Prozent/Gesamt/DYnamisch]: Objekt wählen
Aktuelle Länge: 110.00
Objekt wählen oder [DElta/Prozent/Gesamt/DYnamisch]:
```

Mit den Optionen wählen Sie, wie die Längenänderung gemessen werden soll.

- **DElta:** Änderung des Objekts um ein vorgegebenes Maß. Geben Sie das Maß ein (positiv oder negativ) und klicken Sie danach die Objekte auf der Seite an, die geändert werden soll. Bevor Sie klicken, wird das Ergebnis schon in der Voransicht angezeigt. Sie können im Wiederholmodus wählen.
- **Prozent:** Änderung um einen Faktor in Prozent der Gesamtlänge, z. B.: 105 bei Verlängerung um 5 % oder 95 bei Verkürzung um 5 %.
- **Gesamt:** Wie die vorherigen Optionen, aber mit Eingabe einer Gesamtlänge.
- **Dynamisch:** Verlängerung dynamisch bis zur Position des Fadenkreuzes.
- **Winkel ändern:** Bei allen Optionen, außer bei der Option *Dynamisch*, können Sie auf die Winkeleingabe umschalten, wenn Sie einen Bogen ändern wollen:

```
Objekt wählen oder [DElta/Prozent/Gesamt/DYnamisch]: z. B. Option Gesamtlänge
Gesamtlänge angeben oder [Winkel] <1.00>: Option Winkel für die Eingabe
eines neuen Winkels
Gesamtwinkel angeben <80>: Neuen Winkel eingeben
Zu änderndes Objekt wählen oder [ZUrück]: Bogen an der Seite anklicken,
an der er geändert werden soll
```

5.6.3 Übung: Länge ändern

- Öffnen Sie die Zeichnung ***A05-08.dwg*** aus dem Ordner *Aufgaben*.

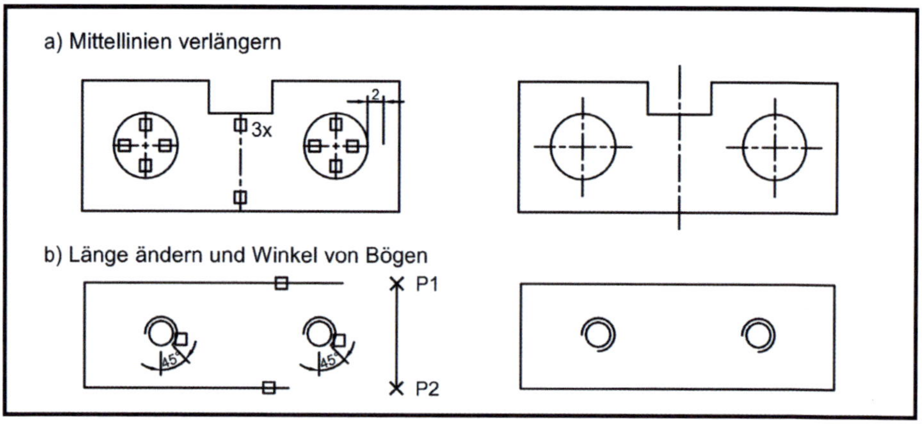

Abbildung 5.14: Länge ändern

- Verlängern Sie die Mittellinien der Kreise (siehe Abbildung 5.14, a) um zwei Einheiten. Verwenden Sie die Option *DElta*. Klicken Sie die Symmetrielinie unten einmal und oben dreimal an und es wird oben um 6 verlängert.
- Verlängern Sie die Linien in Abbildung 5.14, b mit der Option *DYnamisch*. Verwenden Sie die Endpunkte der senkrechten Linie als Ziel.
- Ändern Sie den Winkel der Bögen einmal um 45° und im anderen Fall auf einen neuen Gesamtwinkel von 270°.
- Eine Musterlösung ***L05-08.dwg*** finden Sie im Ordner *Aufgaben*.

5.7 Stutzen, Dehnen, Strecken, Brechen und Verbinden

Die am häufigsten benötigten Befehle beim Ändern einer Zeichnung sollen in diesem Abschnitt besprochen werden. Die ersten beiden, *Stutzen* und *Dehnen*, wurden ab der AutoCAD-Version 2021 wesentlich vereinfacht und mit einer Voransicht versehen, sodass sie sofort einsehbar sind. Aber es gibt auch noch weitere mehr oder weniger häufig benötigte Befehle zum Ändern von Konturen.

5.7.1 Befehl »Stutzen«

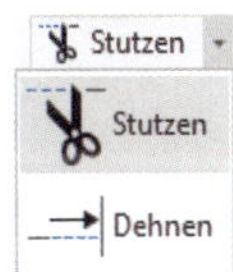

Mit dem Befehl *Stutzen* können Sie Linien, Bögen oder Polylinien an einer Schnittkante stutzen.

- Multifunktionsleiste: Symbol in einem Flyout im Register *Start*, Gruppe *Ändern*

```
Befehl eingeben Stutzen
Aktuelle Einstellungen: Projektion=Keine, Kante=Keine, Modus=Schnell
Zu stutzendes Objekt wählen bzw. zum Dehnen mit der ⇧-Taste wählen oder
[Schnittkanten/KReuzen/Modus/Projektion/Löschen]: Zu stutzendes Objekt wählen
```

- **Zu stutzendes Objekt wählen**: Wir wollen uns hier nur auf die aktuellen Methoden des Befehls konzentrieren. Die vor der Version 2021 vorhandenen Methoden gibt es noch und sie lassen sich per Option einsetzen. Wählen Sie Objekte einzeln mit der Pickbox auf der Seite, die gestutzt werden soll, und sie werden an der nächsten Kante gestutzt (siehe Abbildung 5.15, oben). Das Ergebnis wird in einer Voransicht angezeigt. Der Befehl bleibt im Wiederholmodus, bis Sie ↵ drücken.
- **Mehrfache Auswahl von Objekten:** Wenn Sie ins Leere klicken, wird automatisch die Zaun-Funktion (siehe Abschnitt 5.1) für die Objektwahl aktiviert. Alle Objekte, die vom Zaun geschnitten werden, werden gestutzt (siehe Abbildung 5.15, unten).
- **Objekte ohne Schnittkante:** Haben Sie Objekte gewählt, die von keiner Kante geschnitten werden, werden sie gelöscht (siehe Abbildung 5.15, unten).

- **Umschalten zum Dehnen:** Halten Sie während der Objektwahl die ⇧-Taste gedrückt, wird zum Befehl *Dehnen* umgeschaltet (siehe unten). Lassen Sie die Taste wieder los, wird weiterhin gestutzt.

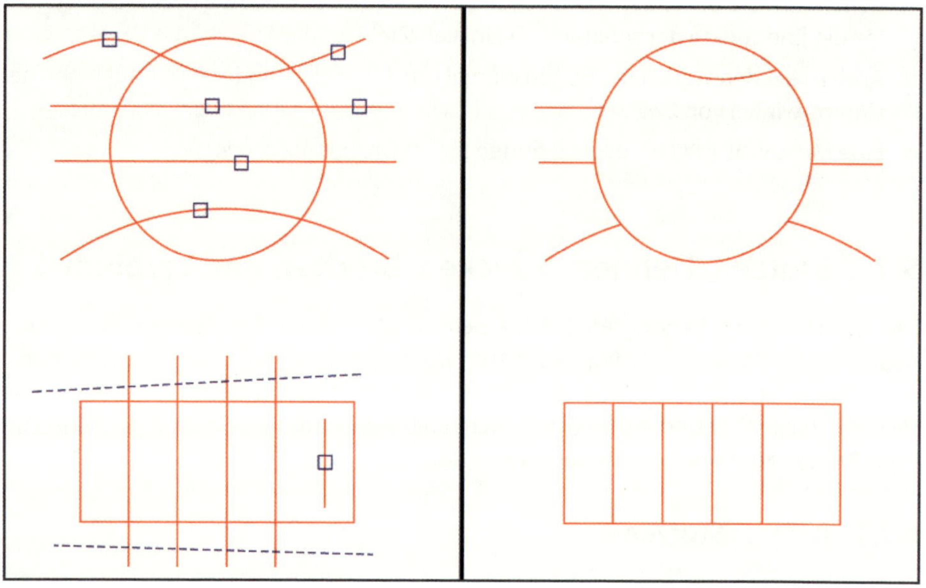

Abbildung 5.15: Beispiele fürs Stutzen

Übung: Stutzen von Objekten

Zeichnen Sie Linien, Kreise oder Bögen, die sich überschneiden, und testen Sie den Befehl (siehe Abbildung 5.15). Eine Übungszeichnung benötigen Sie dazu nicht.

5.7.2 Befehl »Dehnen«

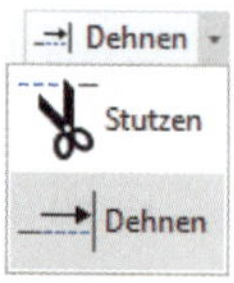

Mit dem Befehl *Dehnen* können Sie Linien, Bögen oder Polylinien bis zu einer Grenzkante dehnen. Sie finden den Befehl:

- Multifunktionsleiste: Symbol in einem Flyout im Register *Start*, Gruppe *Ändern*

```
Befehl eingeben Dehnen
Aktuelle Einstellungen: Projektion=Keine, Kante=Keine, Modus=Schnell
Zu dehnendes Objekt wählen bzw. zum Stutzen mit gedrückter ⇧-Taste wählen oder
[Grenzkanten/KReuzen/MOdus/Projektion]: Zu dehnendes Objekt wählen
```

- **Zu dehnendes Objekt wählen**: Wählen Sie Objekte einzeln mit der Pickbox auf der Seite, die gedehnt werden soll, und Sie werden bis zur nächsten Kante gedehnt (siehe Abbildung 5.16, oben). Es wird eine Voransicht angezeigt. Der Befehl bleibt im Wiederholmodus, bis Sie ↵ drücken.

- **Mehrfache Auswahl von Objekten:** Wenn Sie ins Leere klicken, wird automatisch die Zaun-Funktion für die Objektwahl aktiviert. Alle Objekte, die vom Zaun geschnitten werden, werden gedehnt (siehe Abbildung 5.16, unten).
- **Objekte ohne Grenzkante:** Haben Sie Objekte gewählt, die auf keine Dehnkante auftreffen, bleiben sie unverändert. Beachten Sie aber dabei, dass die Objekte bis zum Rahmen gedehnt werden, wenn Sie einen Rahmen um Ihre Zeichnung gelegt haben.
- **Umschalten zum Stutzen:** Halten Sie während der Objektwahl die Taste ⇧ gedrückt, wird zum Befehl *Stutzen* umgeschaltet (siehe oben). Lassen Sie die Taste wieder los, wird weiterhin gedehnt.

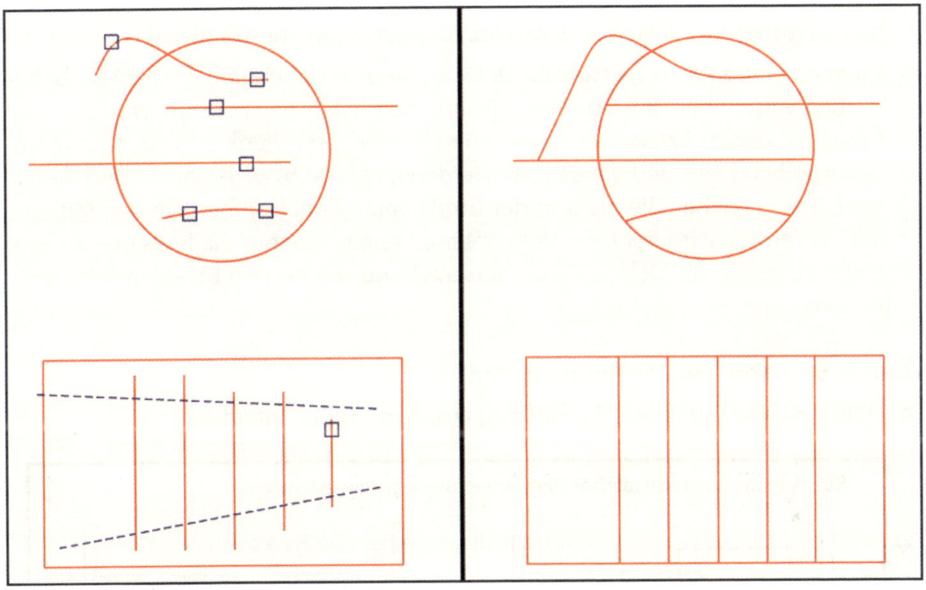

Abbildung 5.16: Beispiele fürs Dehnen

Dehnen von Objekten

Zeichnen Sie Linien, Kreise oder Bögen, die sich nicht treffen, und testen Sie die Funktionen (siehe Abbildung 5.16). Eine Übungszeichnung benötigen Sie auch hierfür nicht.

5.7.3 Befehl »Strecken«

Wollen Sie ein Maß in einer Zeichnung ändern, kann sich das mit unseren jetzigen Befehlen leicht zu einer größeren Aktion ausweiten. Soll beispielsweise die Tür in Abbildung 5.17 verschoben werden, muss die restliche Geometrie ebenfalls korrigiert werden. Sie haben dann einiges zu schieben, zu stutzen und zu dehnen. Mit dem Befehl *Strecken* können Sie alles auf einmal machen. Wählen Sie den Befehl:

- Multifunktionsleiste: Symbol im Register *Start*, Gruppe *Ändern*

```
Befehl eingeben Strecken
Objekte, die gestreckt werden sollen, mit Kreuzen-Fenster oder
Kreuzen-Polygon wählen
Objekte wählen: Kreuzen-Fenster von rechts nach links aufziehen
...
Basispunkt angeben oder [Verschiebung] <Verschiebung>: Punkt wählen
Zweiten Punkt angeben oder <ersten Punkt der Verschiebung verwenden>:
Zielpunkt angeben oder Maß der Streckung
```

- **Objektwahl beim Strecken:** Die Objektwahl unterscheidet sich von der bei den anderen Befehlen. Sie müssen einmal die Option *Kreuzen* verwenden. Ziehen Sie das Fenster von rechts nach links auf, dann wird *Kreuzen* automatisch aktiviert.
- **Zu verschiebende Objekte:** Die Objekte, die sich dabei ganz im Fenster befinden, werden verschoben. Bei Objekten, die nur zum Teil im Fenster sind, wird der Geometriepunkt, der im Fenster ist, verschoben. Die anderen Punkte bleiben an ihrem ursprünglichen Platz, und die Objekte werden gestreckt bzw. gestaucht und damit verzerrt. Kreise können Sie nicht in der Größe verändern. Nehmen Sie den Mittelpunkt mit ins Fenster, wird der Kreis verschoben. Nehmen Sie nur die Kreislinie ins Fenster, bleibt er, wo er war. Geben Sie die Verschiebung wie bei den Befehlen *Schieben* oder *Kopieren* ein.

Übung: Strecken von Zeichnungsteilen

- Öffnen Sie die Zeichnung ***A05-09.dwg*** aus dem Ordner *Aufgaben*.

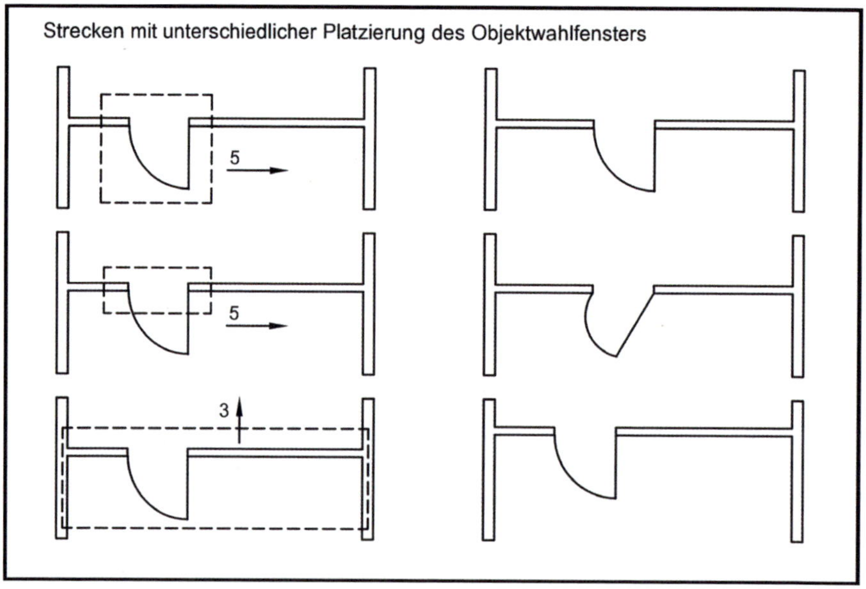

Abbildung 5.17: Strecken von Zeichnungsteilen

- Versetzen Sie die Tür im oberen Beispiel der Abbildung 5.17 um fünf Einheiten nach rechts. Achten Sie dabei auf das Objektwahl-Fenster. Im mittleren Beispiel der Abbildung 5.17 wurde das Kreuzen-Fenster versehentlich zu klein gewählt. Testen Sie, was passiert. Im unteren Beispiel der Abbildung 5.17 soll die ganze Wand samt Tür um drei Einheiten nach oben versetzt werden. Platzieren Sie das Objektwahl-Fenster entsprechend und geben Sie die Verschiebung ein.
- Ihre Zeichnung sollte wie in Abbildung 5.17 aussehen. Falls nicht, sehen Sie sich die Musterlösung ***L05-09.dwg*** aus dem Ordner *Aufgaben* an.

5.7.4 Befehl »Bruch«

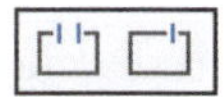

Haben Sie keine Schnittkante, nützt der Befehl *Stutzen* nichts. Ein weiterer Befehl, wenn auch seltener gebraucht, dient dazu, Teile von Linien, Kreisen, Bögen und Polylinien zu entfernen oder Objekte an einer Stelle zu trennen. Dies können Sie mit dem Befehl *Bruch* erledigen.

Sie finden ihn mit zwei Symbolen:

- Multifunktionsleiste: Symbole im Register *Start*, Gruppe *Ändern* (erweiterter Bereich)

  `Befehl eingeben` ***Bruch***
  `Objekt wählen:` ***Ein Objekt wählen***
  `Zweiten Brechpunkt oder [Erster Punkt] angeben:` ***Zweiten Brechpunkt eingeben***

- **Bereich heraustrennen (linkes Symbol):** Wählen Sie ein Objekt mit der Pickbox aus. Danach wird ein zweiter Brechpunkt verlangt. Als erster Brechpunkt wird der Punkt genommen, an dem Sie das Objekt angeklickt haben. In vielen Fällen ist das aber nicht der richtige Punkt. Wenn Sie die Option *Erster Punkt* wählen, können Sie den ersten Punkt neu bestimmen.

  `Zweiten Brechpunkt oder [Erster Punkt] angeben:` ***Option Erster Punkt für Neueingabe des ersten Punkts***
  `Ersten Brechpunkt angeben:` ***Punkt anklicken***
  `Zweiten Brechpunkt angeben:` ***Weiteren Punkt anklicken***

- Haben Sie eine Linie, Polylinie oder einen Bogen angewählt, wird der Bereich zwischen beiden Punkten herausgelöscht (siehe Abbildung 5.18). Liegt der zweite Punkt außerhalb des Objekts, wird der Bereich vom ersten Punkt an abgetrennt. Bei einem Kreis wird der Bereich zwischen dem ersten und zweiten Punkt im Gegenuhrzeigersinn herausgelöscht.
- **Objekte trennen (rechtes Symbol):** Soll das Objekt nur getrennt und nichts herausgelöscht werden, wählen Sie diese Variante des Befehls. Hierbei müssen Sie nach der Objektwahl nur noch einen Brechpunkt angeben.

  `Objekt wählen:` ***Objekt mit der Pickbox anklicken***
  `Brechpunkt angeben:` ***Brechpunkt anklicken***

Anmerkung

Die Brechpunkte müssen sich bei beiden Varianten nicht auf dem zu brechenden Objekt befinden. Sie können sie an einer beliebigen anderen Stelle aus der Zeichnung abgreifen. Die Punkte werden auf das zu brechende Objekt projiziert.

Übung: Objekte brechen

- Öffnen Sie die Zeichnung ***A05-10.dwg*** aus dem Ordner *Aufgaben*.
- Trennen Sie die Linie in Abbildung 5.18, a, an P1 mit der Variante zum Trennen von Objekten.
- Brechen Sie aus den Linien in Abbildung 5.18, b, die Bereiche heraus bzw. ab. Da bei der Pickbox kein Objektfang funktioniert, müssen Sie den ersten Punkt (P1) nach der Objektwahl neu bestimmen. Klicken Sie bei der unteren Linie den zweiten Punkt außerhalb an.
- Brechen Sie aus den Linien in Abbildung 5.18, c, den Bereich heraus. Greifen Sie die Punkte P1 und P2 mit dem Objektfang *Schnittpunkt* an dem darüberliegenden Objekt. Eine Lösung finden Sie in der Datei ***L05-10.dwg***.

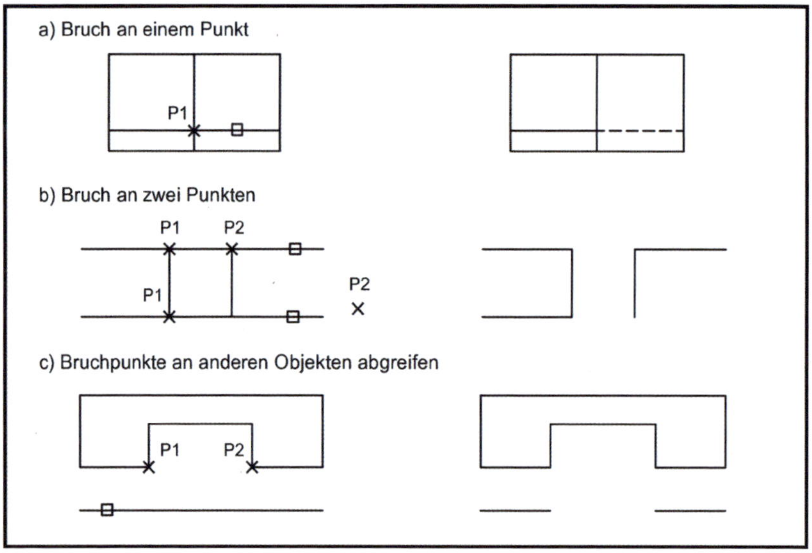

Abbildung 5.18: Brechen von Objekten

5.7.5 Befehl »Verbinden«

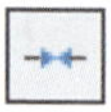

Was getrennt wurde, kann auch wieder verbunden werden. Mit einem weiteren Befehl können Sie Linien und Bögen miteinander verbinden. Dazu müssen die Liniensegmente fluchtend und die Bögen konzentrisch sein.

Wählen Sie den Befehl:

- Multifunktionsleiste: Symbol im Register *Start*, Gruppe *Ändern* (erweiterter Bereich)

  ```
  Befehl eingeben Verbinden
  Quellobjekt oder mehrere Objekte für gleichzeitiges Verbinden wählen:
  Quellobjekt anklicken oder gleich alle Objekte wählen
  Zu verbindende Objekte wählen: Objekte anklicken, die verbunden werden sollen
  Zu verbindende Objekte wählen: Weitere Objekte anklicken oder ↵ zum Beenden
  5 Linien verbunden mit Quelle
  ```

- **Linienobjekte wählen:** Klicken Sie das Quellobjekt an und die Objekte, die damit verbunden werden sollen. Die Linien müssen fluchtend sein. Beim Verbinden werden nicht nur fehlende Stücke eingesetzt, sondern die Teile werden zu einem Objekt verbunden. Es lassen sich auch Objekte verbinden, die sich treffen und keine Lücke haben.
- **Bögen verbinden:** Haben Sie als Quellobjekt einen Bogen gewählt, können Sie weitere konzentrische Bogensegmente hinzufügen. Haben Sie nur einen einzelnen Bogen gewählt, können Sie diesen mit der Option *Schließen* zu einem Kreis schließen. Bogensegmente werden immer gegen den Uhrzeigersinn vom ersten zum zweiten gewählten Bogen miteinander verbunden. Durch die Reihenfolge der Auswahl kann die Art der Verbindung geändert werden.

Übung: Objekte verbinden

- Öffnen Sie die Zeichnung ***A05-11.dwg*** aus dem Ordner *Aufgaben*.
- Verbinden Sie die Kante im oberen Beispiel (siehe Abbildung 5.19, a).
- Verbinden Sie die beiden Bögen im unteren Beispiel links (siehe Abbildung 5.19, b). Wandeln Sie den Bogen im unteren Beispiel rechts zum Kreis (siehe Abbildung 5.19, b).
- Eine Lösung finden Sie im Ordner *Aufgaben*, die Datei ***L05-11.dwg***.

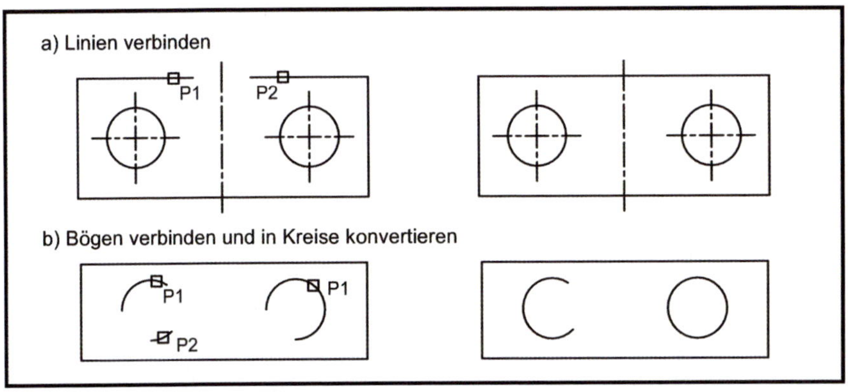

Abbildung 5.19: Verbinden von Objekten

5.8 Messen und Teilen

Die beiden folgenden Befehle verändern keine Objekte. Sie können damit Markierungspunkte bzw. Blöcke auf Objekten platzieren.

5.8.1 Befehl »Messen«

Mit dem Befehl *Messen* bringen Sie Punkte oder Blöcke in einem vorgegebenen Abstand auf Linien, Bögen, Kreisen oder Polylinien an. Zu Blöcken kommen wir später. Nur so viel vorweg: Blöcke sind zusammenhängende Objekte, Symbole oder Bauteile, die bei diesem und dem nächsten Befehl in der Zeichnung definiert sein müssen.

- Multifunktionsleiste: Symbol im Register *Start*, Gruppe *Zeichnen* (erweiterter Bereich)

  `Befehl eingeben` ***Messen***
  `Objekt wählen, das gemessen werden soll:` ***Objekt anklicken***
  `Segmentlänge angeben oder [Block]:` ***Wert für die Länge eingeben***

- Wählen Sie das zu messende Objekt und geben Sie die Länge der Segmente an, die auf dem Objekt abgetragen werden sollen. Wenn Sie mit Punkten markieren, sollten Sie den Punktstil (siehe Kapitel 4.1) so einstellen, dass die Punkte sichtbar sind. Sie beginnen mit der Markierung an der Stelle, an der Sie das Objekt anwählen. Wenn es nicht aufgeht, ist das letzte Stück kürzer. Bei Kreisen wird nichts mehr markiert, wenn ein kleineres Segment übrig bleibt.
- **Block:** Bei der zweiten Anfrage haben Sie zudem die Option *Block*. Geben Sie einen Block an, der anstelle der Punkte auf dem Objekt platziert wird. Außerdem können Sie wählen, ob der Block an Rundungen zum Mittelpunkt hin ausgerichtet oder immer in der gleichen Lage eingefügt werden soll.

  `Segmentlänge angeben oder [Block]:` ***Option Block eingeben***
  `Namen des einzufügenden Blocks eingeben:` ***Blockname eingeben***
  `Soll der Block mit dem Objekt ausgerichtet werden? [Ja/Nein] <J>:`
  Gewünschte Ausrichtung wählen
  `Segmentlänge angeben:` ***Wert für die Länge eingeben***

5.8.2 Befehl »Teilen«

Der Befehl *Teilen* ist dem Befehl *Messen* ähnlich. Statt der Segmentlänge geben Sie aber hier die Anzahl der Segmente an. Die Markierungspunkte werden in gleichen Abständen gesetzt.

- Multifunktionsleiste: Symbol im Register *Start*, Gruppe *Ändern* (erweiterter Bereich)

5.8.3 Übung: Messen und Teilen

- Öffnen Sie die Zeichnung ***A05-12.dwg*** aus dem Ordner *Aufgaben*.
- Stellen Sie den Punktstil nach Ihren Vorstellungen ein.
- Markieren Sie die mittlere Linie mit dem Befehl *Messen* und der Segmentlänge 5 (siehe Abbildung 5.20, a).
- Teilen Sie die rechte Linie mit dem Befehl *Teilen* in fünf Segmente (siehe Abbildung 5.20, a).
- Bearbeiten Sie die mittlere Figur mit dem Befehl *Messen* und der Segmentlänge 10 (siehe Abbildung 5.20, b). Setzen Sie den Block *Schraube* an die Markierungsstellen.
- Teilen Sie die rechte Figur mit dem Befehl *Teilen* in sechs Segmente (siehe Abbildung 5.20, b). Setzen Sie den gleichen Block an die Markierungsstellen.
- Eine Musterlösung finden Sie in der Zeichnung ***L05-12.dwg***.

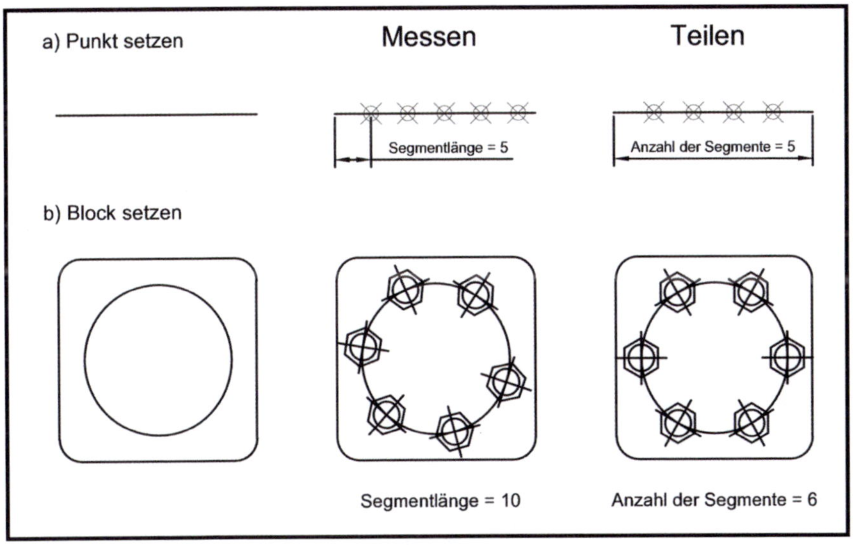

Abbildung 5.20: Messen und Teilen

6. Eigenschaften von Objekten

In diesem Kapitel werden Sie sehen, wie eine Zeichnung mit Layern strukturiert werden kann und wie Sie den Layern Linientypen, Farben, Linienstärken usw. zuordnen und diese Einstellungen in einer Vorlage speichern können.

6.1 Layer, Farben, Linientypen und Linienstärken

In AutoCAD können Sie eine Zeichnung auf verschiedenen Ebenen erstellen, den sogenannten Layern. Darunter können Sie sich verschiedene plan aufeinanderliegende Folien vorstellen, die jeweils inhaltlich zusammengehörende Teile der Zeichnung enthalten. Beispielsweise werden sichtbare Kanten, Hilfslinien, Bemaßungen, Texte usw. jeweils auf verschiedene Layer gelegt. So können Sie jederzeit Objekte ausblenden, zum Beispiel um eine Zeichnung ohne Maße auszudrucken. Den Layern können Sie Farben, Linientypen (durchgezogen, gestrichelt usw.), Transparenz usw. zuordnen. Sie müssen dann beim Zeichnen nicht ständig Einstellungen wechseln, sondern nur den Layer und alles ist richtig eingestellt.

6.1.1 Befehl »Layer«

Mit dem Befehl *Layer* lassen sich alle Funktionen in einem Dialogfeld einstellen, dem Layereigenschaften-Manager.

- Multifunktionsleiste: Symbol im Register *Start*, Gruppe *Layer*

Sie bekommen das Dialogfeld auf den Bildschirm (siehe Abbildung 6.1).

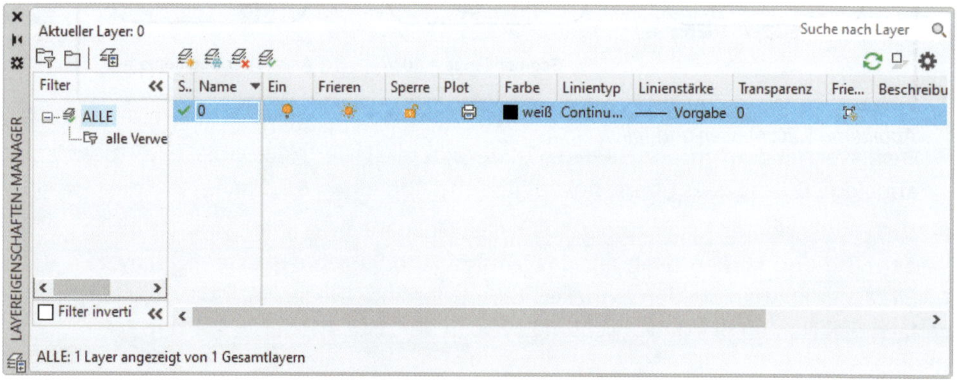

Abbildung 6.1: Layereigenschaften-Manager

Sehen wir uns zunächst die Liste an. Bis jetzt ist nur der Layer *0* in der Liste aufgeführt. Dieser ist immer vorhanden. Die Spalte *Filter* links stellen wir erst einmal zurück.

6.1.2 Neuen Layer anlegen und benennen

- Wollen Sie einen neuen Layer anlegen, klicken Sie auf das Symbol in der Symbolleiste und ein neuer Layer wird in die Liste eingefügt. Neue Layer erhalten fortlaufend nummerierte Namen in der Form *Layer1*, *Layer2* usw.
- Klicken Sie den Namen einmal an, wird er markiert. Wenn Sie ihn erneut anklicken, wird der Eingabemodus aktiviert und Sie können ihn überschreiben.

6.1.3 Übung: Neue Layer anlegen

- Starten Sie eine neue Zeichnung mit der Vorlage *Acadiso.dwt* bzw. *Acadltiso.dwt* (bei AutoCAD LT).
- Holen Sie den Layereigenschaften-Manager auf den Bildschirm, legen Sie neue Layer an und benennen Sie diese wie folgt: *Gewinde*, *Hilfslinien*, *Kontur*, *Masse*, *Mittellinien*, *Schraffur*, *Schrift* und *Verdeckt* (siehe Abbildung 6.2). So könnte die Layerstruktur für einfache technische Zeichnungen aussehen.

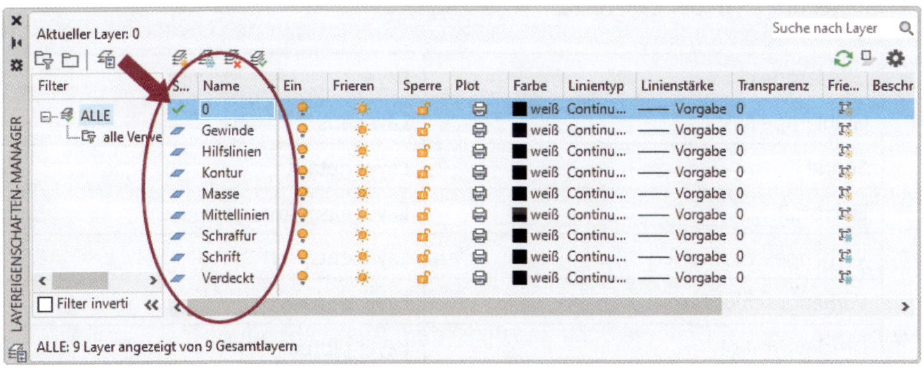

Abbildung 6.2: Neue Layer in der Liste

6.1.4 Layer zum aktuellen Layer machen

- Der Layer mit dem grünen Häkchen ist der aktuelle Layer. Neue Objekte werden darauf abgelegt. Er wird links oben angezeigt (siehe Abbildung 6.2, Pfeil).

- Um einen anderen Layer zum aktuellen Layer zu machen, markieren Sie ihn in der Liste und klicken dann auf das Symbol zum Setzen des aktuellen Layers. Einfacher können Sie den aktuellen Layer allerdings wechseln, indem Sie einfach den Namen des gewünschten Layers in der Liste doppelt anklicken.

6.1.5 Layerstatus ändern

- Layer lassen sich ein- und ausschalten und sind damit am Bildschirm sichtbar oder nicht. Sie lassen sich auch »einfrieren« und »auftauen« und sind damit ebenfalls sichtbar oder nicht. Der Unterschied liegt darin, dass eingefrorene Layer beim Bildaufbau nicht berücksichtigt werden – der Bildaufbau erfolgt also schneller.
- Außerdem können Layer gesperrt und entsperrt werden. Objekte auf gesperrten Layern bleiben sichtbar, lassen sich aber nicht bearbeiten. Das ist beispielsweise sinnvoll, wenn in einem Grundriss Möbel platziert werden. Sperren Sie dann den Layer mit dem Grundriss, damit Sie beim Verschieben der Möbel nicht versehentlich eine Wand mit verschieben.
- Und schließlich kann ein Layer auch plotbar oder nicht plotbar sein. Haben Sie Notizen und Hilfsgeometrien in der Zeichnung, die nicht geplottet werden sollen, schalten Sie diese Layer auf nicht plotbar.
- Klicken Sie auf das entsprechende Symbol in der Liste, wird es umgeschaltet. Tabelle 6.1 zeigt die Funktionen der Symbole. In Abbildung 6.3 sehen Sie verschiedene Statuseinstellungen in der Layerliste.

Glühlampe ein	Layer ein
Glühlampe aus	Layer aus
Sonne	Layer getaut
Eiskristall	Layer eingefroren
Vorhängeschloss offen	Layer entsperrt
Vorhängeschloss zu	Layer gesperrt
Druckersymbol	Layer plotbar
Druckersymbol ausgekreuzt	Layer nicht plotbar

Tabelle 6.1: Symbole für den Layerstatus

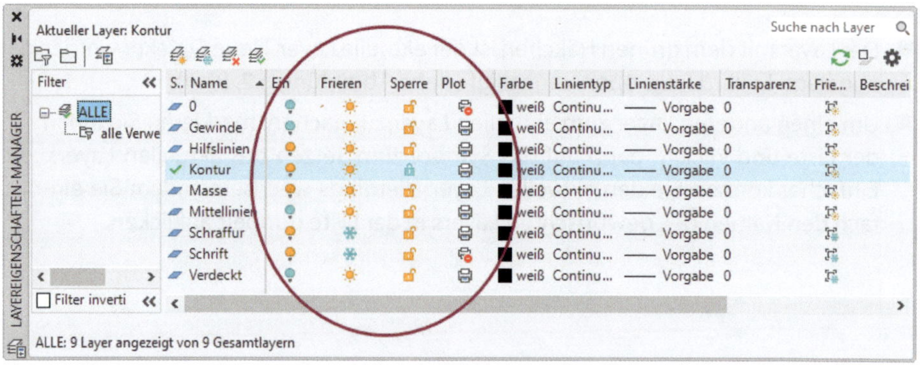

Abbildung 6.3: Verschiedene Statuseinstellungen der Layer

- Der aktuelle Layer kann zwar ausgeschaltet werden, das ist allerdings nicht sinnvoll, weil dann neu gezeichnete Objekte nicht angezeigt werden. Es ist nicht möglich, den aktuellen Layer einzufrieren. Sie sollten den aktuellen Layer nicht sperren, weil Zeichenfehler dann nicht mehr korrigiert werden können.
- Mit dem Aktualisierungsschalter wird die Layerliste aktualisiert. Eventuell neu eingefügte Layer werden dabei alphabetisch sortiert.

6.1.6 Layerstatus in der Multifunktionsleiste

Wenn Sie einen Layer ein- oder ausschalten oder den aktuellen Layer wechseln wollen, müssen Sie sich nicht jedes Mal das Dialogfeld auf den Bildschirm holen – das geht auch einfacher und schneller.

- Multifunktionsleiste: Pull-down-Menü Register *Start*, Gruppe *Layer* (siehe Abbildung 6.4, oben)

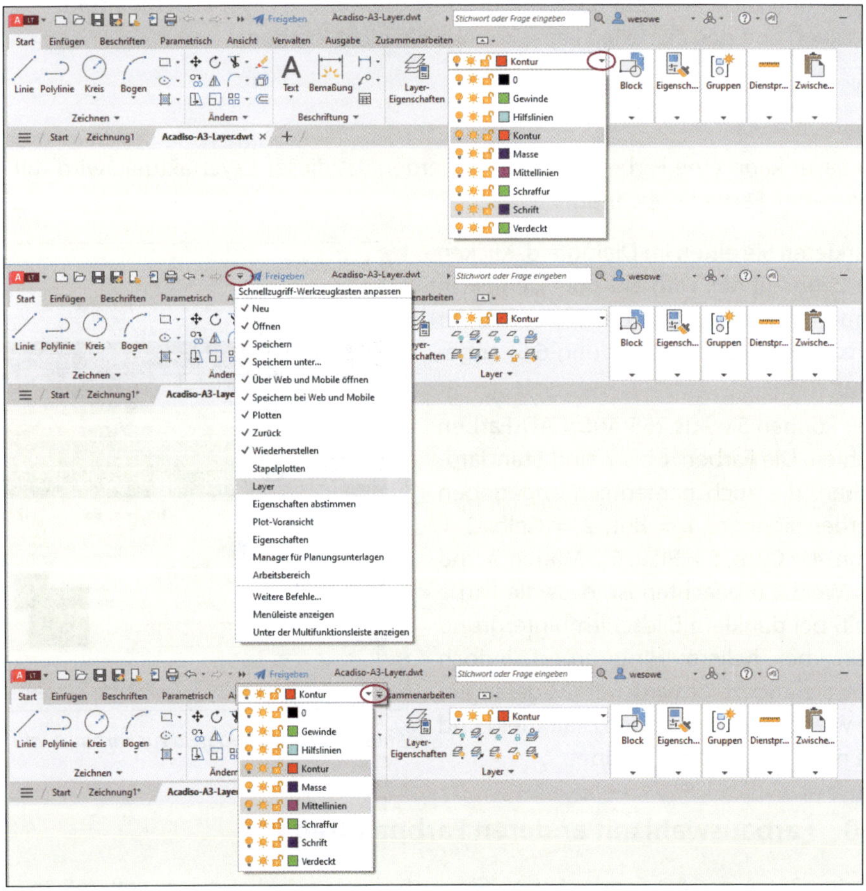

Abbildung 6.4: Pull-down-Menü zur Wahl des aktuellen Layers und zur Einstellung des Layerstatus

6.1.7 Layerstatus im Werkzeugkasten »Schnellzugriff«

Das gleiche Pull-down-Menü können Sie auch im Werkzeugkasten *Schnellzugriff* haben. Das hat den Vorteil, dass das Menü immer zur Verfügung steht – egal, welches Register in der Multifunktionsleiste gerade aktiv ist. Gehen Sie so vor:

- Pull-down-Menü mit der Pfeiltaste ganz rechts im Werkzeugkasten *Schnellzugriff* aktivieren und dort den Eintrag *Layer* anklicken (siehe Abbildung 6.4, Mitte).

Klicken Sie in einem der Pull-down-Menüs auf einen Layernamen, wird dieser zum aktuellen Layer. In diesem Menü finden Sie dieselben Symbole wie im Layereigenschaften-Manager vor. Klicken Sie auf ein Symbol, wird der Status umgeschaltet.

6.1.8 Layer löschen

Einen Layer können Sie nur löschen, wenn er keine Objekte enthält. Markieren Sie den Layer und klicken Sie auf das Symbol zum Löschen. Die Layer *0, Defpoints* (interner Layer) und den aktuellen Layer können Sie nicht löschen.

6.1.9 Layern Farbe zuweisen

Einem Layer kann eine Farbe zugewiesen werden. Ist dieser Layer aktuell, wird mit der zugewiesenen Farbe gezeichnet.

- Markieren Sie einen im Dialogfeld. Klicken Sie dann auf das Farbfeld oder den Farbnamen in der Liste, wird das Dialogfeld zur Farbauswahl (siehe Abbildung 6.5) angezeigt.
- Hier können Sie aus 255 AutoCAD-Farben wählen. Die Farben 1 bis 7 sind Standardfarben, die auch namentlich angegeben werden können: 1 = Rot, 2 = Gelb, 3 = Grün, 4 = Cyan, 5 = Blau, 6 = Magenta und 7 = Weiß. Zu beachten ist, dass die Farbe Weiß bei dunklem Bildschirmhintergrund weiß, bei hellem Hintergrund jedoch schwarz angezeigt wird. Mit *OK* gelangen Sie wieder zum vorherigen Dialogfeld und die neue Farbe ist zugeordnet.

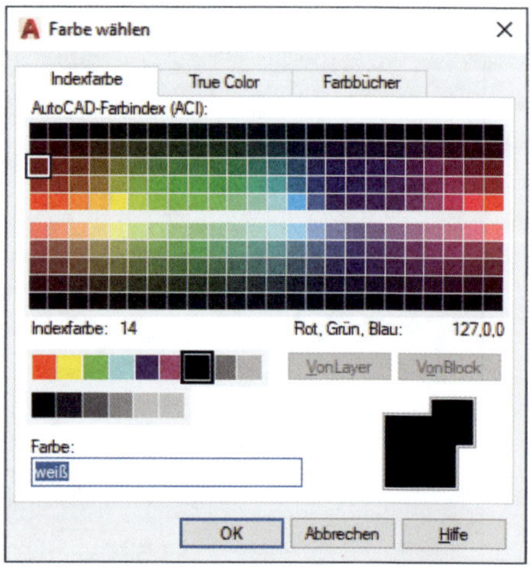

Abbildung 6.5: Dialogfeld zur Farbauswahl

6.1.10 Farbauswahl mit anderen Farbpaletten

Außer den 256 AutoCAD-Farben haben Sie auch die Auswahl aus dem vollen Farbspektrum. Dafür stehen Ihnen zwei weitere Register zur Verfügung.

- **Register True Color:** Beim Farbmodell *HLS* wählen Sie im Farbfeld und am Schieberegler die Werte für Farbton, Sättigung und Helligkeit (siehe Abbildung 6.6, links). Beim Farbmodell *RGB* (Rot, Grün und Blau) können Sie den Farbton mit drei Farbreglern aus den Grundfarben mischen (siehe Abbildung 6.6, rechts).

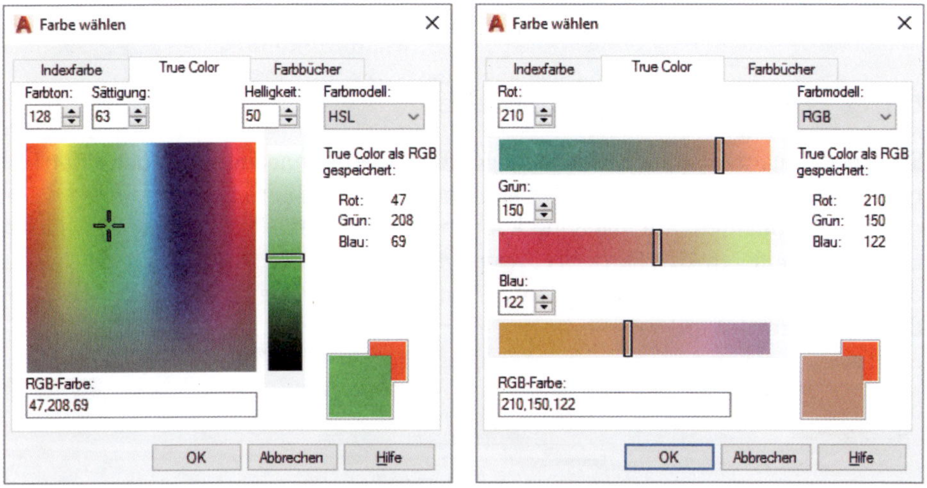

Abbildung 6.6: True-Color-Auswahl nach Farbmodell HSL und RGB

- **Register Farbbücher:** Der Farbton kann auch aus Farbbüchern gewählt werden. Dazu stehen die Pantone-Farbbücher (siehe Abbildung 6.7, links) aus der Drucktechnik und die RAL-Farbbücher aus der Lackiertechnik zur Auswahl (siehe Abbildung 6.7, rechts). Außerdem ist das Farbbuch des DIC Color Guides wählbar, einem Standard im Digitaldruck.

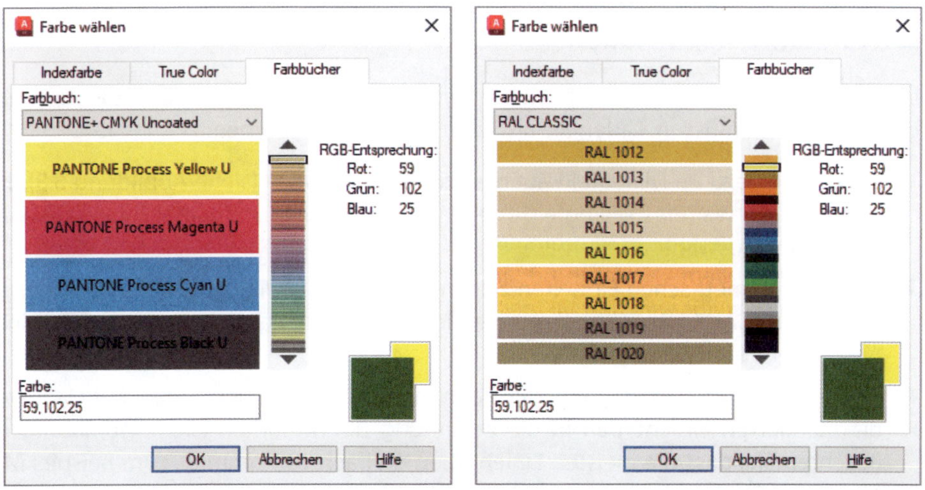

Abbildung 6.7: True-Color-Auswahl nach Farbbüchern

6.1.11 Übung: Layern Farben zuweisen

- Wählen Sie den Befehl *Layer*, um den Layereigenschaften-Manager zu öffnen.
- Ändern Sie die Farben der Layer wie folgt: *0*: Farbe 7 (Weiß), *Gewinde*: Farbe 2 (Grün), *Hilfslinien*: Farbe 4 (Cyan), *Kontur*: Farbe 1 (Rot), *Masse*: Farbe 3 (Blau), *Mittellinien*: Farbe 4 (Magenta), *Schraffur*: Farbe 5 (Grün), *Schrift*: Farbe 2 (Blau) und *Verdeckt*: Farbe 6 (Grün).

6.1.12 Layern Linientypen zuweisen

So, wie Sie einem Layer eine Farbe zugewiesen haben, können Sie ihm auch einen Linientyp zuweisen. Markieren Sie wieder einen oder auch mehrere Layer und klicken Sie auf den Linientypnamen. Anschließend können Sie in einem Dialogfeld den gewünschten Linientyp markieren, den Sie dem Layer zuweisen wollen (siehe Abbildung 6.8). Leider ist die Liste bei Ihnen bis auf den Linientyp *Continuous* noch leer. Dabei handelt es sich um durchgezogene Linien.

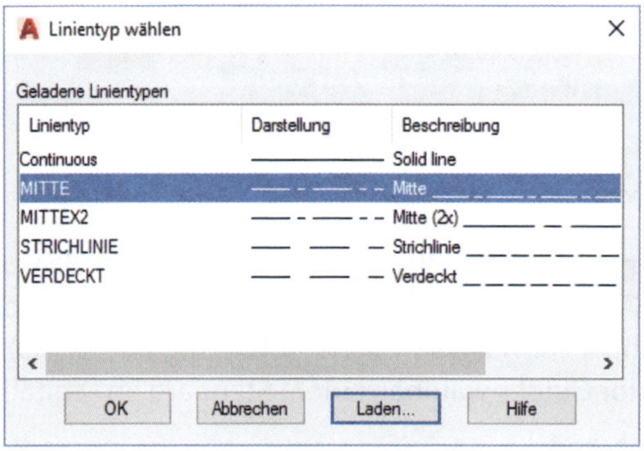

Abbildung 6.8: In der Zeichnung geladene Linientypen

6.1.13 Linientypen laden

Linientypen sind in Linientypdateien gespeichert, die zunächst einmal in die Zeichnung geladen werden müssen. Laden Sie also zuerst einige Linientypen.

- Klicken Sie dazu im Dialogfeld auf die Schaltfläche *Laden* (siehe Abbildung 6.8). Jetzt erscheint ein weiteres Dialogfeld (siehe Abbildung 6.9) und bietet Ihnen Linientypdateien zur Auswahl.
- Wenn Sie in metrischen Einheiten zeichnen, sollten Sie die Linientypdatei *Acadiso.lin* bzw. in AutoCAD LT *Acadltiso.lin* verwenden. In der Liste darunter finden Sie die Linientypen dieser Linientypdatei.
- Markieren Sie alle Linientypen, die Sie in Ihrer Zeichnung benötigen. Mit *OK* werden die markierten Linientypen in die Zeichnung übernommen (siehe Abbildung 6.9). Beachten Sie, dass die meisten Linientypen dreifach vorkommen, zum Beispiel *Mitte*, *Mitte2* mit Segmenten, die nur halb so lang sind, und *MitteX2* mit doppelt so langen Segmenten.

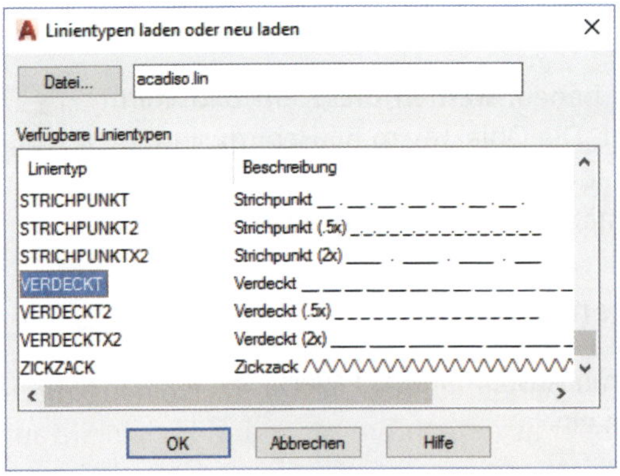

Abbildung 6.9: Dialogfeld zum Laden von Linientypen

6.1.14 Übung: Linientypen laden und zuweisen

- Laden Sie die benötigten Linientypen. Weisen Sie dem Layer *Mittellinien* den Linientyp *Mitte* und dem Layer *Verdeckt* den Linientyp *Verdeckt* zu.
- Alle anderen Layer belassen Sie auf dem Linientyp *Continuous.*

6.1.15 Layern Linienstärken zuweisen

Layern kann zudem eine Linienstärke zugewiesen werden, damit Objekte auf dem entsprechenden Layer diese Linienstärke bekommen.

- Klicken Sie auf das Linienstärke-Feld des markierten Layers, wird ein Dialogfeld zur Auswahl angezeigt (siehe Abbildung 6.10).
- Markieren Sie eine Linienstärke und klicken Sie auf *OK*, um sie diesem Layer zuzuordnen. Die Vorgabe, wenn keine Linienstärke zugeordnet wurde, beträgt bei Zeichnungen in metrischen Einheiten normalerweise 0,25 mm. Sie kann mit dem Befehl *Lstärke* geändert werden.

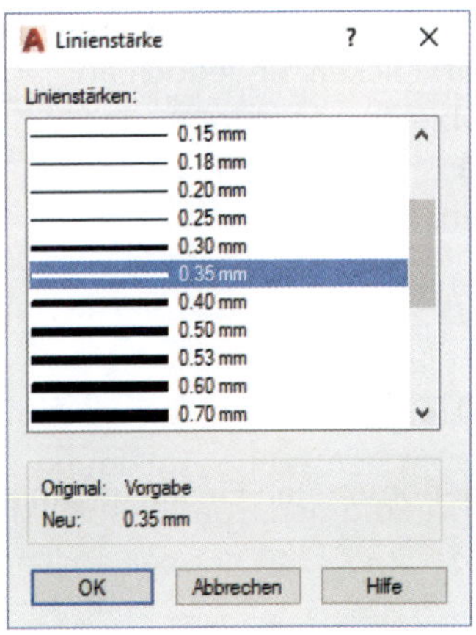

Abbildung 6.10: Dialogfeld zur Auswahl der Linienstärken

6.1.16 Anzeige der Linienstärke

Auch wenn Sie Linienstärken zugeordnet haben, werden diese am Bildschirm trotzdem nicht in der Zeichnung angezeigt. Die Objekte am Bildschirm sind immer nur ein Pixel breit. Klicken Sie jedoch auf das entsprechende Symbol in der Statusleiste, wird die Zeichnung mit Linienstärken am Bildschirm angezeigt.

6.1.17 Übung: Layern Linienstärken zuweisen

- Setzen Sie die Linienstärken aller Layer mit Ausnahme des Layers *Kontur* auf 0,25 mm. Für den Layer *Kontur* stellen Sie 0,35 mm ein.
- Stellen Sie den Layer *Hilfslinien* als nicht plotbar ein.

6.1.18 Layern Transparenz zuweisen

Einem Layer kann eine Transparenz zugewiesen werden, damit die Objekte transparent erscheinen. Darunterliegende Objekte bleiben dann sichtbar.

- Mit einem Klick auf das Transparenzfeld des markierten Layers öffnen Sie ein Dialogfeld zur Einstellung der Transparenz (siehe Abbildung 6.11).
- Geben Sie einen Wert (in %) für die Transparenz auf diesem Layer ein.

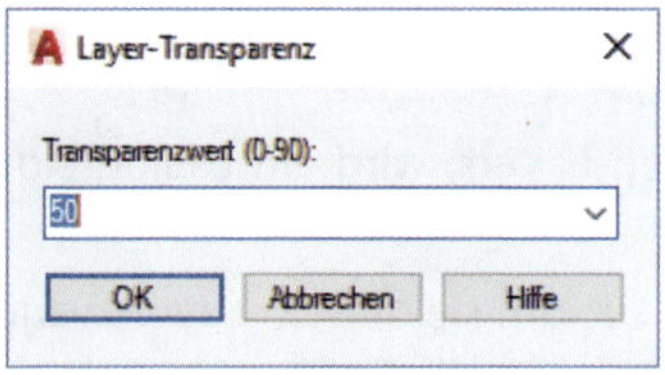

Abbildung 6.11: Dialogfeld zur Einstellung der Transparenz

6.1.19 Anzeige der Transparenz

Haben Sie Layern eine Transparenz zugeordnet, wird die Zeichnung am Bildschirm unter Umständen trotzdem nicht transparent dargestellt. Klicken Sie jedoch auf das zugehörige Symbol in der Statusleiste, werden die Objekte transparent angezeigt. Beim Plotten können Sie wählen, ob die Objekte transparent (mit den eingestellten Werten) oder deckend ausgedruckt werden sollen.

6.1.20 Übung: Layern Transparenz zuweisen

- Setzen Sie die Transparenz des Layers *Schraffur* auf 50 %.

Das Dialogfeld des Befehls *Layer* sollte nach all den vorgenommenen Einstellungen jetzt wie in Abbildung 6.12 aussehen.

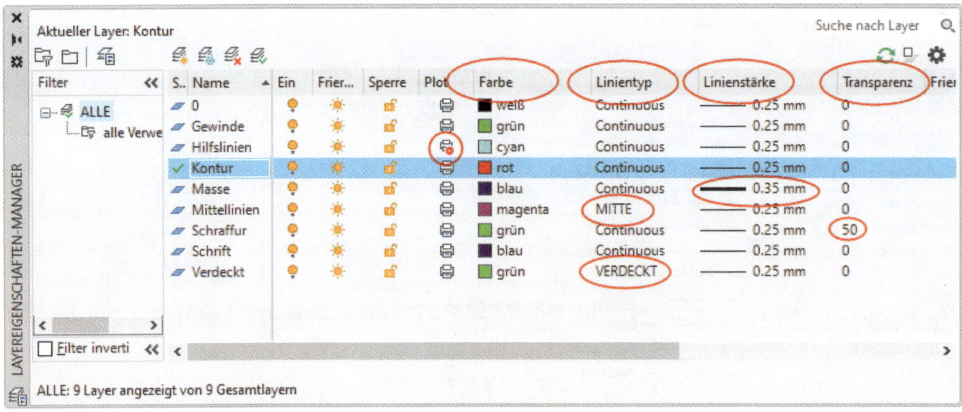

Abbildung 6.12: Dialogfeld mit den aktuellen Layereinstellungen

6.2 Linientypen und Linientypfaktoren

Arbeiten Sie immer konsequent mit der Layertechnik. Brauchen Sie einen anderen Linientyp, legen Sie einen Layer an und ordnen diesem den gewünschten Linientyp zu. Genauso sollten Sie es auch mit Farbe, Linienstärke und Transparenz machen.

Trotzdem ist es in AutoCAD auch möglich, unabhängig vom Layer Eigenschaften festzulegen. Beim Linientyp wollen wir uns dies etwas genauer ansehen.

6.2.1 Befehl »Linientyp«

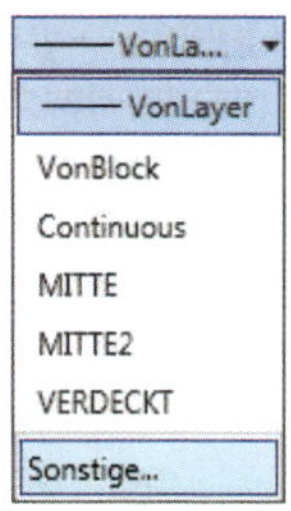

Mit dem Befehl *Linientyp* können Sie den aktuellen Linientyp wählen.

- Multifunktionsleiste: Pull-down-Menü im Register *Start*, Gruppe *Eigenschaften* und Auswahl des Eintrags *Sonstige*

Im Dialogfeld *Linientyp-Manager* können Sie den aktuellen Linientyp wählen (siehe Abbildung 6.13).

Im *Linientyp-Manager* können Sie den aktuellen Linientyp ändern. Im Moment ist *VonLayer* eingestellt, der Linientyp, der dem gerade aktuellen Layer zugeordnet ist. Wollen Sie den Linientyp wechseln, markieren Sie dazu einen Linientyp in der Liste und klicken auf die Schaltfläche *Aktuell*.

Der gewählte Linientyp wird daraufhin zum aktuellen Linientyp, d. h., alle Objekte, die von jetzt an gezeichnet werden, werden mit diesem Linientyp gezeichnet – unabhängig davon, welcher Linientyp dem Layer zugeordnet ist.

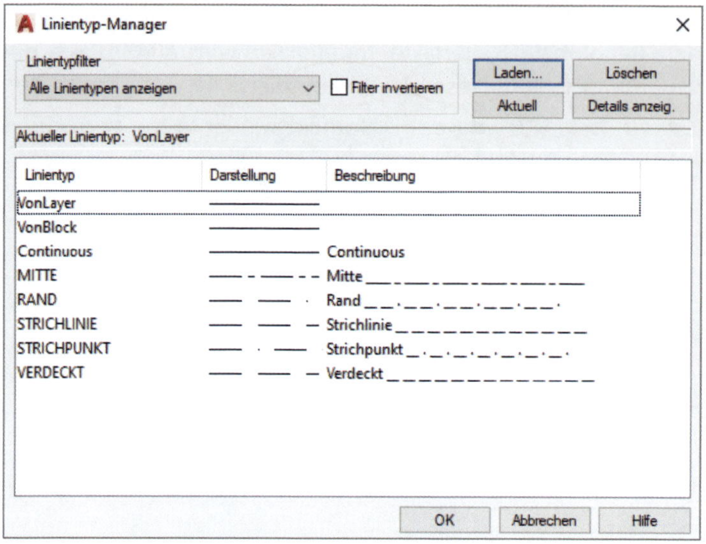

Abbildung 6.13: Linientyp-Manager zur Wahl des aktuellen Linientyps

6.2.2 Immer mit VonLayer zeichnen

Normalerweise sollten Sie den aktuellen Linientyp immer auf der Einstellung *VonLayer* belassen. Die Objekte werden mit dem Linientyp gezeichnet, der dem aktuellen Layer zugeordnet ist. So erhält die Zeichnung eine eindeutige Struktur.

6.2.3 Skalierfaktor einstellen

Linientypen sind in der Linientypdatei in einem bestimmten Maßstab definiert. So kann es sein, dass der Abstand der Strichelung der Linientypen nicht passt: Ist er zu klein, sind die Segmente so eng beieinander, dass sie wie durchgezogene Linien erscheinen. Ist er zu groß, kann ein Segment schon die ganze Linie darstellen, und sie erscheinen ebenfalls wie durchgezogene Linien.

Den Faktor können Sie global einstellen, d. h., er gilt für alle unterbrochenen Linien in dieser Zeichnung. Den globalen Skalierfaktor können Sie in dem Dialogfeld verändern, wenn Sie auf die Schaltfläche *Details anzeig.* klicken.

Dadurch erhalten Sie zusätzliche Einstellungsmöglichkeiten (siehe Abbildung 6.14):

- **Globaler Skalierfaktor:** In diesem Feld stellen Sie den Faktor ein, der für die ganze Zeichnung gilt. Wollen Sie Ihre Zeichnung später in einem anderen Maßstab als 1:1 plotten, tragen Sie hier einen entsprechenden Wert ein, z. B. 10, wenn Sie 1:10 plotten, oder 0.1 bei 10:1.

- **Aktuelle Objektskalierung:** In diesem Feld können Sie zusätzlich einen Korrekturfaktor einstellen, mit dem der globale Skalierfaktor multipliziert wird. Alle Objekte, die danach gezeichnet werden, werden um diesen Faktor korrigiert.
- Mit der Schaltfläche *Details ausblend.* wird das Dialogfeld wieder in der vorherigen Form angezeigt (siehe Abbildung 6.13).

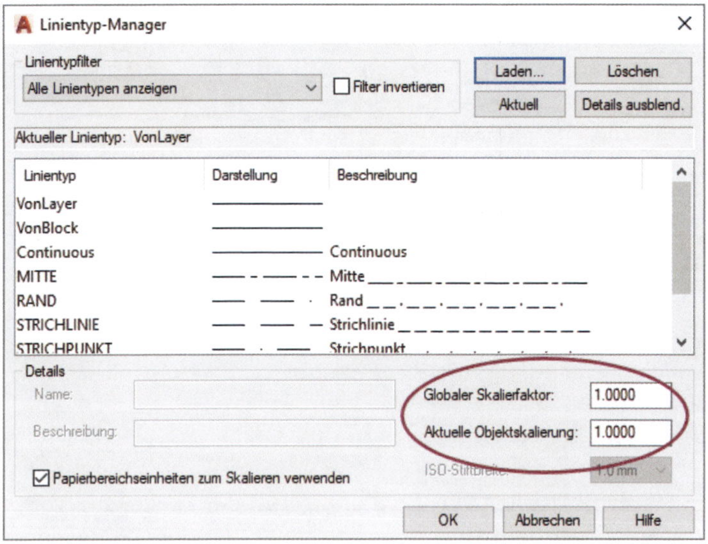

Abbildung 6.14: Linientyp-Manager mit erweiterten Funktionen

Übung: Skalierfaktor einstellen

- Stellen Sie den Wert *Globaler Skalierfaktor* auf 0.5.

6.3 Die aktuellen Einstellungen

Der aktuelle Linientyp kann, wie gerade beschrieben, eingestellt werden. Ebenso ist es mit der aktuellen Farbe, der aktuellen Linienstärke und der aktuellen Transparenz. Wie schon beschrieben: Belassen Sie auch hier die Einstellungen auf *VonLayer*. Der Layer soll die Einstellungen bestimmen. Nur in Einzelfällen kann eine Ausnahme zulässig sein, beispielsweise wenn Sie nur ein Objekt mit einem speziellen Linientyp benötigen. Dann können Sie den Linientyp umstellen. Vergessen Sie aber nicht, ihn danach wieder auf *VonLayer* zu setzen, denn sonst werden alle Objekte ab diesem Zeitpunkt so gezeichnet. Es gibt viele Stellen, an denen die entsprechenden Werte auf *VonLayer* eingestellt werden können. Hier zwei Möglichkeiten, die am schnellsten zugänglich sind:

- In der Multifunktionsleiste: Diverse Pull-down-Menüs im Register *Start*, Gruppe *Eigenschaften* (siehe Abbildung 6.15).

- Im *Eigenschaften-Manager*, ein Bedienelement, das Sie später noch ausführlicher kennenlernen werden. Es kann mit der Tastenkombination Strg+1 oder mit dem Pfeil rechts unten im Register *Start*, Gruppe *Eigenschaften* aktiviert werden (siehe Abbildung 6.15). Den *Eigenschaften-Manager* benötigen Sie beim Zeichnen häufiger, Sie können ihn dauernd eingeschaltet lassen.

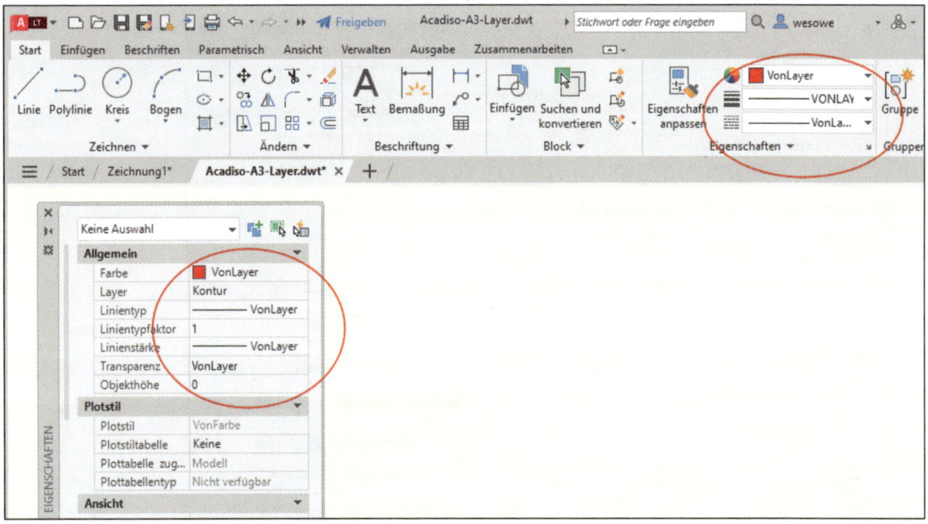

Abbildung 6.15: Aktuelle Eigenschaften einstellen

6.4 Die Zeichnung als Vorlage speichern

Warum die Zeichnung speichern, wenn sie noch keine Objekte enthält? Weil schon eine Vorarbeit drinsteckt, die nicht bei jeder Zeichnung neu gemacht werden muss. Sie können den Stand als Zeichnungsdatei oder als Zeichnungsvorlage speichern. Wo liegt der Unterschied? Eine Zeichnungsdatei (Dateierweiterung **.dwg*) kann mit dem Befehl *Öffnen* wieder geladen und weiterbearbeitet werden. Eine Vorlage (Dateierweiterung **.dwt*) wird dagegen als Ausgangsbasis für eine neue Zeichnung verwendet, und das Original bleibt unverändert.

6.4.1 Vorlage speichern

Wollen Sie die Zeichnung als Vorlage speichern, verwenden Sie den Befehl *Sichals*.

- Menübrowser, Menü *Speichern unter*, Funktion *Zeichnungsvorlage*, um in das Untermenü zu gelangen, klicken Sie den Pfeil rechts an und nicht den Eintrag *Speichern unter*.

- Symbol *Speichern unter* im Werkzeugkasten *Schnellzugriff*

Daraufhin öffnet sich das Dialogfeld zur Dateiauswahl. Haben Sie den Befehl *Sichals* ohne Vorgabe der Speicherung als Vorgabe gewählt (z. B. im Werkzeugkasten *Schnellzugriff*), dann können Sie im Pull-down-Menü *Dateityp* wählen: *AutoCAD-Zeichnungsvorlage (*.dwt)*. In diesem Fall wird automatisch zum internen Vorlagenordner gewechselt. Bei der Wahl im Menübrowser ist das automatisch eingestellt.

6.4.2 Übung: Zeichnung speichern und Vorlage erstellen

Den momentanen Stand können Sie als Vorlage abspeichern, doch zuvor sollten Sie noch eine Einstellung vornehmen:

- Bei der Standardvorlage *Acadiso.dwt* bzw. *Acadltiso.dwt* (bei AutoCAD LT) sind die Limiten auf das Format A3 eingestellt. Ein Doppelklick auf das Mausrad in der Zeichenfläche zoomt auf die Limiten der Zeichnung. Schalten Sie die Zeichnungshilfen so ein, wie Sie sie üblicherweise haben wollen. Sinnvollerweise *Dynamische Eingabe* ein, *Objektfang* mit *Mittelpunkt*, *Endpunkt*, *Schnittpunkt*, *Zentrum* ein, *Fangmodus* und *Polarfang* ein, *Spurverfolgung* ein und eventuell das *Raster* ein. Ein wenig Aufwand lohnt sich, denn diese Einstellungen hätten Sie sonst bei jedem Start einer neuen Zeichnung.
- Speichern Sie diesen Stand im voreingestellten Vorlagenordner unter einem sprechenden Namen ab, beispielsweise *Acadiso-A3-Layer.dwt*. Geben Sie eine Vorlagenbeschreibung ein, die in einem weiteren Dialogfeld angefordert wird (siehe Abbildung 6.16). Mit *OK* wird die Vorlage gespeichert.

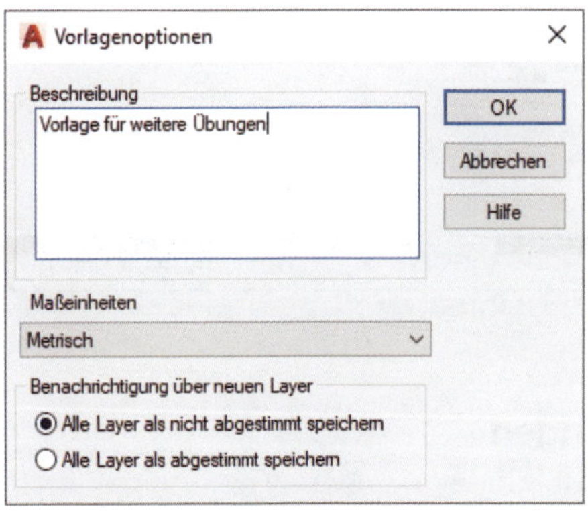

Abbildung 6.16: Vorlagenbeschreibung eingeben

Wenn Sie die Einstellungen von oben nicht gemacht haben und jetzt keine Vorlagendatei haben, machen Sie Folgendes:

- Laden Sie aus dem Ordner *Aufgaben* die Datei ***Acadiso-A3-Layer.dwg***.
- Speichern Sie diese Datei unter dem gleichen Namen als Vorlagendatei im Vorlagenordner ab, nur dass sie so die Dateierweiterung **.dwt* bekommt.
- Diese Vorlagendatei haben Sie auch in Ihrem Ordner *Aufgaben*.

6.4.3 Übung: Neue Zeichnung mit Vorlage starten

- Ein kurzer Test. Starten Sie eine neue Zeichnung. Wählen Sie dabei die vorher erstellte Vorlagendatei ***Acadiso-A3-Layer.dwt***.
- Sehen Sie sich den Layereigenschaften-Manager an. Alle Layer sind schon da.

6.5 Layer- und Objekteigenschaften ändern

Sie müssen beim Zeichnen häufiger den Layer wechseln. Trotzdem kommt es oft vor, dass Objekte auf den falschen Layer geraten. Sie können jedoch auf eine ganze Reihe von Werkzeugen zurückgreifen, um sie wieder auf den richtigen Layer zu bekommen. Wollen Sie die Funktionen gleich testen, dann laden Sie die Zeichnung ***A06-01.dwg*** aus dem Ordner *Aufgaben*.

6.5.1 Maussensitive QuickInfos

Mit den maussensitiven QuickInfos bekommen Sie immer die aktuelle Information über das Objekt, auf dem sich das Fadenkreuz ca. 0,5 Sekunden befindet (siehe Abbildung 6.17). Es dient nur der Information, Änderungen sind nicht möglich.

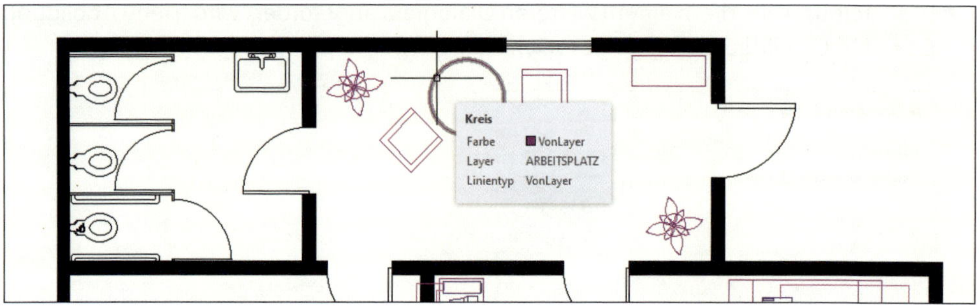

Abbildung 6.17: Maussensitive QuickInfo

6.5.2 Objekte auf anderen Layer bringen

Nichts einfacher als das: Klicken Sie ein oder mehrere Objekte an, die Sie ändern wollen. Im Fenster des Pull-down-Menüs der Multifunktionsleiste in der Gruppe *Layer*, in dem Sie sonst den aktuellen Layer wählen, wird jetzt der Layer der gewählten Objekte angezeigt. Wird nichts angezeigt, befinden sich die Objekte auf unterschiedlichen Layern. Wählen Sie jetzt aus dem Pull-down-Menü den Layer, auf den die Objekte gesetzt werden sollen, und schon sind sie da, wo Sie sie haben wollen. Mit der Taste Esc beenden Sie die Aktion. Der aktuelle Layer wird nicht geändert. Er wird jetzt wieder im Fenster des Pull-down-Menüs angezeigt.

6.5.3 Das Schnelleigenschaften-Fenster

Etwas mehr Informationen über Objekte und deren Eigenschaften erhalten Sie mit dem *Schnelleigenschaften*-Fenster. Und es geht nicht nur um Informationen, Sie können damit auch Eigenschaften und Geometrie ändern.

- Das *Schnelleigenschaften*-Fenster kann mit einem Symbol in der Statusleiste aktiviert werden. Falls Sie das Symbol in der Statuszeile nicht sehen, müssen Sie es zunächst einblenden. Aber Sie wissen ja inzwischen, wie das geht.

- Klicken Sie ein Objekt in der Zeichnung an, werden dessen Farbe, Layer und Linientyp im *Schnelleigenschaften*-Fenster angezeigt (siehe Abbildung 6.18, links) und können geändert werden. Fahren Sie mit der Maus auf das Fenster, wird es erweitert (siehe Abbildung 6.18, rechts). Jetzt können Sie zusätzlich die geometrischen Parameter ändern. Falls nicht, aktivieren Sie per Rechtsklick am Fensterrand ein Kontextmenü. Wenn dort *Automatisch ausblenden* aktiviert ist, erscheint das Fenster zuerst in verkleinerter Form. Andernfalls wird immer sofort das komplette Fenster angezeigt.

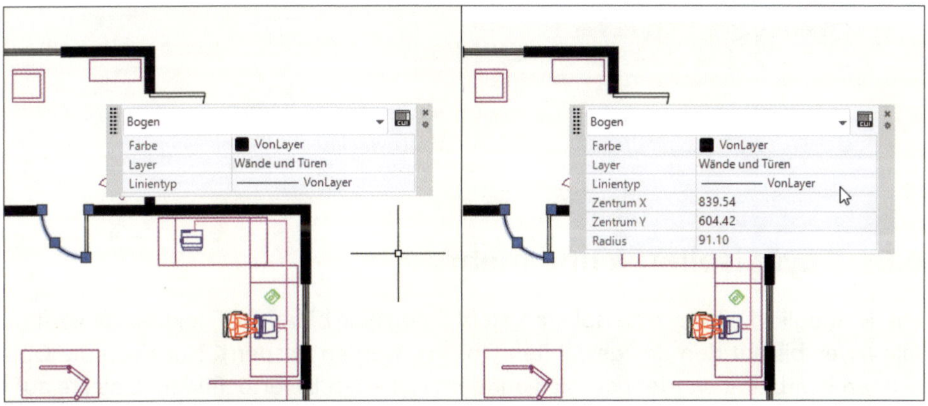

Abbildung 6.18: Verschiedene Größen des Schnelleigenschaften-Fensters

- Haben Sie mehrere Objekte gewählt, erscheint im oberen Feld der Eintrag *Alle*. Jetzt können Sie die einzelnen Objektarten in einem Pull-down-Menü auswählen und nur diese ändern. Mit der Taste [Esc] beenden Sie die Aktion und das *Schnelleigenschaften*-Fenster verschwindet.
- Wenn Sie das *Schnelleigenschaften*-Fenster in der Statuszeile abgeschaltet haben, erhalten Sie es wieder, wenn Sie ein Objekt doppelt anklicken.

6.5.4 Alle Objekte auf VonLayer setzen

Bei einer Zeichnung aus einem anderen CAD-Programm kann es vorkommen, dass die Objekte nicht die Einstellung *VonLayer* für Farbe, Linientyp usw. haben. Mit einer Funktion können Sie alle Objekte der Zeichnung auf *VonLayer* ändern.

- Multifunktionsleiste: Symbol im Register *Start*, Gruppe *Ändern* (erweiterter Bereich)

```
Befehl eingeben Vonlayereinst
Aktuelle aktive Einstellungen:Farbe, Linientyp, Linienstärke, Material
Objekte wählen oder [eInstellungen]:
```

Wählen Sie die Objekte oder tippen Sie die Option *Alle* ein, um alle Objekte der Zeichnung auf die Einstellung *VonLayer* umzustellen. Danach erscheint noch eine Anfrage zu Blöcken, doch dazu später.

- **Einstellungen:** Mit dieser Option aktivieren Sie ein Dialogfeld (siehe Abbildung 6.19), in dem Sie wählen können, was Sie auf *VonLayer* umstellen wollen.

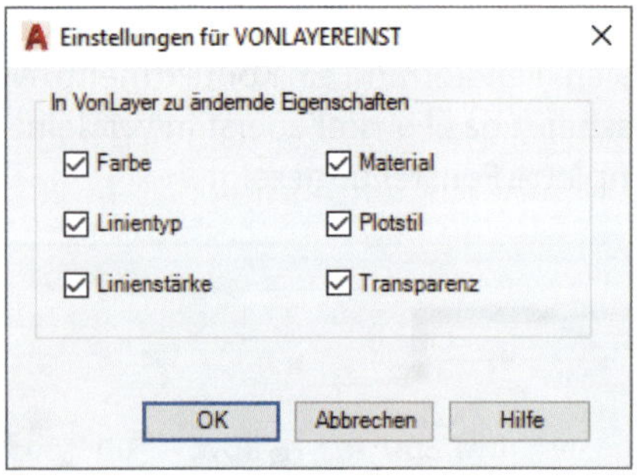

Abbildung 6.19: Einstellungen für den Befehl VonLayereinst

6.6 Layer isolieren und mehr

Mit der Möglichkeit, Layer zu isolieren, steht Ihnen eine hilfreiche Funktion zur Verfügung. Alle Layer, bis auf den des gewählten Objekts, werden gesperrt. Nur noch die Objekte können bearbeitet werden, die sich auf dem isolierten Layer befinden. Objekte auf den gesperrten Layern werden gedimmt (siehe Abbildung 6.20).

- Multifunktionsleiste: Register *Start*, Gruppe *Layer*
- **Layer isolieren:** Wählen Sie Objekte aus. Die Layer, auf denen sich diese Objekte befinden, werden isoliert.

- **Isolierung aller Layer aufheben:** Hebt die Isolierung aller Layer wieder auf.

```
Befehl eingeben Layiso
Aktuelle Einstellung: Layer sperren, Fade=79
Objekte auf dem/den zu isolierenden Layer(n) auswählen oder [eInstellungen]:
Ein oder mehrere Objekte mit Fenster wählen
...
Objekte auf dem/den zu isolierenden Layer(n) auswählen oder [eInstellungen]:
Taste [↵] zum Beenden
```

- Mit **eInstellungen** wählen Sie, was mit den isolierten Layern geschehen soll:

  `Objekte auf dem/den zu isolierenden Layer(n) auswählen oder [eInstellungen]:`
  Option eInstellungen wählen
  `Einstellung für nicht isolierte Layer eingeben [Aus/Sperren und ausblenden]`
  `<Sperren und ausblenden>:` ***Option wählen***

- Sie lassen sich ausschalten oder sperren und ausblenden. Im zweiten Fall können Sie den Fade-Wert (Maß für die Dimmung) eingeben. Dabei wählen Sie zwischen 0 % (nicht gedimmt) bis 100 % (maximal gedimmt).

Den Fade-Wert finden Sie in der Multifunktionsleiste (siehe Abbildung 6.20):

- Multifunktionsleiste: Schieberegler im Register *Start*, Gruppe *Layer* (erweiterter Bereich)

Je weiter Sie den Schieberegler nach rechts schieben, desto stärker wird gedimmt. Mit dem Symbol links vom Schieberegler kann das Dimmen ein- und ausgeschaltet werden.

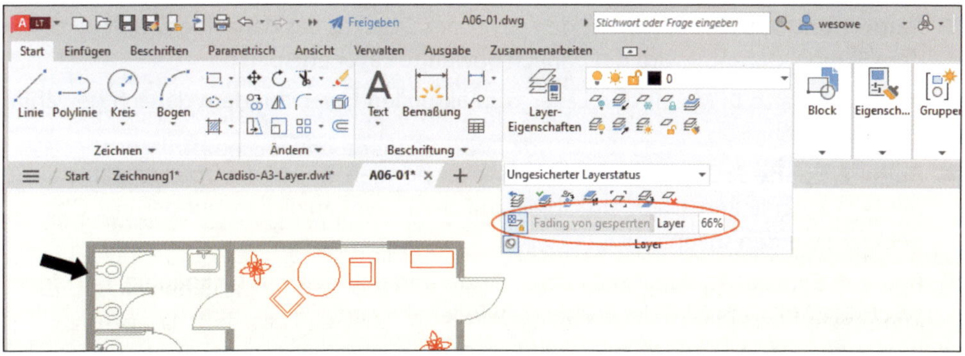

Abbildung 6.20: Layer isoliert und der Rest gedimmt

6.6.1 Weitere Layerwerkzeuge

Darüber hinaus gibt es auch noch eine Reihe nützlicher Funktionen für die Verwaltung von Layern, die hier noch kurz erwähnt werden sollen, soweit dies nicht schon in den vorangegangenen Abschnitten erfolgt ist. Die Funktionen erreichen Sie wie folgt:

- Multifunktionsleiste, Symbole im Register *Start*, Gruppe *Layer* (teilweise im erweiterten Bereich)

Der Nachteil ist, dass diese nützlichen Funktionen nur durch kleine Symbole gekennzeichnet sind, die sich kaum unterscheiden lassen. Einen Teil davon haben Sie schon kennengelernt. Deshalb im Folgenden nur ein Überblick mit einer kurzen Beschreibung.

Die Ziffern zur Beschreibung finden Sie in Abbildung 6.21.

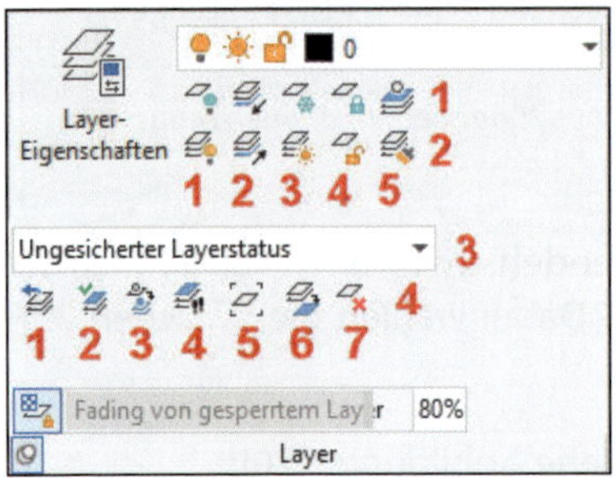

Abbildung 6.21: Layerwerkzeuge in der Multifunktionsleiste Register »Start«, Gruppe »Layer«

- **Reihe 1 und 2, Spalte 1**: Schaltet den Layer des Objekts aus, das danach gewählt wird. Mit dem unteren Symbol werden alle Layer eingeschaltet.
- **Reihe 1 und 2, Spalte 2:** Layer isolieren und Isolierung aufheben (siehe oben).
- **Reihe 1 und 2, Spalte 3:** Friert den Layer des Objekts ein, das danach gewählt wird. Mit dem unteren Symbol werden alle Layer getaut.
- **Reihe 1 und 2, Spalte 4:** Sperrt den Layer des Objekts, das danach gewählt wird. Mit dem Symbol darunter wird der danach gewählte Layer entsperrt.
- **Reihe 1, Spalte 5:** Macht den Layer zum aktuellen Layer, auf dem danach gewählte Objekte liegen.
- **Reihe 2, Spalte 5:** Objekte auf anderen Layer bringen. Zuerst die Objekte wählen und mit ↵ abschließen. Dann ein Objekt auf dem Layer anklicken, auf den die Objekte gebracht werden sollen.
- **Reihe 4, Symbol 1:** Macht die letzten Änderungen an Layern rückgängig. Bei einem Wechsel des Layers wird der vorherige wieder aktiviert.
- **Reihe 4, Symbol 2:** Bringt die gewählten Objekte auf den aktuellen Layer.
- **Reihe 4, Symbol 3:** Kopiert auswählbare Objekte auf einen wählbaren Ziellayer, und die Kopien können bei Bedarf auch verschoben werden. Die ursprünglich gewählten Objekte bleiben erhalten.
- **Reihe 4, Symbol 4:** In einem Dialogfeld können die Layer gewählt werden, die angezeigt werden sollen, und nicht mehr benötigte Layer entfernt werden.
- **Reihe 4, Symbole 5:** Layer der gewählten Objekte in allen Ansichtsfenstern einfrieren, bis auf das aktuelle. Dazu später mehr beim Papier- und Modellbereich.
- **Reihe 4, Symbol 6:** Wählen Sie Objekte auf Layern, die auf einem anderen wählbaren Layer zusammengeführt werden sollen. Die Layer der ursprünglichen Objekte werden gelöscht.
- **Reihe 4, Symbol 7:** Löscht alle Objekte auf einem wählbaren Layer und löscht anschließend den Layer.

6.6.2 Layerstatus

Reihe 3: Pull-down-Menü für den Layerstatus. Die Einstellungen des Layers (Name, Farbe, Linientyp usw.) lassen sich unter einem Namen in der Zeichnung speichern. In der Zeichnung lassen sich beliebig viele Layerstatus speichern und wiederherstellen. So ist es beispielsweise möglich, einen Grundriss mit ausgeschalteten Maßen und Beschriftung im Layerstatus zu speichern und wiederherzustellen. Der Layerstatus lässt sich exportieren und in andere Zeichnungen importieren. Aufwendige Einstellungsarbeiten lassen sich vereinfachen.

6.7 Ändern mit dem Objekteigenschaften-Manager

Mit dem Objekteigenschaften-Manager lassen sich Einstellungen an der Zeichnung vornehmen, wenn kein Objekt gewählt ist. Sind Objekte gewählt, können Sie Änderungen an diesen vornehmen.

6.7.1 Objekteigenschaften-Manager

Mit dem Befehl *Eigenschaften* starten Sie ihn.

- Multifunktionsleiste: Symbol im Register *Ansicht*, Gruppe *Paletten* oder Register *Start*, Gruppe *Eigenschaften* (Pfeil rechts unten)
- Wenn Objekte markiert sind: Rechtsklick und *Eigenschaften* im Kontextmenü
- Tastenkombination Strg+1

Das Fenster bleibt so lange auf dem Bildschirm, bis Sie es mit dem Kreuzsymbol links oben schließen.

Den Objekteigenschaften-Manager können Sie auf der Zeichenfläche lassen oder am linken bzw. rechten Rand fixieren. In Abbildung 6.22 ist er links fixiert. Da kein Objekt gewählt ist, werden allgemeine Informationen zur aktuellen Zeichnung angezeigt. Wie können Sie Position und Erscheinung des Fensters ändern?

- Schieben Sie das Fenster mit gedrückter linker Maustaste in der seitlichen Leiste an den Rand der Zeichenfläche, wird es fixiert. Drücken Sie beim Verschieben die Taste Strg, wird das Fixieren verhindert. Ist das Fenster fixiert, können Sie es an der Titelleiste wieder auf die Zeichenfläche ziehen.
- Haben Sie den Objekteigenschaften-Manager auf der Zeichenfläche, können Sie mit einem Rechtsklick in der Titelleiste ein Kontextmenü aktivieren. Darin finden Sie u. a. die Funktion *Autom. ausblenden*. Damit reduziert sich das Fenster auf die Titelleiste. Erst wenn Sie mit der Maus darauf zeigen, wird das Fenster ausgefahren.

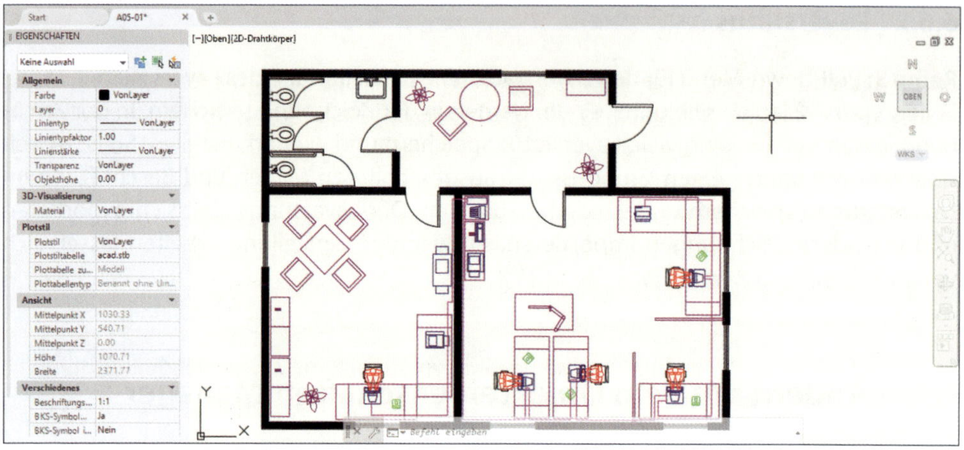

Abbildung 6.22: Objekteigenschaften-Manager ohne Auswahl eines Objekts am linken Rand fixiert

Haben Sie in der Zeichnung keine Objekte gewählt, können Sie im Fenster die aktuellen Einstellungen ändern, also auch hier den aktuellen Layer usw. In der Liste finden Sie aber auch ausgegraute Felder. Dort werden nur Werte angezeigt, Änderungen sind nicht möglich.

6.7.2 Einzelnes Objekt gewählt

Haben Sie ein Objekt gewählt, wird in der obersten Zeile des Fensters der Objekttyp angezeigt. Alle Daten des Objekts werden in der Liste darunter angezeigt, sowohl die Eigenschaften als auch die geometrischen Daten. Abbildung 6.23 zeigt den Objekteigenschaften-Manager bei der Auswahl verschiedener Objekte: Kreis, Schraffur und Bemaßung. Sie können Objekteigenschaften und Geometrie ändern, und die Äderungen werden sofort in der Zeichnung nachgeführt.

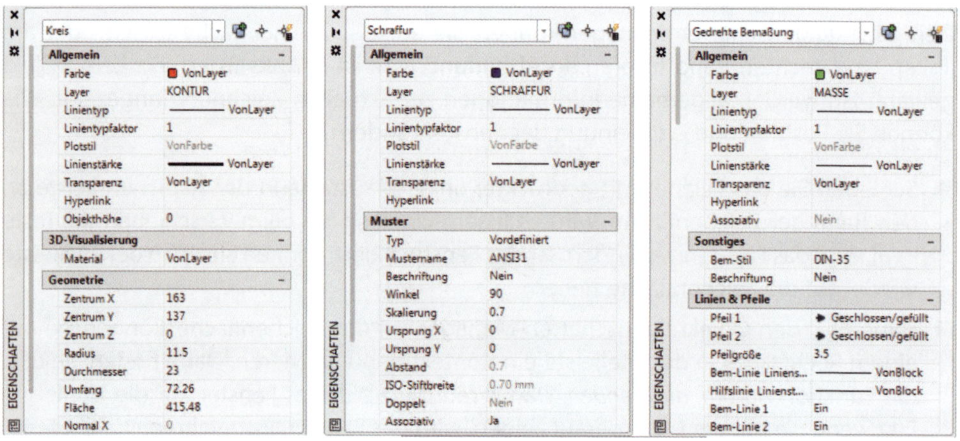

Abbildung 6.23: Objekteigenschaften-Manager bei verschiedenartigen Objekten

6.7.3 Mehrere Objekte gewählt

- **Mehrere gleichartige Objekte gewählt:** In diesem Fall werden in der obersten Zeile der Objekttyp und dahinter in Klammern die Anzahl der gewählten Objekte angezeigt. In der Liste darunter werden Eigenschaften und Geometriedaten angezeigt, die bei allen gewählten Objekten gleich sind. Unterschiedliche Werte werden mit **VARIIERT** angezeigt. In Abbildung 6.24 werden links die Eigenschaften zweier konzentrischer Kreise auf dem gleichen Layer dargestellt.
- **Unterschiedliche Objekte gewählt:** Haben Sie unterschiedliche Objekte gewählt, wird in der obersten Zeile des Objekteigenschaften-Managers als Objekttyp *Alle* und in Klammern die Zahl der gewählten Objekte angezeigt (siehe Abbildung 6.24, Mitte). In der Liste haben Sie dann nur noch die wichtigsten Objekteigenschaften, die in allen Objekten gespeichert sind. Die Werte, die bei allen gewählten Objekten gleich sind, werden angezeigt, bei unterschiedlichen Werten erscheint **VARIIERT**. Jetzt hat auch das Pull-down-Menü in der obersten Zeile seinen Sinn. Dort können Sie nun gleichartige Objekte zur Änderung auswählen (siehe Abbildung 6.24, rechts). Wählen Sie hier beispielsweise *Kreis*, können Sie alle gewählten Kreise auswählen. Im Pull-down-Menü finden Sie alle gewählten Objekttypen mit ihrer Anzahl.

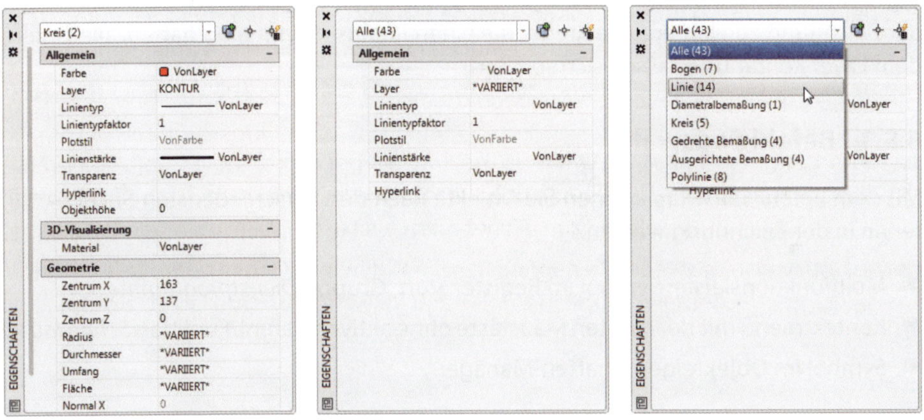

Abbildung 6.24: Verschiedene Objekte gewählt

Haben Sie alle Änderungen ausgeführt, sollten Sie die gewählten Objekte wieder abwählen. Drücken Sie die Taste [Esc]. Falls Sie das nicht machen, könnten Sie böse Überraschungen erleben. Wählen Sie beispielsweise den Befehl *Löschen* und haben noch Objekte in der Auswahl, werden diese ohne Rückfrage gelöscht.

Auch hier gilt wieder: Wenn Sie ein oder mehrere Objekte in einer anderen Farbe, einem anderen Linientyp usw. haben wollen, ändern Sie nicht Farbe oder Linientyp. Legen Sie die Objekte auf den richtigen Layer. Die Eigenschaften sollten immer auf *VonLayer* eingestellt sein.

6.7.4 Symbole im Objekteigenschaften-Manager

Mit den Symbolen rechts oben im Fenster lassen sich folgende Funktionen ausführen (von links nach rechts):

- **Umschalten zur Einzelauswahl und zurück:** Schalten Sie diesen Modus um, wird ein anderes Symbol angezeigt und Sie können bei der Objektwahl nur einmal wählen. Wählen Sie erneut, wird die erste Auswahl verworfen. Klicken Sie noch mal auf das Symbol, wird wieder das Symbol mit dem Pluszeichen angezeigt, und Sie können mehrmals wählen. **Achtung: Diese Umstellung wirkt sich bei allen Editierbefehlen aus!**
- Erneuter Start der Objektwahl. Bereits gewählte Objekte werden abgewählt.
- Start der Schnellauswahl (siehe Kapitel 6.8).

6.8 Die Schnellauswahl und ähnliche Objekte

Die Schnellauswahl ist eine flexible Möglichkeit, Objekte nach verschiedenen Kriterien in der Zeichnung zu wählen. Alle Kreise, die einen Radius kleiner als 5 haben, alle Linien auf dem Layer *Kontur* usw. lassen sich so filtern.

6.8.1 Befehl Sauswahl

Mit dem Befehl *Sauswahl* können Sie Objekte nach den verschiedensten Suchkriterien in der Zeichnung wählen.

- Multifunktionsleiste: Symbol im Register *Start*, Gruppe *Dienstprogramme*
- Kontextmenü mit der rechten Maustaste ohne aktiven Befehl, Funktion *Schnellauswahl*
- Symbol im Objekteigenschaften-Manager

Sie bekommen danach das Dialogfeld zur Schnellauswahl (siehe Abbildung 6.25).

Folgende Elemente finden Sie im Dialogfeld:

- **Anwenden auf:** In dem Pull-down-Menü wählen Sie, ob Sie in der ganzen Zeichnung oder der aktuellen Auswahl suchen wollen.
-  **Objekte auswählen:** Wollen Sie nur einen bestimmten Bereich der Zeichnung durchsuchen, klicken Sie auf dieses Symbol, und Sie können in der Zeichnung Objekte auswählen. Nach Abschluss der Auswahl kommen Sie wieder zum Dialogfeld. Im Feld *Anwenden auf* steht jetzt *Aktuelle Auswahl*.
- **Objekttyp:** In diesem Pull-down-Menü können Sie die Suche auf bestimmte Objekttypen beschränken.

- **Eigenschaften:** Hier wählen Sie die Eigenschaften, auf die Sie die Suche eingrenzen wollen.
- **Operator und Wert:** Vergleichsoperator bei der Suche und Wert, mit dem verglichen werden soll.
- **In neuen Auswahlsatz einfügen:** Ist diese Option aktiviert, wird aus den Objekten, auf die die Bedingung zutrifft, ein neuer Auswahlsatz gebildet.
- **Aus neuem Auswahlsatz ausschließen:** Ist diese Option aktiviert, werden die Objekte, auf die die Bedingung zutrifft, aus der Auswahl ausgeschlossen.
- **An aktuellen Auswahlsatz anhängen:** Bei aktivierter Option wird die neue Auswahl zu einem bereits vorhandenen Auswahlsatz hinzugefügt, ist sie ausgeschaltet, wird ein neuer Auswahlsatz aus den Objekten gebildet.

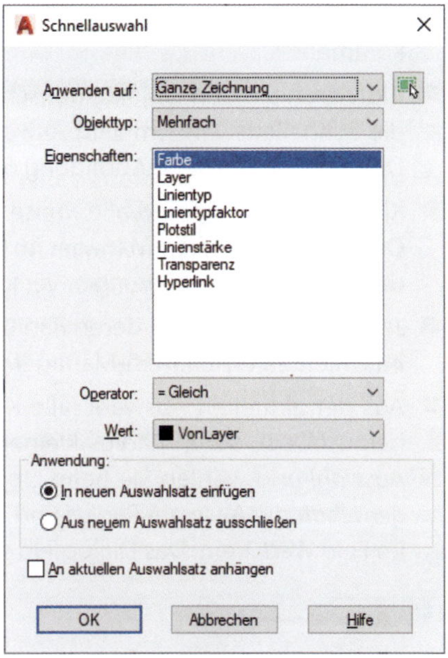

Abbildung 6.25: Dialogfeld des Befehls Sauswahl

- Klicken Sie auf *OK*, wird die aktuelle Auswahl oder die ganze Zeichnung nach den Kriterien durchsucht. Die gefundenen Objekte werden markiert. Danach können Sie einen Editierbefehl mit dieser Auswahl ausführen oder die Objekte im Objekteigenschaften-Manager ändern.

6.8.2 Übung: Ändern mit der Schnellauswahl

- Laden Sie die Zeichnung ***A06-02.dwg*** (siehe Abbildung 6.26).

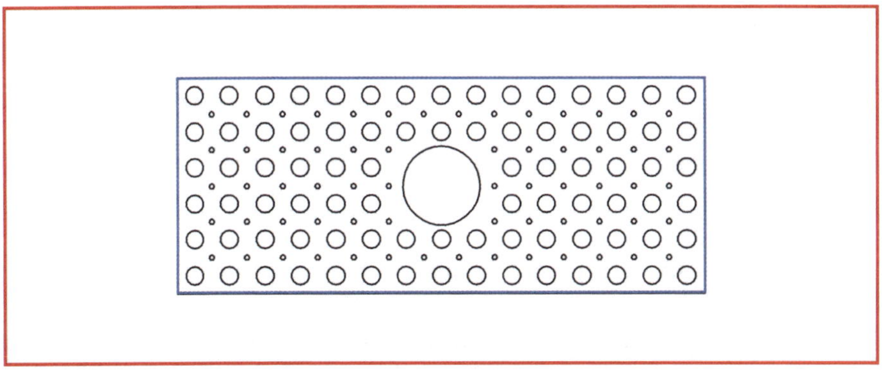

Abbildung 6.26: Ausgangszeichnung für die Schnellauswahl

- In der Zeichnung sind alle Kreise auf dem Layer *0*. Sie sollen auf den Layer *Bohrungen* kommen.
- Aktivieren Sie den Objekteigenschaften-Manager und klicken Sie auf das Symbol für die Schnellauswahl. Im Feld *Anwenden auf* steht *Ganze Zeichnung*. Wählen Sie beim Objekttyp *Kreis* (siehe Abbildung 6.27, links).
- Klicken Sie auf *OK* und alle Kreise in der Zeichnung werden markiert. Wählen Sie im Objekteigenschaften-Manager im Feld *Layer* den Layer *Bohrungen* aus. Die Kreise werden auf den Layer *Bohrungen* verschoben.
- Jetzt sollen alle Kreise, deren Radius kleiner als 1 ist, den Radius 2 erhalten. Wählen Sie im Objekteigenschaften-Manager wieder die Schnellauswahl.
- Aus der aktuellen Auswahl (alle Kreise in der Zeichnung) wollen Sie jetzt die Kreise herausfiltern, deren Radius kleiner als 1 ist. Belassen Sie die Einstellung auf *Aktuelle Auswahl* und wählen Sie beim Objekttyp wieder den Eintrag *Kreis*. Wählen Sie als *Eigenschaft* die Auswahl *Radius* und als *Operator* die Möglichkeit < *Kleiner als*. Tragen Sie im Feld *Wert* 1 ein. Das Dialogfeld sieht dann aus wie in Abbildung 6.27, rechts.

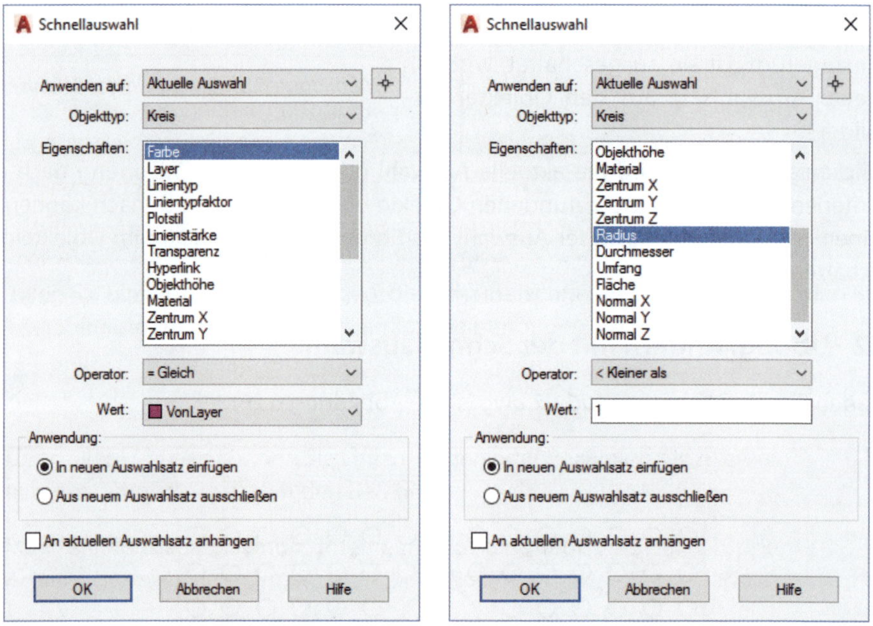

Abbildung 6.27: Auswahl der Bohrungen

- Wenn Sie jetzt auf *OK* klicken, werden alle Kreise in der Zeichnung ausgewählt, deren Radius kleiner als 1 ist, also alle kleinen Bohrungen.
- Tragen Sie im Objekteigenschaften-Manager 2 als Radius ein. Alle Bohrungen mit dem Radius 0.75 werden auf 2 geändert. Die Zeichnung sieht jetzt wie in Abbildung 6.28 aus. Eine Lösung haben Sie in der Zeichnung ***L06-02.dwg***.

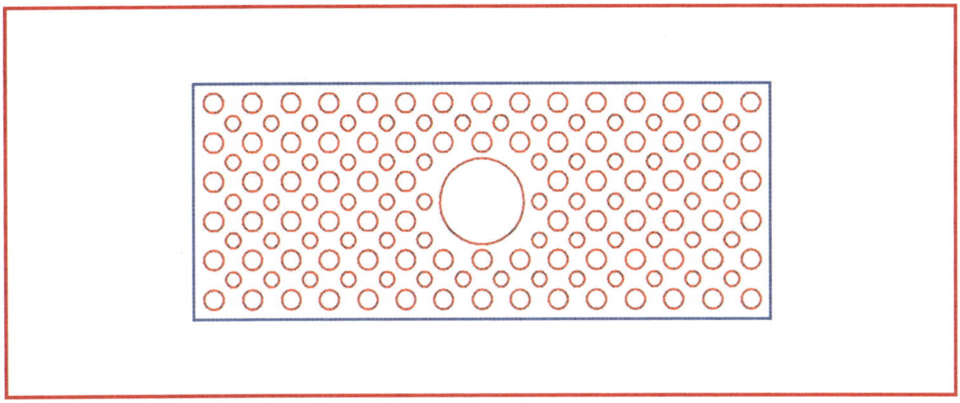

Abbildung 6.28: Die geänderten Bohrungen

6.8.3 Ähnliche Objekte auswählen

Wenn Sie ein oder mehrere Objekte markiert haben, können Sie mit einem Rechtsklick ein Kontextmenü aktivieren. Dort finden Sie unter vielen anderen die Funktion *Ähnliche auswählen*, dahinter versteckt sich der Befehl *Selectsimilar*. Er ist nicht in der Multifunktionsleiste zu finden. Haben Sie zum Beispiel einen Bogen markiert, werden alle weiteren Bögen in der Zeichnung markiert. Die können Sie dann wieder im Objekteigenschaften-Manager ändern oder mit anderen Befehlen bearbeiten.

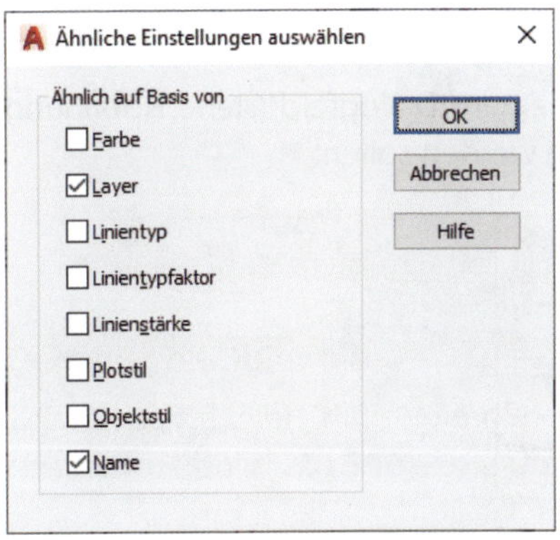

Was ähnliche Objekte sind, können Sie mit der Option *EINstellungen* festlegen, wenn Sie den Befehl *Selectsimilar* eintippen. Im Dialogfeld (siehe Abbildung 6.29) können Sie wählen, welche Objekteigenschaften herangezogen werden sollen.

Abbildung 6.29: Auswahl der Ähnlichkeitsbedingungen

6.8.4 Funktion »Ausgewähltes hinzufügen«

Haben Sie ein Objekt markiert, finden Sie im Kontextmenü auch die Funktion *Ausgewähltes hinzufügen*. Wenn Sie diese wählen, wird der Befehl gestartet, mit dem das markierte Objekt erstellt wurde. Die Eigenschaften werden vom gewählten Objekt übernommen. Haben Sie beispielsweise ein Maß markiert, wird der entsprechende Bemaßungsbefehl aktiviert und das neue Maß auf den gleichen Layer gesetzt, im gleichen Bemaßungsstil gezeichnet usw. wie das Originalobjekt.

6.9 Objekteigenschaften übertragen

Einfach werden Änderungen, wenn Sie schon ein Objekt in der Zeichnung haben, das die gewünschten Eigenschaften hat. Sie können die Eigenschaften von einem Objekt auf ein anderes Objekt übertragen.

6.9.1 Befehl »Eiganpass«

Mit dem Befehl *Eiganpass* können Sie Objekteigenschaften von einem Quellobjekt auf ein oder mehrere Zielobjekte übertragen.

- Multifunktionsleiste: Symbol im Register *Start*, Gruppe *Eigenschaften*

```
Befehl eingeben Eiganpass
Quellobjekt wählen: Objekt mit den gewünschten Eigenschaften wählen
Aktuelle aktive Einstellungen: Farbe Layer Ltyp LTFaktor Linienstärke
Transparenz Objekthöhe Plotstil Bem Text Schraff Polylinie Ansichtsfenster
Tabelle Material Schattenanzeige Multi-Führungslinie Mittelpunkt
Zielobjekt(e) oder [Einstellungen] wählen: Zielobjekte wählen
Zielobjekt(e) oder [Einstellungen] wählen: weitere Objekte oder mit ↵ beenden
```

- Nachdem Sie den Befehl gewählt haben, wird ein Quellobjekt abgefragt. Das ist das Objekt, dessen Eigenschaften auf andere Objekte übertragen werden sollen. Danach wird Ihnen eine Liste der Eigenschaften angezeigt, die auf andere Objekte übertragen werden. Wählen Sie dann die Zielobjekte, also die Objekte, auf die die Eigenschaften übertragen werden sollen.
- **Einstellungen:** Mit dieser Option können Sie in einem Dialogfeld (siehe Abbildung 6.30) einstellen, welche Eigenschaften übertragen werden sollen.

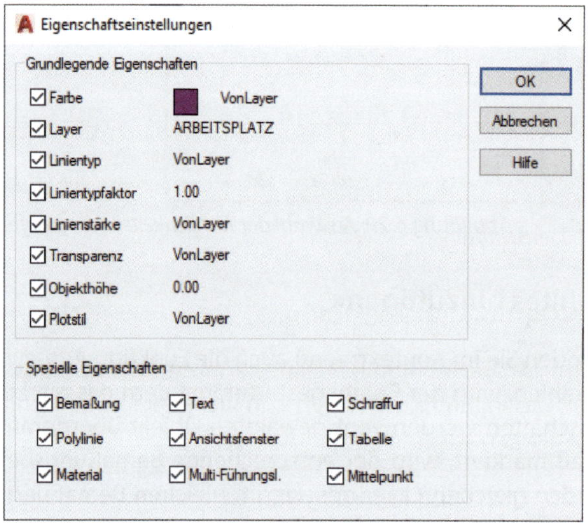

Abbildung 6.30: Dialogfeld für die zu übertragenden Eigenschaften

Im Dialogfeld können Sie wählen, welche Eigenschaften Sie übertragen wollen. Klicken Sie dazu den entsprechenden Schalter an. Hinter den Optionen werden die Werte angezeigt, die das Quellobjekt hat.

6.9.2 Übung: Objekteigenschaften übertragen

- Öffnen Sie die Zeichnung ***A06-03.dwg*** aus Ihrem Ordner *Aufgaben*.
- Übertragen Sie die Eigenschaften wie in Abbildung 6.31: den Linientyp von der Mittellinie zu den jetzt noch durchgezogenen Mittellinien, den Winkel des Schraffurmusters von einer Schraffur zur anderen und die Toleranzangabe von einem Maß zum anderen. Sie finden die Lösung in ***L06-03.dwg*** ebenfalls im Ordner *Aufgaben*.

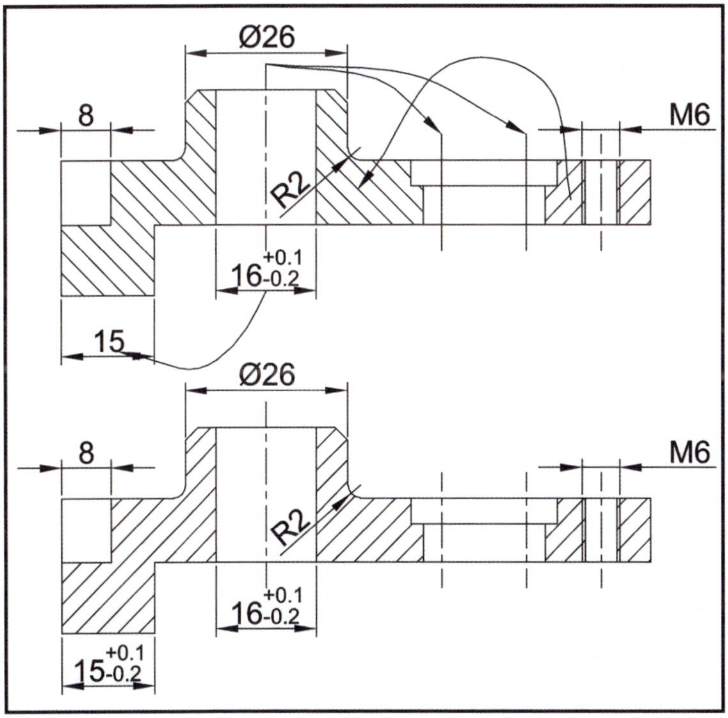

Abbildung 6.31: Übertragung von Eigenschaften

6.9.3 »Eiganpass« in Werkzeugkasten »Schnellzugriff« übernehmen

Da diese Funktion sehr praktisch ist, kann es sinnvoll sein, sie in den Werkzeugkasten *Schnellzugriff* zu übernehmen, falls das in Ihrem AutoCAD noch nicht der Fall ist. Nehmen Sie die Funktion *Eigenschaften abstimmen* auf.

Hinweis: Weitere nützliche Funktionen zu den Layern finden Sie in der Datei *Expert.pdf* (Kapitel 1) in Ihrem Ordner mit den Aufgaben.

7. Projekt Pleuel, Folge 1: Zeichnen

Nachdem Sie jetzt schon die Befehle und Funktionen fürs Zeichnen und Bearbeiten kennengelernt haben, sollen diese auch an einem umfangreicheren Projekt geübt werden. Erstellen Sie selbstständig die Zeichnung. In weiteren Folgen werden Sie beschriften, bemaßen, plotten, Layouts erstellen und schließlich auch ein 3D-Modell daraus erstellen und von diesem auch wieder Zeichnungen ableiten.

7.1 Starten einer neuen Zeichnung

- Starten Sie eine neue Zeichnung. Verwenden Sie dazu die selbst erstellte Vorlage *Acadiso-A3-Layer.dwt*. Beachten Sie, dass diese, wenn Sie sie nicht selbst erstellt und gespeichert haben, sich **nicht** im standardmäßigen Vorlagenordner, sondern im Ordner *Aufgaben* befindet. Sie können auch die Zeichnung ***Acadiso-A3-Layer.dwg*** öffnen. In beiden Fällen speichern Sie sie am besten gleich unter einem neuen Namen, zum Beispiel *Projekt-Pleuel-00.dwg*.
- Stellen Sie die Zeichenhilfen so ein, dass Sie komfortabel und schnell arbeiten können. Beachten Sie, nie ohne *Dynamische Eingabe* zu arbeiten.

7.2 Das Ergebnis und die ersten Schritte dahin

- Das Ergebnis der ersten Folge sehen Sie in Abbildung 7.1 in dreidimensionaler Darstellung.

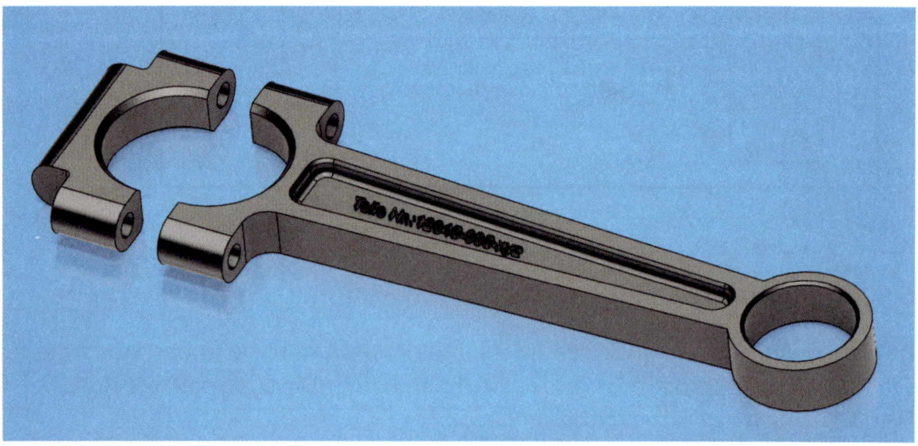

Abbildung 7.1: Das Ergebnis der ersten Folge, hier als 3D-Modell

- Aber alles der Reihe nach. Zeichnen Sie zuerst einen geschlossenen Linienzug, beginnend an einem beliebigen Punkt (eventuell am Nullpunkt, muss aber nicht sein) mit den Maßen in Abbildung 7.2, links, auf dem Layer *Kontur*. Die Maße sind nur zur Info und müssen nicht gezeichnet werden.
- Spiegeln Sie die Kontur um die untere Achse. Löschen Sie danach diese Linie und die, die durch die Spiegelung erzeugt wurde.

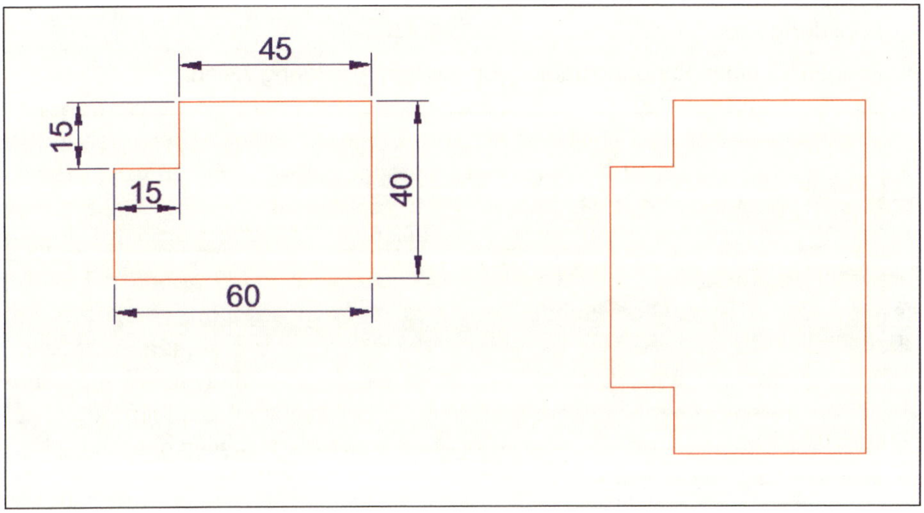

Abbildung 7.2: Die ersten Schritte

- Zeichnen Sie einen Kreis mit dem Durchmesser 45 im Abstand von 180 ab der Mitte der rechten Kante der ersten Kontur (siehe Abbildung 7.3).
- Zeichnen Sie eine Linie unter 2° zur Horizontalen, beginnend 17,5 über der Mitte der rechten Kante. Sie soll über die Kreislinie hinausragen. Die Länge ist ohne Bedeutung, da die Linie nachher gestutzt wird.

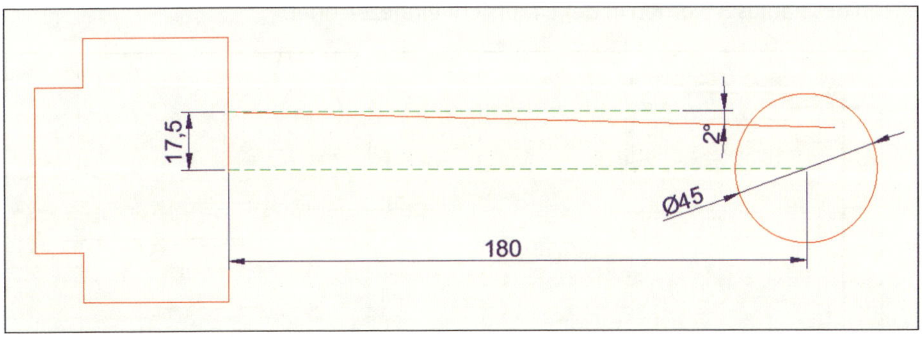

Abbildung 7.3: Etwas weiter gezeichnet

7.3 Weiter mit Spiegeln, Stutzen und Abrunden

- Zeichnen Sie die untere Linie oder spiegeln Sie die obere (siehe Abbildung 7.4).
- Zeichnen Sie rechts einen konzentrischen Kreis mit dem Durchmesser 35 und im Abstand von 202,5 (beachten Sie, dass in AutoCAD 202.5 eingegeben werden muss). Links davon zeichnen Sie einen Kreis mit dem Durchmesser 45.
- Verwenden Sie den Befehl *Stutzen* und bereinigen Sie die diversen Überstände wie in Abbildung 7.4.
- Bringen Sie einen Rundungsradius von 8 wie in Abbildung 7.4 an.

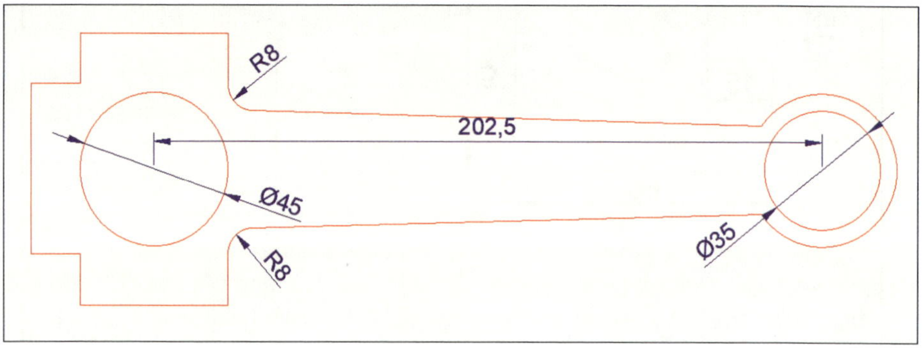

Abbildung 7.4: ... und noch weiter

7.4 Jetzt versetzen und runden

- An den beiden Bohrungen werden Fasen angebracht. Versetzen Sie den rechten Kreis um den Fasenabstand von 1 und den linken Kreis um den Fasenabstand von 2, jeweils nach außen (siehe Abbildung 7.5).
- Am rechten Teil des Pleuels sollen die Kanten gerundet werden. Die tangentialen Linien des Radius 8 werden in der Draufsicht eingezeichnet.

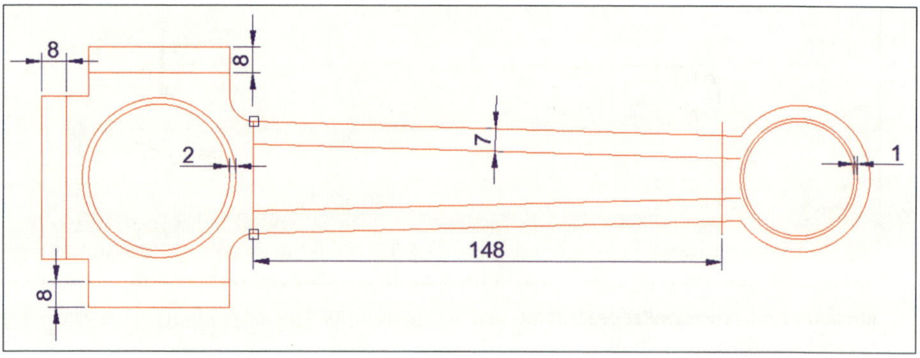

Abbildung 7.5: Versetzen der Kanten

- Zeichnen Sie eine senkrechte Linie zwischen den Endpunkten der Radien an der Außenkontur. Versetzen Sie diese um 148 nach rechts.
- Versetzen Sie die schrägen Kanten um jeweils 7 nach innen.
- Runden Sie jetzt noch die Kanten des Ausschnitts mit 5 (siehe Abbildung 7.6).

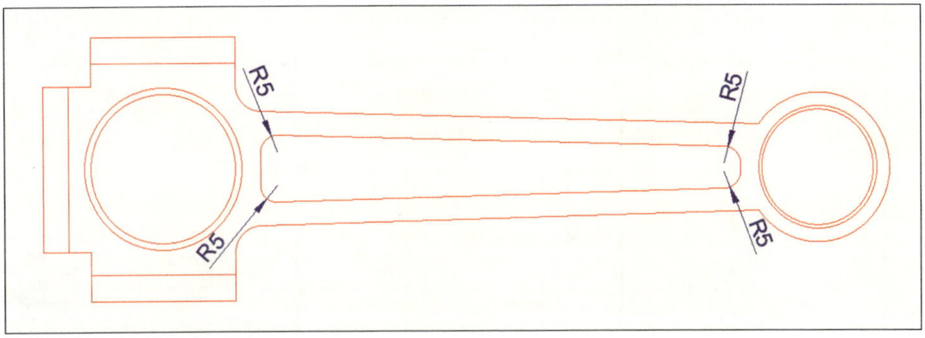

Abbildung 7.6: Die Vertiefung durch Abrunden erstellt

- Machen Sie aus der Kontur des Ausschnitts eine zusammenhängende Polylinie mit dem Befehl *Pedit*. Versetzen Sie dann um 2 nach innen und um 1 nach außen (siehe Abbildung 7.7). Denn wie Sie in Abbildung 7.1 sehen, wird oben mit 1 gefast und unten mit 2 gerundet.
- Versetzen Sie die waagerechten tangentialen Sichtkanten jeweils um 2 nach oben und unten. Bringen Sie diese auf den Layer *Verdeckt*. Dabei handelt es sich um die verdeckten Kanten der Bohrung.

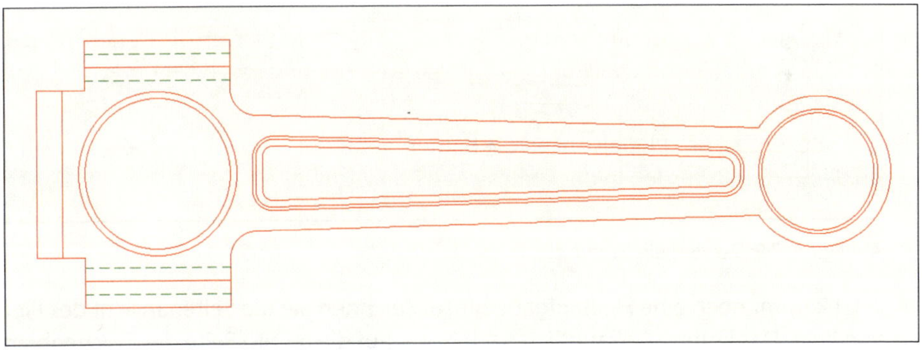

Abbildung 7.7: Die Draufsicht fast fertig

- Der Pleuel muss noch getrennt werden, sonst lässt er sich nicht montieren. Zeichnen Sie eine Trennlinie am linken Teil des Pleuels. Trennen Sie die waagerechten Linien alle mit dem Befehl *Bruch* an der senkrechten Linie. Kreise lassen sich leider nicht trennen. Versetzen Sie die senkrechte Linie um 15 nach links. Dieses Maß entspricht der Lücke (siehe Abbildung 7.8, links).

- Schieben Sie jetzt den Bereich links der rechten Linie um die Lückenbreite 15 nach links. Kopieren Sie die beiden Kreise ebenfalls um die Lückenbreite 15 (siehe Abbildung 7.8, Mitte).
- Stutzen Sie den Bereich wie in Abbildung 7.8, rechts.

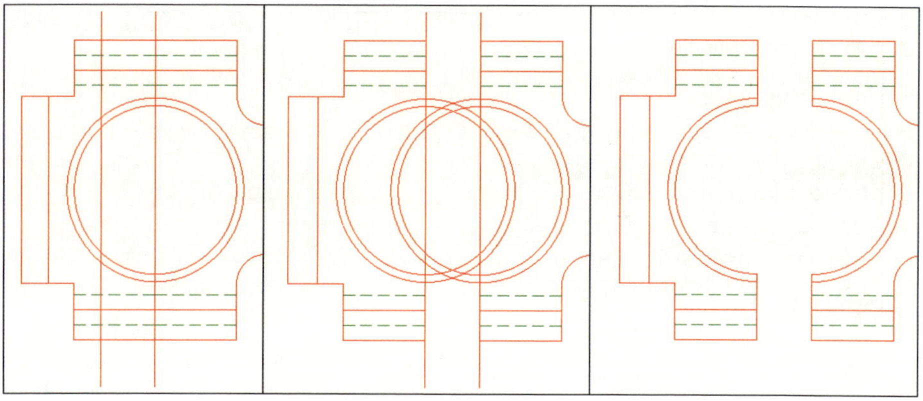

Abbildung 7.8: Der Pleuel aufgetrennt

- Der Pleuel sollte wie in Abbildung 7.9 aussehen. Diesen Stand haben Sie auch im Ordner *Aufgaben*, die Datei ***L07-01.dwg***.

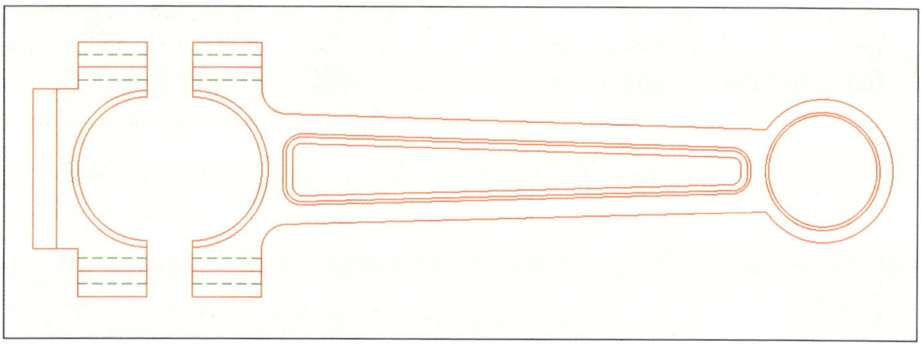

Abbildung 7.9: Der aktuelle Stand

- Jetzt kommt noch eine Fleißaufgabe hinzu. Zeichnen Sie die Seitenansicht des Pleuels von links. Das kommt bekanntlich nach Norm auf die rechte Seite des Zeichenblatts.
- Danach machen Sie einen Schnitt durch den Pleuel. Das Schraffieren sparen wir uns für später auf. Hier können Sie die Zeichentechniken aus Kapitel 3 voll zur Geltung bringen.
- Zeichnen Sie noch assoziative Mittellinien wie in Abbildung 7.10 ein. Diese sollen auf den Layer *Mittellinien*.

- Es fällt auf, dass die Mittellinien zu lange Segmente haben, sodass kaum eine Strichelung sichtbar ist. Verändern Sie den Linientypfaktor. Tippen Sie den Befehl *Ltfaktor* ein:

```
Befehl eingeben Ltfaktor
Neuen Linientyp für Skalierfaktor eingeben <0.5000>: 0.2
Regeneriert Modell
```

- 0.2 oder 0.25 für den Linientypfaktor dürfte das beste Ergebnis liefern.
- Das Ergebnis sollte wie in Abbildung 7.10 aussehen.
- Falls das bei Ihnen nicht so aussieht, schauen Sie sich die Musterlösung im Ordner *Aufgaben* an, die Datei ***L07-02.dwg***.
- Das war's für die erste Folge. Wir machen an diesem Projekt weiter, wenn das Schraffieren, Bemaßen und Beschriften durch ist.
- Speichern Sie die Zeichnung, in Kapitel 12 brauchen Sie diesen Stand wieder, um daran weiterzuarbeiten.

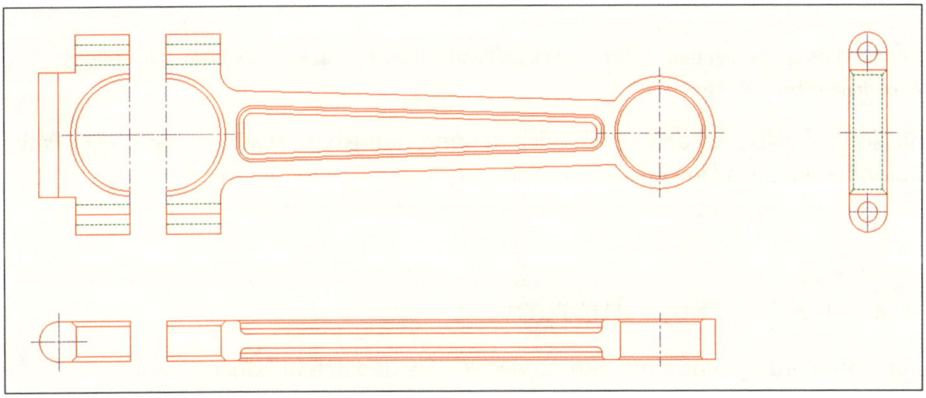

Abbildung 7.10: Der Pleuel in verschiedenen Ansichten

8. Regelmäßige Anordnungen

Oft benötigen Sie ein einmal gezeichnetes Objekt mehrmals in der Zeichnung in einer regelmäßigen Anordnung. Dafür gibt es in AutoCAD sehr leistungsfähige Funktionen.

8.1 Typen von regelmäßigen Anordnungen

Für regelmäßigen Anordnungen gibt es den Befehl *Reihe*. Seit AutoCAD/LT 2012 sind die Anordnungen assoziativ. Das heißt, sie bilden zusammenhängende Objekte, deren Parameter nachträglich verändert werden können.

```
Befehl eingeben Reihe
Objekte wählen: Objekte für die Anordnung wählen
...
Objekte wählen: Mit ↵ abschließen
Anordnungstyp eingeben - [Rechteckig/PFad/POlar] <Polar>: Option für den
Anordnungstyp wählen
```

Sie können zwischen drei verschiedenen Anordnungstypen wählen: *Rechteckig*, *Pfad* und *Polar*. Neben dem Universalbefehl *Reihe*, den Sie nicht in den Menüs finden, gibt es für jede Anordnung einen eigenen Befehl in der Multifunktionsleiste.

8.2 Rechteckige Anordnung

Für matrixförmige Anordnungen verwenden Sie den Befehl *Reiherechteck*.

8.2.1 Befehl »Reiherechteck«

Wählen Sie den Befehl:

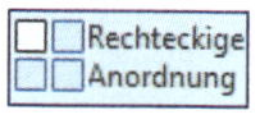

- Multifunktionsleiste: Symbol in einem Flyout im Register *Start*, Gruppe *Ändern*

```
Befehl eingeben Reiherechteck
Objekte wählen: Objekte für die Anordnung wählen
...
Objekte wählen: Mit ↵ abschließen
Typ = Rechteckig  Assoziativ = Ja
Griff zum Ändern der Anordnung auswählen oder [ASsoziativ/Basispunkt/ANzahl/
ABstand/Spalten/ZEilen/Ebenen/beeNden] <beeNden>: Einstellungen besser in der
Multifunktionsleiste vornehmen
```

- Wählen Sie die Objekte für die Anordnung. Danach wird schon eine vorläufige Anordnung angezeigt. Da Sie aber noch keine Angaben über Anzahl und Abmessungen gemacht haben, können Sie jetzt die Angaben in dem temporären Register *Anordnung erstellen* der Multifunktionsleiste vornehmen (siehe Abbildung 8.1). Die letzte Anfrage in der Befehlszeile ist damit ohne Bedeutung, da die Einstellungen in der Multifunktionsleiste sofort in die Zeichnung übernommen werden.

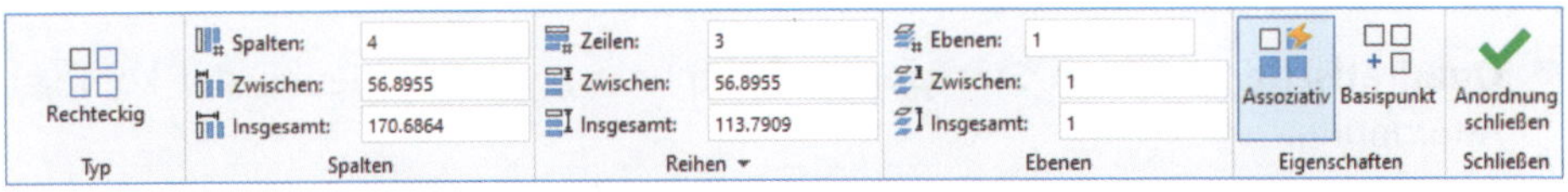

Abbildung 8.1: Temporäres Register für Geometrie und Maße der rechteckigen Anordnung

Folgende Gruppen stehen in dem Register der Multifunktionsleiste zur Verfügung:

- **Typ:** Anzeige des gewählten Anordnungstyps.
- **Spalten:** Anzahl der Spalten, Abstand zwischen den Spalten oder Gesamtgröße der Anordnung in Spaltenrichtung (siehe Abbildung 8.2). Die Spaltenzahl wird fest eingegeben. *Zwischen* und *Insgesamt* sind voneinander abhängig, ändern Sie eine Größe, ändert sich die andere mit. Positive Angaben bauen die Anordnung in x-Richtung auf, negative in negativer x-Richtung.
- **Reihen:** Anzahl der Zeilen, Abstand zwischen den Zeilen oder Gesamtgröße in Zeilenrichtung (siehe Abbildung 8.2). Auch hier wird die Zeilenzahl fest eingegeben. Die anderen beiden Angaben sind dagegen voneinander abhängig. Positive Werte bauen die Anordnung in y-Richtung auf, negative in negativer y-Richtung.
- **Ebenen:** Anzahl der Ebenen in z-Richtung bei dreidimensionalen Anordnungen, Abstand zwischen den Ebenen oder Gesamtgröße in z-Richtung. Die Ebenenzahl ist wiederum fest, die beiden anderen Angaben sind dagegen voneinander abhängig. Positive Angaben bauen die Anordnung in z-Richtung auf, negative in negativer z-Richtung.
- **Eigenschaften:** Ist das Symbol *Assoziativ* aktiviert, wird die Anordnung ein parametrisches Objekt, ansonsten bleiben Einzelobjekte in der Anordnung. Mit *Basispunkt* können Sie den Punkt auf dem Ausgangsobjekt wählen, an dem die Objekte ausgerichtet werden.
- **Anordnung schließen:** Mit dem Symbol erzeugen Sie die Anordnung.

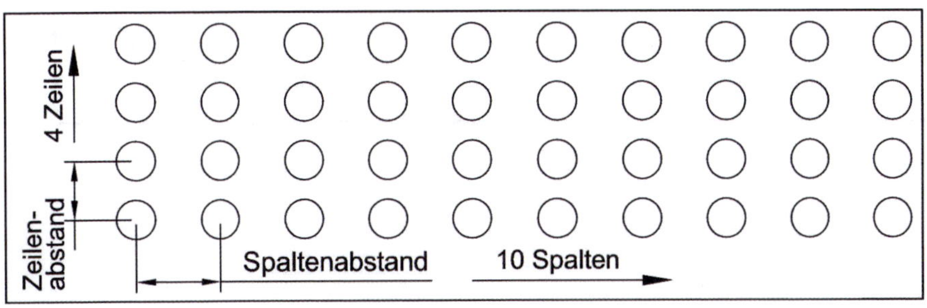

Abbildung 8.2: Anordnung maßlich bestimmen

8.2.2 Bearbeitung an den Griffen

Nachdem die erste Anordnung mit den Voreinstellungen angezeigt wird, können Sie die Geometrie auch an den Griffen anpassen. Klicken Sie den entsprechenden Griff an und ziehen Sie die Anordnung in die gewünschte Form.

- **Quadratischer Griff am Startpunkt:** Startpunkt zum Verschieben der kompletten Anordnung.
- **Diagonal gegenüber dem Startpunkt liegender quadratischer Griff:** Änderung der Zeilen- und Spaltenzahl. Die Abstände bleiben konstant
- **Pfeilgriffe am Zeilen- bzw. Spaltenende:** Änderung der Zeilen- bzw. Spaltenzahl. Die Abstände bleiben konstant.
- **Pfeilgriffe neben dem Startpunkt:** Änderung der Zeilen- bzw. Spaltenabstände. Die Zahl der Zeilen bzw. Spalten bleibt konstant.

8.2.3 Übung: Rechteckige Anordnung erzeugen

- Laden Sie die Zeichnung ***A08-01.dwg*** aus dem Ordner *Aufgaben*.
- Erzeugen Sie die Anordnung wie in Abbildung 8.3: sechs Zeilen, sieben Spalten, Zeilenabstand 17 und Spaltenabstand 14.
- Falls es Ihnen wider Erwarten nicht gelungen ist, finden Sie die Lösung in der Zeichnung ***L08-01.dwg***.

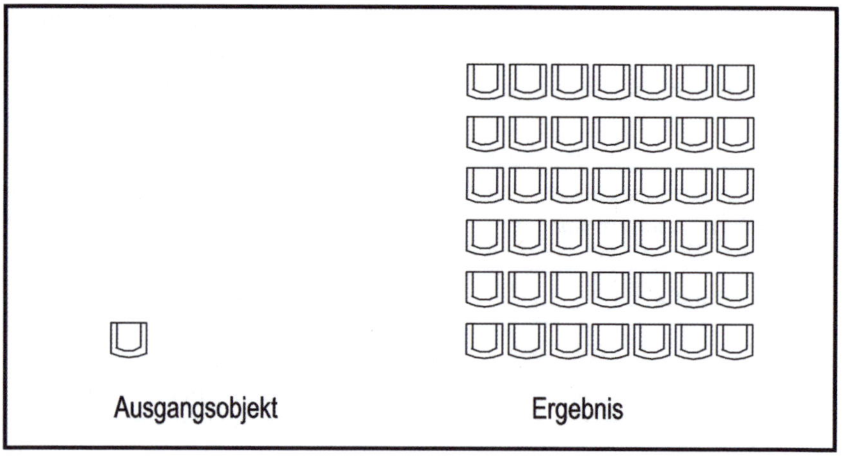

Abbildung 8.3: Rechteckige Anordnung

8.3 Polare Anordnung

Für kreisförmige Anordnungen verwenden Sie den Befehl *Reihekreis.*

8.3.1 Befehl »Reihekreis«

Wählen Sie den Befehl:

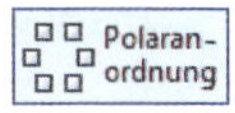

- Multifunktionsleiste: Symbol in einem Flyout im Register *Start*, Gruppe *Ändern*

```
Befehl eingeben Reihekreis
Objekte wählen: Objekte für die Anordnung wählen
...
Objekte wählen: Mit ↵ abschließen
Mittelpunkt der Anordnung angeben oder [Basispunkt/Rotationsachse]:
```

Sie wählen zunächst die Objekte und geben danach den Mittelpunkt an, um den die Anordnung aufgebaut werden soll. Sie haben zwei weitere Optionen:

- **Basispunkt:** Den Basispunkt können Sie danach auch noch in der temporären Multifunktionsleiste eingeben. Damit wird der Bezugspunkt der anzuordnenden Objekte gewählt, der auf dem Kreis angeordnet wird. Sie können jeden beliebigen Punkt auf oder bei dem Objekt wählen.
- **Rotationsachse:** Hier können Sie eine Rotationsachse mit zwei Punkten festlegen, um die die Anordnung aufgebaut wird. Beachten Sie, dass eine dreidimensionale Anordnung entsteht, bei Punkten in der XY-Ebene.

Die weitere Anfrage in der Befehlszeile ignorieren Sie. Ab jetzt können Sie alles in einem temporären Register der Multifunktionsleiste einstellen (siehe Abbildung 8.4). Gleichzeitig wird eine Voransicht angezeigt, die sich mit den Einstellungen in der Multifunktionsleiste ändert.

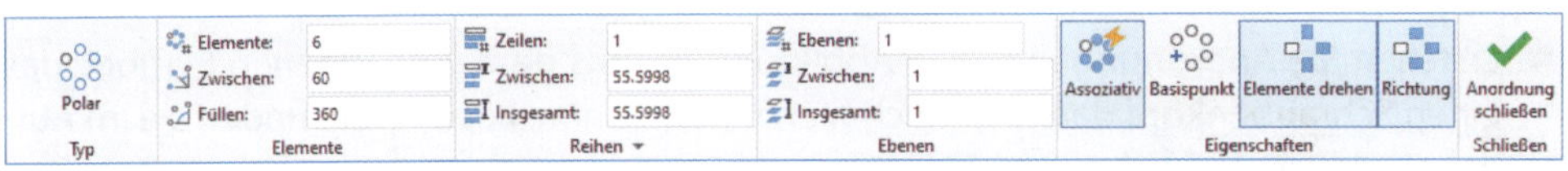

Abbildung 8.4: Temporäres Register für Geometrie und Maße der polaren Anordnung

Folgende Gruppen stehen in dem Register der Multifunktionsleiste zur Verfügung:

- **Elemente:** Anzahl der Elemente, Winkel zwischen den Elementen und Gesamtwinkel der Anordnung. Hier können zwei Werte eingegeben werden, der dritte ergibt sich aus den eingegebenen Werten.
- **Reihen:** Hier kann die Reihenzahl eingegeben werden, wenn mehrere benötigt werden sollten. Die anderen beiden Angaben sind voneinander abhängig, Reihenabstand oder Gesamtgröße.

- **Ebenen:** Anzahl der Ebenen in z-Richtung bei dreidimensionalen Anordnungen, Abstand zwischen den Ebenen oder Gesamthöhe in z-Richtung.
- **Eigenschaften:** Hier wählen Sie mit dem Symbol *Assoziativ*, ob die Anordnung assoziativ, als ein änderbares Objekt erzeugt werden soll oder ob einzelne Objekte entstehen sollen. Mit dem Symbol *Basispunkt* können Sie den Basispunkt auf dem Ausgangselement wählen. Mit dem Symbol *Elemente drehen* legen Sie fest, ob die erzeugten Elemente zum Mittelpunkt hin ausgerichtet werden sollen (siehe Abbildung 8.5, Mitte) oder nicht (siehe Abbildung 8.5, rechts). Erzeugen Sie die Anordnung nicht über einen Vollkreis, dann können Sie mit dem Symbol *Richtung* die Richtung der Anordnung wechseln.
- **Anordnung schließen:** Damit erstellen Sie die Anordnung und schließen das temporäre Register in der Multifunktionsleiste.

8.3.2 Bearbeitung an den Griffen

Nachdem die erste Anordnung mit den Voreinstellungen angezeigt wird, können Sie die Geometrie auch an den Griffen anpassen. Klicken Sie den entsprechenden Griff an und ziehen Sie die Anordnung in Form.

- **Quadratischer Griff am Mittelpunkt:** Änderung der Position der kompletten Anordnung.
- **Quadratischer Griff neben dem Mittelpunkt:** Änderung des Abstands zum Mittelpunkt der ersten Zeile.
- **Pfeilgriff neben dem Mittelpunkt:** Änderung des Winkels zwischen den Elementen.
- **Pfeilgriff an der vorletzten Zeile:** Änderung des Abstands zwischen den Zeilen.
- **Pfeilgriff an der letzten Zeile:** Änderung der Anzahl der Zeilen.

8.3.3 Übung: Polare Anordnung erzeugen

- Laden Sie die Zeichnung ***A08-02.dwg*** aus dem Ordner *Aufgaben*.
- Erstellen Sie Anordnungen wie in Abbildung 8.5 aus dem vorhandenen Symbol, das einen Schraubenkopf darstellt. Auch hierzu gibt es eine Lösung. Sie finden sie im Aufgabenordner als Zeichnung ***L08-02.dwg***.

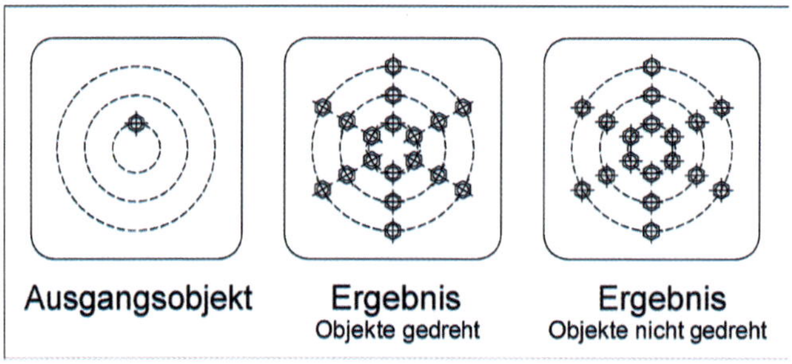

Abbildung 8.5: Erstellen von polaren Anordnungen

8.4 Pfadanordnung

Für Anordnungen entlang eines Pfads verwenden Sie den Befehl *Reihepfad*.

8.4.1 Befehl »Reihepfad«

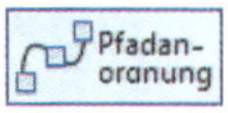

Wählen Sie den Befehl:

- Multifunktionsleiste: Symbol in einem Flyout im Register *Start*, Gruppe *Ändern*

Der Befehl startet wie die bisherigen Befehle. Sie wählen zunächst die Objekte. Danach werden die Einstellungen angezeigt.

Danach wird angefragt:

```
Befehl eingeben Reihepfad
Objekte wählen: Objekte für die Anordnung wählen
...
Objekte wählen: Mit ↵ abschließen
Pfadkurve auswählen: Pfad wählen, an dem die Objekte ausgerichtet werden
```

Nachdem Sie einen Pfad gewählt haben, können Sie alles Weitere in einem temporären Register der Multifunktionsleiste einstellen (siehe Abbildung 8.6). Auch hier wird eine Voransicht angezeigt, die sich entsprechend den Einstellungen in der Multifunktionsleiste ändert.

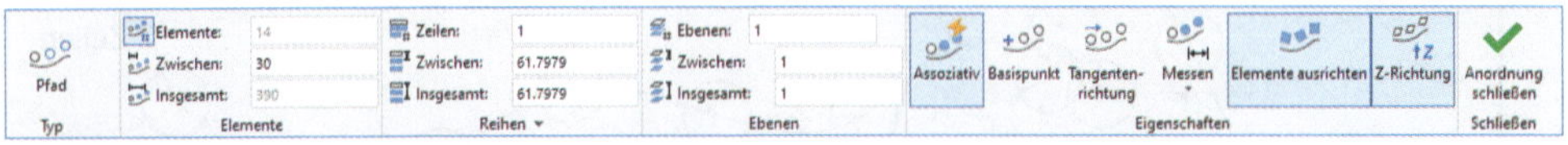

Abbildung 8.6: Temporäres Register für Geometrie und Maße der Pfadanordnung

Folgende Gruppen stehen in dem Register der Multifunktionsleiste zur Verfügung:

- **Elemente:** Hier stellen Sie die Anzahl der Elemente, den Abstand zwischen den Elementen und die Gesamtlänge der Anordnung bei dem Anordnungstyp *Messen* (siehe unten) ein. Nur der Abstand kann verändert werden. Haben Sie den Anordnungstyp *Teilen* gewählt, lässt sich nur die Anzahl der Elemente eingeben.
- **Reihen:** Anzahl der Zeilen, Abstand dazwischen oder Gesamtgröße der Anordnung (siehe Abbildung 8.7).
- **Ebenen:** Anzahl der Ebenen in z-Richtung bei dreidimensionalen Anordnungen, Abstand zwischen den Ebenen oder Gesamtgröße in z-Richtung.
- **Eigenschaften:** Hier wählen Sie mit dem Symbol *Assoziativ*, ob die Anordnung assoziativ sein soll oder ob einzelne Objekte entstehen sollen. Mit dem Symbol *Basispunkt* könnten Sie bei Bedarf den Basispunkt auf dem Ausgangselement neu wählen. Das ist der Punkt, mit dem das Objekt auf dem Pfad angeordnet wird. Mit dem Symbol *Tan-*

gentenrichtung können Sie festlegen, wie die Elemente entlang des Pfads ausgerichtet werden sollen. Sie können die Richtung mit zwei Punkten angeben oder als Normale zur Pfadkurve vorgeben. Mit dem nächsten Flyout legen Sie den Anordnungstyp fest. Beim Typ *Messen* geben Sie den Abstand zwischen den Objekten an, es werden so viele Elemente erstellt, wie Platz auf dem Pfad vorhanden ist. Beim Typ *Teilen* geben Sie dagegen die Anzahl der Elemente an, die dann gleichmäßig verteilt werden. Mit dem Symbol *Elemente ausrichten* kann gewählt werden, ob die Objekte am Pfad ausgerichtet werden sollen oder nicht. Das Symbol *Z-Richtung* spielt nur dann eine Rolle, wenn der Pfad nicht in der XY-Ebene verläuft.

- **Schließen:** Mit diesem Symbol erzeugen Sie die Anordnung und beenden die temporäre Multifunktionsleiste.

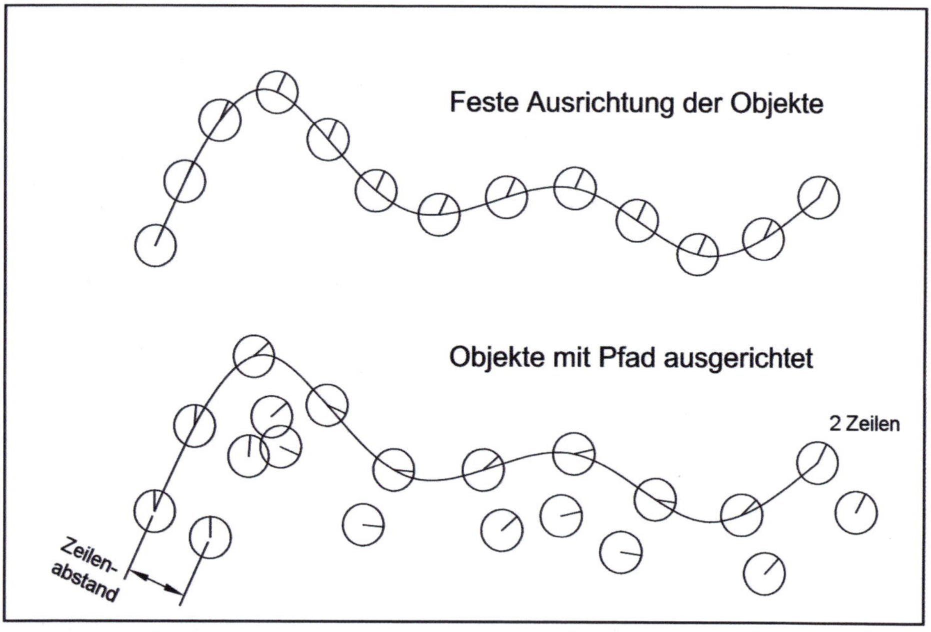

Abbildung 8.7: Pfadanordnung mit unterschiedlicher Ausrichtung und Zeilenzahl

8.4.2 Bearbeitung an den Griffen

Nachdem die erste Anordnung mit den Voreinstellungen angezeigt wird, können Sie die Geometrie auch ganz einfach an den Griffen ändern:

- **Quadratischer Griff am Startpunkt:** Änderung der Position der kompletten Anordnung.
- **Pfeilgriff neben dem Griff am Startpunkt:** Änderung des Abstands zwischen den Elementen (nur beim Anordnungstyp *Teilen*).
- **Pfeilgriff auf einer weiteren Zeile:** Änderung der Zahl der Zeilen.

8.4.3 Übung: Pfadanordnung erzeugen

- Laden Sie die Zeichnung ***A08-03.dwg*** aus dem Ordner *Aufgaben*.
- Ordnen Sie die Stufen entlang des Pfads an. Verwenden Sie 30 Objekte und verteilen Sie diese gleichmäßig über den Pfad (siehe Abbildung 8.8). Sie finden im Aufgabenordner auch die Musterlösung ***L08-03.dwg***.

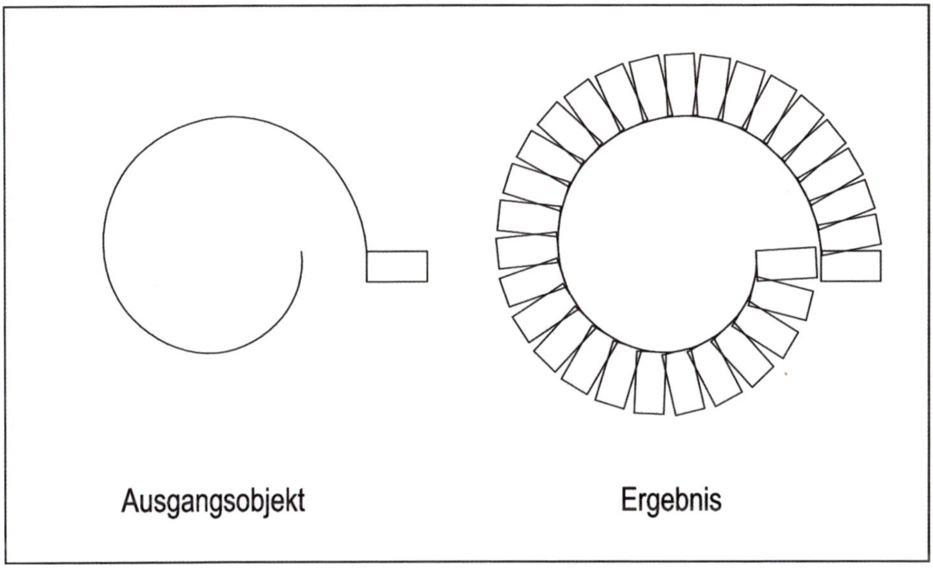

Abbildung 8.8: Pfadanordnung erzeugen

8.5 Anordnungen ändern

Anordnungen lassen sich mit dem Befehl *Reihebearb* ändern. Aber nur dann, wenn sie assoziativ erzeugt wurden. Ansonsten sind einzelne Objekte entstanden, die keinen Zusammenhang zueinander haben.

8.5.1 Befehl »Reihebearb«

Wählen Sie den Befehl:

- Multifunktionsleiste: Symbol im Register *Start*, Gruppe *Ändern* (erweiterter Bereich)

Mit diesem Befehl wollen wir uns nicht beschäftigen. Er hat eine lange Optionsliste mit den verschiedenen Möglichkeiten und ist umständlich zu handhaben. Das alles erledigen Sie schneller und übersichtlicher mit anderen Funktionen.

8.5.2 Änderung der Anordnung an den Griffen

Änderungen an der Geometrie der Anordnung können Sie auch ohne Befehl mit den Griffen ausführen.

- Klicken Sie die Anordnung an einer beliebigen Stelle an und Sie bekommen verschiedene Griffe angezeigt. Wie bei der oben beschriebenen Erstellung haben Sie jetzt die gleichen Möglichkeiten, die Anordnung an den Griffen zu ändern.
- Darüber hinaus gibt es weitere Möglichkeiten, um Anordnungen zu ändern. Ganz einfach ist es mit dem Objekteigenschaften-Manager. Klicken Sie die Anordnung ohne Befehl an und drücken Sie die Tastenkombination Strg+1. Darin lassen sich alle wichtigen Parameter der Anordnung ändern (siehe Abbildung 8.9).

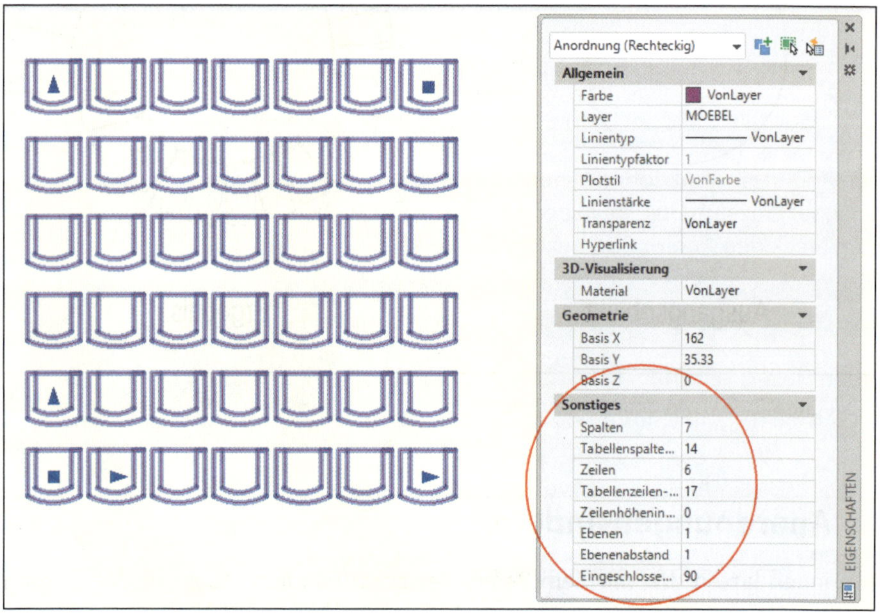

Abbildung 8.9: Änderungen im Objekteigenschaften-Manager

8.5.3 Änderung in der Multifunktionsleiste

Genauso einfach ist es, wenn Sie in der Multifunktionsleiste ändern. Hier können Sie alles ändern: Geometrie, Quellobjekte, Ebenenzahl usw. – und das übersichtlich jeweils im selben temporären Register der Multifunktionsleiste wie bei der Erstellung, und darin gibt es sogar noch mehr Möglichkeiten.

- Klicken Sie die Anordnung an einer beliebigen Stelle an.
- Sie bekommen ein temporäres Register in der Multifunktionsleiste, je nach gewähltem Anordnungstyp unterschiedlich (siehe Abbildung 8.10).

- Hier können Sie alles ändern, und die Änderungen werden sofort in der Zeichnung nachgeführt. Mit dem Symbol *Anordnung schließen* in der Multifunktionsleiste beenden Sie die Eingabe. Die Änderungen werden übernommen.

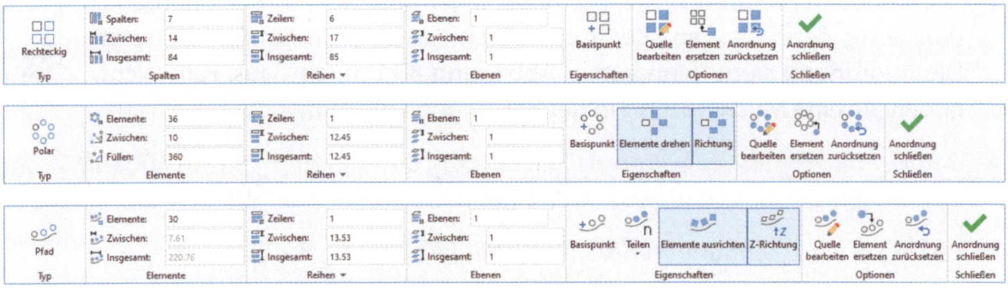

Abbildung 8.10: Änderungen in der Multifunktionsleiste

8.6 Objekte innerhalb der Anordnung ändern

Mit den Änderungsfunktionen in der Multifunktionsleiste haben Sie auch die Möglichkeit, alle oder nur einzelne Objekte in der Anordnung zu ändern. An zwei Beispielen soll das an einer rechteckigen Anordnung gezeigt werden.

8.6.1 Übung: Quellobjekt in der Anordnung ändern

- Laden Sie die Zeichnung ***A08-04.dwg*** (siehe Abbildung 8.11, links).
- Klicken Sie die Stuhlanordnung an einer beliebigen Stelle an und wählen Sie dann das Symbol *Quelle bearbeiten* in der Multifunktionsleiste.

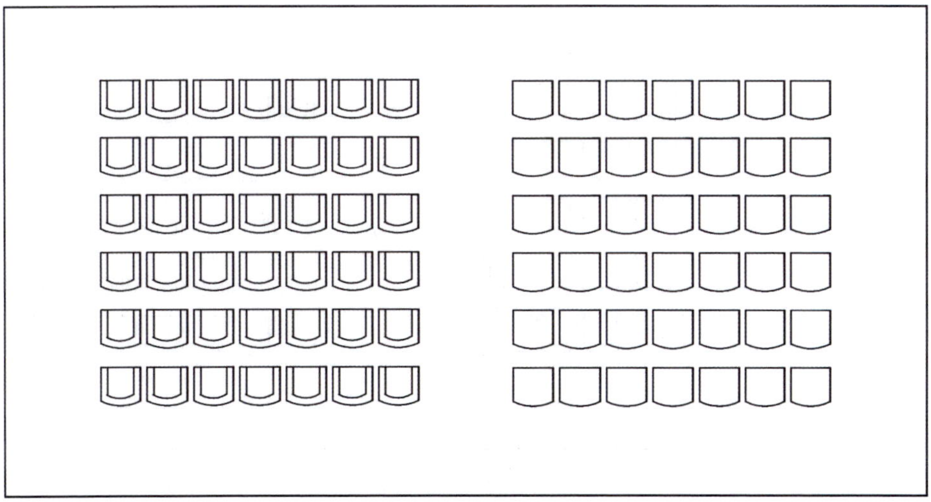

Abbildung 8.11: Quellobjekt der Anordnung bearbeiten

- Jetzt verschwindet die temporäre Multifunktionsleiste und Sie können einen beliebigen Stuhl in der Anordnung anklicken und bearbeiten. Löschen Sie beispielsweise die Innenkontur heraus.
- Klicken Sie dann auf das Symbol *Änderungen speichern* in der Multifunktionsleiste, dann werden alle Stühle durch den geänderten Stuhl ersetzt. Die Anordnung sieht dann wie in Abbildung 8.11, rechts, aus. Falls nicht, finden Sie eine Musterlösung in der Zeichnung ***L08-04.dwg***.

8.6.2 Übung: Einzelne Objekte in der Anordnung ändern

- Laden Sie die Zeichnung ***A08-05.dwg*** (siehe Abbildung 8.12).
- Klicken Sie die Stuhlanordnung an einer beliebigen Stelle an und wählen Sie dann das Symbol *Element ersetzen* in der Multifunktionsleiste.

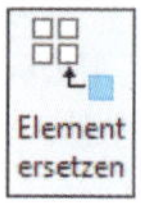

- Danach verschwindet das temporäre Register der Multifunktionsleiste und Sie können das Ersatzobjekt wählen. Wählen Sie dafür den anderen Stuhl links unten in Abbildung 8.12 mit einem Fenster. Bestimmen Sie den Basispunkt für die Ausrichtung des neuen Objekts.
- Danach können Sie die Objekte in der Anordnung wählen, die ersetzt werden sollen. Beenden Sie mit ↵ und die gesamte Aktion mit der Option *eXit*. Zuletzt wählen Sie das Symbol *Anordnung schließen* in der temporären Multifunktionsleiste, die für weitere Änderungen wieder eingeblendet wurde.

- Das Ergebnis sehen Sie in Abbildung 8.12, rechts. Falls Sie es nicht geschafft haben, eine Lösung finden Sie in der Datei ***L08-05.dwg*** im Ordner *Aufgaben*.

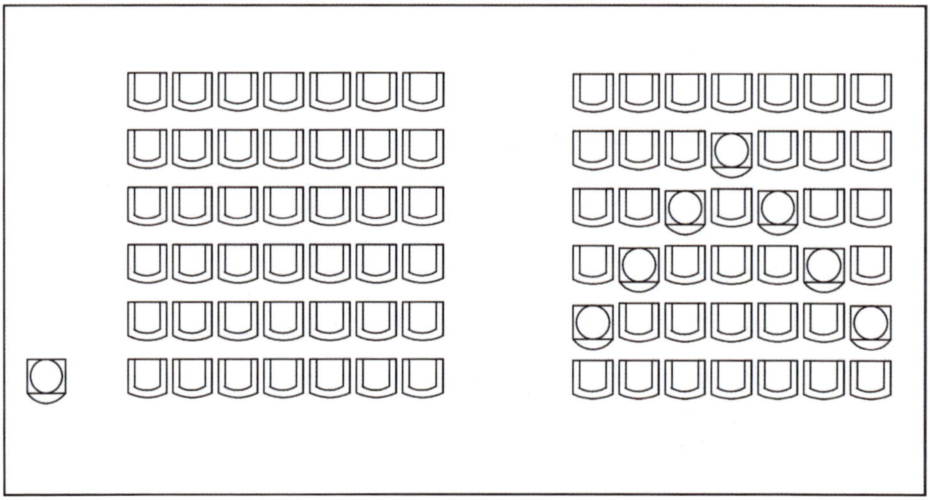

Abbildung 8.12: Einzelne Objekte der Anordnung ersetzen

8.6.3 Befehl »Ursprung«

Haben Sie eine assoziative Anordnung erzeugt und wollen jetzt doch die Einzelteile haben, können Sie diese mit dem Befehl *Ursprung* in ihre Einzelteile zerlegen. Damit können Sie verschiedenste zusammenhängende Objekte in ihre Bestandteile zerlegen. Sie werden diesem Befehl noch öfter begegnen. Hier finden Sie ihn:

- Multifunktionsleiste: Symbol im Register *Start*, Gruppe *Ändern*
- Klicken Sie die Objekte an und bestätigen Sie mit [↵]. Die Objekte werden ohne weitere Anfrage zerlegt. Die Form bleibt dabei unverändert.

Machen Sie das nur, wenn Sie auch sicher sind, dass Sie nichts mehr ändern müssen. Die Aktion kann später nicht mehr rückgängig gemacht werden.

9. Schraffuren und gefüllte Flächen

In technischen Zeichnungen müssen häufig Flächen schraffiert werden. AutoCAD stellt Ihnen zu diesem Zweck eine Schraffurmuster-Bibliothek mit den unterschiedlichsten Mustern zur Verfügung.

9.1 Schraffieren mit Mustern

Schraffieren können Sie mit dem Befehl *Schraff*. Der Befehl ermittelt die Kontur der Schraffurfläche und erzeugt eine assoziative Schraffur. Zudem können Sie ganz ohne Kontur auch eine beliebige Fläche schraffieren.

9.1.1 Befehl »Schraff«

Sie finden den Befehl:

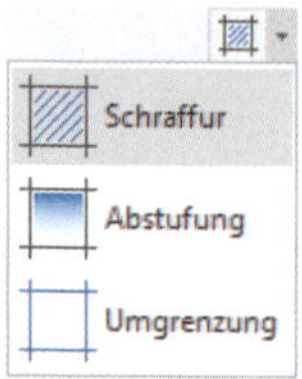

- Multifunktionsleiste: Symbol in einem *Flyout* im Register *Start*, Gruppe *Zeichnen*

Jetzt könnten Sie sofort loslegen und die Kontur wählen. In der Befehlszeile stehen aber eine Reihe weiterer Optionen zur Verfügung.

```
Befehl eingeben Schraff
Internen Punkt wählen oder [objekte Wählen/zeiChnen/Zurück/einsTellungen]:
```

Abhängig davon, welche Option des Befehls zuletzt gewählt wurde, kann die Optionsliste anders aussehen. Die Funktionen sind aber identisch.

Folgende Optionen sind möglich:

- **Internen Punkt wählen:** Punkt in einer geschlossenen Umgrenzung anklicken. Die Kontur wird ermittelt und eine Voransicht der Schraffur angezeigt (siehe Abbildung 9.1, A).
- **objekte Wählen:** Umgrenzung der gewünschten Schraffurfläche wählen. Die Umgrenzung muss nicht geschlossen sein. Das kann aber zu Fehlern im Muster führen (siehe Abbildung 9.1, B).
- **zeiChnen:** Damit können Punkte eines imaginären Vielecks eingegeben werden. Der Inhalt des Vielecks wird schraffiert, ohne dass das Vieleck erstellt wird. Die Fläche kann danach an den Griffen geändert werden. Weitere Unteroptionen stehen zur Verfügung, mit denen rechteckige oder kreisförmige Schraffurflächen erstellt werden können (siehe Abbildung 9.1, C und D).

- **Zurück:** Wie üblich Rücknahme der letzten Aktion.
- **einsTellungen:** Einstellung der Parameter für die Schraffur in einem Dialogfeld. Diese werden besser im temporären Register der Multifunktionsleiste angelegt (siehe unten und Abbildung 9.2). Vor allem sind die Einstellungen interaktiv und können sofort in der Zeichnung kontrolliert werden.

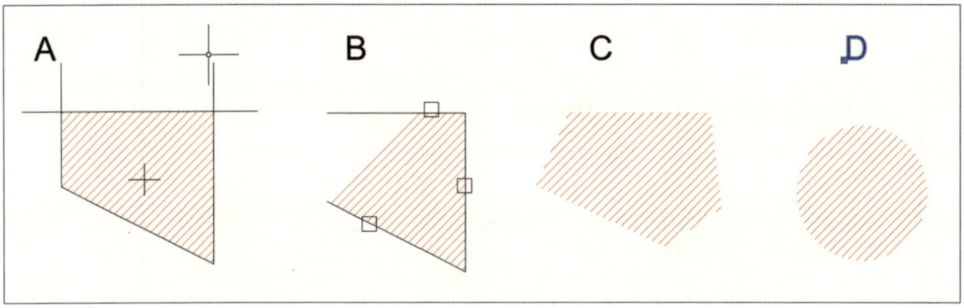

Abbildung 9.1: Verschiedene Möglichkeiten der Schraffurauswahl

Nach der Wahl des Befehls erscheint das temporäre Register in der Multifunktionsleiste: *Schraffureinstellungen* (siehe Abbildung 9.2).

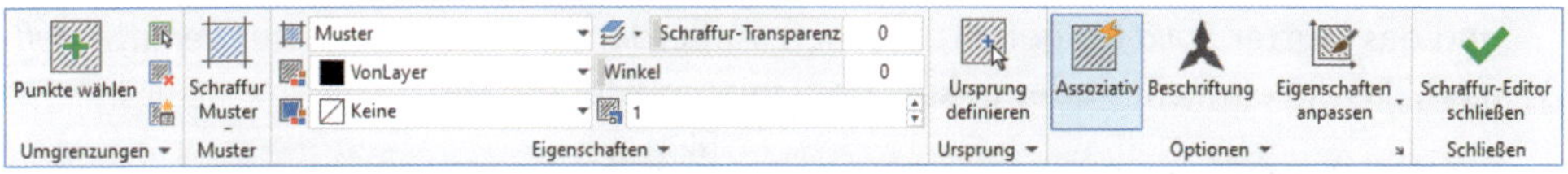

Abbildung 9.2: Temporäres Register in der Multifunktionsleiste zur Schraffureinstellung

Folgende Einstellungen können in den einzelnen Gruppen vorgenommen werden:

- **Gruppe Umgrenzungen:** Mit dem Symbol *Punkte wählen* aktivieren Sie die automatische Konturermittlung. Die Schraffur wird in der Voransicht angezeigt, wenn Sie mit dem Fadenkreuz in die Fläche fahren. Mit einem Klick wird die Fläche übernommen. Inseln werden erkannt und von der Schraffur ausgeschlossen, außer Sie klicken in die Insel. Es lassen sich mehrere Flächen wählen (siehe Abbildung 9.3, a). Die zu schraffierende Fläche sollte von einer geschlossenen Kontur umrahmt sein.

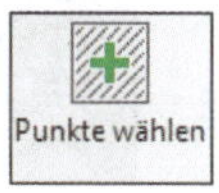

- **Gruppe Umgrenzungen:** Mit den Symbolen können Sie geschlossene Konturen anklicken. Inseln müssen dabei mitgewählt werden, wenn sie von der Schraffur ausgeschlossen werden sollen (siehe Abbildung 9.3, b). Zu viel gewählte Konturen lassen sich mit dem mittleren Symbol abwählen. Mit dem unteren Symbol kann noch einmal neu gewählt werden.

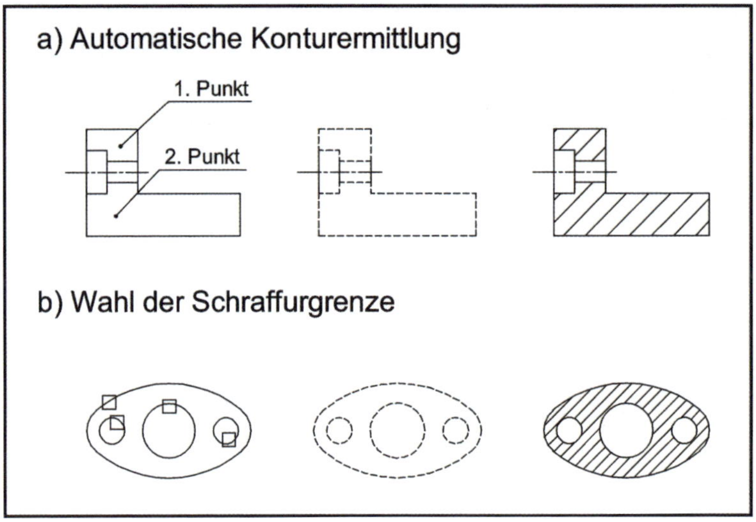

Abbildung 9.3: Ermittlung der Umgrenzung

- **Gruppe Muster:** Wählen Sie in dem Pull-down-Menü das gewünschte Muster (siehe Abbildung 9.4). Dort finden Sie neben den Schraffurmustern auch Farbabstufungen und das Muster *Solid* für gefüllte Flächen. Außerdem gibt es das Muster *Benutzerdefiniert*, das ein einfaches oder gekreuztes Linienmuster erstellt.

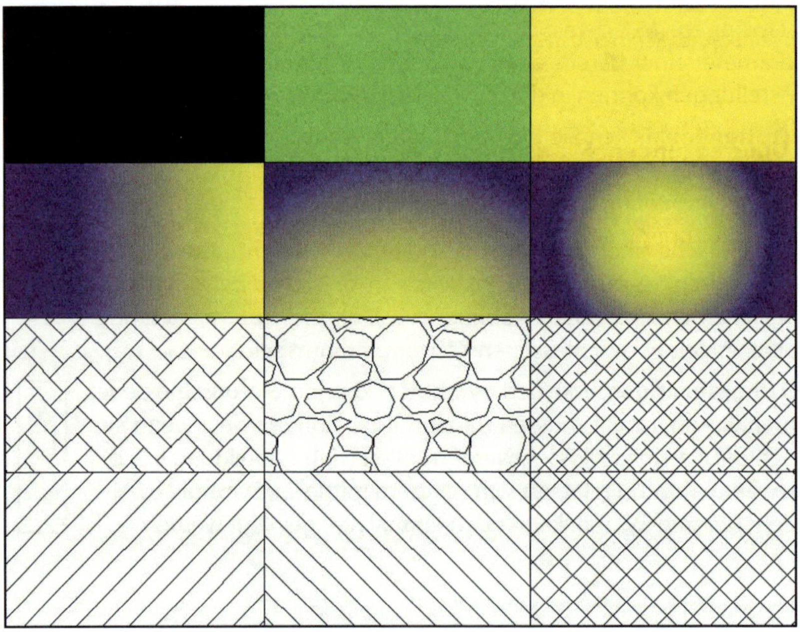

Abbildung 9.4: Beispiele für Schraffurmuster

- **Gruppe Eigenschaften:** In verschiedenen Pull-down-Menüs und mit Schiebereglern kann gewählt werden, wie die Schraffur erstellt werden soll: Art der Schraffur, die Schraffurfarbe (besser auf *VonLayer* belassen), eventuell ein farbiger Schraffurhintergrund und eine Schraffurtransparenz, der Winkel und der Maßstab des Schraffurmusters. Im erweiterten Bereich können Sie zusätzlich einen Layer wählen, wenn die Schraffur nicht auf den aktuellen Layer kommen soll. Wenn Sie im ersten Menü die Einstellung *Benutzerdefiniert* (einfaches Linienmuster) gewählt haben, dann wählen Sie den Winkel des Linienmusters und den Abstand der Schraffurlinien zueinander. Mit einem weiteren Symbol lassen sich gekreuzte Linien erzeugen.
- **Gruppe Ursprung:** Sie können hier wählen, an welchem Punkt in der Zeichnung die Schraffur ihren Ursprung haben soll. Bei technischen Zeichnungen mit Linienmustern ist dies ohne Bedeutung. Bei Bildmustern kann es wichtig sein, dass das Muster an einer bestimmten Stelle beginnt. Mit diesem Symbol können Sie den Ursprung in der Zeichnung bestimmen.

- **Gruppe Optionen:** Schraffuren werden als eigene Objekte generiert, deren einzelne Linien nicht editiert werden können. Sie können aber effektiv mit den Änderungsfunktionen bearbeitet werden. Soll die Schraffur den nachträglichen Änderungen der Kontur folgen, muss der Schalter *Assoziativ* aktiviert sein. Ist der Schalter deaktiviert, wird die Schraffur als Objekt unabhängig von der Kontur erzeugt, das aber trotzdem zusammenhängend ist. Sie können die Schraffur dann an den Griffen ähnlich einer Polylinie ändern (siehe Kapitel 4.5).

- **Gruppe Optionen:** Mit dem Schalter *Eigenschaften anpassen* können Sie die Parameter einer bereits erstellten Schraffur für die aktuelle übernehmen.

- **Gruppe Optionen:** Klicken Sie bei der Auswahl der Schraffurfläche in eine nicht geschlossene Kontur, erscheint eine Meldung mit einem Hinweis. Offene Stellen sind markiert (siehe Abbildung 9.5), und Sie sehen, wo nachgearbeitet werden sollte oder ob die Lücken ignoriert werden können.

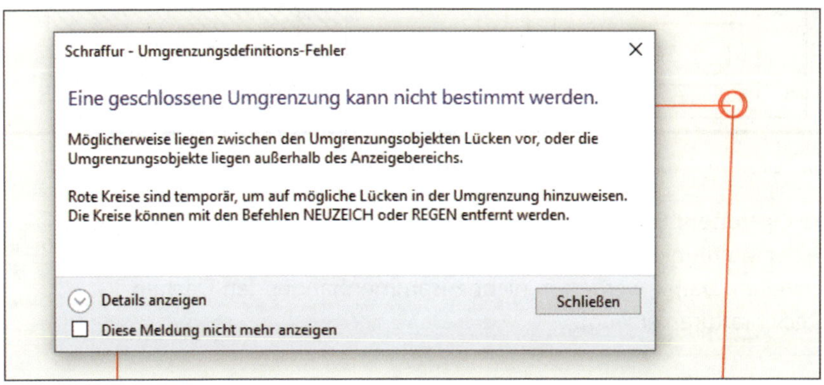

Abbildung 9.5: Meldung und Markierung bei nicht geschlossener Umgrenzung

Wenn Sie einen Wert im Feld *Abstandstoleranz* (im erweiterten Bereich der Gruppe) eintragen oder mit dem Schieberegler einstellen, werden Lücken, die kleiner als dieser Wert sind, ignoriert. Ist er groß genug, können Sie den Fehler ignorieren und das Schraffieren fortsetzen. Die Lücke wird überbrückt, aber die Kontur nicht geschlossen. Es wird dann eine nicht assoziative Schraffur erstellt.

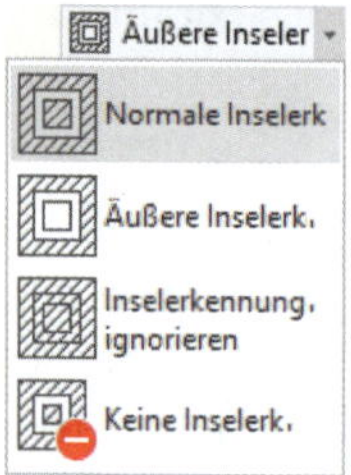

- **Gruppe Optionen:** In einem Pull-down-Menü im erweiterten Bereich der Multifunktionsleiste können Sie den *Inselerkennungsstil* wählen. Der bestimmt, wie Inseln innerhalb der Schraffurfläche behandelt werden (siehe Abbildung 9.6). Die Einstellung *Normale Inselerkennung* spart Inseln aus, in einer Insel liegende Inseln werden schraffiert. Liegen darin wieder Inseln, werden sie ausgeschlossen usw. Die Einstellung *Äußere Inselerkennung* schraffiert nur die Fläche bis zur ersten Insel, und die Einstellung *Inselerkennung ignorieren* schraffiert über alle Inseln hinweg. Text wird außer beim Stil *Inselerkennung ignorieren* immer freigestellt.

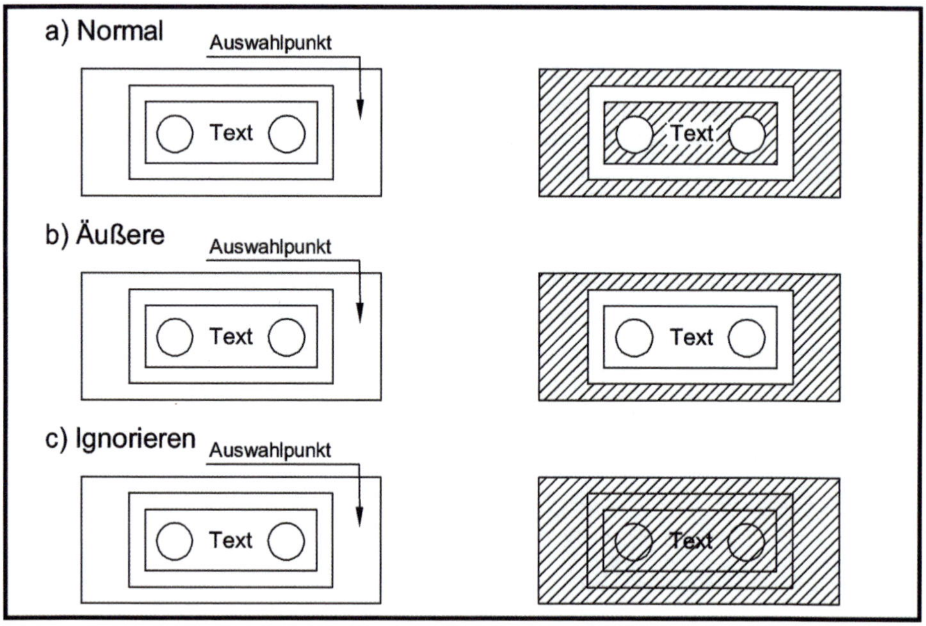

Abbildung 9.6: Auswirkung des Inselerkennungsstils

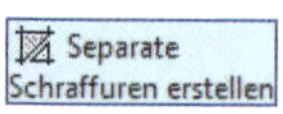

- **Gruppe Optionen:** Einen weiteren Schalter finden Sie im erweiterten Bereich der Multifunktionsleiste, und zwar den Schalter *Separate Schraffuren* erstellen. Damit werden in nicht zusammenhängenden Flächen separate Schraffuren erzeugt.

- **Gruppe Optionen:** Ebenfalls im erweiterten Bereich der Multifunktionsleiste finden Sie ein Pull-down-Menü für die Anzeigereihenfolge der Objekte. Sie können dann Farbflächen oder Farbverläufe vor oder hinter die Umgrenzung stellen bzw. ganz nach hinten oder ganz nach vorne.

9.1.2 Übung: Schraffieren

- Laden Sie die Zeichnung ***A09-01.dwg*** aus dem Ordner *Aufgaben*.
- Schraffieren Sie mit der automatischen Konturermittlung wie in Abbildung 9.2, a, und mit der Wahl der Umgrenzung wie in Abbildung 9.2, b.
- Eine Musterlösung finden Sie in der Datei ***L09-01.dwg***.
- Laden Sie jetzt noch die Zeichnung ***A09-02.dwg***.
- Schraffieren Sie mit unterschiedlichen Inselerkennungsstilen wie in Abbildung 9.5. Klicken Sie bei der Konturermittlung immer in die äußere Fläche.
- Eine Musterlösung finden Sie in der Datei ***L09-02.dwg***.

9.1.3 Schraffuren ändern

- Klicken Sie die Schraffur ohne Befehl an, und Sie können sie im gleichen temporären Register der Multifunktionsleiste ändern, mit dem die Schraffur erstellt wurde.
- Klicken Sie die Schraffur ohne Befehl doppelt an, und Sie können im *Schnelleigenschaften*-Fenster die wichtigsten Parameter ändern.
- Klicken Sie die Schraffur ohne Befehl an und drücken Sie die Tastenkombination Strg+1. Damit aktivieren Sie den Objekteigenschaften-Manager (siehe Kapitel 6.5). Darin lassen sich die meisten Parameter der Schraffur ändern.

9.2 Gefüllte Flächen und Farbverläufe

Der Schraffur-Befehl kann auch zum Füllen von Flächen verwendet werden. Ein spezielles Schraffurmuster erzeugt gefüllte Flächen.

Außerdem lassen sich mit der Schraffurfunktion auch Farbverläufe erzeugen.

9.2.1 Gefüllte Flächen

Um gefüllte Flächen zu erzeugen, verwenden Sie beim Befehl *Schraff* das Muster *Solid*, oder wählen Sie in der Gruppe *Eigenschaften* der Multifunktionsleiste im Pull-down-Menü *Schraffurtyp* den Typ *Kompakt*. Skalierfaktor und Winkel brauchen nicht eingestellt zu werden, die Felder sind daher nicht aktiv.

9.2.2 Farbverlauf

Farbverläufe sind eine Möglichkeit zur grafischen Überarbeitung technischer Zeichnungen (siehe Abbildung 9.8). Die können Sie ebenfalls mit dem Schraffur-Befehl erstellen. In der Gruppe *Eigenschaften* der Multifunktionsleiste wählen Sie im Pull-down-Menü *Schraffurtyp* den Typ *Abstufung*.

9.2.3 Befehl »Abstuf«

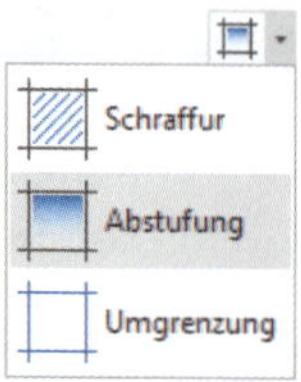

Es gibt aber auch einen speziellen Befehl für Farbverläufe, und zwar den Befehl *Abstuf*. Er entspricht dem Befehl *Schraff*, nur dass die Muster dann schon vorgewählt sind.

- Multifunktionsleiste: Symbol in einem Flyout im Register *Start*, Gruppe *Zeichnen*

Die Wahl der Fläche bzw. Umgrenzung ist identisch mit der beim Befehl *Schraff*. Das temporäre Register der Multifunktionsleiste sieht jetzt etwas anders aus (siehe Abbildung 9.7).

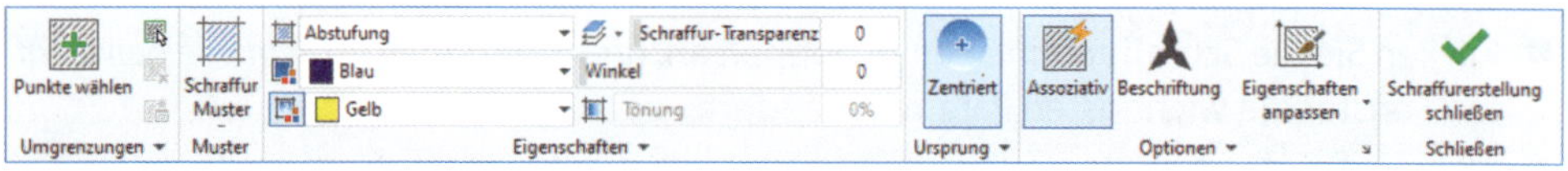

Abbildung 9.7: Temporäres Register in der Multifunktionsleiste zur Einstellung von Farbverläufen

- In der Multifunktionsleiste wählen Sie den Farbverlauf in der Gruppe *Muster*.
- Mit den Farbwählern in der Gruppe *Eigenschaften* können Sie die beiden Grundfarben für den Verlauf wählen. Sie können die zweite Farbe auch deaktivieren, dann geht der Verlauf von der ersten Farbe zu einem helleren Ton dieser Farbe. Mit dem Schieberegler *Tönung* können Sie den Grad der Färbung einstellen. Mit dem Schieberegler darüber kann der Winkel des Farbverlaufs festgelegt werden und mit einem weiteren die Transparenz des Verlaufs.
- Ist der Schalter *Zentriert* (Gruppe *Ursprung*) aktiviert, bekommen Sie einen symmetrischen Verlauf. Wenn Sie diese Option ausgeschaltet haben, wird der Verlauf nach oben links verschoben, sodass der Eindruck entsteht, es würde sich links neben dem Objekt eine Lichtquelle befinden.

9.2.4 Befehl »Füllen«

Gefüllte Flächen können entsprechend dem Füllmodus ausgefüllt oder nicht ausgefüllt dargestellt werden. Mit dem Befehl *Füllen* können Sie den Anzeigemodus umstellen.

Tippen Sie den Befehl auf der Tastatur ein.

```
Befehl eingeben Füllen
Modus eingeben [EIN/AUS] <Ein>:
```

Abbildung 9.8: Beispiel für Farbverläufe in Illustrationen

Hinweis: Weitere nützliche Funktionen zur Zeichnungsreihenfolge und zu Abdeckungen finden Sie in Ihrem Ordner mit den Aufgaben in der Datei *Expert.pdf* in Kapitel 2.

10. Texte und Tabellen

Schon in der ersten Übung haben Sie einen Textbefehl kennengelernt. Jetzt wollen wir uns alle Möglichkeiten der Beschriftung von Zeichnungen ansehen.

10.1 Einzelne Textzeile

Mit dem Befehl *Dtext* kann Text einzeilig und entgegen der Bezeichnung auch mehrzeilig erfasst werden. Aber jede Zeile ist ein einzelnes Objekt.

10.1.1 Befehl »Text«

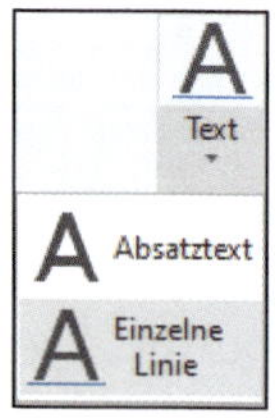

Mit dem Befehl *Text* (auch *Dtext*) kann der Text interaktiv an beliebigen Stellen der Zeichnung eingegeben werden. Sie finden den Befehl:

- Multifunktionsleiste: Symbol in einem Flyout im Register *Start*, Gruppe *Beschriftung* und in einem Flyout im Register *Beschriften*, Gruppe *Text*

  ```
  Befehl eingeben Text
  Aktueller Textstil:  "Standard"  Texthöhe:  2.50 Beschriftung: Nein
  Startpunkt des Texts angeben oder [Position/Stil]:
  ```

- **Startpunkt:** Bei der ersten Anfrage des Befehls können Sie zwischen verschiedenen Optionen wählen. Geben Sie einen Punkt ein, wird dieser als linker Startpunkt für den Text verwendet. Drücken Sie dagegen die Taste ↵, wird die neue Textzeile unter die zuletzt eingegebene Textzeile gesetzt.
- **Position:** Wollen Sie den Text nicht linksbündig ausrichten, verwenden Sie die Option *Position* (siehe Abbildung 10.1).

  ```
  [Ausrichten/Einpassen/Zentr/Mitte/Rechts/OL/OZ/OR/ML/MZ/MR/UL/UZ/UR]:
  ```

- **Ausrichtungsoptionen:** Soll der Text rechtsbündig oder zentriert platziert werden, wählen Sie die Optionen *Rechts* bzw. *Zentrieren*. Mit der Option *Mitte* wird die Textzeile um den geometrischen Mittelpunkt des Textes gesetzt. Mit *Ausrichten* werden Start- und Endpunkt abgefragt. Der Text wird dann in der Höhe so variiert, dass er zwischen die Punkte passt. Bei der Option *Einpassen* wird der Text dagegen mit fester Höhe und flexibler Buchstabenbreite zwischen die Punkte gesetzt. Die weiteren Optionen geben an, welcher Punkt für die erste Textzeile eingegeben werden soll, der erste Buchstabe steht für die vertikale Position und der zweite für die horizontale (siehe Abbildung 10.1).
- **Stil:** Damit legen Sie den Textstil für den Text fest. Mehr zu den Textstilen erfahren Sie im Abschnitt 10.2.

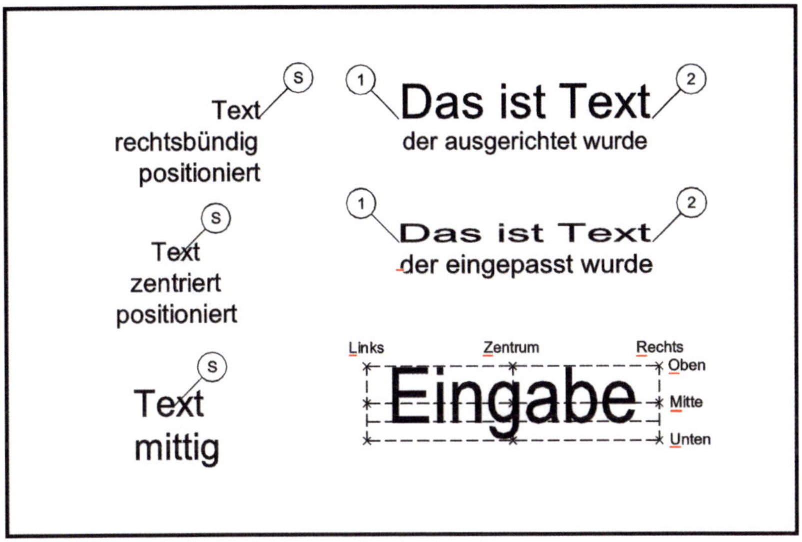

Abbildung 10.1: Text an verschiedenen Positionen

- **Texthöhe und Drehwinkel:** Haben Sie den Startpunkt oder die Punkte für die Ausrichtung eingegeben, benötigen Sie die Texthöhe und den Drehwinkel. Der Drehwinkel ist der Winkel der Textgrundlinie.

```
Höhe angeben <2.50>:
Drehwinkel des Texts angeben <0>:
```

Die Texteingabe erfolgt dynamisch. Es wird ein Rahmen um den eingegebenen Text gezogen, und Sie sehen die Ausrichtung und Größe bei der Eingabe (siehe Abbildung 10.2). Mit ⏎ wird eine neue Textzeile begonnen. Drücken Sie die Taste ⏎ in einer neuen Zeile, wird der Befehl beendet.

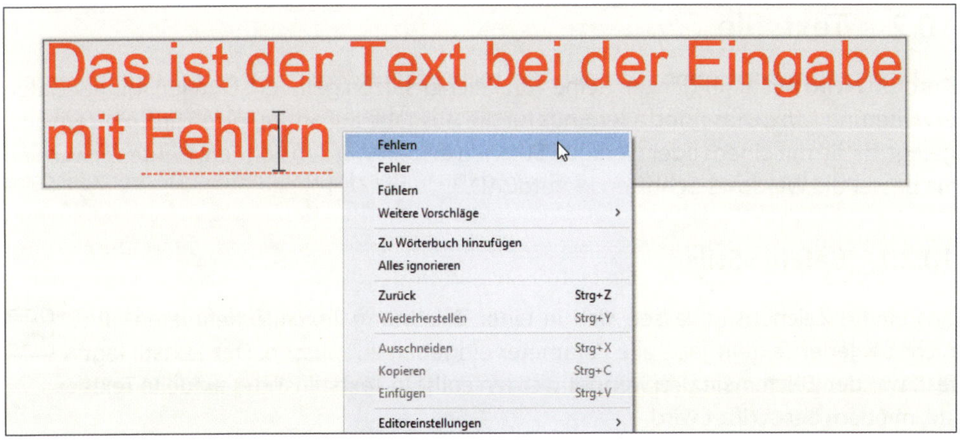

Abbildung 10.2: Texteingabe mit Rechtschreibprüfung

Sie können auch während der Texteingabe den Cursor an eine beliebige andere Stelle setzen und dort weiterschreiben. Jede Textzeile ist ein unabhängiges Objekt.

AutoCAD verfügt über eine dynamische Rechtschreibprüfung. Wird bei der Texteingabe ein Rechtschreibfehler festgestellt, wird die betreffende Stelle rot unterstrichelt. Im Kontextmenü finden Sie die Verbesserungsvorschläge (siehe Abbildung 10.2). Dort können Sie auch mit dem Eintrag *Editoreinstellungen* ein Untermenü aktivieren, in dem Sie die Rechtschreibprüfung ein- und ausschalten können. Eine weitere Funktion im Untermenü ist *Immer im WYSIWYG-Modus* anzeigen. Ist diese Funktion aktiviert, wird der Text während der Eingabe immer in Originalgröße angezeigt. Schalten Sie die Funktion aus, wird der Text beim Tippen so vergrößert bzw. verkleinert, dass er gut lesbar ist.

10.1.2 Eingabe von Sonderzeichen

Da Sie nicht alle Zeichen auf der Tastatur finden, können Sie bestimmte Sonderzeichen nur über einen speziellen Code eingeben. Beginnen Sie diesen Code mit der Zeichenfolge %%.

Es gilt:

%%c	∅ (Durchmesserzeichen)
%%p	± (Zeichen für Toleranzangabe)
%%nnn	ASCII-Code für das gewünschte Sonderzeichen
%%u	Unterstreichen ein/aus
%%o	%%ohfdjlkfhdjklhdjÜberstreichen ein/aus

Die letzten beiden Funktionen sind Schalter: Geben Sie den Code bei der Texteingabe ein, wird die Funktion eingeschaltet und beim nächsten Mal wieder ausgeschaltet.

10.2 Textstile

AutoCAD wird mit einer ganzen Reihe von Zeichensätzen geliefert, Dateien mit der Dateierweiterung **.shx*. Diese sind allerdings für die Ausgabe auf antiquierten Stiftplottern ausgelegt, da sie mit einem oder wenigen Strichen erstellt werden können. Heute verwenden Sie besser die Windows-Schriften in AutoCAD.

10.2.1 Befehl »Stil«

Aus einem Zeichensatz lassen sich in einer Zeichnung Textstile definieren, um nicht bei jeder Texteingabe alle Parameter eingeben zu müssen. Der Textstil legt fest, wie der Zeichensatz verwendet werden soll. Ein Textstil ist der aktuelle Textstil, mit dem beschriftet wird.

Mit dem Befehl *Stil* definieren Sie neue Textstile oder ändern vorhandene.

- Multifunktionsleiste: Symbol im Register *Start*, Gruppe *Beschriftung* (erweiterter Bereich) und im Register *Beschriften*, Gruppe *Text* (Pfeil rechts unten)

In einem Dialogfeld (siehe Abbildung 10.3) können Sie die Stile verwalten.

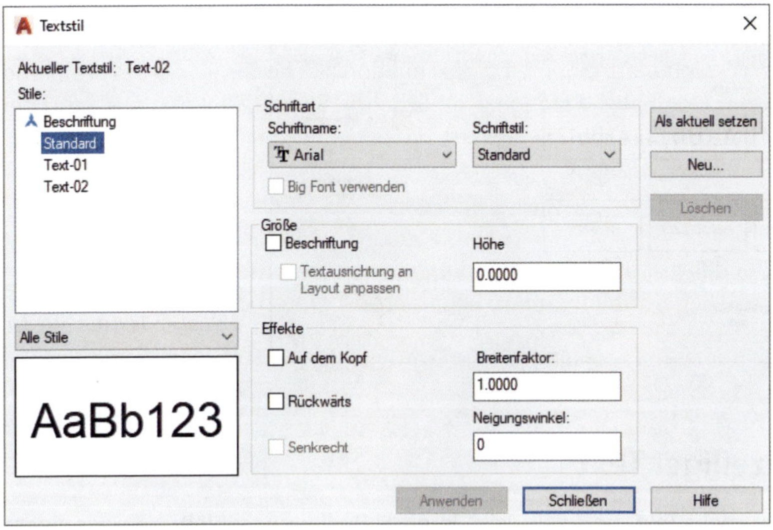

Abbildung 10.3: Textstil erstellen und ändern

- **Neuen Textstil erstellen:** Klicken Sie auf *Neu* und tragen Sie in einem Eingabefeld den neuen Stilnamen ein. Wählen Sie dann aus dem Pull-down-Menü *Schriftname* einen Zeichensatz. Im Pull-down-Menü *Schriftstil* wählen Sie den Stil (Standard, kursiv, fett oder fett kursiv).
- **Höhe:** Wenn Sie im Feld *Höhe* eine Höhe für den Textstil eintragen, ist diese fest. Setzen Sie den Wert auf 0, kann bei jedem Textbefehl eine Höhe eingegeben werden.
- **Effekte:** Im unteren Teil des Dialogfelds können Sie Effekte für die Schrift einstellen: Schrift auf dem Kopf, rückwärts (Spiegelschrift) oder senkrecht (Buchstaben untereinander). Mit einem Breitenfaktor unter 1 wird die Schrift gedrückt – darüber gedehnt. Mit dem Neigungswinkel können Sie aus einer geraden eine kursive Schrift machen. Der Winkel gibt die Neigung zur Senkrechten nach rechts an. Im Feld *Voransicht* sehen Sie eine Schriftprobe. Haben Sie alle Einstellungen für den neuen Stil vorgenommen, klicken Sie auf die Schaltfläche *Anwenden* und der neue Stil wird erzeugt.
- **Bestehenden Textstil ändern:** Wählen Sie diesen in der Liste *Stile*, ändern Sie die entsprechenden Einstellungen und klicken ebenfalls auf die Schaltfläche *Anwenden*. Alle Texte, die mit diesem Stil erstellt wurden, ändern sich.

10.2.2 Textstil wechseln

Wie schon beschrieben, können Sie den aktuellen Textstil mit der Option *Stil* der Befehle *Text* und *Mtext* (siehe unten) wechseln. Es geht aber auch einfacher:

- Multifunktionsleiste, Bildmenü im Register *Beschriften*, Gruppe *Text* (siehe Abbildung 10.4) und Bildmenü im Register *Start*, Gruppe *Beschriftung* (erweiterter Bereich)

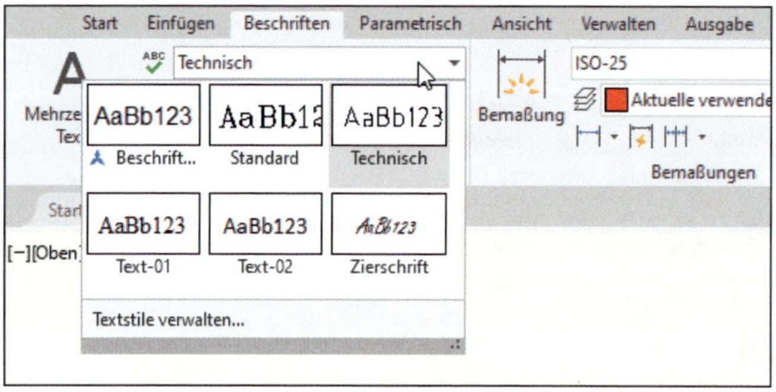

Abbildung 10.4: Wahl des aktuellen Textstils aus der Multifunktionsleiste

10.3 Mehrzeiliger Text

Benötigen Sie aber mehr Text, beispielsweise in einer Bedienungsanleitung oder einem Datenblatt, sind Sie mit dem mehrzeiligen Text flexibler.

10.3.1 Befehl Mtext

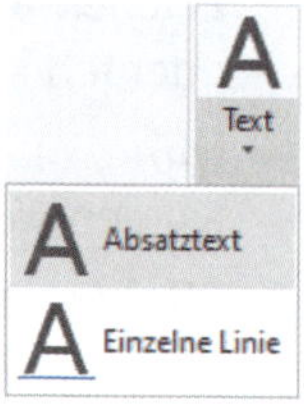

Längere mehrzeilige Texte lassen sich mit dem Befehl *Mtext* eingeben, in einem Texteditor bearbeiten und formatieren.

- Multifunktionsleiste: Symbol *Mehrzeiliger Text* in einem Flyout im Register *Start*, Gruppe *Beschriftung*, und Symbol *Mehrzeiliger Text* in einem Flyout und im Register *Beschriften*, Gruppe *Text*

```
Befehl eingeben Mtext
Aktueller Textstil:  "STANDARD"  Texthöhe:  5
Erste Ecke:
Gegenüberliegende Ecke oder [Höhe/Ausrichten/Zeilenabstand/Drehen/STil/
Breite/SPalten]:
```

Zunächst werden der verwendete Textstil und die Texthöhe angezeigt. Wenn Sie bei der ersten Anfrage einen Punkt in der Zeichnung anklicken, können Sie ein Rechteck für den Text aufziehen. Danach erscheint der Texteditor. Anstelle der anderen Ecke können Sie auch Optionen wählen. Die Einstellungen lassen sich aber auch im Texteditor ändern, deshalb soll hier nicht darauf eingegangen werden.

10.3.2 Eingabe im Texteditor

Im Texteditor (siehe Abbildung 10.5) können Sie Text erfassen und formatieren. Es wird zudem ein temporäres Register in der Multifunktionsleiste eingeblendet, das so lange aktiv ist, wie Sie den Text bearbeiten.

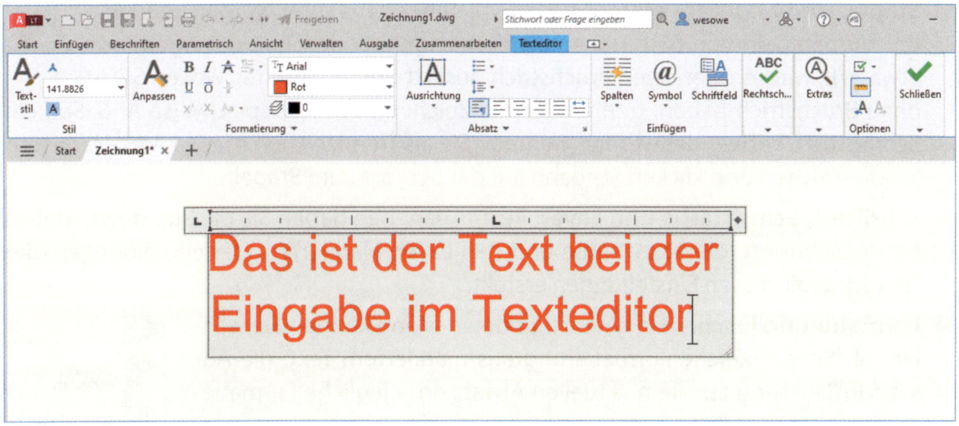

Abbildung 10.5: Texteingabe im Editor

Geben Sie den Text ein. Der Zeilenumbruch wird automatisch vorgenommen, entsprechend der eingegebenen Breite.

10.3.3 Formatieren im Texteditor

Von links nach rechts stehen Ihnen die folgenden Gruppen in der Multifunktionsleiste zur Verfügung:

Gruppe Stil

- **Bildmenü für den Textstil:** Wahl eines einheitlichen Textstils für den ganzen Textabsatz. Bereits vorgenommene Formatierungen gehen verloren.

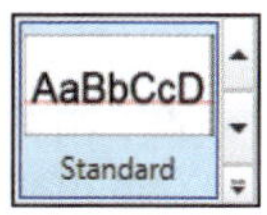

- **Texthöhe:** Der markierte Text wird mit der hier gewählten Höhe dargestellt.
- **Hintergrund:** Mit dieser Funktion können Sie dem Text einen Hintergrund unterlegen, der darunterliegende Objekte abdeckt. In einem Dialogfeld können Sie ihn formatieren.

Gruppe Formatierung

- **Anpassen:** Überträgt die Formatierung eines markierten Textes auf einen anderen wählbaren Textteil.

- **Schriftschnitt:** Symbole für die Formatierung des markierten Textes: fett (B), kursiv (I), unterstrichen (U), überstrichen (O) und durchgestrichen (A). Mit den Schaltern X^2 oder X_2 werden die markierten Zeichen hoch- oder tiefgestellt. Mit dem Flyout rechts unten kann markierter Text in Groß- bzw. Kleinbuchstaben umgewandelt werden.

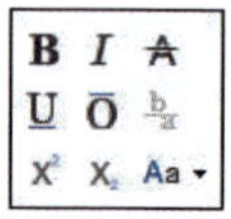

- **Stapel:** Ein Symbol aus dieser Gruppe soll näher betrachtet werden, das Symbol zum Stapeln von Text. Haben Sie den eingegebenen Text mit / getrennt, etwa A/B, wird A über einen Bruchstrich gesetzt und B darunter. Wollen Sie es ohne Bruchstrich haben, trennen Sie die Zeichen mit ^, beispielsweise A^B. Soll ein Schrägstrich verwendet werden, nehmen Sie als Trennzeichen #, etwa A#B. Markieren Sie die Zeichen und klicken Sie dann auf das Symbol zum Stapeln.

- **Schriftart, Schriftfarbe und Layer:** Rechts daneben haben Sie die Pull-down-Menüs für die Schriftart, die Schriftfarbe und den Layer. Markierter oder neu eingegebener Text wird mit diesen Einstellungen erstellt.
- **Formatierung löschen:** In einem Pull-down-Menü können Sie wählen, ob Sie die Zeichenformatierung aus markiertem Text, die Absatzformatierung aus dem aktuellen Absatz oder jegliche Formatierung entfernen möchten.

- **Textgeometrie:** Mit den drei Pull-down-Menüs im erweiterten Bereich können Sie im ersten den Neigungswinkel, im zweiten den Zeichenabstand und im dritten den Breitenfaktor der Schrift ändern.

Gruppe Absatz

- **Ausrichtung:** In diesem Pull-down-Menü können Sie den Ausrichtungspunkt für den gesamten Text wählen, z. B. oben links, Mitte zentriert, unten rechts usw.

- **Nummerierung:** Aus dem Pull-down-Menü lassen sich Aufzählungszeichen für die markierten Absätze wählen: Buchstaben, nummeriert oder mit Punkten als Aufzählungszeichen usw.

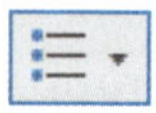

- **Zeilenabstand:** Das nächste Pull-down-Menü legt den Zeilenabstand für den markierten Text fest.

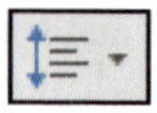

- **Absatzausrichtung:** Mit weiteren Symbolen können Sie wählen, wie der Text im markierten Absatz ausgerichtet werden soll: linksbündig, zentriert, rechtsbündig, als Blocksatz oder komplett über die Zeile verteilt.
- **Absatz verbinden:** Mit diesem Eintrag im erweiterten Bereich der Gruppe werden die markierten Absätze miteinander verbunden.
- **Absatzeinstellungen:** Mit dem Pfeil rechts unten in der Gruppe können Sie das Dialogfeld für die Einstellungen des gerade markierten Absatzes aktivieren (siehe Abbildung 10.6). Hier können die bisherigen und weitere Einstellungen vorgenommen werden: Tabulatoren, Einrückungen, Absatzabstände usw.

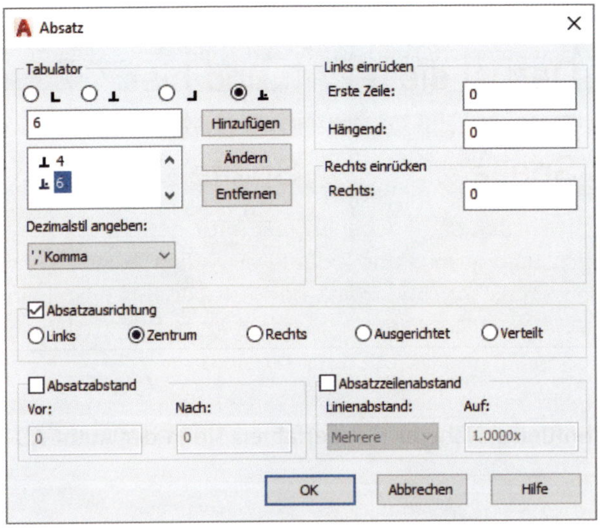

Abbildung 10.6: Dialogfeld für die Absatzformatierung

Gruppe Einfügen

- **Spalten:** Im ersten Pull-down-Menü können Sie wählen, ob der Text in Spalten gesetzt werden soll (dynamisch, statisch usw.). Mit dem Eintrag *Spalteneinstellungen* öffnen Sie ein Dialogfeld (siehe Abbildung 10.7), in dem Sie die Spalten maßlich bestimmen können. Sie werden im Texteditor eingerahmt dargestellt (siehe Abbildung 10.8). Wenn Sie den Text eingeben, kommen Sie mit der Tastenkombination Alt+↵ in die nächste Spalte. Die Spaltenhöhe lässt sich auch nachträglich in Breite und Höhe im Zeilenlineal und in der rechten unteren Ecke der einzelnen Spalten verändern (siehe Abbildung 10.8).

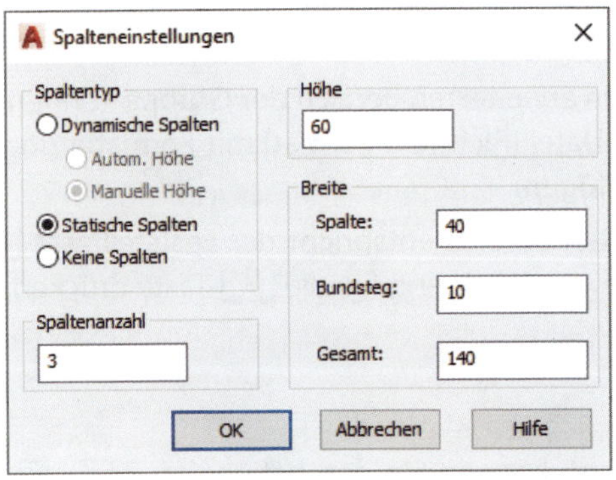

Abbildung 10.7: Einstellung der Textspalten

- **Symbol:** Damit aktivieren Sie ein Pull-down-Menü, das viele Sonderzeichen enthält. Durch Auswahl eines Eintrags wird das entsprechende Symbol an der Cursorposition eingefügt. Mit der Auswahl von *Sonstige* rufen Sie das Dialogfeld der Windows-Zeichentabelle auf. Daraus können Sie Zeichen über die Zwischenablage in den AutoCAD-Texteditor übertragen.

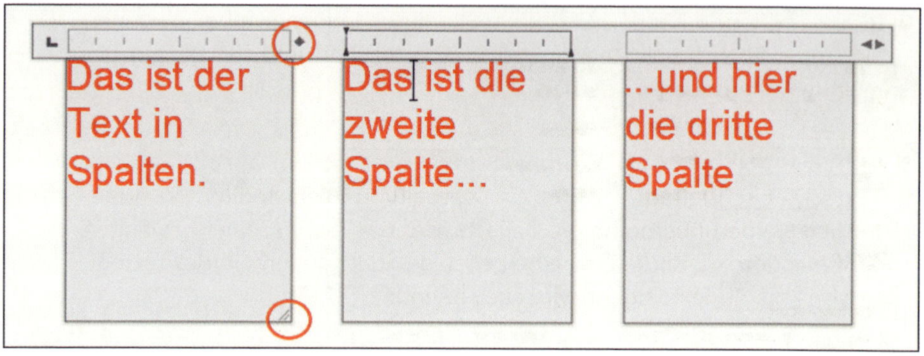

Abbildung 10.8: Text in Spalten

- **Schriftfeld:** Einfügen eines Schriftfelds. Näheres dazu erfahren Sie in der AutoCAD-Hilfe.

Gruppe Rechtschreibung

- **Rechtschreibprüfung:** Mit diesem Schalter können Sie die dynamische Rechtschreibprüfung ein- und ausschalten. Erkannte Fehler werden gestrichelt markiert. Mit einem Rechtsklick auf den Fehler lassen sich Korrekturen auswählen (siehe auch Abbildung 10.2, beim Befehl *Dtext*).

- **Wörterbücher bearbeiten:** Damit aktivieren Sie ein Dialogfeld, in dem Sie das aktuelle Wörterbuch wählen und auch bearbeiten können.

Gruppe Extras

- **Suchen & Ersetzen:** In einem Dialogfeld geben Sie den zu suchenden Text sowie den Ersatztext ein. So können Sie einzelne Textstellen durch neue ersetzen.
- **Text importieren:** Mit diesem Eintrag im erweiterten Bereich der Gruppe können Sie Text aus einer Textdatei oder einer RTF-Datei (Rich Text Format) mit Formatierung an der Cursorposition in den Texteditor einfügen.
- **Alle GROSS:** Die Funktion im erweiterten Bereich entspricht der Feststelltaste [⇩]. Texte werden in Großbuchstaben umgewandelt. Wenn Sie die [⇧]-Taste drücken, erhalten Sie Kleinbuchstaben.

Gruppe Optionen

- **Einstellungen:** In einem Pull-down-Menü können Sie den nationalen Zeichensatz für die Texteingabe wählen und in einem Untermenü weitere Editoreinstellungen wählen.

- **Zeilenlineal:** Mit diesem Symbol können Sie das Zeilenlineal im Texteditor ein- und ausschalten.

- **Rückgängig und Wiederherstellen:** Mit diesen beiden Symbolen können Sie Änderungen im Texteditor rückgängig machen und rückgängig gemachte Änderungen wiederherstellen.

Gruppe Schließen

- **Texteditor schließen:** Beendet die Bearbeitung im Texteditor, die Änderungen werden übernommen. Danach wird der Text in seiner gewählten Größe angezeigt. Klicken Sie eine beliebige Stelle außerhalb des Texteditors an und die Texteingabe wird auch beendet.

10.3.4 Übung: Text formatieren

- Beginnen Sie eine neue Zeichnung mit einer leeren Datei und wählen Sie den Befehl *Mtext*.
- Ziehen Sie ein Fenster für den Text in der Zeichnung auf. Importieren Sie aus Ihrem Ordner *Aufgaben* die Rich-Text-Format-Datei ***Text.rtf*** in Ihren Texteditor.
- Formatieren Sie den importierten Text. Testen Sie verschiedene Möglichkeiten. Setzen Sie den Text in Spalten. Suchen und ersetzen Sie einzelne Wörter und übernehmen Sie den Text in die Zeichnung.

10.4 Textänderungen

Haben Sie einen Text in der Zeichnung, können Sie ihn mit einem Doppelklick weiterbearbeiten oder ändern. Bei einem einzeiligen Text mit dem Fenster wie bei der Texteingabe und bei einem Absatztext mit dem Texteditor. Klicken Sie den Absatztext in der Zeichnung an, können Sie die Absatzbreite bzw. Spaltenbreite an den Griffen ändern. Dabei wird der Text automatisch neu umbrochen. Beim einzeiligen Text kann nur der Startpunkt mit den Griffen geändert werden. Daneben gibt es eine Reihe von Befehlen, die sich auf schon fertig platzierte Texte in der Zeichnung anwenden lassen.

10.4.1 Befehl »Rechtschreibung«

Sie haben schon gesehen, dass die Rechtschreibprüfung schon bei der Texteingabe aktiv ist. Nachträglich können Sie aber auch den ganzen Text oder wählbare Texte im Gesamten mit dem Befehl *Rechtschreibung* prüfen.

- Multifunktionsleiste: Symbol im Register *Beschriften*, Gruppe *Text*

Es öffnet sich ein Dialogfeld (siehe Abbildung 10.9), in dem Sie zunächst in einem Pulldown-Menü wählen, ob Sie die ganze Zeichnung prüfen, den aktiven Bereich (Modellbereich oder das aktive Layout) oder nur ausgewählte Objekte. Klicken Sie danach auf *Starten*, und Sie bekommen die Fehler und deren Korrekturmöglichkeiten in einem Dialogfeld angezeigt (siehe Abbildung 10.9).

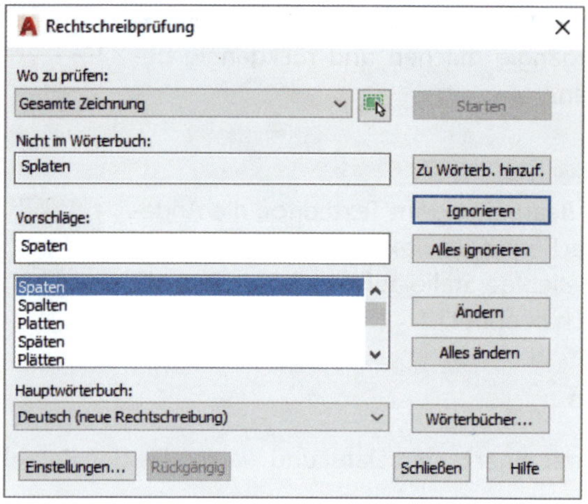

Abbildung 10.9: Dialogfeld der Rechtschreibprüfung in der gesamten Zeichnung

- Ein fehlerhaftes oder ein unbekanntes Wort erscheint im Dialogfeld. Darunter werden die Vorschläge für die Korrektur aufgelistet. Mit der Schaltfläche *Zu Wörterb. hinzuf.* wird es ins Benutzerwörterbuch aufgenommen.
- Klicken Sie auf *Ignorieren*, wird nicht korrigiert. Mit der Schaltfläche *Alles ignorieren* wird bei weiterem Vorkommen nicht mehr nachgefragt.
- Mit der Schaltfläche *Ändern* wird das Wort durch den markierten Vorschlag ersetzt, mit *Alles ändern* werden alle Vorkommen korrigiert.

10.4.2 Befehl »Suchen«

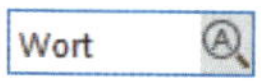

Ähnlich funktioniert auch die Suchfunktion. Sie können Texte in der gesamten Zeichnung suchen und ersetzen. Dafür haben Sie den Befehl *Suchen*.

- Multifunktionsleiste: Eingabefeld im Register *Beschriften*, Gruppe *Text*

Wenn Sie auf das Lupensymbol klicken, kommen Sie zum Dialogfeld für die Suche.

10.5 Tabellen

In AutoCAD können Sie Tabellen in der Zeichnung platzieren und ausfüllen. Mit den Tabellenstilen können Sie das Layout von Tabellen gestalten.

10.5.1 Befehl »Tabelle«

Tabellen können Sie mit dem Befehl *Tabelle* in der Zeichnung platzieren.

- Multifunktionsleiste: Symbol im Register *Beschriften*, Gruppe *Tabellen* und im Register *Start*, Gruppe *Beschriftung*

In einem Dialogfeld können Sie die Geometrie der Tabelle definieren (siehe Abbildung 10.10).

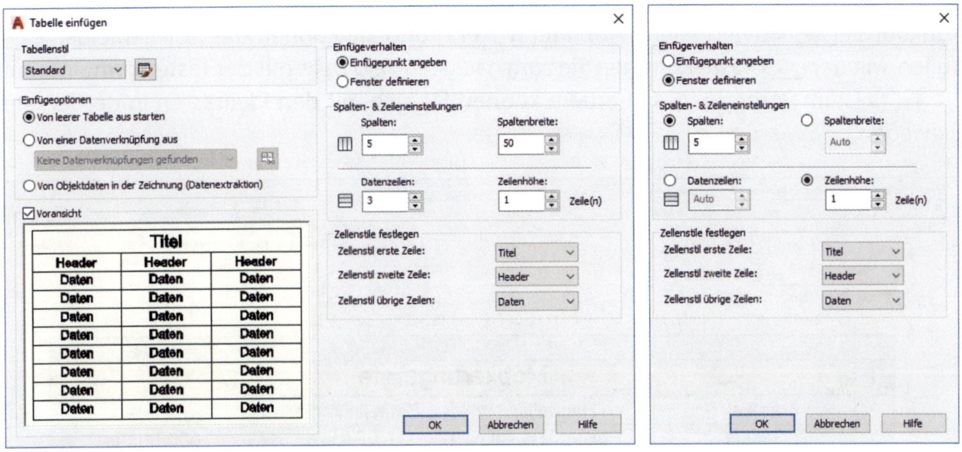

Abbildung 10.10: Dialogfeld für die Tabellengeometrie

- **Tabellenstil:** Auch bei Tabellen können Sie Stile in der Zeichnung definieren. Links oben im Dialogfeld wählen Sie im Pull-down-Menü *Tabellenstil* den Tabellenstil für die neue Tabelle. Klicken Sie auf das Symbol rechts daneben, kommen Sie zum Befehl *Tabellenstil* und können dort einen neuen Stil definieren (siehe unten). Links unten sehen Sie die Voransicht der Tabelle.
- **Einfügeoptionen:** Hier wählen Sie, ob Sie mit einer leeren Tabelle beginnen wollen, die Sie in der Zeichnung ausfüllen, oder ob Sie den Inhalt von einer externen Datenquelle einlesen wollen.
- **Einfügeverhalten:** Sie können für die Tabelle entweder einen Einfügepunkt vorgeben (siehe Abbildung 10.10, links) oder ein Fenster in der Zeichnung aufziehen (siehe Abbildung 10.10, rechter Teil des Dialogfelds geändert). In diesem Feld wählen Sie mit dem *Einfügeverhalten*, wie Sie die Tabelle einfügen wollen.
- **Spalten- & Zeileneinstellungen:** In diesem Feld geben Sie die Spaltenanzahl und die Spaltenbreite vor. Eine Tabelle besteht in der Regel aus einer durchgehenden Zeile mit der Überschrift, einer Zeile mit den Spaltenüberschriften und den Datenzeilen. Die Zahl der gewünschten Datenzeilen können Sie darunter eintragen. Die Zeilenhöhe wird von der Texthöhe und der Umgrenzung bestimmt. Diese Werte werden im Tabellenstil festgelegt.
- **Zeilen und Spalten:** Tragen Sie die Spaltenbreite und die Zeilenhöhe ein. Je nach Fenstergröße ändert sich dann die Zahl der Spalten und Zeilen. Sie können auch feste Zeilen- und Spaltenzahlen vorgeben. Dann ändern sich die Spaltenbreite und die Zeilenhöhe nach der Größe des aufgezogenen Fensters.
- **Zellenstile festlegen:** In jedem Tabellenstil sind drei Zellenstile definiert: *Titel*, *Header* und *Daten*. Damit wird das Format der ersten Zeile (Tabellenüberschrift: Stil *Titel*), das Format der zweiten Zeile (Spaltenüberschrift: Stil *Header*) und das Format der übrigen Zeilen (Datenfelder: Stil *Daten*) festgelegt.

Haben Sie alles eingestellt, klicken Sie auf die Schaltfläche *OK* und Sie können Ihre Tabelle in der Zeichnung platzieren. Danach wird das temporäre Register *Texteditor* in der Multifunktionsleiste aktiviert (siehe Abbildung 10.11) und Sie können die Tabellenfelder ausfüllen. Mit der ⭾-Taste kommen Sie zum nächsten Feld bzw. mit der Tastenkombination ⇧+⭾ zum vorherigen. Außerdem können Sie sich mit den Pfeiltasten in der Tabelle bewegen.

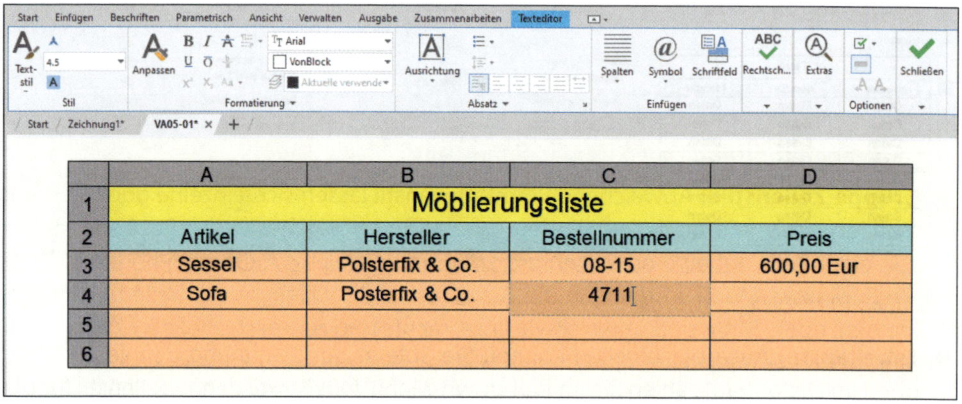

Abbildung 10.11: Ausfüllen bzw. Bearbeiten der Tabellenfelder im Texteditor

10.5.2 Tabellen bearbeiten

Klicken Sie ein Feld in der Tabelle an, können Sie die Tabelle oder das markierte Feld bearbeiten. Sie erhalten wieder ein temporäres Register in der Multifunktionsleiste: *Tabellenzelle* (siehe Abbildung 10.12). Klicken Sie dagegen ein Feld doppelt an, können Sie den Inhalt des Feldes wie bei der Eingabe ändern (siehe Abbildung 10.11) und Sie bekommen wieder das temporäre Register *Texteditor*.

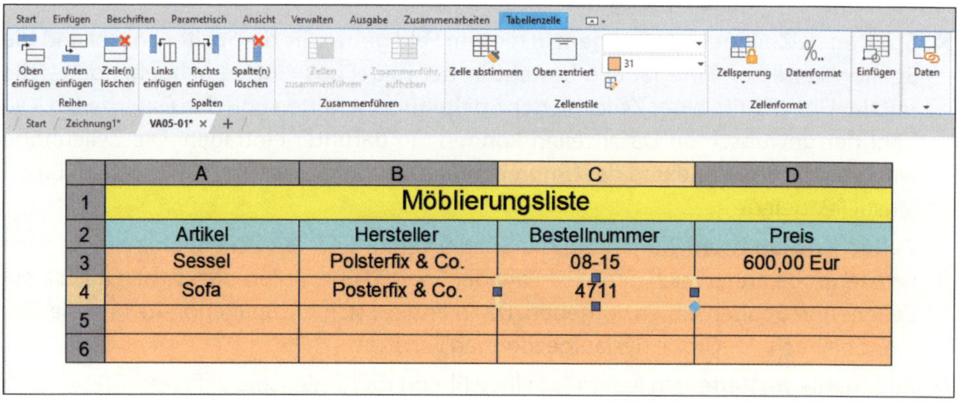

Abbildung 10.12: Bearbeitung der Tabellenzelle

10.5.3 Modus Tabellenzeile

In diesem Modus bekommen Sie das temporäre Register *Tabellenzeile*.

- **Gruppe Reihen:** In dieser Gruppe können Sie über oder unter dem markierten Feld eine neue Zeile einfügen. Mit dem rechten Feld löschen Sie die Zeile, in der sich das markierte Feld befindet.
- **Gruppe Spalten:** Einfügen von Spalten rechts oder links der markierten Zelle und Löschen der Spalte, in der sich das markierte Feld befindet.
- **Gruppe Zusammenführen:** Mit diesem Pull-down-Menü können markierte Zellen zu einer Zelle zusammengefasst werden. Mit dem Feld rechts daneben lässt sich die Zusammenführung von Zellen wieder aufheben.
- **Gruppe Zellenstile:** Abweichend vom Tabellenstil lassen sich einzelne oder mehrere markierte Zellen formatieren. Mit dem Symbol ganz links lassen sich Formatierungen von einer Zelle auf eine oder mehrere andere übertragen. Außerdem finden Sie hier ein Pull-down-Menü, in dem Sie die Ausrichtung der Daten in der Zelle bestimmen können: oben, Mitte und unten sowie links, rechts und zentriert.
- **Zellenstil:** In einem weiteren Menü in der Gruppe *Zellenstile* können Sie einen abweichenden Zellenstil für markierte Zellen wählen. Darunter befindet sich ein Menü, aus dem Sie die Hintergrundfarbe der markierten Zellen wählen können. Darunter finden Sie ein weiteres Symbol, mit dem Sie ein Dialogfeld (siehe Abbildung 10.13) aufrufen, in dem Sie die Ränder der markierten Zellen bestimmen können.

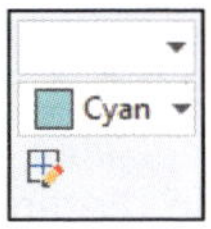

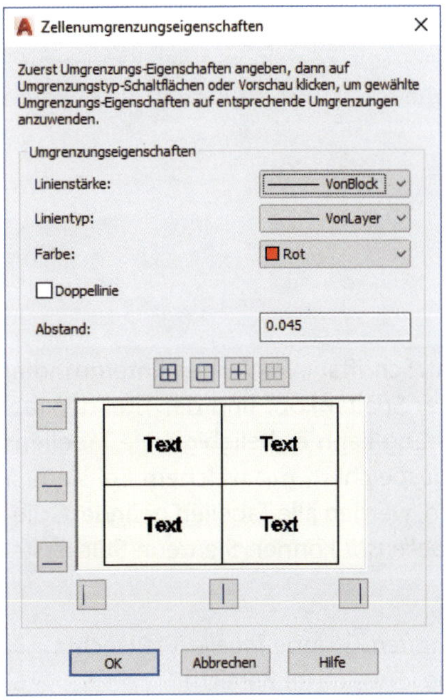

Abbildung 10.13: Festlegung der Zellenränder

- **Gruppe Zellenformat:** Im linken Pull-down-Menü lassen sich Zellen sperren und entsperren, und zwar getrennt nach Inhalt und Format. Im rechten Pull-down-Menü legen Sie das Datenformat für die Zelle fest: Text, Datum, Dezimalzahl usw.
- **Gruppe Einfügen:** In dieser Gruppe finden Sie links ein Symbol, mit dem Sie einen Block in das markierte Feld setzen können. Sie bekommen ein Dialogfeld, in dem die Einfügeparameter wählbar sind. Wählen Sie den Block im Pull-down-Menü *Name*, wenn er in der Zeichnung definiert ist, oder klicken Sie auf die Schaltfläche *Durchsuchen* und wählen Sie eine Zeichnungsdatei, die als Block eingefügt werden soll.
- **Schriftfeld:** Mit dem nächsten Symbol fügen Sie ein Schriftfeld in das Tabellenfeld ein.
- **Formel:** Mit dem nächsten Pull-down-Menü können Sie eine Formel in eine Zelle einfügen. Der Wert wird dann automatisch berechnet. Es stehen Funktionen zur Bildung von Summen (*SUM*), Durchschnitten (*AVERAGE*) usw. zur Verfügung: Wählen Sie die Formel aus dem Menü und markieren Sie den Bereich, den Sie beispielsweise summieren wollen.
- **Gruppe Daten:** Die beiden Symbole in dieser Gruppe sind für die Verknüpfung mit externen Datentabellen.

10.5.4 Modus Texteditor

In diesem Modus steht das temporäre Register *Texteditor* zur Verfügung, wie bei der Ersteingabe in die Felder. Auch hier können Sie Formeln eingeben. Zeilen sind nummeriert, Spalten sind mit Buchstaben gekennzeichnet. Eine Formel beginnt immer mit einem = (Gleichheitszeichen). Geben Sie dieses ein, gefolgt von den Zellen und den Operationen, die Sie damit ausführen wollen:

```
=D4+D5-D6/2
=(B3-B4)*2 usw.
=SIN(B5+B6)
=LOG(E3) usw.
```

10.6 Der Tabellenstil

Der Tabellenstil legt das Aussehen der Tabelle fest: Schriftstil, Textfarbe, Hintergrundfarbe, Trennlinien usw. Dabei lassen sich die Daten, der Spaltenkopf und der Titel der Tabelle mit den Zellenstilen formatieren. In einer Zeichnung kann es beliebig viele Tabellenstile geben. In den Eigenschaften der Tabelle wird gespeichert, mit welchem Stil sie erstellt wurde. Ändern Sie einen Tabellenstil nachträglich, werden alle Tabellen geändert, die mit diesem Stil erstellt wurden. Mit dem Befehl *Tabellenstil* können Sie neue Stile erstellen oder bestehende ändern.

- Multifunktionsleiste: Symbol im Register *Beschriften*, Gruppe *Tabelle* (Pfeil rechts unten), und Register *Start*, Gruppe *Beschriftung* (erweiterter Bereich) 

Sie bekommen ein Dialogfeld, in dem Sie die Tabellenstile verwalten können (siehe Abbildung 10.14).

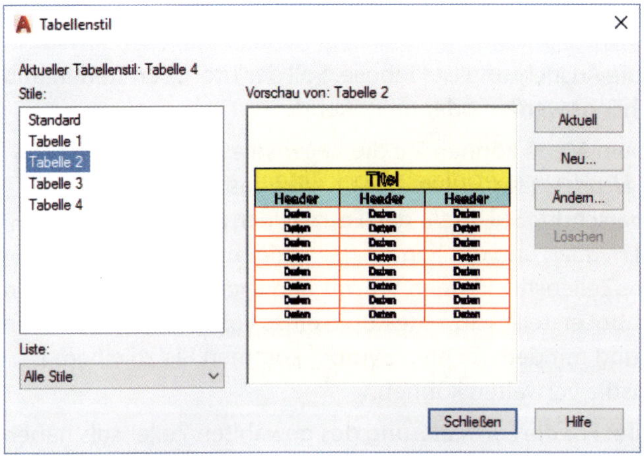

Abbildung 10.14: Dialogfeld für den Tabellenstil

In der Liste Stile werden alle Tabellenstile der Zeichnung aufgelistet. Markieren Sie einen Stil und klicken Sie auf die Schaltfläche *Aktuell* oder klicken Sie ihn doppelt an, wird dieser zum aktuellen Tabellenstil. Alle neuen Tabellen werden mit diesem Stil erstellt. Mit der Schaltfläche *Löschen* wird der markierte Stil gelöscht, aber nur dann, wenn damit keine Tabelle erstellt wurde. Mit der Schaltfläche *Neu* wird ein neuer Stil angelegt. Geben Sie in einem Dialogfeld den Namen dafür ein. Für den neuen Stil wird ein vorhandener kopiert, den Sie dann abändern können. Wählen Sie im unteren Pull-down-Menü den Stil, der dem neuen am ähnlichsten ist. Danach können Sie das Layout der Tabelle für den Stil festlegen (siehe Abbildung 10.15).

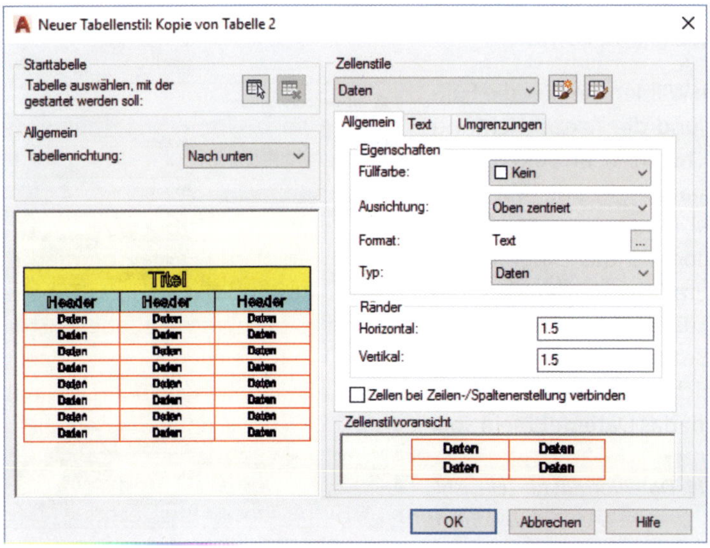

Abbildung 10.15: Dialogfeld für einen neuen Tabellenstil

- **Starttabelle:** Erstellen Sie einen neuen Stil, können Sie hier mit dem linken Symbol in der Zeichnung wählen, welche Tabelle Sie dafür als Vorlage verwenden wollen. Mit dem rechten Symbol trennen Sie die Verbindung wieder.

- **Allgemein:** Hier wählen Sie die Ausrichtung der Tabelle. Soll der Titel oben stehen und die Tabelle nach unten angehängt werden oder umgekehrt.
- **Zellenstile:** In einem Pull-down-Menü können Sie die Zellenstile zur Formatierung auswählen: *Titel*, *Header* oder *Daten*. Damit wird das Format der ersten Zeile (Tabellenüberschrift: Stil *Titel*), das Format der zweiten Zeile (Spaltenüberschrift: Stil *Header*) und das Format der übrigen Zeilen (Datenfelder: Stil *Daten*) festgelegt. Weitere Zellenstile können Sie mit den Symbolen rechts davon erstellen. Mit dem linken Symbol erstellen Sie eine Kopie eines vorhandenen Stils, den Sie dann anpassen können, und mit dem rechten Symbol kommen Sie zu einem Dialogfeld, in dem Sie die Zellenstile verwalten können.

- **Formatierung der Zellenstile:** Für die Formatierung des gewählten Zellenstils haben Sie im rechten Bereich des Dialogfelds drei Registerkarten zur Verfügung (siehe Abbildung 10.16).

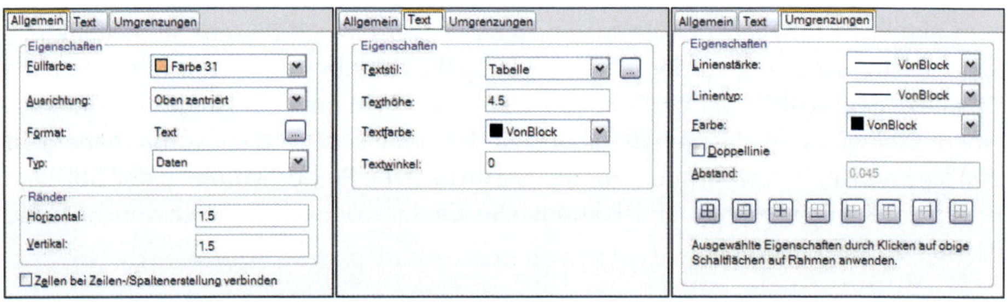

Abbildung 10.16: Formatierung der Zellenstile

- **Register Allgemein:** Wählen Sie hier die Füllfarbe für die Zellen und die Textausrichtung (siehe Abbildung 10.16, links). Im Feld *Format* wird das Datenformat angezeigt. Mit dem Symbol mit den drei Punkten lassen sich in einem weiteren Dialogfeld das Datenformat und eventuelle weitere Optionen wählen (siehe Abbildung 10.17). Beim *Typ* wird zwischen Datenfeldern und Bezeichnungsfeldern unterschieden. Im Bereich *Ränder* geben Sie vor, wie groß der Rand um das Datenfeld sein soll.

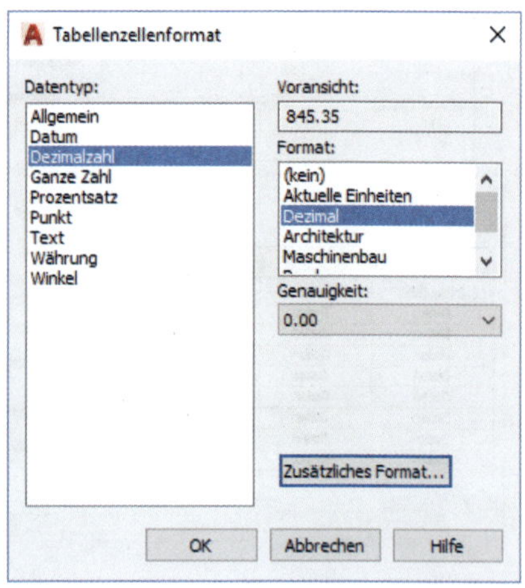

Abbildung 10.17: Datenformat für Zellenstil auswählen

Mit der Standardeinstellung *1.5* wird die Randbreite auf das 0,5-Fache der Texthöhe gesetzt. Die Option *Zellen bei Zeilen-/Spaltenerstellung verbinden* aktivieren Sie, wenn Sie wie beim Titel die Zellen verbinden wollen.

- **Register Text:** Wählen Sie hier Textstil, Texthöhe, Textfarbe und den Textwinkel (siehe Abbildung 10.17).
- **Register Umgrenzung:** Wählen Sie hier die Umgrenzungen der Zellen: Linienstärke, Linientyp und Farbe (siehe Abbildung 10.17, rechts).

Alle Formatierungen können Sie in Voransichtsfeldern überprüfen, eines für die gesamte Tabelle und eines für die Zellen. Haben Sie alles eingestellt, können Sie den Tabellenstil mit *OK* übernehmen.

10.6.1 Übung: Tabellen erstellen

- Definieren Sie Tabellenstile und erstellen Sie damit unterschiedliche Tabellen. Variieren Sie anschließend die Tabellenstile und beachten Sie dabei, wie sich die damit erstellten Tabellen ändern.
- Ändern Sie einzelne Felder in der Tabelle und fügen Sie beispielsweise Blöcke, Formeln oder spezielle Formatierungen ein.
- In Abbildung 10.18 sehen Sie Beispiele für Tabellen in der Zeichnung. Diese Zeichnung finden Sie in Ihrem Ordner *Aufgaben*, die Datei ***A10-01.dwg***.

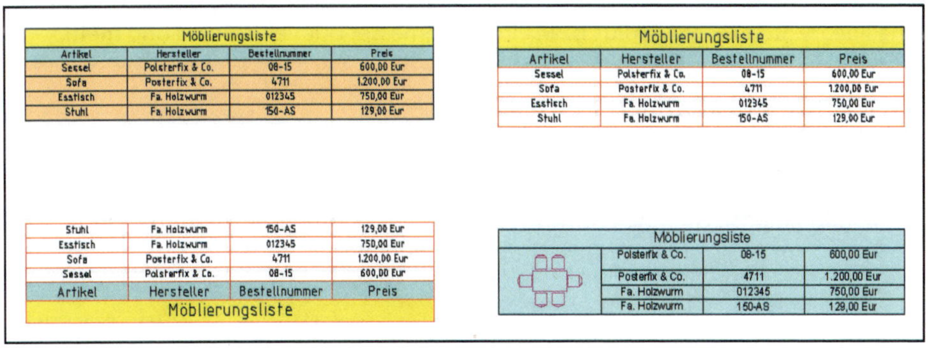

Abbildung 10.18: Tabelle mit unterschiedlichen Stilen erstellt

11. Maße und Führungslinien

Eine technische Zeichnung sollte in der Regel auch bemaßt werden. Bemaßungen sind immer auch abhängig von der Norm der entsprechenden Branche und den nationalen Gepflogenheiten. Alles das lässt sich in AutoCAD einstellen. Doch bevor wir loslegen, die Systemvariable *Dimassoc* steuert die Form der Maße:

- **Dimassoc = 0:** Maße werden zerlegt erstellt, Linien Pfeile, Maßzahl usw. sind nicht zusammenhängend. Die Einstellung sollte nicht verwendet werden.
- **Dimassoc = 1:** Maße werden als zusammenhängende Objekte erstellt, sind aber nicht mit der Geometrie verbunden. Für die Bemaßung im Modellbereich in diesem Kapitel ausreichend.
- **Dimassoc = 2:** Maße werden als zusammenhängende Objekte erstellt und sind mit der Geometrie verbunden. *Dimassoc* sollte auf 2 eingestellt sein. Das ist besonders wichtig beim Bemaßen im Papierbereich (siehe Kapitel 15).

11.1 Ein Befehl für alle Maße

Seit der Version 2016 von AutoCAD können Sie einen Befehl für (fast) alle Bemaßungsarten verwenden. Je nachdem, was Sie anwählen, wird die entsprechende Größe bemaßt, eine lineare Strecke, ein Radius bzw. ein Durchmesser oder ein Winkel und mehr.

11.1.1 Befehl »Bem« für eine Länge

Mit dem Befehl *Bem* erstellen Sie Maße. Sie finden den Befehl:

- Multifunktionsleiste: Symbol im Register *Start*, Gruppe *Beschriftung*, und Symbol im Register *Beschriften*, Gruppe *Bemaßungen*

```
Befehl eingeben Bem
Objekte wählen oder Anfangspunkt der ersten Hilfslinie angeben oder Winkel/
Basislinie/Fortfahren/Koordinate/Ausrichten/Verteilen/Layer/Zurück]:
Anfangspunkt der zweiten Hilfslinie angeben oder [Zurück]:
```

- **Punkt anklicken:** Klicken Sie die beiden zu bemaßenden Punkte an. Danach wird das Maß dynamisch angezeigt. Haben Sie falsch geklickt, können Sie eine Eingabe mit *Zurück* rückgängig machen und müssen nicht von vorne beginnen.
- **Linie anklicken:** Zeigen Sie bei der ersten Abfrage auf eine Linie oder ein Liniensegment einer Polylinie, wird die Pickbox angezeigt und Sie können das Objekt anklicken, das Sie bemaßen wollen.

In beiden Fällen können Sie jetzt die Maßlinie platzieren und das Maß wird dabei dynamisch mitgeführt.

```
Position der Bemaßungslinie angeben oder zweite Linie für Winkel [Mtext/Text/
teXtwinkel/Zurück]:
```

- **Maßlinie platzieren:** Wenn Sie dabei nach rechts oder links ziehen, wird ein vertikales Maß gezeichnet. Das Ziehen nach oben oder unten ergibt ein horizontales Maß, und wenn Sie schräg ziehen, wird ein ausgerichtetes Maß erzeugt. Klicken Sie den Punkt an, durch den die Maßlinie laufen soll. Das Maß wird erstellt und danach werden die Angaben für weitere Maße abgefragt.

Außer diesem Standardablauf stehen Ihnen drei weitere Optionen zur Verfügung:

- **Mtext:** Mit dieser Option aktivieren Sie den Texteditor mit seinem temporären Register in der Multifunktionsleiste. Das gemessene Maß wird markiert, und Sie können vor oder hinter dem Wert einen Zusatz eintragen. Das ist dann sinnvoll, wenn Sie einen Zusatz benötigen, beispielsweise wenn etwa 6 gemessen wurde, Sie aber in der Zeichnung den Text *M6*, ein vorangestelltes Zeichen (z. B. Durchmesserzeichen) oder nachgestellte Einheiten haben wollen. Zudem können Sie auch den gemessenen Wert überschreiben, wenn Sie nicht maßstäblich gezeichnet haben. Schließen Sie dann den Texteditor, klicken Sie die Position der Maßlinie an und das Maß wird erstellt.
- **Text:** Mit der Option *Text* wird wie oben das gemessene Maß angezeigt, diesmal aber nicht mit eigenem Editor, sondern in der Befehlszeile. Jetzt können Sie ändern. Den Platzhalter für den gemessenen Text < > müssen Sie bei dieser Methode eintippen, sonst erscheint er nicht in der Zeichnung.

  ```
  Maßtext eingeben <10>: z. B.: Länge = <> mm eintippen
  ```

- **Textwinkel:** Mit dieser Option geben Sie einen Winkel für den Maßtext ein. Der Text wird zwischen die Maßlinien gesetzt und um den Winkel gedreht.
- **Layer:** Bei der ersten Anfrage können Sie auch die Option *Layer* wählen. Damit kann ein Objekt angeklickt werden. Auf diesem Layer werden die neu erzeugten Maße abgelegt. Der aktuelle Layer wird nicht geändert.
- Ansonsten sollten Sie den Layer für die Bemaßung vorher aus einem Pull-down-Menü im Register *Beschriften*, Gruppe *Bemaßungen* wählen. Auch hierbei wird der aktuelle Layer für andere Objekte nicht geändert.

Übung: Einzelne Linearmaße

- Laden Sie die Zeichnung ***A11-01.dwg*** aus dem Ordner *Aufgaben*.
- Meist brauchen Sie beim Bemaßen die Objektfangmodi *Schnittpunkt*, *Endpunkt*, *Zentrum* und *Quadrant*. Überprüfen Sie, ob diese eingestellt sind.
- Wählen Sie den Befehl *Bem*, und machen Sie mit der Option *Layer* den Layer *Masse* zum Layer für die zu erstellenden Maße.

- Bemaßen Sie die Zeichnung wie in Abbildung 11.1. Bei **1** bis **6** läuft alles normal. Bei **7** und **8** werden zusätzliche Zeichen benötigt. Klicken Sie da, wo möglich, die Objekte direkt an.
- Eine Musterlösung finden Sie in der Datei ***L11-01.dwg*** im Ordner *Aufgaben*.

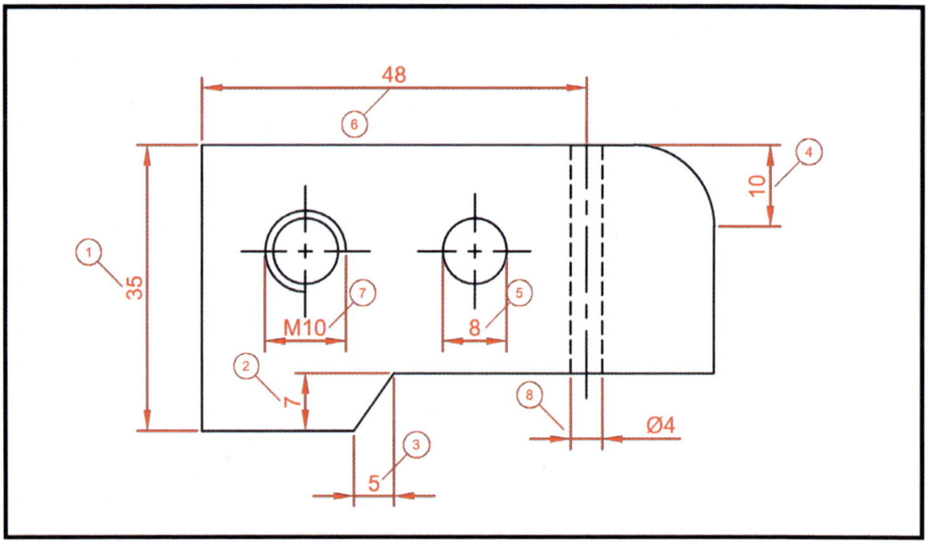

Abbildung 11.1: Zeichnen von einzelnen linearen Maßen

11.1.2 Befehl »Bem« für Bezugsmaße

Neben diesen Maßen können Sie mit dem Befehl *Bem* auch zusammengesetzte Maße erstellen. Zwei Optionen des Befehls stehen dafür zur Verfügung. Zunächst zu den Bezugsmaßen.

Basislinie: Mit der Option *Basislinie* des Befehls *Bem* erstellen Sie eine Serie von Maßen, bei denen alle Maße auf eine Bezugskante hin ausgerichtet sind. Voraussetzung ist, dass schon ein Maß vorhanden ist.

```
Objekte wählen oder Anfangspunkt der ersten Hilfslinie angeben oder [Winkel/
Basislinie/Fortfahren/Koordinate/Ausrichten/Verteilen/Layer/Zurück]:
Option Basislinie wählen
Aktuelle Einstellungen: Versatz (DIMDLI) = 7.00
Anfangspunkt der ersten Hilfslinie als Basislinie angeben oder [Versatz]:
Bestehendes Maß wählen
Anfangspunkt der zweiten Hilfslinie angeben oder [Wählen/Versatz/Zurück] <Wählen>:
Zweiten Punkt anklicken
Maßtext = 35.00
```

```
Anfangspunkt der zweiten Hilfslinie angeben oder [Wählen/Versatz/Zurück] <Wählen>:
Weiteren zweiten Punkt anklicken
Maßtext = 50.00
Anfangspunkt der zweiten Hilfslinie angeben oder [Wählen/Versatz/Zurück] <Wählen>:
Mit [↵] zur ersten Optionsanfrage oder mit zweimal [Esc] beenden
```

Nachdem Sie die Option gewählt haben, geben Sie das Maß an, an dem angesetzt werden soll, und zwar an der Seite, die als Basislinie dienen soll. Anschließend können Sie eine beliebige Folge zweiter Punkte angeben, zu denen jedes Mal ein weiteres Maß gezeichnet wird (siehe Abbildung 11.2).

Dabei stehen Ihnen noch zwei weitere Optionen zur Verfügung:

- **Wählen:** Wahl eines anderen Maßes, auf das ein neues Basislinienmaß angesetzt werden soll. Ein Maß **muss** vorhanden sein.
- **Versatz:** Änderung des Versatzes, der dann für alle weiteren Maße gilt.

Sie haben bei der Erstellung ein Maß vergessen? Kein Problem, klicken Sie den Punkt dazwischen an. Das Maß wird eingefügt und die anderen werden weiter hinaus verschoben. Das funktioniert auch, wenn Sie das später machen.

Übung: Bezugsmaße erstellen

- Laden Sie die Zeichnung ***A11-02.dwg*** aus dem Ordner *Aufgaben*.
- Erstellen Sie Bezugsmaße wie in Abbildung 11.2. Eine Musterlösung finden Sie in der Datei ***L11-02.dwg*** im Ordner *Aufgaben*.

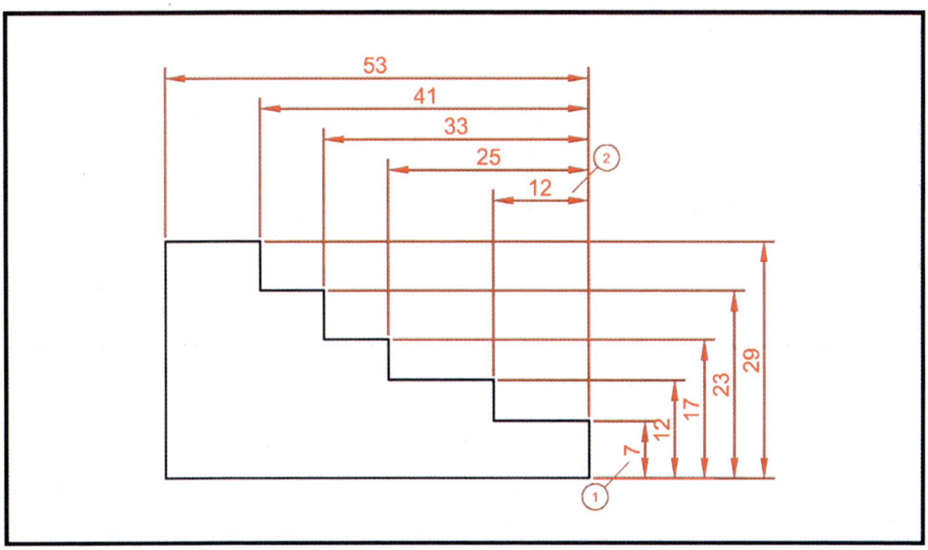

Abbildung 11.2: Bezugsmaße in der Zeichnung

11.1.3 Befehl »Bem« für Kettenmaße

Kettenmaße werden analog zu den Bezugsmaßen erstellt.

Fortfahren: Mit dieser Option des Befehls *Bem* erstellen Sie Maße, die in einer Linie aneinandergereiht sind (Kettenmaße). Voraussetzung ist auch hier, dass schon ein Maß vorhanden ist, an dem angesetzt werden kann.

```
Objekte wählen oder Anfangspunkt der ersten Hilfslinie angeben oder [Winkel/
Basislinie/Fortfahren/Koordinate/Ausrichten/Verteilen/Layer/Zurück]:
Option Fortfahren wählen
Anfangspunkt der ersten Hilfslinie zum Fortfahren angeben: Bestehendes Maß
anklicken
Anfangspunkt der zweiten Hilfslinie angeben oder [Wählen/Zurück] <Wählen>:
Zweiten Punkt anklicken
Maßtext = 20.00
...
```

Klicken Sie zuerst das Maß an der Seite an, die als Kette fortgesetzt werden soll. Danach können Sie eine Folge zweiter Punkte angeben, an denen jedes Mal ein weiteres Maß angesetzt werden soll (siehe Abbildung 11.3). Mit zweimal Esc beenden Sie den Befehl. Eine weitere Option steht bei jeder Punkteingabe zur Verfügung:

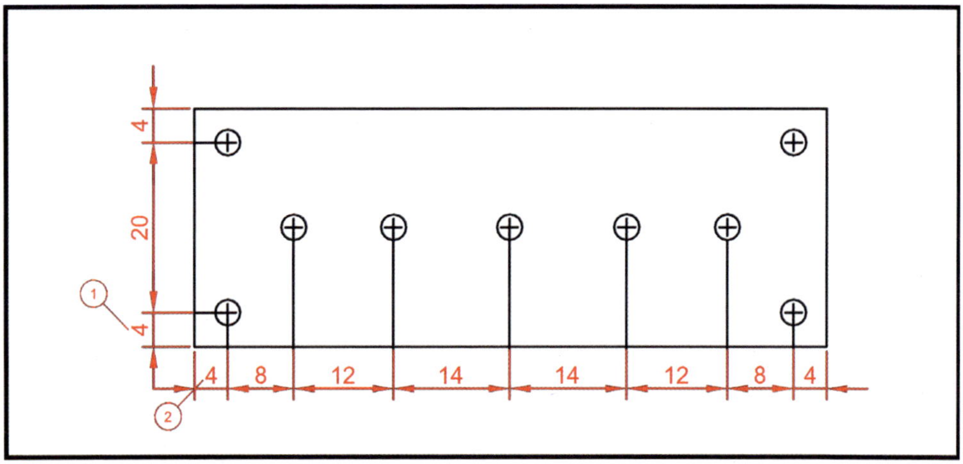

Abbildung 11.3: Kettenmaße in der Zeichnung

Wählen: Wahl eines Maßes, auf das ein neues Kettenmaß angesetzt werden soll.

Wie beim Bezugsmaß können Sie auch beim Kettenmaß ein Maß hineinflicken. Klicken Sie einen Punkt dazwischen an und die Kette wird aufgetrennt und das Maß dazwischen eingefügt. Das kann auch später noch erfolgen.

Übung: Kettenmaße erstellen

- Laden Sie die Zeichnung ***A11-03.dwg*** aus dem Ordner *Aufgaben*.
- Erstellen Sie Kettenmaße wie in Abbildung 11.3. Die Lösung finden Sie in der Datei ***L11-03.dwg*** im Ordner *Aufgaben*.

11.1.4 Befehl »Bem« für Radius- und Durchmessermaße

Sie nehmen wieder nur den Universalbefehl *Bem* und zeigen auf einen Bogen, und schon sind Sie bei der Radiusbemaßung. Zeigen Sie dagegen auf einen Kreis, haben Sie die Durchmesserbemaßung. Die Wahl einer Option ist nicht erforderlich. Der Anfragetext wechselt, ohne dass geklickt wurde:

```
Objekte wählen oder Anfangspunkt der ersten Hilfslinie angeben oder [Winkel/
Basislinie/Fortfahren/Koordinate/Ausrichten/Verteilen/Layer/Zurück]:
Nur auf Bogen oder Kreis zeigen, noch nicht sofort anklicken
Kreis zum Angeben des Durchmessers wählen oder [Radius/Verkürzt/Winkel]:
Position für das Maß anklicken
```

Beziehungsweise bei einem Bogen:

```
Bogen zum Angeben des Radius oder [Durchmesser/Verkürzt/Bogenlänge/Winkel] wählen:
Position für Maß
```

Jetzt können Sie das zu bemaßende Objekt endgültig anklicken. Mit der entsprechenden Option können Sie noch zwischen Radius- und Durchmesserbemaßung wechseln.

- **Verkürzt:** Normal werden Durchmesser und Radien mit Maßlinien durch das Objekt oder bis zum Mittelpunkt gezeichnet. Mit dieser Option kann die Maßlinie gekürzt und der Maßtext an einer wählbaren Stelle abgelegt werden.
- **Winkel:** Mit der Option schalten Sie auf die Winkelbemaßung um. Sie können einen Teilkreis oder den Winkel des Bogens mit einem Winkelmaß versehen.
- **Bogenlänge:** Damit können Sie die Länge eines Bogens bemaßen.

Weiter geht es, sobald Sie ein Objekt gewählt haben:

```
Position der Durchmesserbemaßung angeben oder [Radius/Mtext/Text/teXtwinkel/
Zurück]: Text
```

Jetzt geben Sie die Position der Maßlinie ein und Sie haben das Maß in der Zeichnung.

Übung: Radius- und Durchmessermaße erstellen

- Laden Sie die Zeichnung ***A11-04.dwg*** aus dem Ordner *Aufgaben*.
- Erstellen Sie Radius- und Durchmessermaße wie in Abbildung 11.4: 1 und 2 Radiusmaße, 3 und 4 Durchmessermaße, 5 und 6 verkürzte Radiusmaße, 7 Bogenwinkel und 8 Bogenlänge. Die Lösung finden Sie in der Datei ***L11-04.dwg*** im Ordner *Aufgaben*.

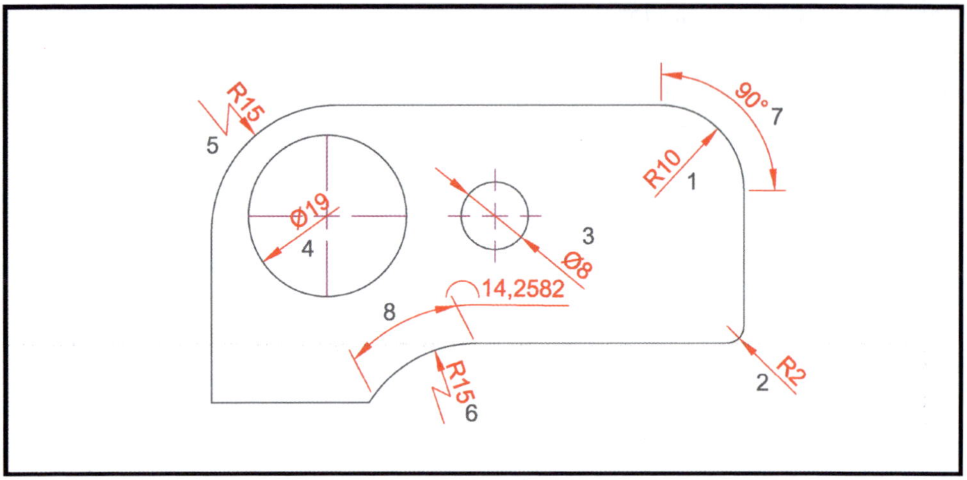

Abbildung 11.4: Radius- und Durchmessermaße

11.1.5 Befehl »Bem« für Winkelmaße

Sie nutzen wiederum den Universalbefehl *Bem*. Sie können den Winkel zweier Linien zueinander, ein Segment am Kreis, einen Bogen oder den Winkel zweier Punkte in Bezug auf einen Scheitelpunkt bemaßen. Wenn Sie eine Linie anklicken, muss die Linie komplett markiert sein, nicht nur ein Punkt auf der Linie. Wenn der Objektfang eingeschaltet ist, gelingt das nicht immer. Eventuell muss er für diese Eingabe ausgeschaltet werden. Klicken Sie danach eine zweite Linie an, und der Winkel der beiden Linien zueinander wird bemaßt. Wenn Sie sichergehen wollen, wählen Sie die Option *Winkel* bei der ersten Abfrage. Abgefragt wird:

```
Bogen, Kreis, Linie wählen oder [Scheitelpunkt]: Linie anklicken
Linie zum Angeben der zweiten Seite des Winkels wählen: Zweite Linie
```

- **Linien:** Haben Sie zwei Linien angeklickt, werden nur Winkel bis 180 Grad bemaßt. Je nachdem, wo Sie die Position des Maßbogens setzen, wird der Winkel gezeichnet (siehe Abbildung 11.5, a).
- **Bogen:** Haben Sie einen Bogen angewählt, wird dieser ohne weitere Anfrage mit einem Maßbogen versehen (siehe Abbildung 11.5, b).
- **Kreis:** Haben Sie einen Kreis gewählt, wird ein zweiter Punkt am Kreis abgefragt, und die beiden Punkte werden mit einem Maßbogen versehen (siehe Abbildung 11.5, c).
- **Scheitelpunkt:** Es werden drei Punkte für den zu bemaßenden Winkel abgefragt (siehe Abbildung 11.5, d und e, jeweils der erste Winkel):

Die letzte Abfrage betrifft den Maßtext und sie ist wieder gleich wie bei den vorherigen Befehlen.

```
Position der Winkelbemaßung angeben oder
[Mtext/Text/teXtwinkel/Zurück]: Maß platzieren
```

Die Optionen für Bezugs- und Kettenmaße, *Basislinie* und *Fortfahren* (siehe oben), können Sie auch nach einer Winkelbemaßung verwenden bzw. später an ein Winkelmaß ansetzen. Die Maße werden wie in Abbildung 11.5, d, und 11.5, e, an ein bestehendes Winkelmaß angesetzt.

Übung: Verschiedene Arten der Winkelbemaßung

- Laden Sie die Zeichnung ***A11-05.dwg*** aus dem Ordner *Aufgaben*.
- Bemaßen Sie wie in Abbildung 11.5. Im Ordner *Aufgaben* finden Sie auch die Musterlösung ***L11-05.dwg***.

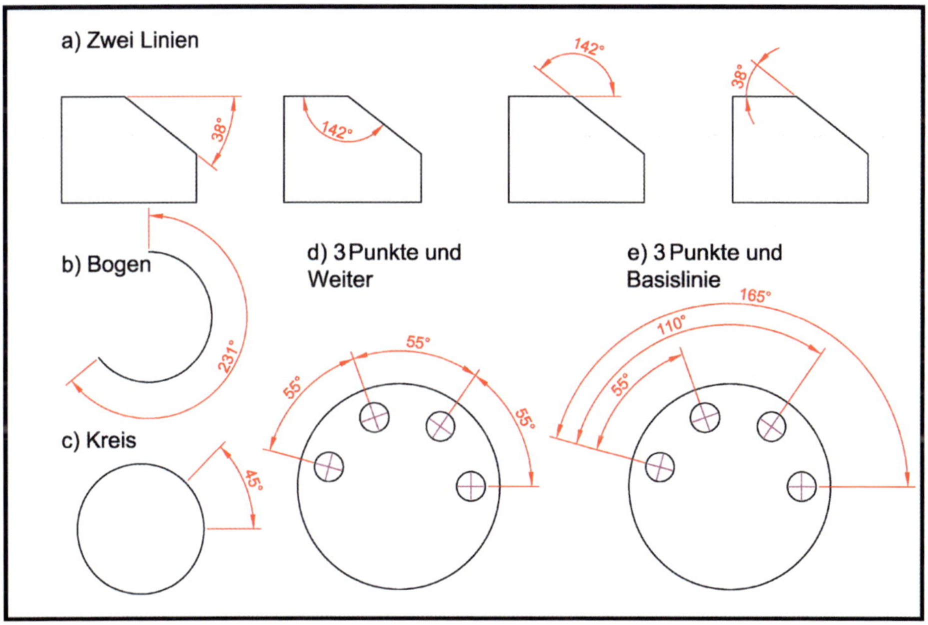

Abbildung 11.5: Verschiedene Arten der Winkelbemaßung

11.1.6 Befehl »Bem« – weitere Funktionen

- **Koordinaten:** Damit lassen sich einzelne Punkte mit ihrem Abstand zum Koordinatenursprung in x- und y-Richtung bemaßen.
- **Verteilen:** Wurden Maße in unregelmäßigen Abständen verteilt, lassen sie sich mit dieser Option wieder anordnen.
- **Nicht dynamische Befehle:** In früheren AutoCAD Versionen (vor 2016) gab es für jede Bemaßungsart einen separaten, nicht dynamischen Befehl. Sie finden sie auch jetzt noch in einem Flyout im Register *Start* in der Gruppe *Bemaßung*. Die Befehle sind veraltet und werden nicht mehr aufgeführt.

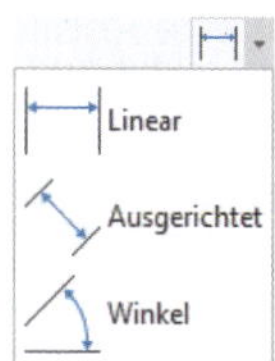

11.1.7 Die Schnellbemaßung mit dem Befehl »Sbem«

Ganz ähnliche Funktionen wie der Befehl *Bem* hat der Befehl *Sbem* für die Schnellbemaßung. Damit lässt sich eine ganze Serie von Maßen auf einmal erstellen.

- Multifunktionsleiste: Symbol im Register *Beschriften*, Gruppe *Bemaßungen*

```
Befehl: SBEM
Geometrie für Bemaßung wählen: Objekte wählen, die bemaßt werden sollen
Geometrie für Bemaßung wählen: weitere Objekte wählen oder mit ↵
Auswahl beenden
Position der Bemaßungslinie angeben oder [Ausgezogen/Versetzt/BAsislinie/
Koordinaten/Radius/Durchmesser/
bezugsPunkt/BEarbeiten/Einstellungen] <BAsislinie>: Eventuell andere
Bemaßungsart wählen oder Position der Maße festlegen und komplette Maßkette
wird erstellt
```

Bei der Wahl der Objekte ist es sinnvoll, die zu bemaßenden Objekte einzeln mit der Pickbox anzuklicken. Bei der Fensterauswahl könnten sonst zu viele Objekte erfasst werden. Allerding kann dies auch nach der Auswahl mit der Option *BEarbeiten* korrigiert werden. Danach können die Maße platziert werden.

Es kann aber auch anstelle der Vorgabe eine andere Bemaßungsart gewählt werden (siehe Abbildung 11.6) und danach können die Maße platziert werden.

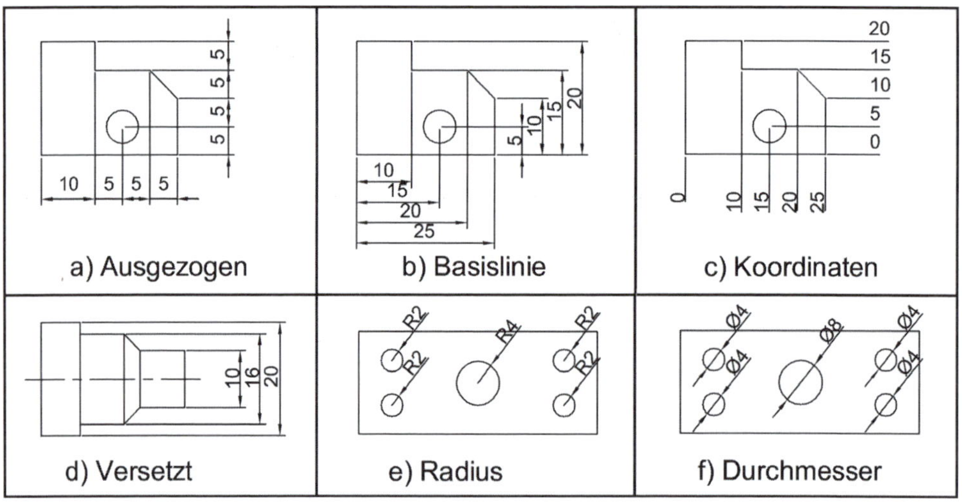

Abbildung 11.6: Verschiedene Arten der Schnellbemaßung

11.2 Bemaßungsparameter in Dialogfeldern

Bis jetzt haben Sie bei der Bemaßung alles in der Standardeinstellung belassen. Jede Branche hat jedoch ihre speziellen Eigenheiten und Normen. In AutoCAD wird die Form der Maße von Bemaßungsvariablen gesteuert.

11.2.1 Befehl »Bemstil«

Mit dem Befehl *Bemstil* aktivieren Sie das Dialogfeld für die Bemaßungsvariablen.

- Multifunktionsleiste: Symbol im Register *Start*, Gruppe *Beschriftung* (erweiterter Bereich) und im Register *Beschriften*, Gruppe *Bemaßungen* (Pfeil rechts unten)

Zunächst erscheint das Dialogfeld *Bemaßungsstil-Manager* (siehe Abbildung 11.7), aus dem heraus weitere Dialogfelder aufgerufen werden können. Im mittleren Fenster *Voransicht von:* sehen Sie die momentanen Einstellungen der Maße.

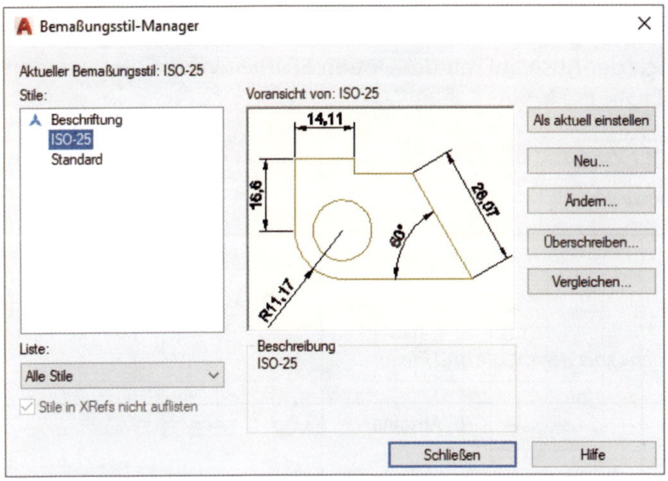

Abbildung 11.7: Dialogfeld für die Bemaßungsstile

Markieren Sie jetzt den Stil *ISO-25*. Mit der Schaltfläche *Überschreiben* in der Leiste an der rechten Seite können Sie die aktuellen Einstellungen anzeigen und ändern.

Um die verschiedenen Einstellungen kennenzulernen, verwenden Sie diese Schaltfläche. Sie erhalten ein weiteres Dialogfeld mit sieben Registern.

Register »Linien«

Im Register *Linien* finden Sie Einstellungen für Bemaßungslinien, Hilfslinien und Maßpfeile (siehe Abbildung 11.8, links).

- **Bemaßungslinien:** Die Bemaßungslinie ist die Linie, auf der der Maßtext steht. Einstellung von Farbe, Linientyp und Linienstärke für die Maßlinie.

- **Über Striche hinaus verlängern:** Wenn Querstriche verwendet werden, stellen Sie hier den Überstand der Maßlinien ein (siehe Abbildung 11.9, a).
- **Basislinienabstand:** Abstand der Bemaßungslinien bei einer Basisbemaßung (siehe Abbildung 11.9, b). Kann im Befehl *Bem* mit der Option *Versatz* angepasst werden.
- **Unterdrücken:** Unterdrücken der linken und/oder rechten Seite der Bemaßungslinie (siehe Abbildung 11.9, c).
- **Hilfslinien:** Hilfslinien sind die Linien zum Objekt. Einstellung von Farbe, Linientyp für beide Hilfslinien und Linienstärke für die Maßlinie.
- **Über Bemaßungslinien hinaus erweitern:** Verlängerung der Hilfslinie über die Bemaßungslinien hinaus (siehe Abbildung 11.9, d).
- **Abstand von Ursprung:** Abstand der Hilfslinien zum Objekt (siehe Abbildung 11.9, e).

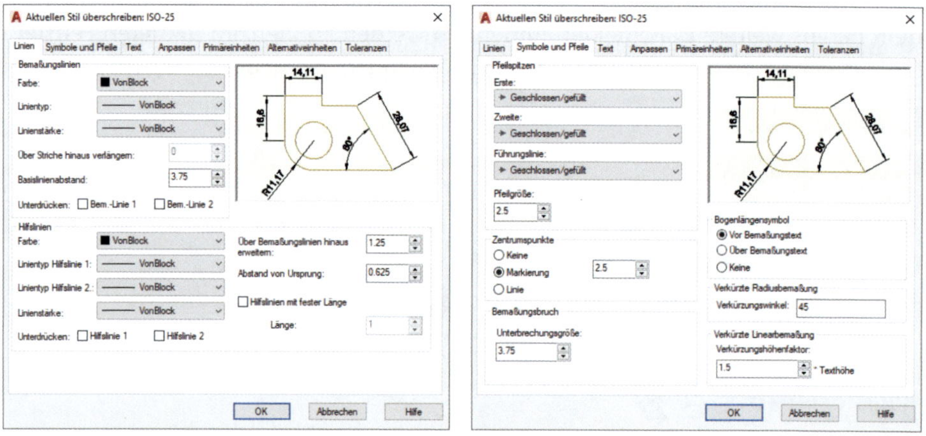

Abbildung 11.8: Register »Linien« sowie Symbole und Pfeile

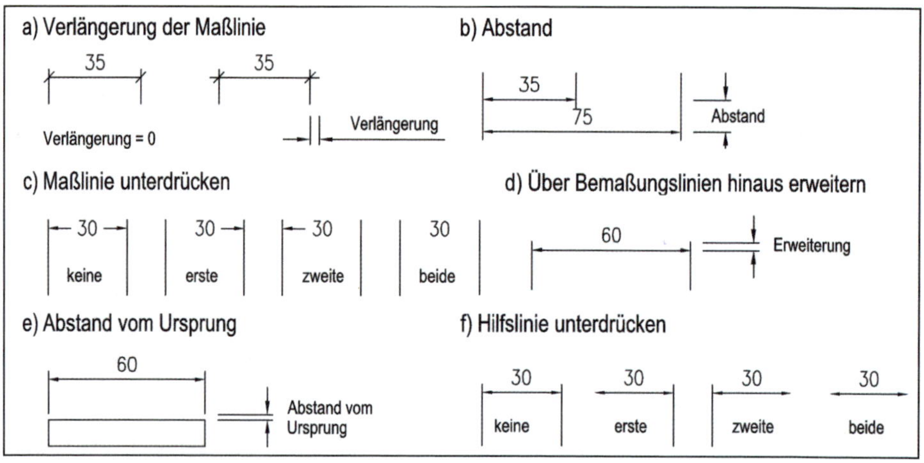

Abbildung 11.9: Einstellung der Bemaßungslinien und Hilfslinien

- **Hilfslinien mit fester Länge:** Hilfslinien mit einheitlicher Länge, egal, wie weit sie vom bemaßten Objekt entfernt sind.
- **Unterdrücken:** Unterdrücken der linken und/oder rechten Seite der Hilfslinie (siehe Abbildung 11.9, f).

Register »Symbole und Pfeile«

Im Register *Symbole und Pfeile* legen Sie die Symbole bzw. Pfeile der Maßlinie fest (siehe Abbildung 11.8, rechts).

- **Pfeilspitzen:** Im Pull-down-Menü können Sie das Symbol für den ersten und zweiten Maßpfeil sowie den Pfeil für die Führungslinie wählen. Die Pfeilgröße gibt die Länge der Pfeile an bzw. die Größe der anderen Symbole.
- **Zentrumspunkte:** Bei assoziativen Zentrumsmarkierungen ohne Funktion.
- **Bemaßungsbruch:** Überschneiden sich Maße, können Sie mit dem Befehl *Bembruch* (siehe Kapitel 11.5) Maßlinien oder Maßhilfslinien auftrennen. Hier stellen Sie ein, wie groß der Ausbruch sein soll.
- **Bogenlängensymbol:** Position des Symbols bei Bogenlängenbemaßung, vor dem Text, über dem Text oder gar kein Symbol.
- **Verkürzte Radiusbemaßung:** Winkel, unter dem die Maßlinie bei einer verkürzten Radiusbemaßung geknickt werden soll.
- **Verkürzte Linearbemaßung:** Größe des Symbols für die Unterbrechung bei linearen Maßen.

Register »Text«

Im Register *Text* stellen Sie die Parameter für den Maßtext ein (siehe Abbildung 11.10, links).

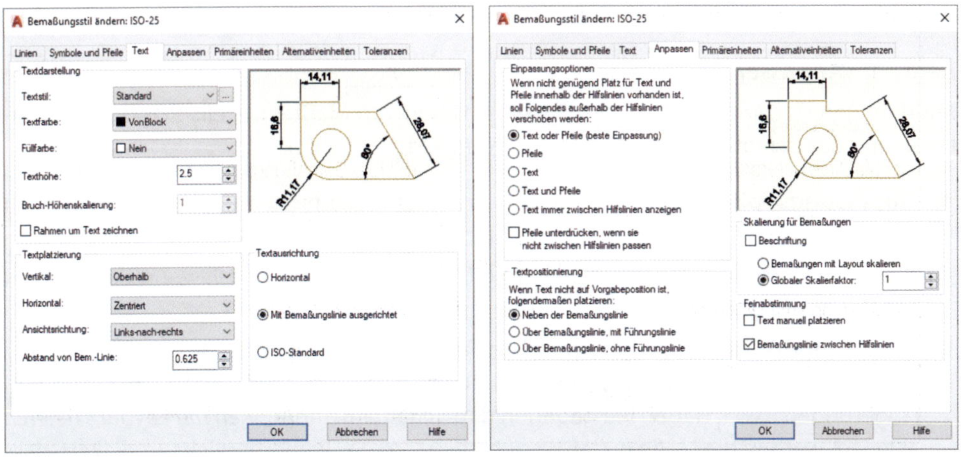

Abbildung 11.10: Register »Text« und »Anpassen«

- **Textdarstellung:** Einstellung von Textstil, Texthöhe, Textfarbe und Füllfarbe und ob ein Rahmen um den Text gezeichnet werden soll.
- **Textplatzierung:** In den Pull-down-Menüs *Vertikal* bzw. *Horizontal* wird eingestellt, wo der Maßtext platziert und wie er ausgerichtet wird (siehe Abbildung 11.11, a und b). Der Wert im Feld *Abstand von Bem.-Linie* gibt an, welchen Abstand der Text von der Bemaßungslinie haben soll.
- **Textausrichtung:** Bei *Horizontal* wird der Maßtext horizontal gesetzt, bei *Mit Bemaßungslinie ausgerichtet* wird er parallel zur Maßlinie ausgerichtet. Bei *ISO-Standard* ebenso, nur Radiusbemaßungen werden waagerecht ausgerichtet.

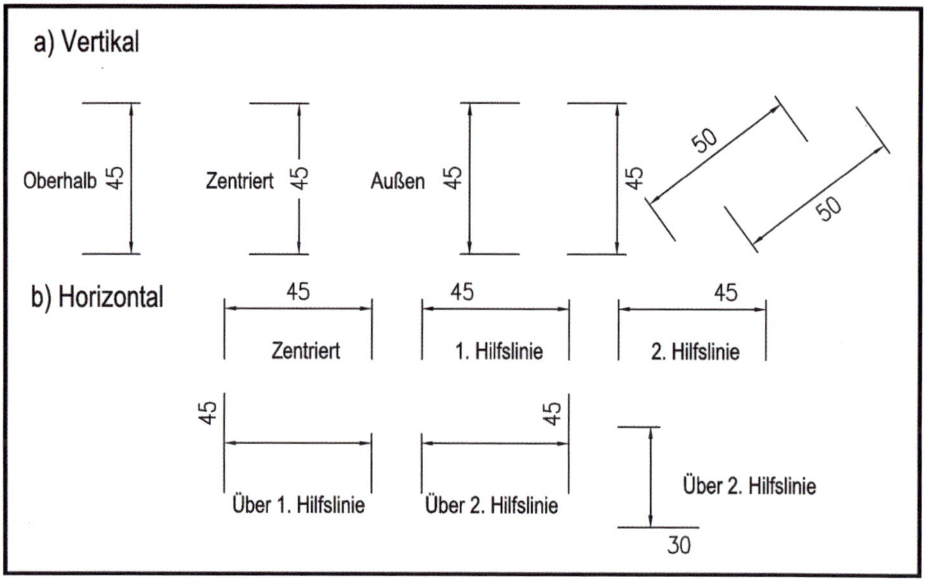

Abbildung 11.11: Einstellung der Textplatzierung

Register »Anpassen«

Mit dem Register *Anpassen* steuern Sie die Position von Maßtext, Pfeilspitzen, Führungslinien und der Bemaßungslinie (siehe Abbildung 11.10, rechts).

- **Einpassungsoptionen:** Wenn Maßtext und Maßpfeile nicht zwischen die Hilfslinien passen, können Sie wählen, was außerhalb der Hilfslinie gesetzt werden soll.
- **Textpositionierung:** Diese Einstellung gibt an, was passieren soll, wenn der Maßtext nicht in die Vorgabeposition passt oder verschoben wird.
- **Skalierung für Bemaßungen:** Mit dem Faktor im Feld *Globaler Skalierfaktor* werden alle Größen in den Bemaßungseinstellungen multipliziert (Pfeilgrößen, Abstände, Verlängerungen usw.). Haben Sie dagegen den Schalter *Bemaßungen mit Layout skalieren* aktiviert, werden die Maße in den Ansichtsfenstern des Papierbereichs so skaliert, dass

die Maßgrößen (Texthöhe, Pfeillängen, Abstände usw.) auf dem Papier in der eingestellten Größe erscheinen (mehr zu den Layouts und zum Papierbereich erfahren Sie in Kapitel 15).

- **Feinabstimmung:** Ist die Einstellung *Text manuell platzieren* gewählt, kann der Text beim Platzieren der Bemaßungslinie darauf verschoben werden. Ist *Bemaßungslinie zwischen Hilfslinien* eingestellt, werden auch dann Bemaßungslinien zwischen den Hilfslinien erstellt, wenn die Pfeile außerhalb platziert wurden.

11.2.2 Anmerkung: Maßstab beim Bemaßen

In AutoCAD zeichnen Sie immer 1:1 in Originalmaßen. Ihr Zeichenblatt ist damit immer so groß wie das Original. Soll es auf ein Papierblatt, muss es beim Plotten verkleinert oder vergrößert werden. Damit werden aber auch beispielsweise die Maßzahlen verkleinert bzw. vergrößert. Soll also eine Zeichnung um den Faktor 100 beim Plotten verkleinert werden (Plot im Maßstab 1:100), muss der Maßtext nicht 3.5 hoch sein, sondern 350. Ebenso ist es mit den Pfeilspitzen und den Abständen. Stellen Sie aber nicht alle Größen um, sondern nur die Größe für *Globaler Skalierfaktor* auf 100. Die Maße werden dann entsprechend vergrößert. Beim Arbeiten mit Layouts sieht das anders aus (siehe dazu mehr in Kapitel 15).

Register »Primäreinheiten«

Sie können in einem oder zwei Einheitensystemen bemaßen. So ist es beispielsweise möglich, die Zeichnung in Millimetern (Primäreinheiten) und Zoll (Alternativeinheiten) zu bemaßen. Im Register *Primäreinheiten* stellen Sie das Format für die primären Einheiten ein (siehe Abbildung 11.12, links).

- **Lineare Bemaßungen:** Im Bereich links oben stellen Sie das Einheitenformat für die linearen Bemaßungen ein: *Dezimal*, exponentielle Schreibweise (Einstellung: *Wissenschaftlich*) und diverse Formate in Fuß und Zoll. Im Feld *Genauigkeit* wird die Zahl der Nachkommastellen gewählt. Das Feld *Format für Bruch* wird für englische/amerikanische Einheiten verwendet. Als *Dezimaltrennzeichen* ist Komma, Punkt oder Leerzeichen möglich. Mit einem Wert im Feld *Abrunden* wird das gemessene Maß auf diesen Wert gerundet. Im Feld *Präfix* oder *Suffix* kann ein Text vor oder nach der Maßzahl eingetragen werden.
- **Bemaßungsskalierung:** Das gemessene Maß wird mit dem Faktor im Feld *Skalierfaktor* multipliziert. Bei einer vergrößerten Kopie in der Zeichnung kann dann korrekt bemaßt werden. Ist der Schalter *Nur auf Layout-Bemaßungen anwenden* aktiviert, wird der eingestellte Skalierfaktor nur für die Bemaßung im Papierbereich (siehe Kapitel 15) verwendet. Mit den Optionen *Vorkomma* und *Nachkomma* im Bereich *Null unterdrücken* kann die Null vor dem Komma oder können Nullen nach dem Komma ausgeschaltet werden.
- **Winkelbemaßungen:** Hier können die Einstellungen für Winkel vorgenommen werden: Einheiten, Genauigkeit und Nullen vor und nach dem Komma.

Register »Alternativeinheiten«

Im Register *Alternativeinheiten* legen Sie die Alternativeinheiten fest, falls Sie diese verwenden wollen (siehe Abbildung 11.12, rechts).

- **Alternativeinheiten anzeigen:** Schalter, um Alternativeinheiten zu aktivieren.
- **Alternativeinheiten:** In den Feldern werden das Einheitenformat, die Genauigkeit, der Rundungsfaktor, Präfix und Suffix wie bei den Primäreinheiten eingestellt. Im Feld *Multiplikator für Alt.einheiten* wird der Faktor für die Alternativeinheiten festgelegt, zum Beispiel entspricht die Standardeinstellung 0.039370 dem Umrechnungsfaktor von Millimetern in Zoll.
- **Null unterdrücken:** Die gleiche Einstellung wie bei den Primäreinstellungen.
- **Platzierung:** Zusätzlich kann hinter oder unter dem Primärwert die Platzierung gewählt werden. Die Alternativeinheiten werden in eckige Klammern gesetzt.

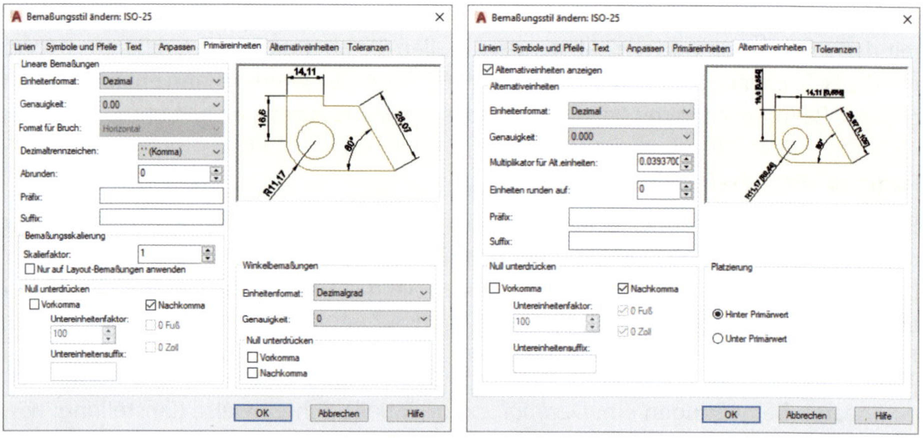

Abbildung 11.12: Register für Primäreinheiten und Alternativeinheiten

Register »Toleranzen«

Im Register *Toleranzen* (siehe Abbildung 11.13) können Sie Toleranzwerte hinter den Maßtext setzen und das Format sowie die Werte dafür wählen.

- **Toleranzformat:** Im Pull-down-Menü *Methode* können Sie wählen, ob Sie keine Toleranzangaben, symmetrische Toleranzen, Abweichungen in positiver und negativer Richtung, den oberen und unteren Grenzwert oder die Grundtoleranz (eingerahmter Maßtext) verwenden wollen. Darunter werden die Zahl der Nachkommastellen, der obere und untere Toleranzwert und die Texthöhe relativ zum Maßtext sowie die Position der Toleranz eingestellt.
- **Toleranzausrichtung:** Hier können Sie wählen, wie übereinanderstehende Toleranzwerte ausgerichtet werden sollen.

- **Null unterdrücken:** Geben Sie hier für die Toleranzen an, ob Sie die Null vor oder hinter dem Komma unterdrücken wollen.
- **Toleranz für Alternativeinheiten:** Haben Sie Alternativeinheiten, können Sie hier die Genauigkeit und die Behandlung der Nullen für die Toleranzen der Alternativeinheiten einstellen.

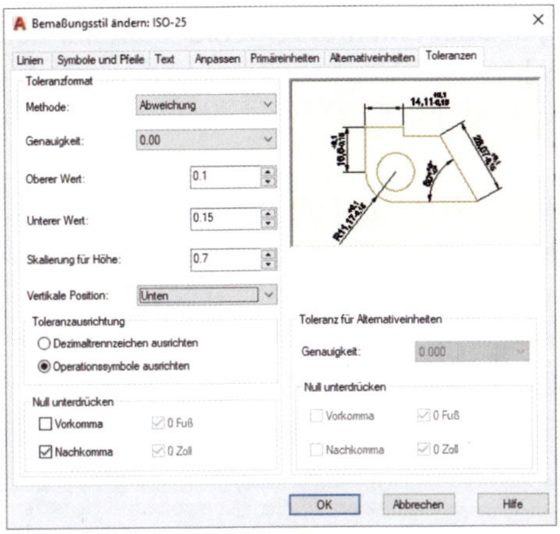

Abbildung 11.13: Register für Toleranzen

11.3 Bemaßungsstile

Das Einstellen der Bemaßungsvariablen kann sehr zeitaufwendig sein, sodass Sie das nicht bei jeder Zeichnung neu machen wollen. Deshalb lassen sich die Einstellungen in Bemaßungsstilen festhalten und in der Vorlage speichern.

11.3.1 Eigenschaften von Bemaßungsstilen

Im Bemaßungsstil werden die Bemaßungsvariablen gespeichert. Beliebig viele Bemaßungsstile lassen sich in der Zeichnung speichern. Innerhalb eines Bemaßungsstils lassen sich die einzelnen Bemaßungsarten gesondert einstellen. Der übergeordnete Bemaßungsstil gilt für alle Maße, und in untergeordneten Stilen lassen sich abweichende Einstellungen für Linear- und Radialmaße usw. speichern. Soll die Form der Maße geändert werden, kann ein anderer Bemaßungsstil aktiviert werden. Wird ein Bemaßungsstil geändert, werden alle Maße, die damit erstellt wurden, an die neuen Einstellungen angepasst und ebenfalls geändert.

11.3.2 Erstellen eines neuen Bemaßungsstils

- Im Dialogfeld *Bemaßungsstil-Manager* (siehe Abbildung 11.14, hinteres Dialogfeld) sehen Sie in der Liste *Stile* im linken Fenster alle Bemaßungsstile, die in dieser Zeichnung vorhanden sind.

- Wenn Sie einen neuen Bemaßungsstil erstellen wollen, markieren Sie den Bemaßungsstil, den Sie als Vorlage für den neuen Stil haben wollen, klicken auf die Schaltfläche *Neu* und erhalten ein Eingabefeld (siehe Abbildung 11.14, vorderes Dialogfeld).
- Tragen Sie in das Feld *Neuer Stilname* einen Namen ein. In der zweiten Zeile, *Anfangen mit*, sehen Sie den Stil, den Sie als Basis für den neuen Stil gewählt haben. Sie können jetzt noch einen anderen auswählen. Im letzten Pull-down-Menü, *Verwenden für*, wählen Sie einen Stil für alle Bemaßungen oder einen untergeordneten Stil nur für bestimmte Bemaßungsarten (siehe unten).

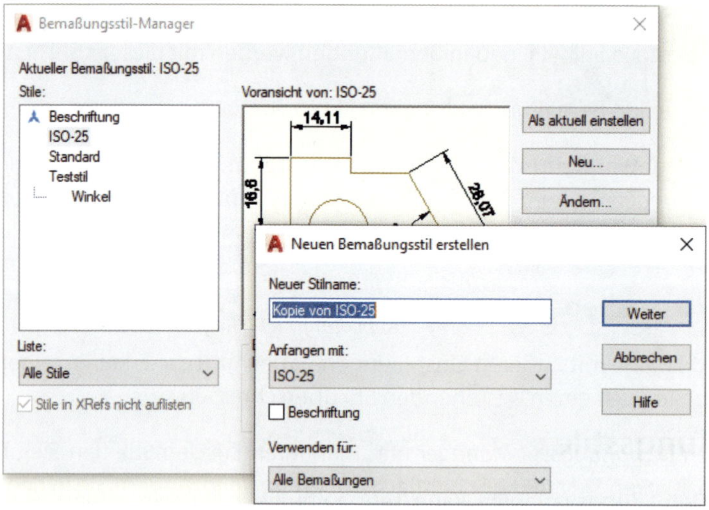

Abbildung 11.14: Dialogfelder zur Auswahl des Bemaßungsstils und Erzeugung eines neuen Stils

- Klicken Sie dann auf die Schaltfläche *Weiter*. Sie bekommen das Dialogfeld mit den sieben Registern zur Einstellung der Bemaßung angezeigt (siehe Kapitel 11.2). Stellen Sie für den neuen Stil alle Werte ein, die sich gegenüber dem Ausgangsstil ändern, und klicken Sie auf *OK*. Sie kommen zum Dialogfeld mit der Stilliste, in der Sie den neuen Stil finden.

11.3.3 Einen untergeordneten Bemaßungsstil erstellen

- Aktivieren Sie den *Bemaßungsstil-Manager*, markieren Sie einen Stil in der Liste und klicken Sie auf die Schaltfläche *Neu*. Tragen Sie keinen neuen Stilnamen ein, wählen Sie im Menü *Verwenden für* die Bemaßungsart, für die ein untergeordneter Stil erstellt werden soll, etwa für Winkelmaße.
- Klicken Sie auf *Weiter*, dann kommen Sie in das Dialogfeld zur Änderung der Bemaßungseinstellungen. Stellen Sie die vom übergeordneten Stil abweichenden Werte ein. Wenn Sie das Dialogfeld beenden, gelangen Sie zum ersten Dialogfeld zurück in dem der untergeordnete Stil der Liste unter seinem übergeordneten Stil aufgeführt ist (siehe Abbildung 11.14).

11.3.4 Änderung eines Bemaßungsstils

- Gehen Sie wie oben vor und klicken Sie einen bereits bestehenden Bemaßungsstil oder einen untergeordneten Bemaßungsstil in der Liste *Stile* an.
- Klicken Sie auf die Schaltfläche *Ändern*, ändern Sie den Stil und klicken Sie auf *OK*. Alle Maße, die mit diesem Stil erstellt wurden, werden in der Zeichnung entsprechend den neuen Einstellungen geändert.

11.3.5 Wechsel des Bemaßungsstils

Ein Stil ist immer der aktuelle Stil. Alle neuen Bemaßungen werden mit diesem Stil erstellt.

Zum Wechseln des aktuellen Bemaßungsstils gehen Sie so vor:

- Wählen Sie im Pull-down-Menü der Multifunktionsleiste im Register *Beschriftung* in der Gruppe *Bemaßungen* oder im Register *Start* in der Gruppe *Beschriftung* (erweiterter Bereich) den neuen aktuellen Stil aus.

11.3.6 Stil überschreiben

Wollen Sie nur wenige Maße mit anderen Einstellungen haben und dafür keinen eigenen Stil erstellen, können Sie auch einen bestehenden Stil überschreiben.

- Aktivieren Sie den *Bemaßungsstil-Manager* und markieren Sie den Stil, den Sie überschreiben wollen. Klicken Sie auf die Schaltfläche *Überschreiben*. Ändern Sie in den Registern des Dialogfelds für die Einstellungen die Werte, die sich unterscheiden sollen, und klicken Sie auf *OK*. In der Liste der Stile finden Sie unter dem überschriebenen Stil einen neuen Eintrag *Stilüberschreibungen*.
- Klicken Sie auf *Schließen* und bemaßen Sie. Diese Maße sind sozusagen »stillos«. Wenn Sie später einen Stil zum aktuellen Stil machen, werden diese Einstellungen verworfen. Die Maße, die mit den Einstellungen erstellt wurden, ändern sich aber nicht.

11.3.7 Übung: Bemaßen mit Bemaßungsstilen

- Laden Sie die Zeichnung ***A11-06.dwg*** aus dem Ordner *Aufgaben*. Die Zeichnung enthält ein einfaches Teil (siehe Abbildung 11.15). In der Zeichnung sind Bemaßungsstile definiert. Im Pull-down-Menü zur Auswahl der Stile bekommen Sie eine Voransicht der verfügbaren Stile (siehe Abbildung 11.15).
- Bemaßen Sie das Teil zum Beispiel wie in Abbildung 11.15, wenn auch ohne Anspruch auf normgerechte Darstellung, aber zur Übung mit unterschiedlichen Bemaßungsstilen. Im Ordner *Aufgaben* finden Sie die Beispiellösung ***L11-06.dwg***.

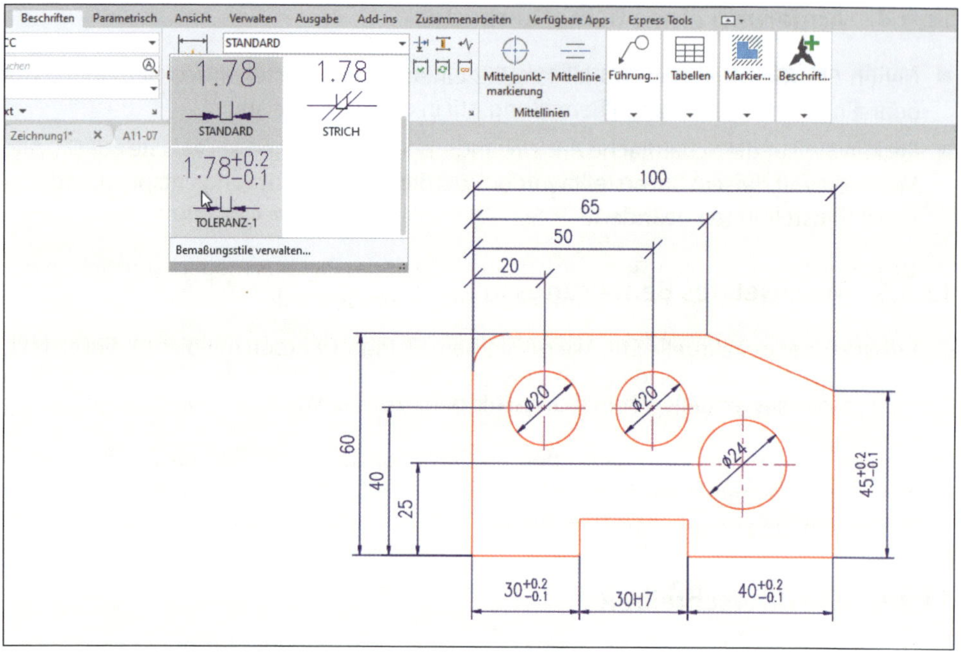

Abbildung 11.15: Bemaßung mit verschiedenen Bemaßungsstilen

11.4 Editierbefehle für Maße

Maße können Sie sehr einfach mit den Griffen bearbeiten. Ein Maß erhält beim Anklicken fünf Griffe:

- Je ein Griff befindet sich an den Anfangspunkten der Maßhilfslinien. Damit lassen sich die Hilfslinien verschieben.
- Je einen Griff finden Sie an den Endpunkten der Maßlinie. Damit kann die Maßlinie neu platziert werden.
- Ein Griff befindet sich am Maßtext, der damit neu positioniert werden kann.

Maße werden als zusammenhängende Einheiten erzeugt. Einzelne Bestandteile der Maße lassen sich nachträglich nicht ändern, beispielsweise eine Hilfslinie löschen, die Maßpfeile vergrößern usw. Sollen trotzdem Änderungen vorgenommen werden, stehen spezielle Editierbefehle für Maße zur Verfügung.

11.4.1 Befehl »Bemverklinie«

Bemaßen Sie ein unterbrochenes Teil in nicht maßstäblicher Darstellung, können Sie mit dem Befehl *Bemverklinie* auch das Maß unterbrochen darstellen (siehe Abbildung 11.16, oben).

Sie finden den Befehl:

- Multifunktionsleiste: Symbol im Register *Beschriften*, Gruppe *Bemaßungen*

  `Befehl eingeben` ***Bemverklinie***
  `Bemaßung auswählen, zu der die Verkürzung hinzugefügt werden soll, oder [Entfernen]:` ***Maß anklicken oder Option Entfernen wählen***
  `Verkürzungsposition angeben (oder ↵ drücken):` ***Position anklicken***

- **Objekt wählen:** Wählen Sie zunächst ein Maß mit der Pickbox möglichst gleich an der Stelle, an der das Verkürzungssymbol eingefügt werden soll.
- **Position wählen:** Bei der zweiten Anfrage können Sie mit ↵ das Symbol an der Stelle platzieren, an der Sie das Maß gewählt haben. Klicken Sie eine Position auf dem Maß an, wird das Symbol dort platziert. Die Größe des Symbols ist im Bemaßungsstil definiert.
- Mit der Option *Entfernen* bei der ersten Anfrage können Sie ein Maß anklicken, und ein schon gezeichnetes Symbol wird wieder entfernt.

11.4.2 Befehl »Bembruch«

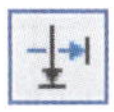

Überschneiden sich Maße, kann eine Zeichnung leicht unübersichtlich werden. Mit dem Befehl *Bembruch* können Sie Maßlinien oder Maßhilfslinien für eine bessere Darstellung unterbrechen (siehe Abbildung 11.16, Mitte).

- Multifunktionsleiste: Symbol im Register *Beschriften*, Gruppe *Bemaßungen*

  `Befehl eingeben` ***Bembruch***
  `Bemaßung für Hinzufügen/Entfernen eines Bruchs wählen oder [Mehrere]:`
  Maß anklicken oder Option Mehrere wählen, um mehrere Maße zu bearbeiten
  `Objekt zum Bruch der Bemaßung wählen oder [Auto/Wiederherstellen/Manuell] <Auto>:` ***Option wählen oder*** ↵

- **Objekt wählen:** Klicken Sie das Maß an, das unterbrochen werden soll. Bei der zweiten Anfrage können Sie ein Objekt wählen, an dem die Maßlinie oder Maßhilfslinie unterbrochen werden soll.
- **Optionen:** Bei der zweiten Abfrage haben Sie weitere Optionen: Mit der Option *Auto* wird ohne weitere Anfrage an jedem Objekt, das die Maßlinie oder Maßhilfslinie kreuzt, unterbrochen. Die Größe des Ausbruchs ist im Bemaßungsstil definiert. Wählen Sie dagegen die Option *Manuell*, können Sie die Position und die Größe des Ausbruchs manuell bestimmen. Die Option *Wiederherstellen* entfernt Ausbrüche wieder.

Unterbrechungen in Maßhilfslinien und Maßlinien sind assoziativ. Wird ein Maß verschoben, wandert die Unterbrechung mit. Wird das Objekt, das die Unterbrechung verursacht hat, aus dem Maß herausgeschoben, wird die Unterbrechung entfernt.

11.4.3 Befehl »Bemplatz«

Wenn Sie bemaßte Objekte ändern, kann es vorkommen, dass die Abstände der Maße zueinander nicht mehr stimmen. Mit dem Befehl *Bemplatz* können Maße neu angeordnet werden (siehe Abbildung 11.16, unten).

- Multifunktionsleiste: Symbol im Register *Beschriften*, Gruppe *Bemaßungen*

```
Befehl eingeben Bemplatz
Basisbemaßung wählen: Erstes Maß wählen
Zu verteilende Bemaßungen wählen: Weitere Bemaßungen wählen
...
Wert eingeben oder [Auto] <Auto>: Abstand eingeben oder Option Auto wählen
```

- **Basisbemaßung wählen:** Wählen Sie das Maß, an dem die anderen ausgerichtet werden sollen.
- **Zu verteilende Bemaßungen wählen:** Danach wählen Sie die Maße, die daran ausgerichtet werden sollen. Dann geben Sie den Abstand der Maße zueinander ein. Mit *Auto* wird der Abstand aus dem Bemaßungsstil verwendet.

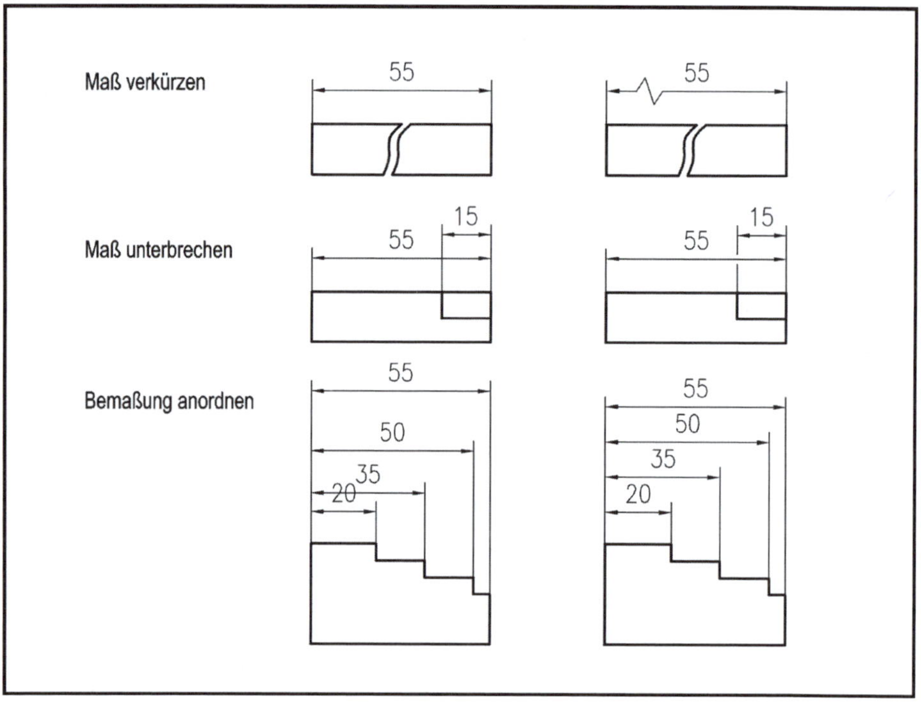

Abbildung 11.16: Verkürzte Bemaßung, unterbrochenes Maß und Bemaßung anordnen

11.4.4 Übung: Maße editieren

- Laden Sie die Zeichnung ***A11-07.dwg*** aus dem Ordner *Aufgaben*.
- Ändern Sie die Maße mit den Befehlen wie in Abbildung 11.16.
- Eine Musterlösung finden Sie im gleichen Ordner in der Datei ***L11-07.dwg***.

11.5 Führungslinien

Führungslinien werden verwendet, um Hinweise, Nummern, Kommentare usw. an Objekte in der Zeichnung anzuhängen. Auch bei Änderungen sollten diese mit dem ursprünglichen Objekt verbunden bleiben. Führungslinien sind assoziativ.

11.5.1 Befehl »Mführung«

Mit dem Befehl *Mführung* erstellen Sie eine *Multi-Führungslinie*.

- Multifunktionsleiste: Symbol in einem Flyout im Register *Start*, Gruppe *Beschriftung*, und Symbol im Register *Beschriften*, Gruppe *Führungslinien*

Folgende Möglichkeiten haben Sie bei der Erstellung:

```
Befehl eingeben Mführung
Position für Führungslinienpfeilspitze angeben oder
[führungslinienVerlängerung zuerst/Inhalt zuerst/Optionen] <Optionen>:
Position der Pfeilspitze eingeben
Position der Führungslinienverlängerung wählen: Position der
Führungslinienverlängerung eingeben
```

Geben Sie zunächst den Punkt an, auf den die Pfeilspitze zeigen soll, und dann die Position des Endes der Führungslinie. Das Format der Führungslinie wird vom *Multi-Führungslinien-Stil* gesteuert, dazu später mehr. Standardmäßig ist der so eingestellt, dass Sie nur zwei Punkte eingeben können. Danach wird der *Führungslinientext* angefragt. Den können Sie im Texteditor eingeben, und wenn Sie mit *OK* bestätigen bzw. das Symbol *Texteditor schließen* in der Multifunktionsleiste anklicken, wird die Führungslinie gezeichnet.

Bei der ersten Anfrage können Sie weitere Optionen wählen. Es ist möglich, die Reihenfolge der Positionseingaben zu ändern. Sie können mit der Option *Inhalt* zuerst den Text eingeben und dann die Pfeilspitze platzieren oder die Führungslinienverlängerung zuerst eingeben. Damit ist die Knickstelle gemeint, an deren Verlängerung der Text platziert wird. Mit der Auswahl *Optionen* lassen sich abweichend vom *Multi-Führungslinien-Stil* Format und Inhalt verändern.

11.5.2 Führungslinien hinzufügen bzw. entfernen

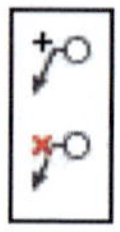

Zwei weitere Funktionen helfen Ihnen, Multi-Führungslinien um zusätzliche Linien zu erweitern bzw. diese wieder zu entfernen.

- Multifunktionsleiste: Symbole in einem Flyout im Register *Start*, Gruppe *Beschriftung*, und Symbole im Register *Beschriften*, Gruppe *Führungslinien*

Im ersten Fall wählen Sie die Multi-Führungslinie an und weitere Positionen für Pfeilspitzen. Es werden mehrere Führungslinien von einem Text weg gezeichnet. Mit der zweiten Funktion können Sie die zusätzlichen Führungslinien wieder entfernen, wählen Sie zuerst die gesamte Multi-Führungslinie an und danach die Führungslinien, die entfernt werden sollen.

11.5.3 Wahl des Multi-Führungslinien-Stils

Format und Inhalt werden im Multi-Führungslinien-Stil festgelegt. Wie bei den Bemaßungsstilen können Sie in der Zeichnung beliebig viele Stile definieren. In einem Pull-down-Menü wählen Sie vor dem Platzieren den Stil. Die danach gezeichneten Objekte werden mit diesem Stil erstellt. Sie finden das Pull-down-Menü:

- In der Multifunktionsleiste: Register *Start*, Gruppe *Beschriftung* (erweiterter Bereich), und im Register *Beschriften*, Gruppe *Führungslinien*

11.5.4 Übung: Multi-Führungslinien zeichnen

- Laden Sie die Zeichnung ***A11-08.dwg*** aus dem Ordner *Aufgaben* und wählen Sie zuerst den Multi-Führungslinien-Stil *Standard*. Platzieren Sie die Führungslinien mit Text wie in Abbildung 11.17.
- Fügen Sie bei den Schrauben eine zweite Führungslinie hinzu. Wechseln Sie dann zum Multi-Führungslinien-Stil *Punkt* und setzen Sie die Multi-Führungslinien am rechten Rand (siehe Abbildung 11.17) mit fortlaufenden Nummern in einen Kreis. Eine Beispiellösung haben Sie in der Zeichnung ***L11-08.dwg*** im Ordner *Aufgaben*.

11.5.5 Multi-Führungslinien ausrichten

Mit zwei Funktionen können Sie Multi-Führungslinien ausrichten bzw. gruppieren. Zunächst der Befehl *Mführaus* zum Ausrichten:

- Multifunktionsleiste: Symbole in einem Flyout im Register *Start*, Gruppe *Beschriftung*, und Symbol im Register *Beschriften*, Gruppe *Führungslinien*

```
Befehl eingeben Mführaus
Multi-Führungslinien auswählen: Multi-Führungslinien wählen und mit ↵ beenden
Aktueller Modus: Abstand: 5.000000
Multi-Führungslinie auswählen, an der die Ausrichtung erfolgen soll,
oder [Optionen]:
```

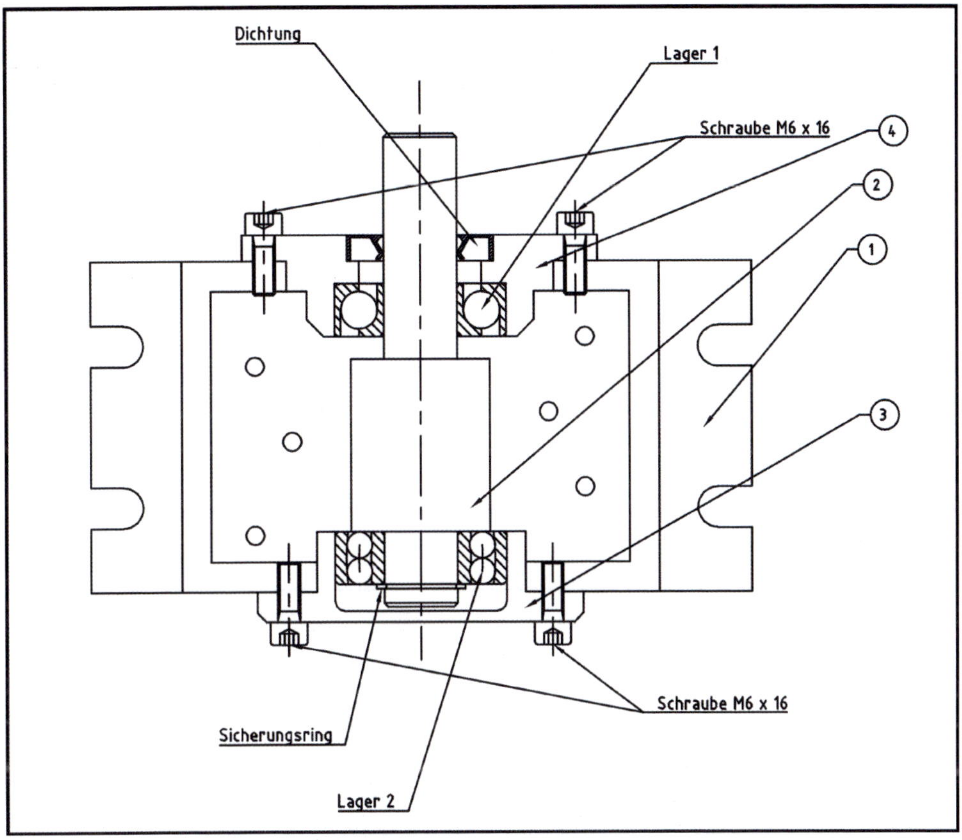

Abbildung 11.17: Verschiedene Multi-Führungslinien

Wählen Sie die Multi-Führungslinien an. Nach Beenden der Auswahl wird Ihnen angezeigt, welcher Ausrichtemodus aktiv ist. Je nach Vorwahl sind dann noch verschiedene Eingaben für die Ausrichtung erforderlich.

- **Ausrichtemodus:** Mit Auswahl von *Optionen* werden die Ausrichtemodi aufgelistet:

  ```
  Multi-Führungslinie auswählen, an der Ausrichtung erfolgen soll,
  oder [Optionen]: Optionen eingeben
  Option eingeben [Verteilen/führungsliniensegmente Parallel machen/Abstand
  angeben/aktuellen abstand vErwenden/] <Abstand angeben>:
  ```

- **Verteilen:** Es werden zwei Punkte angefragt, und die Texte werden in diesem Bereich verteilt. In Abbildung 11.18 wurde die obere Reihe so erzeugt.
- **Führungsliniensegmente parallel machen:** Die Liniensegmente werden parallel zueinander ausgerichtet. Klicken Sie dazu eine Linie an, und die anderen werden danach ausgerichtet.

- **Aktuellen Abstand verwenden:** Damit können Sie eine Multi-Führungslinie wählen und eine Richtung zeigen. Die weiteren werden im angegebenen Abstand und in der gewählten Richtung angeordnet. Den Abstand können Sie mit der Option *Abstand* festlegen. Die Anordnung unten rechts in Abbildung 11.18 wurde so erzeugt.

11.5.6 Multi-Führungslinien gruppieren

Mit dem Befehl *Mführsammeln* können Multi-Führungslinien gruppiert werden. Das funktioniert allerdings nur bei Multi-Führungslinien mit einem Block am Ende.

- Multifunktionsleiste: Symbole in einem Flyout im Register *Start*, Gruppe *Beschriftung*, und Symbol im Register *Beschriften*, Gruppe *Führungslinien*

`Befehl eingeben` ***`Mführsammeln`***

`Multi-Führungslinien auswählen:` ***`Multi-Führungslinien wählen und Auswahl mit ↵ beenden`***

`Abgerufene Position der Multi-Führungslinie angeben oder [Vertikal/Horizontal/Umbruch] <Horizontal>:`

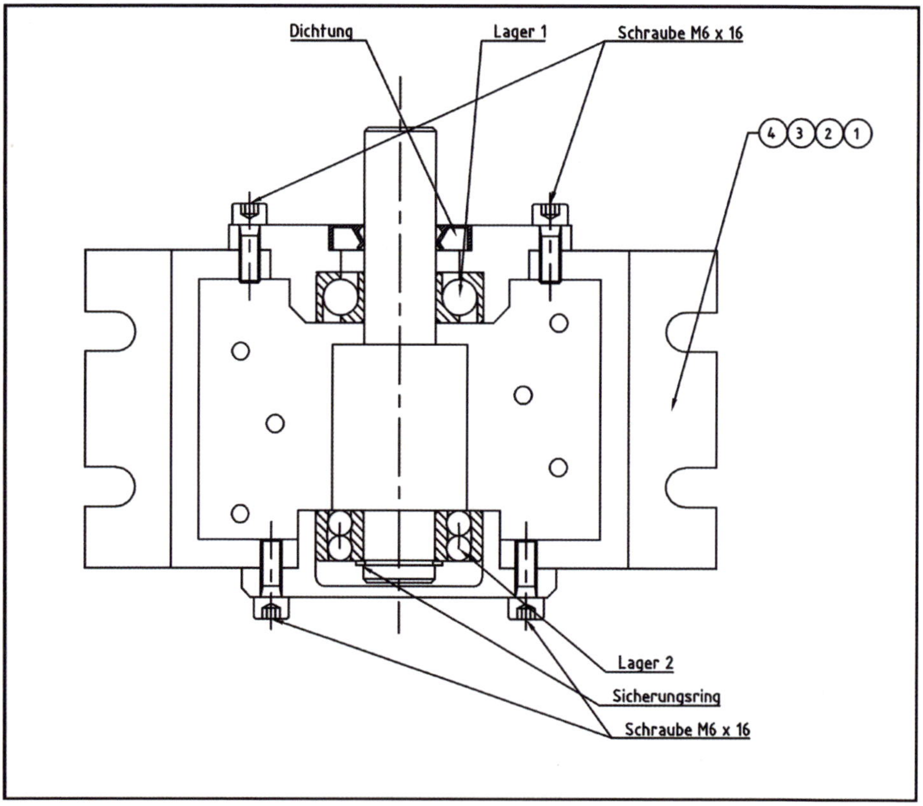

Abbildung 11.18: Multi-Führungslinien angeordnet

Wählen Sie die Multi-Führungslinien und klicken Sie die Position an, an der die Anmerkungen platziert werden sollen. Mit den Optionen *Horizontal* und *Vertikal* können Sie die entsprechende Ausrichtung wählen. Haben Sie die Option *Horizontal* gewählt, können Sie mit der Option *Umbruch* außerdem wählen, ab welcher Breite die Zeile umbrochen werden soll und in einer Zeile darunter angeordnet wird. Bei der Umbruchbreite 0 erfolgt kein Umbruch. Die Anordnung oben rechts in Abbildung 11.18 wurde so erzeugt.

11.5.7 Übung: Multi-Führungslinien anordnen

- Bearbeiten Sie die Zeichnung aus der vorherigen Übung weiter oder laden Sie die Zeichnung ***A11-09.dwg*** aus dem Ordner *Aufgaben*.
- Ordnen Sie die Multi-Führungslinien wie in Abbildung 11.18 an. Eine Musterlösung haben Sie in der Datei ***L11-09.dwg*** im Ordner *Aufgaben*.

11.5.8 Griffe an Multi-Führungslinien

Sie können die Multi-Führungslinien auch an den Griffen bearbeiten. Mit den unterschiedlichen Griffen können Sie die Pfeilspitze neu platzieren, den Inhalt verschieben oder die waagerechte Verlängerung ändern.

11.6 Multi-Führungslinien-Stil

Form und Inhalt der Multi-Führungslinien werden durch den *Multi-Führungslinien-Stil* festgelegt. Die Verwaltung dieser Stile funktioniert ähnlich wie bei den Bemaßungsstilen. Mit dem Befehl *Mführungsstil* aktivieren Sie das Dialogfeld des *Multi-Führungslinien-Stil-Managers* (siehe Abbildung 11.19, links).

- Multifunktionsleiste: Symbol im Register *Start*, Gruppe *Beschriftung* (erweiterter Bereich) und im Register *Beschriften*, Gruppe *Führungslinien* (Pfeil rechts unten)

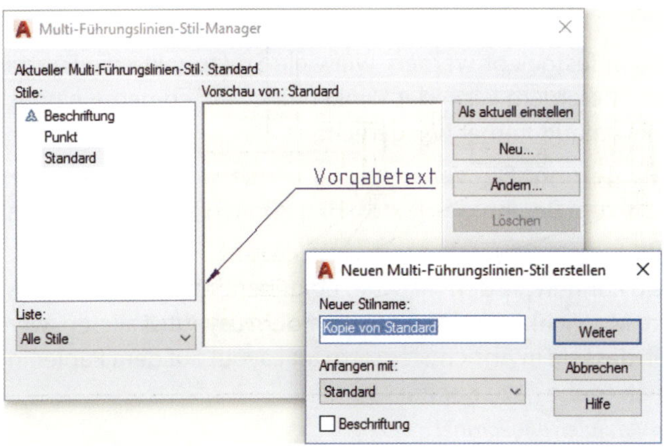

Abbildung 11.19: Multi-Führungslinien-Stil-Manager und Dialogfeld für neuen Stil

In der Liste *Stile* haben Sie die Stile der aktuellen Zeichnung. Unter der Liste können Sie in einem Pull-down-Menü wählen, ob Sie alle Stile anzeigen lassen wollen oder nur die verwendeten. Im mittleren Fenster sehen Sie die Vorschau des markierten Stils. Einen Stil, der nicht verwendet wurde, können Sie mit der Schaltfläche *Löschen* entfernen. Mit der Schaltfläche *Ändern* können Sie den markierten Stil in einem weiteren Dialogfeld (siehe unten) ändern. Mit der Schaltfläche *Neu* erstellen Sie einen neuen Stil. In einem Dialogfeld können Sie in einem Pull-down-Menü wählen, mit welchem Stil Sie beginnen wollen (siehe Abbildung 11.19, rechts). Danach erscheint das Dialogfeld mit drei Registern zum Erstellen bzw. Ändern von Multi-Führungslinien-Stilen.

11.6.1 Einstellungen im Multi-Führungslinien-Stil

Haben Sie einen Multi-Führungslinien-Stil zum Ändern angewählt oder erstellen Sie einen neuen, wird das Dialogfeld mit den drei Registern *Führungslinien-Format*, *Führungslinien-Struktur* und *Inhalt* eingeblendet (siehe Abbildung 11.20).

Register »Führungslinien-Format«

- **Allgemein:** Wählen Sie den Führungslinientyp (siehe Abbildung 11.20, links) – Gerade, Spline oder gar keine Führungslinie (siehe Abbildung 11.22, a) – sowie deren Farbe, Linientyp und Linienstärke.
- **Pfeilspitze:** In einem Pull-down-Menü finden Sie die verschiedenen Symbole: Pfeile, Punkte, Dreiecke, Schrägstriche und mehr (siehe Abbildung 11.22, b). Zudem können Sie die Größe wählen.
- **Führungslinienbruch:** Multi-Führungslinien können wie Maße mit dem Befehl *Bembruch* unterbrochen werden. Dieser Wert legt fest, wie weit die Führungslinie in diesem Fall aufgebrochen wird.

Register »Führungslinien-Struktur«

Im zweiten Register wird die Struktur der Multi-Führungslinie festgelegt (siehe Abbildung 11.20, rechts).

- **Abhängigkeiten:** Hier kann festgelegt werden, wie viele Stützpunkte die Führungslinie maximal haben darf. Außerdem kann der Winkel für zwei Segmente eingestellt werden. Die Verlängerung verläuft immer waagerecht.
- **Einstellungen der Verlängerung:** Die Verlängerung ist die waagerechte Linie am Ende der Führungslinie bis zum Beginn des Textes. Hier können Sie diese einschalten und die Länge einstellen.
- **Maßstab:** Im unteren Feld können Sie den Maßstab eingeben. Wie bei den Maßen haben Sie noch zwei andere Möglichkeiten. Wenn Sie mit dem Layout skalieren, werden die Größen so eingestellt, dass sie in Ansichtsfenstern im Layout auf dem Papier in der richtigen Größe erscheinen (siehe dazu Kapitel 15).

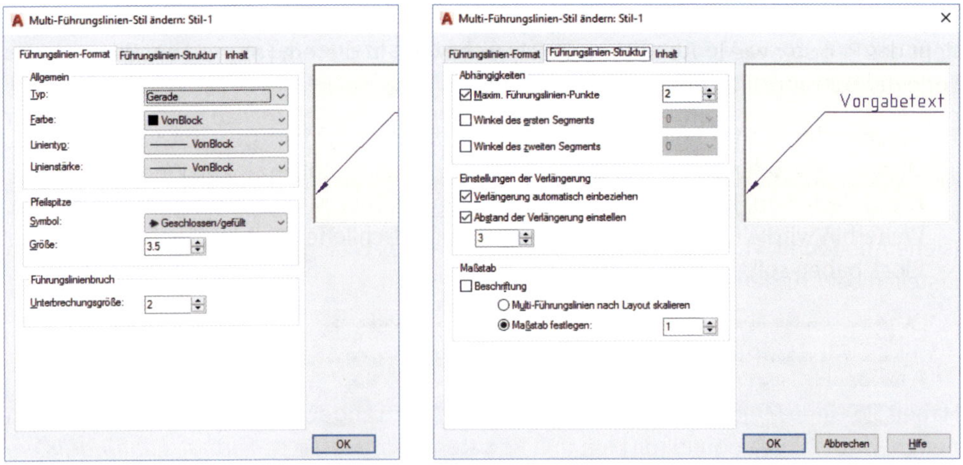

Abbildung 11.20: Multi-Führungslinien-Stil, Register »Führungslinien-Format« und »Führungslinien-Struktur«

Register »Inhalt«

Das dritte Register sieht unterschiedlich aus, je nachdem, was im oberen Pull-down-Menü *Multi-Führungslinien-Typ* gewählt wurde (siehe Abbildung 11.21). Wurde *MText* gewählt (siehe Abbildung 11.21, links), wird ein Text an das Ende der Führungslinie gesetzt. Wählen Sie dagegen *Keine*, wird nichts ans Ende gesetzt und das Register bleibt leer. Wählen Sie *Block*, sieht das Register wie in Abbildung 11.21, rechts aus. Verschiedene Varianten sehen Sie in Abbildung 11.22, c.

- **Textoptionen:** Im Feld *Vorgabetext* kann im Texteditor ein Text eingegeben und formatiert werden, wenn Sie auf das Symbol mit den drei Punkten rechts vom Textfeld klicken. Dieser Text wird dann beim Platzieren der Führungslinie als Vorgabetext übernommen, kann aber geändert werden. Darunter wählen Sie *Textstil*, *Textwinkel*, *Textfarbe* und *Texthöhe*. Da der Text auch mehrzeilig sein kann, wird er linksbündig ausgerichtet, wenn die Führungslinie nach rechts zeigt, und rechtsbündig, wenn sie nach links zeigt. Haben Sie die Option *Immer linksbündig* eingeschaltet, wird der Text immer linksbündig ausgerichtet. Ist die Option *Rahmentext* aktiviert, wird um den Text ein Rahmen gezeichnet.
- **Führungslinien-Verbindung:** Hier stellen Sie ein, ob die Führungslinie horizontal gezeichnet werden soll (Einstellung *Zuordnung horizontal*). Die Variante *Zuordnung vertikal* zeichnet die Linie direkt ohne horizontales Segment. In beiden Fällen kann eingestellt werden, wo die Verlängerung an den Text anschließen soll oder ob die unterste Textzeile unterstrichen werden soll (siehe Abbildung 11.22, d). Das kann für Führungslinien nach rechts und links getrennt eingestellt werden. Außerdem lässt sich der Abstand des Textes zur Verlängerung einstellen.

Haben Sie im oberen Pull-down-Menü des Registers Inhalt den Eintrag *Block* gewählt, sieht das Register wie in Abbildung 11.21, rechts aus. In diesem Fall wird ein Block an das Ende der Führungslinie gesetzt.

- **Blockoptionen:** Im Pull-down-Menü kann ein Blocksymbol gewählt werden (Kreis, Quader usw. oder ein in der Zeichnung definierter Benutzerblock). Wenn die Blöcke Attribute haben, können Sie diese beim Einfügen der Multi-Führungslinie ausfüllen. Weiterhin wird eingestellt, wo die Verbindung anschließen soll und welche Farbe der Block haben soll.

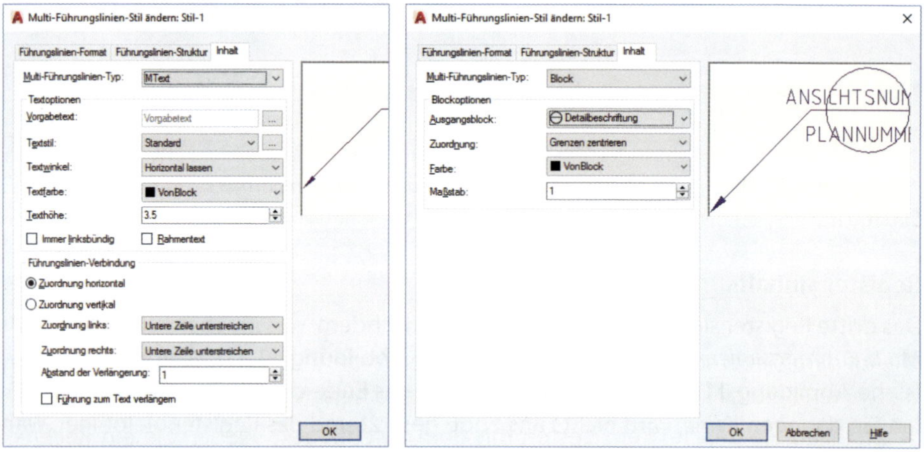

Abbildung 11.21: Multi-Führungslinien-Stil, Register »Inhalt«, Einstellung MText (links) und Einstellung Block (rechts)

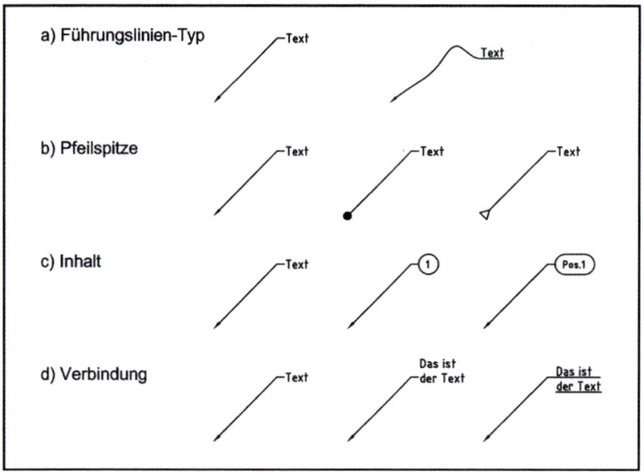

Abbildung 11.22: Beispiele für unterschiedliche Multi-Führungslinien-Stile

Hinweis: Eine Arbeitsweise für fortgeschrittene Benutzer ist die Verwendung von Beschriftungsobjekten. Die Beschreibung dazu finden Sie in der Datei *Expert.pdf* in Kapitel 3 in Ihrem Ordner mit den Aufgaben.

12. Projekt Pleuel, Folge 2: Schraffieren, Beschriften, Bemaßen

Erinnern Sie sich noch? In Kapitel 7 haben Sie das Projekt Pleuel begonnen. Die Zeichnung war zwar komplett. Aber eine technische Zeichnung enthält mehr als nur Konturen. Was noch fehlt, sind Schraffuren, Texte, Maße und weitere Details. Machen wir also mit dem Stand am Ende von Kapitel 7 weiter.

12.1 Weitermachen mit dem Stand aus Kapitel 7

- Holen Sie sich den Stand vom Ende von Kapitel 7. Falls Sie ihn nicht haben, laden Sie die Datei *A12-01.dwg* aus dem Ordner *Aufgaben* und arbeiten damit.

12.2 Das Objekt beschriften

- Auf dem Pleuel soll eine Teile-Nummer in der Vertiefung angebracht werden. Zoomen Sie den Bereich vorher möglichst formatfüllend heraus.
- Erstellen Sie den Text am besten mit dem Befehl *Mtext*. Ziehen Sie ein Rechteck in der Vertiefung auf, etwa in der Größe des gewünschten Textes (siehe Abbildung 12.1, oben).

Abbildung 12.1: Der Text auf dem Objekt

- Schreiben Sie im Texteditor den Text *Teile Nr.: 12345-005-xyz* mit einer Texthöhe von 4. Beenden Sie den Texteditor und schieben Sie den Text am Griff seines Einfügepunktes an die gewünschte Stelle (siehe Abbildung 12.1, unten).
- Schraffieren Sie den Schnitt mit einem einfachen Linienmuster unter 45° und mit einem Linienabstand von 3 (siehe Abbildung 12.2).

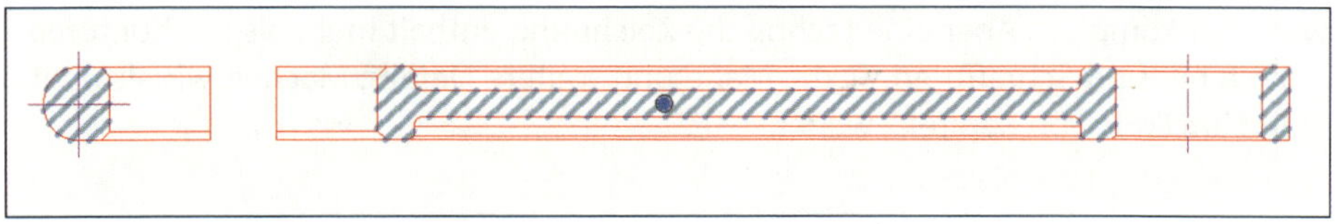

Abbildung 12.2: Schraffieren des Schnitts

- Bringen Sie zunächst die linearen Maße an (siehe Abbildung 12.3).

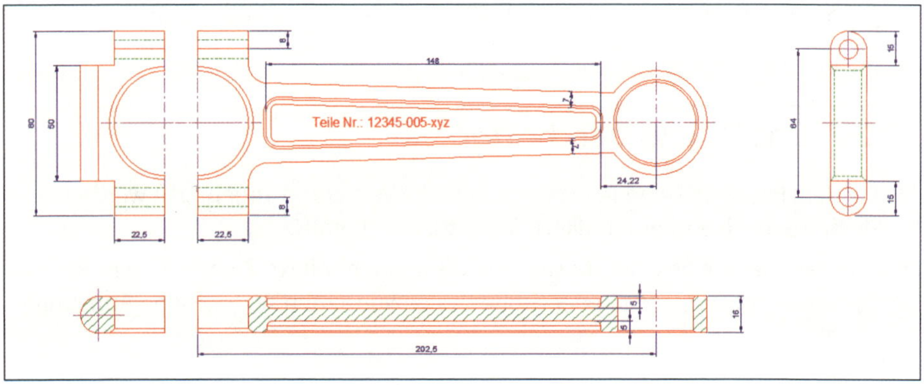

Abbildung 12.3: Bemaßen mit linearen Maßen

- Jetzt Radien und Durchmesser bemaßen (siehe Abbildung 12.4) ...

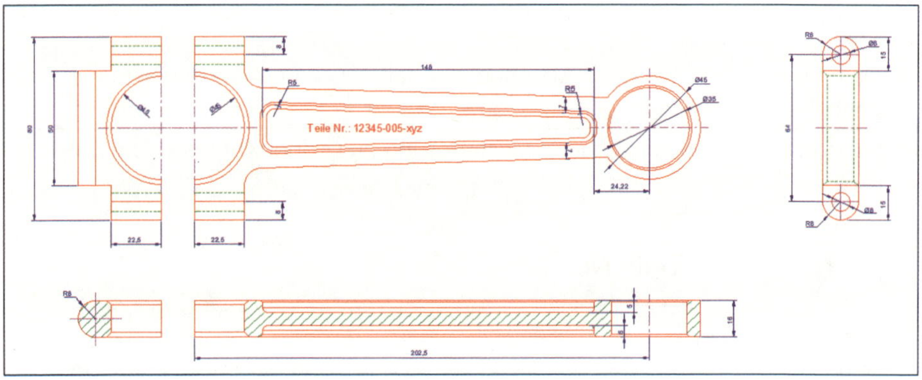

Abbildung 12.4: Bemaßen von Radien und Durchmessern

- ... und auch noch die Winkelmaße (siehe Abbildung 12.5).

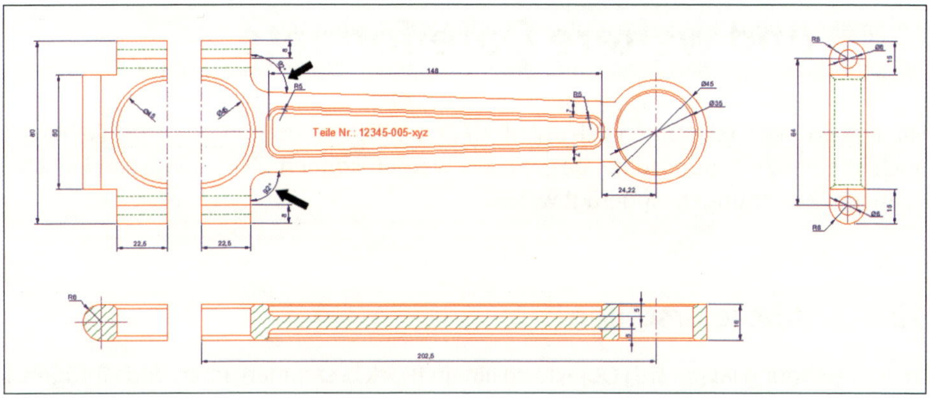

Abbildung 12.5: ... und noch zwei Winkelmaße

- Der Rest wird mit Führungslinien versehen (siehe Abbildung 12.6).

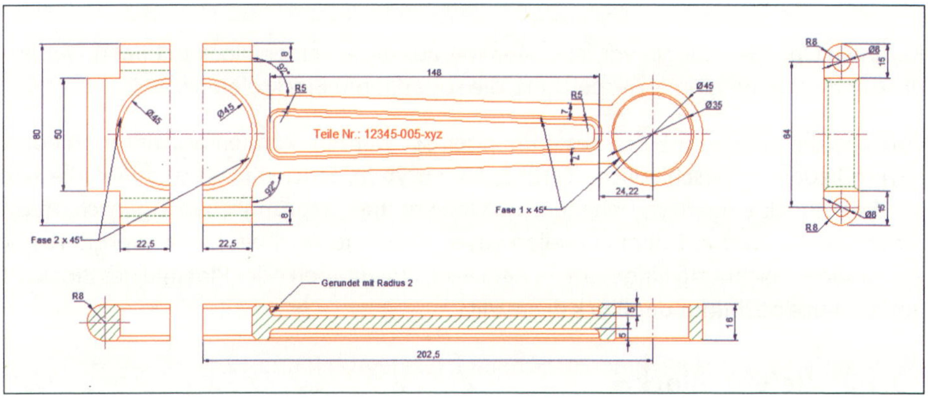

Abbildung 12.6: Mit Führungslinien ausstatten

- Damit haben Sie auch diese Aktionen geschafft. Speichern Sie diesen Stand, Sie brauchen ihn später wieder.
- Falls nicht, Sie haben auch eine Musterlösung im Ordner *Aufgaben*, die Datei ***L12-01.dwg***.

13. Blöcke, externe Referenzen, Gruppen und weitere Dateiformate

Häufig benötigte Teile lassen sich in AutoCAD zu Blöcken zusammenfassen, die bei Bedarf auch in einer Zeichnungsdatei gespeichert werden können. Zeichnungsdateien können in andere Zeichnungen eingefügt werden.

13.1 Blöcke erstellen

In der Zeichnung lassen sich Objekte zu einem Block zusammenfassen und einfügen. Diese werden in der Zeichnung gespeichert, in der sie gebildet wurden. Sie können aber auch in eine eigenständige Zeichnungsdatei exportiert werden.

13.1.1 Eigenschaften von Blöcken

Kommen Objekte häufiger vor, ist es sinnvoll, aus diesen einen Block zu bilden. Dabei wird die Geometrie nur einmal gespeichert, die sogenannte Blockreferenz.

Objekte, die zu einem Block zusammengefasst werden, können auf unterschiedlichen Layern liegen, unterschiedliche Farben, Linientypen, Strichstärken und Plotstile haben. Wird der Block eingefügt, behalten die Objekte ihre ursprünglichen Eigenschaften. Die Blockreferenz wird auf dem aktuellen Layer abgelegt. Wird ein Block exportiert und in eine andere Zeichnung eingefügt, in der Layer, Linientypen oder Plotstile des Blocks nicht vorhanden sind, bringt der Block diese mit.

13.1.2 Befehl »Block«

Blöcke erstellen Sie mit dem Befehl *Block*. Sie finden den Befehl:

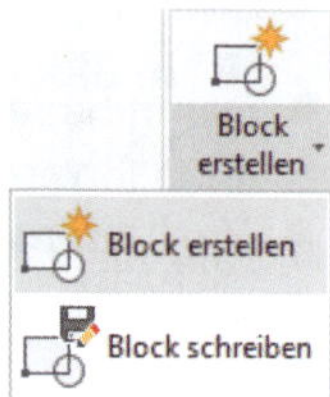

- Multifunktionsleiste: Symbol in einem Flyout im Register *Einfügen*, Gruppe *Blockdefinition*, und im Register *Start*, Gruppe *Block*

Es erscheint das Dialogfeld aus Abbildung 13.1.

Gehen Sie bei der Bildung eines neuen Blocks wie folgt vor:

- **Name:** Tragen Sie im Feld *Name* ganz oben den Blocknamen ein. Rechts daneben befindet sich ein Voransichtsfenster. Im Pull-down-Menü können Sie einen bereits vorhandenen Block zum Überschreiben auswählen. In diesem Fall werden alle Blöcke der Zeichnung dieses Namens ersetzt.

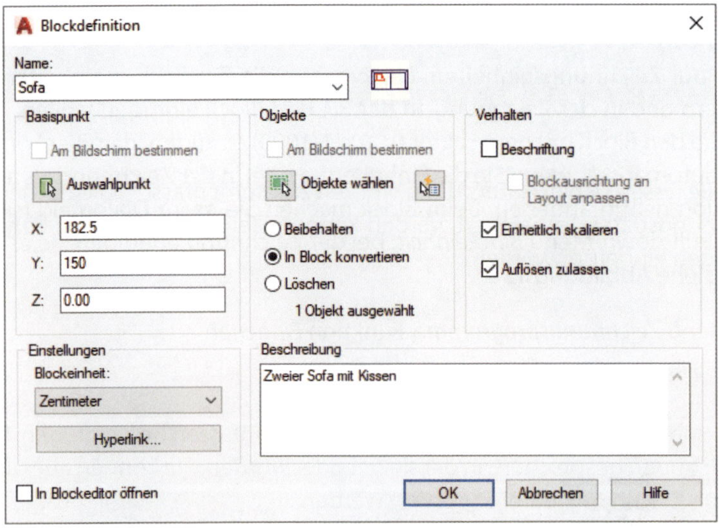

Abbildung 13.1: Dialogfeld zum Erstellen eines Blocks

- **Auswahlpunkt:** Das ist der Punkt, an dem der Block später in der Zeichnung platziert wird. Klicken Sie auf das Symbol *Auswahlpunkt*, dann können Sie den Punkt in der Zeichnung wählen. Mit der Option *Am Bildschirm bestimmen* können Sie den Basispunkt in der Zeichnung festlegen, wenn Sie das Dialogfeld mit *OK* beendet haben.

- **Objekte wählen:** Klicken Sie auf das Symbol und Sie können die Objekte wählen. Danach erscheint das Dialogfeld wieder. Auch hier gibt es die Option *Am Bildschirm bestimmen*. Sie können die Objekte wählen, wenn das Dialogfeld mit *OK* beendet wird.
- Danach müssen Sie entscheiden, was mit den gewählten Objekten nach dem Erzeugen des Blocks geschehen soll:
  - **Beibehalten:** Die Objekte bleiben unverändert.
  - **In Block konvertieren:** Die Objekte werden durch den neuen Block ersetzt.
  - **Löschen:** Die Objekte werden aus der Zeichnung gelöscht.
- **Verhalten:** Haben Sie die Option *Einheitlich skalieren* angewählt, können Sie den Block nicht mit unterschiedlichen x-, y- und z-Faktoren einfügen. Wenn die Option *Auflösen zulassen* aktiviert ist, kann der Block später zerlegt werden.
- **Blockeinheiten:** In dem Pull-down-Menü können Sie die Einheiten für den Block wählen. Fügen Sie den Block ein, wird er automatisch entsprechend seinen Einheiten skaliert eingefügt (siehe unten).
- **In Blockeditor öffnen:** Ist diese Option eingeschaltet, wird der Block im Blockeditor zur weiteren Bearbeitung geöffnet (siehe Kapitel 13.4).

13.1.3 Einheiten von Zeichnungen und Blöcken

In AutoCAD gibt es nur Zeichnungseinheiten. Entsprechen die Zeichnungseinheiten im Block aber Millimetern und in der Zeichnung, in der Sie den Block einfügen wollen, Metern, dann müssen Sie den Block mit dem Faktor 0.001 (1/1000) einfügen, damit er korrekt erscheint. Das geht automatisch, wenn Sie die Einheiten sowohl in der Zeichnung als auch bei der Blockdefinition richtig angeben. Beim Block machen Sie es im Dialogfeld (siehe Abbildung 13.1) im Pull-down-Menü *Blockeinheit*, bei der Zeichnung erledigen Sie es mit dem Befehl *Einheit* (siehe Abbildung 13.2).

- Menübrowser, Menü *Zeichnungsprogramme*, Funktion *Einheiten*

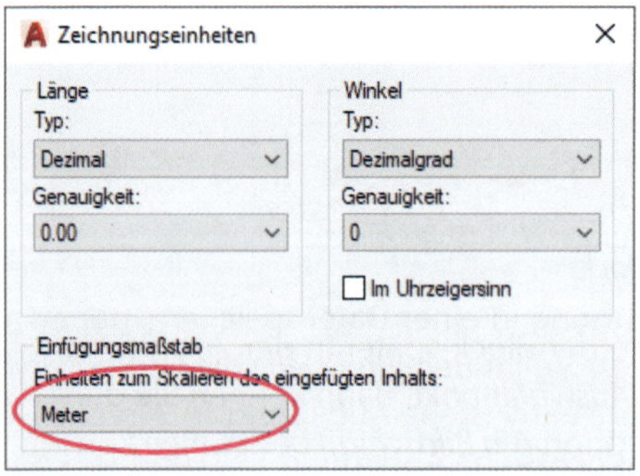

Abbildung 13.2: Einstellung des Einfügungsmaßstabs der Zeichnung

13.2 Blöcke schreiben

Um den Block auch in anderen Zeichnungen verwenden zu können, kann aus dem Block eine Zeichnungsdatei erstellt werden. Das geht mit dem Befehl *Wblock*.

13.2.1 Befehl »Wblock

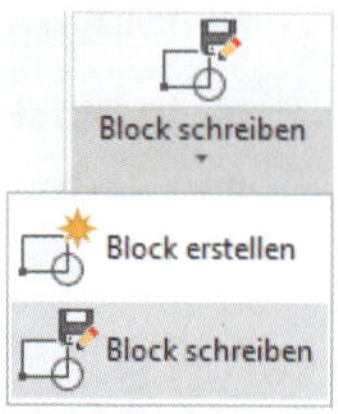

Sie finden den Befehl:

- Multifunktionsleiste: Symbol in einem Flyout im Register *Einfügen*, Gruppe *Blockdefinition*

Sie erhalten ein Dialogfeld (siehe Abbildung 13.3).

- **Block:** Wählen Sie im Bereich *Quelle* im Pull-down-Menü den zu speichernden Block (siehe Abbildung 13.3, links). Im Bereich *Ziel* bestimmen Sie den Speicherort und den Dateinamen. Im Pull-down-Menü *Einheiten einfügen* können Sie die Einheiten für die automatische Skalierung beim Einfügen wählen.
- **Gesamte Zeichnung:** In diesem Fall wird die aktuelle Zeichnung komplett bereinigt mit dem gewählten Dateinamen gespeichert.

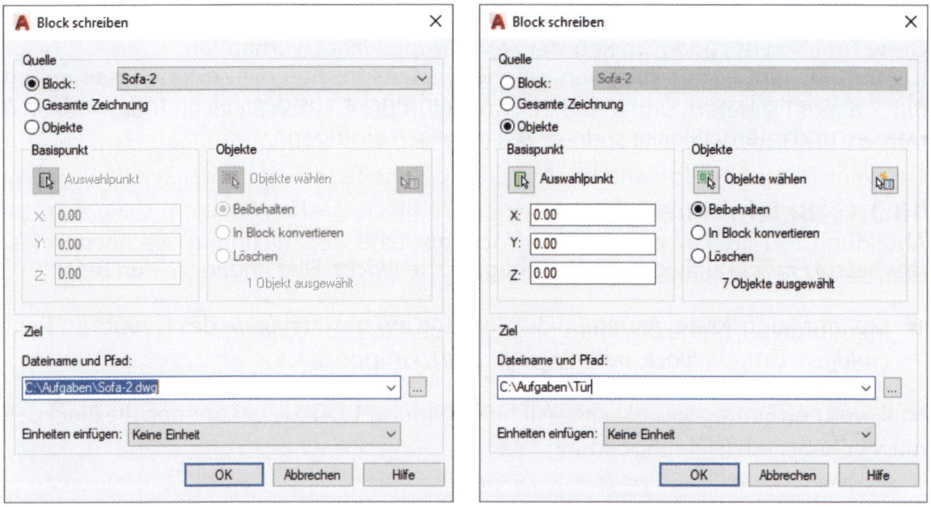

Abbildung 13.3: Dialogfeld »Block schreiben« für unterschiedliche Funktionen

- **Objekte:** Wollen Sie Objekte aus der Zeichnung in einer Datei speichern, haben aber noch keinen Block daraus gebildet, schalten Sie im Bereich *Quelle* die Option *Objekte* ein und der mittlere Teil des Dialogfelds wird aktiv (siehe Abbildung 13.3, rechts). Dieser entspricht dem Dialogfeld des Befehls *Block* (siehe Abbildung 13.1) und Sie können Basispunkt und Objekte bestimmen.

13.3 Die Blockpalette

Bleiben wir zunächst bei den Blöcken in der Zeichnung. Diese lassen sich aus einem Flyout im Register *Einfügen*, Gruppe *Block* (siehe Abbildung 13.4), einfügen.

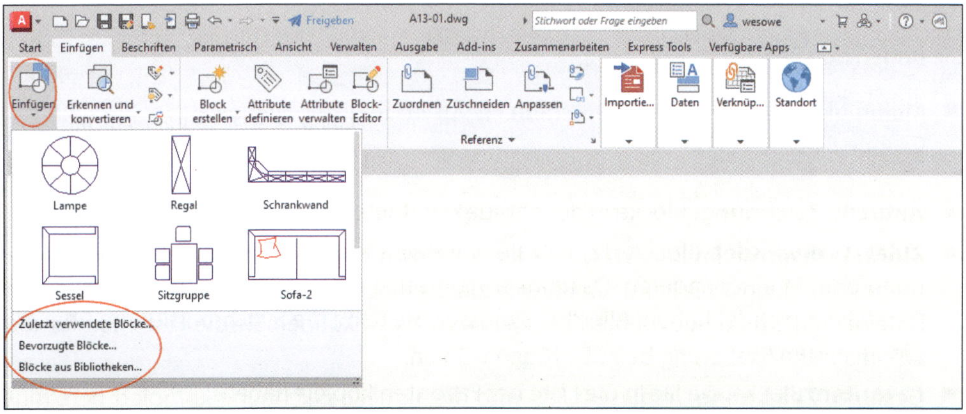

Abbildung 13.4: Einfügen von Blöcken aus einem Flyout der Multifunktionsleiste

Per Klick auf das Symbol im Flyout können die Blöcke in der Zeichnung platziert werden. Diese Funktion ist zudem im Register *Start*, Gruppe *Block*, vorhanden.

Mit der Palette lassen sich dagegen nicht nur Blöcke aus der Zeichnung, sondern auch Dateien und interne Blöcke anderer Zeichnungen einfügen.

13.3.1 Befehl »Einfüge«

Der Befehl *Einfüge* aktiviert die Werkzeugpalette *Blöcke*. Hier finden Sie den Befehl:

- Multifunktionsleiste: An einem der Einträge am unteren Ende des Flyouts im Register *Einfügen*, Gruppe *Block*, oder Register *Start*, Gruppe *Block*

Egal, welchen Eintrag Sie anklicken (siehe Abbildung 13.4), Sie bekommen die Blockpalette mit vier Registern (siehe Abbildung 13.5).

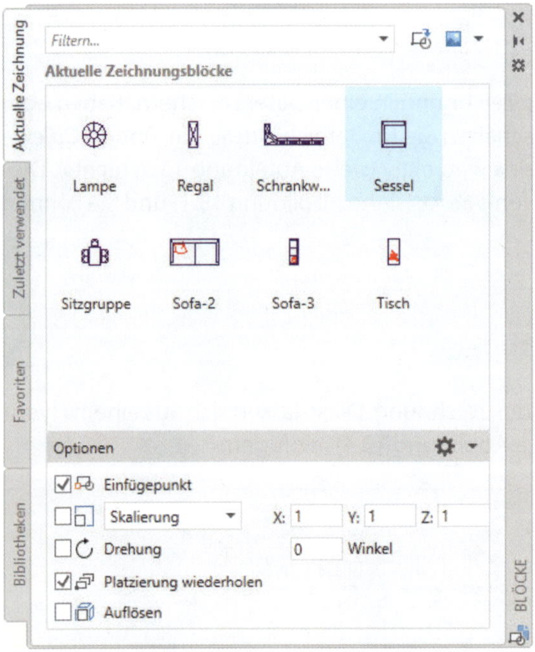

Abbildung 13.5: Die Blockpalette mit dem Register »Aktuelle Zeichnung«

- **Aktuelle Zeichnung:** Blöcke in der gerade geöffneten Zeichnung.
- **Zuletzt verwendet:** Blöcke, die Sie zuletzt verwendet haben, egal, ob in dieser Zeichnung oder in einer anderen. Das funktioniert auch, wenn Sie die Blöcke auf anderen Geräten verwendet haben. Allerdings müssen Sie dann die Synchronisierung über die Cloud starten.
- **Favoriten:** Blöcke, die Sie in die Liste der Favoriten kopiert haben.
- **Bibliotheken:** Blöcke aus einer wählbaren anderen Zeichnung.

13.3.2 Funktionen in der Werkzeugpalette Blöcke

- Aus der Palette können Sie Blöcke aus jedem Register in die Zeichnung ziehen.
- **Optionen:** Im unteren Teil der Palette wählen Sie, welche Parameter fixiert werden und welche beim Einfügen abgefragt werden sollen (mit Häkchen). Ist das Häkchen bei *Platzierung wiederholen* gesetzt, läuft das Einfügen im Wiederholmodus, bis Sie mit [Esc] beenden. Setzen Sie das Häkchen bei *Auflösen*, wird der Block nach dem Einfügen aufgelöst.

13.3.3 Übung: Arbeiten mit der Blockpalette

- Laden Sie dazu die Zeichnung ***A13-01.dwg*** aus dem Ordner *Aufgaben*.
- Platzieren Sie Blöcke aus dem Register *Aktuelle Zeichnung*. Möblieren Sie das Zimmer wie in Abbildung 13.6 oder so ähnlich oder wie in der Datei ***L13-01.dwg***.

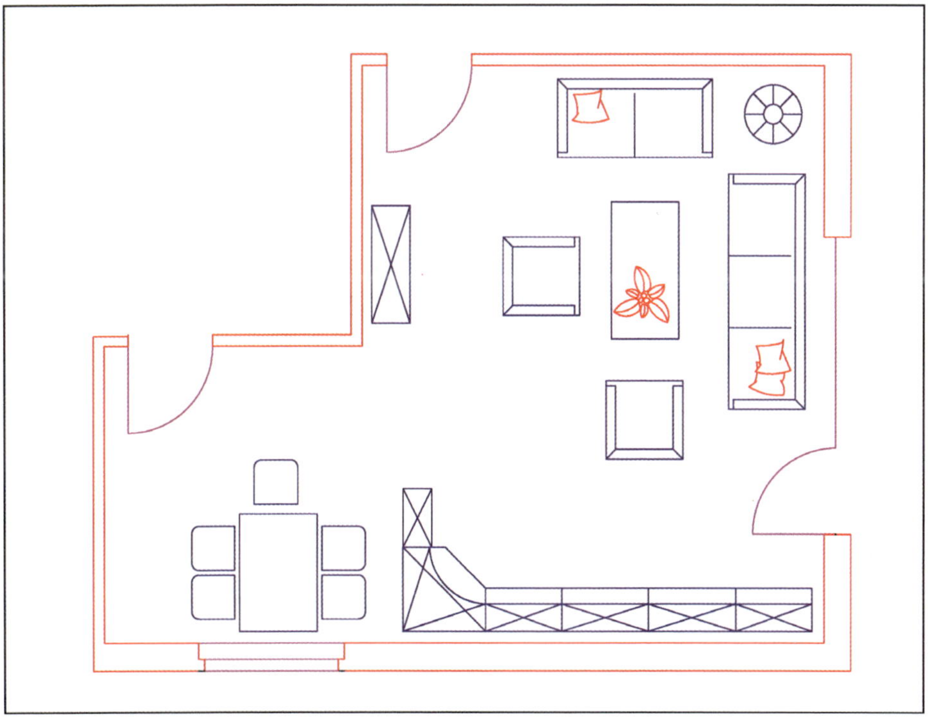

Abbildung 13.6: Möblierungsplan aus Blöcken erstellt

- Starten Sie eine neue Zeichnung. In diese können Sie jetzt auch Blöcke aus dem Register *Zuletzt verwendet* der Blockpalette einfügen.

13.3.4 Blöcke im Blockeditor bearbeiten

Haben Sie Blöcke eingefügt und wollen Sie diese ändern, ist das zunächst nicht möglich. Aber mit dem Blockeditor lassen sich Blöcke in der Zeichnung ändern. Sie starten ihn mit dem Befehl *Bedit*:

- Multifunktionsleiste: Symbol im Register *Start*, Gruppe *Block*, und Register *Einfügen*, Gruppe *Blockdefinition*, oder nur mit einem Doppelklick auf den Block

Im Dialogfeld wählen Sie den zu bearbeitenden Block (siehe Abbildung 13.7).

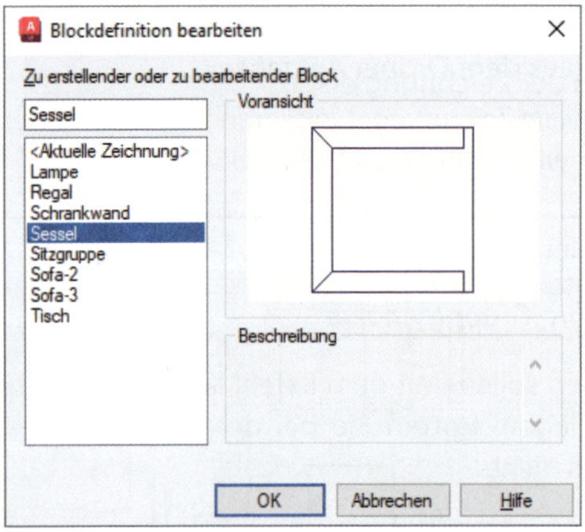

Abbildung 13.7: Wahl des zu bearbeitenden Blocks

Mit *OK* wird der Block im Blockeditor geöffnet (siehe Abbildung 13.8).

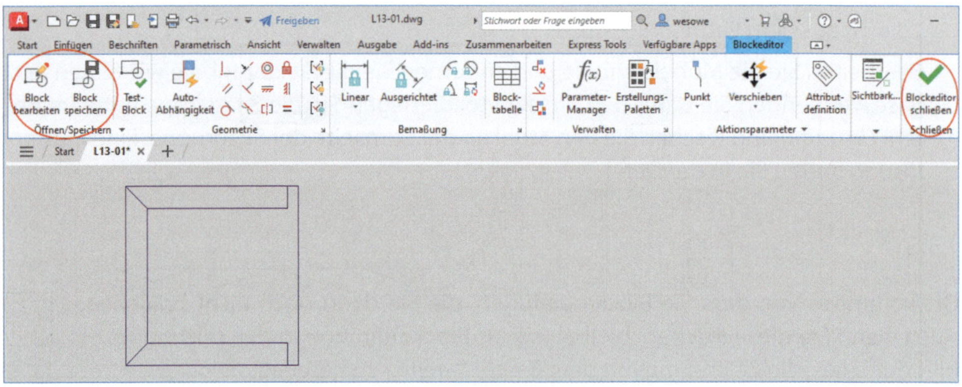

Abbildung 13.8: Block im Blockeditor

Alles, was Sie jetzt zeichnen, ändern oder löschen, wird im Block gespeichert. Sie haben in der Multifunktionsleiste ein temporäres Register. Darin befinden sich vor allem die Funktionen für die *Dynamischen Blöcke*. Diese Funktionen sind nicht Inhalt dieses Buches. Sie können auf andere Register umschalten. Mit dem Schalter *Blockeditor schließen* in der Multifunktionsleiste kommen Sie zur Zeichnung zurück.

In der Gruppe *Öffnen/Speichern* sind die Funktionen:

- **Block bearbeiten:** Beenden der Bearbeitung am aktuellen Block und Auswahl eines weiteren Blocks zur Bearbeitung.
- **Blockdefinition speichern unter:** Mit diesem Texteintrag im erweiterten Bereich wird der Block unter einem neuen Namen gespeichert. Es erscheint das Dialogfeld zur Blockauswahl, in dem Sie einen Namen eintragen können. Der Blockeditor wird bei diesem Befehl nicht verlassen.

- **Block speichern:** Speichern des Blocks und Beenden des Blockeditors.
- **Blockeditor schließen:** Mit dem Symbol ganz rechts in der Gruppe *Schließen* wird der Blockeditor geschlossen und wieder zur Zeichnung gewechselt. Der geänderte Block wird an allen Stellen in der Zeichnung ersetzt.

13.3.5 Befehl »Ursprung«

Blöcke lassen sich mit dem Befehl *Ursprung* zerlegen.

- Multifunktionsleiste: Symbol im Register *Start*, Gruppe *Ändern*

Sie können Blöcke wählen, die aufgelöst werden sollen. Mit dem Befehl lassen sich auch Bemaßungen, Polylinien und Schraffuren zerlegen. Hatten Sie bei der Erstellung des Blocks die Option *Auflösen zulassen* aus, geht es nicht.

13.3.6 Übung: Blöcke bearbeiten

- Bleiben Sie an dem Plan mit den Möbelsymbolen oder verwenden Sie die Datei ***A13-02.dwg*** aus dem Ordner *Aufgaben*.
- Bearbeiten Sie die Möbelsymbole und entfernen Sie die Dekosymbole wie Kissen und Vase. Verwenden Sie dafür den Blockeditor. Zerlegen Sie die Sitzgruppe mit dem Befehl *Ursprung* und löschen Sie den Stuhl an der Stirnseite der Sitzgruppe. Eine Musterlösung finden Sie in der Datei ***L13-02.dwg***.

13.3.7 Befehl »Bereinig«

Oft kommt es vor, dass Sie Blöcke einfügen, die Sie dann doch nicht brauchen. Auch wenn Sie diese löschen, bleiben sie als Blockdefinition in der Zeichnung. Es hilft nur eines: die Zeichnung mit dem Befehl *Bereinig* zu bereinigen.

- Menübrowser, Untermenü *Zeichnungsprogramme*, Funktion *Bereinigen*

Es kommt ein Dialogfeld auf den Bildschirm (siehe Abbildung 13.9).

Über den Listen können Sie wählen, ob die Objekte angezeigt werden sollen, die bereinigt werden können, oder die, die nicht bereinigt werden können. In der Liste haben Sie die Objekte nach den Objektarten sortiert. Überall da, wo ein + angezeigt wird, befinden sich Objekte darunter, die bereinigt werden können. Jetzt können Sie die Objekte mit einem Häkchen markieren. Wählen Sie die Option *Markierte Objekte bereinigen* oder *Alle bereinigen*.

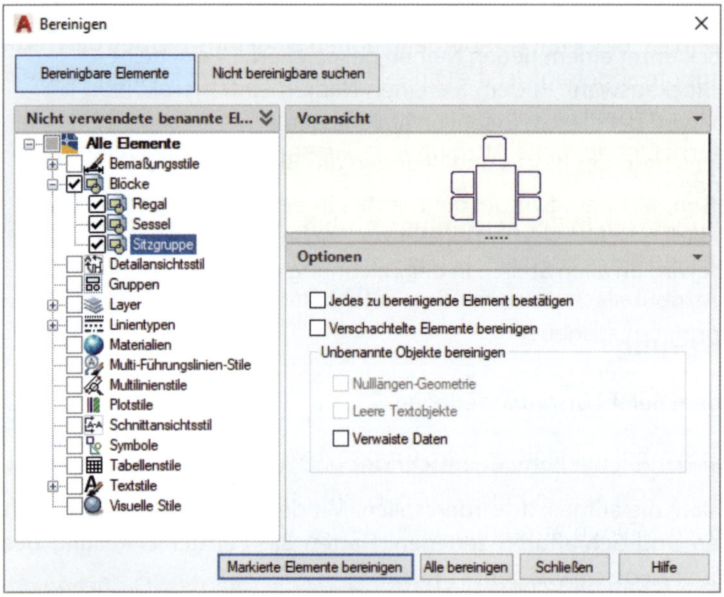

Abbildung 13.9: Dialogfeld zum Bereinigen

13.4 Blöcke mit Attributen

Attribute sind Textinformationen, die mit einem Block gespeichert werden können. Sie werden verwendet, um in einer Zeichnung Beschriftungen in vorgegebener Form automatisch zu generieren, zum Beispiel um einen Zeichnungskopf normgerecht zu beschriften oder Baugruppen in einem Schemaplan mit einer Referenznummer zu versehen. Beim Einfügen des Blocks muss nur noch ein Formular ausgefüllt werden. Die Beschriftung wird automatisch an der richtigen Stelle in der richtigen Form ausgeführt. Außerdem eignen sich Attribute zum Speichern von Stücklisteninformationen in der Zeichnung. Dabei kann es sich um einen konstanten Wert handeln wie die DIN-Nummer eines Teils oder um einen variablen Wert, der bei der Blockeinfügung eingegeben wird, wie die Bestellnummer eines Teils oder der Hersteller.

Diese Möglichkeiten übersteigen den Umfang dieses Einführungsbuches. Trotzdem soll an dieser Stelle ein Überblick über die Vorgehensweise gegeben werden. Näheres finden Sie in der AutoCAD-Hilfe.

- **Attributdefinition:** Attribute werden mit dem Befehl *Attdef* erstellt. Sie werden wie Texte in der Zeichnung angezeigt.

- **Attributdefinitionen ändern:** Attributdefinitionen können mit dem Befehl *Ddedit* oder *Battman* editiert werden, bevor der Block mit Attributen eingefügt wird.
- **In Block aufnehmen:** Bei der Blockbildung werden die Attributdefinitionen wie die Zeichnungsobjekte mit in den Block aufgenommen.
- **Attributeingabe:** Wird ein Block mit Attributdefinitionen eingefügt, werden die Werte für die variablen Attribute abgefragt. Ist die Variable *att* auf 1 gesetzt, können sie in ein Dialogfeld eingetragen werden.
- **Attributwerte ändern:** Eingegebene Attributwerte lassen sich mit den Befehlen *Attedit* oder *Eattedit* ändern.
- **Anzeige von Attributwerten in der Zeichnung:** Attribute lassen sich mit dem Befehl *Attzeig* anzeigen oder ausblenden.
- **Attributausgabe:** Attribute lassen sich mit dem Befehl *Attext* oder *Eattext* in verschiedenen Datenbankformaten ausgeben.

13.4.1 Übung: Block mit Attribut einfügen

In Kapitel 12 haben wir den Pleuel bemaßt, beschriftet und mit Führungslinien erstellt. Diesen wollen wir jetzt in einen Zeichnungsrahmen legen. Ihn gibt es als Block mit Attributen im Ordner *Aufgaben*. Mit den Attributen füllen Sie das Schriftfeld aus.

- Laden Sie den Pleuel aus Kapitel 12 oder die Datei ***L12-01.dwg*** aus dem Ordner *Aufgaben*. Prüfen Sie, ob die Variable *Attdia* auf 1 gesetzt ist.
- Starten Sie die Palette zum Einfügen von Blöcken mit einer weiteren Möglichkeit aus dem Register *Ansicht*, Gruppe *Blöcke*. Wählen Sie in der Palette in einem beliebigen Register das Öffnen-Symbol oben rechts und wählen Sie den Ordner *Aufgaben* und dort die Datei ***DIN-A3.dwg*** im Dateiwähler. Klicken Sie auf *Öffnen* und platzieren Sie den Zeichnungsrahmen an der Koordinate 0,0, also am Nullpunkt des Koordinatensystems.

- Jetzt bekommen Sie das Dialogfeld zur Attributeingabe. Dort füllen Sie das Schriftfeld aus und klicken dann auf *OK* (siehe Abbildung 13.10).

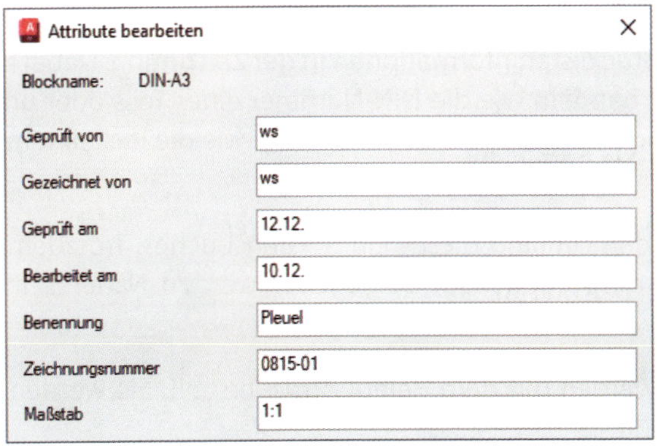

Abbildung 13.10: Ausfüllen des Schriftfelds

- Schieben Sie die Ansichten mit dem Befehl *Schieben* so, dass sie in den Zeichnungsrahmen passen. Verwenden Sie bei der Objektwahl ein Fenster von links nach rechts, sodass Sie den Zeichnungsrahmen nicht versehentlich mit verschieben (siehe Abbildung 13.11). Speichern Sie diesen Stand, wir machen später daran weiter.

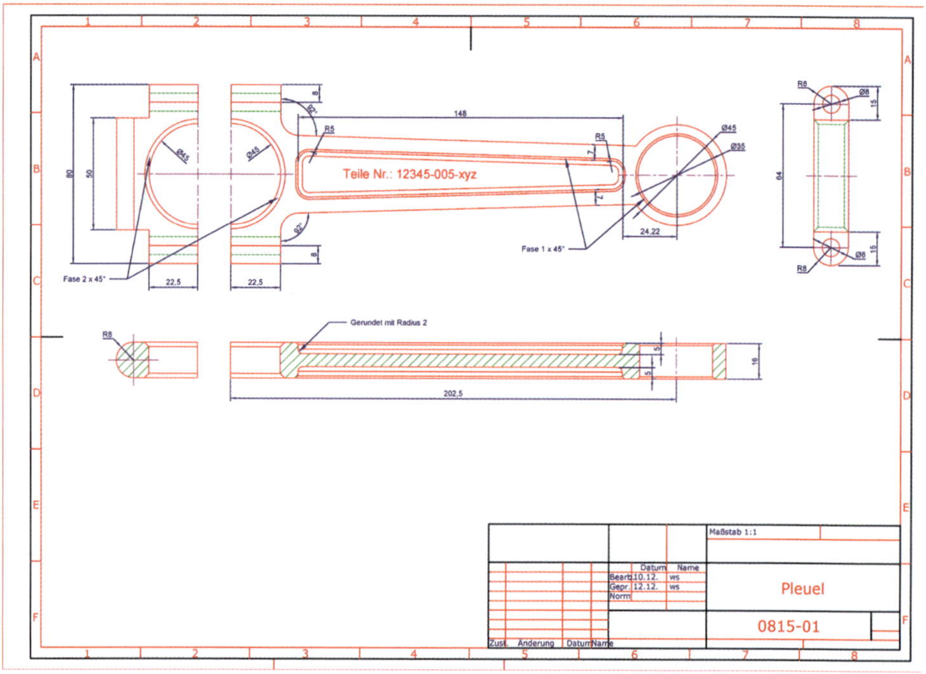

Abbildung 13.11: Pleuel mit Zeichnungsrahmen

13.5 Blöcke zählen und auflisten

Sie können sich die Blöcke einer Zeichnung auflisten lassen und identifizieren sowie bei Bedarf auch in einer Tabelle in die Zeichnung eintragen.

13.5.1 Befehl »Zählerliste«

Dafür gibt es den Befehl *Zählerliste*. Sie finden ihn:

- Multifunktionsleiste: Symbol im Register *Ansicht*, Gruppe *Paletten*

Schauen wir es uns gleich an einem Beispiel an:

13.5.2 Übung: Blöcke zählen

- Laden Sie die Datei ***A13-03.dwg*** aus dem Ordner *Aufgaben*.
- Wählen Sie den Befehl *Zählerliste* und Sie bekommen die Palette *Anzahl* mit allen Blöcken der aktuellen Zeichnung und deren Anzahl. Markieren Sie einen Eintrag in der Liste, wird der Block in der Zeichnung hervorgehoben. Durch eine blaue Umrandung wird angezeigt, dass eine spezielle Funktion aktiv ist. Dabei wird ein Bedienfeld am oberen Zeichnungsrand für weitere Funktionen eingefügt (siehe Abbildung 13.12).

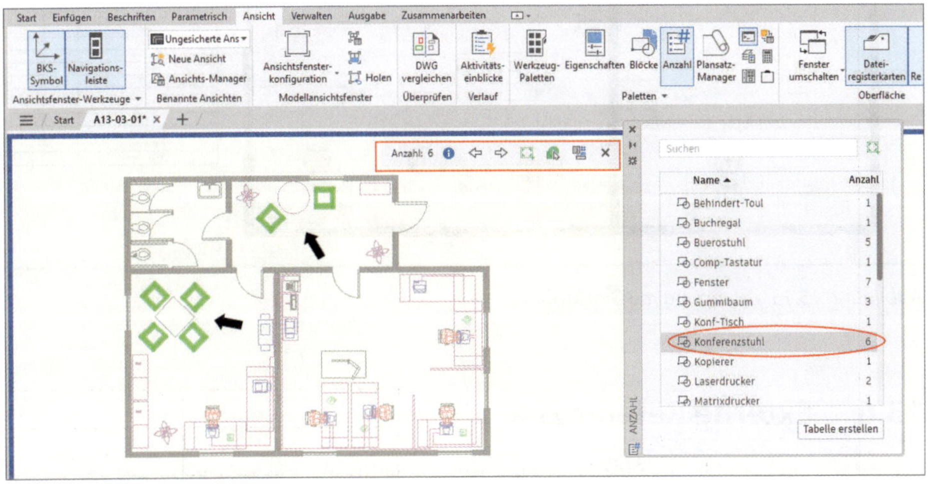

Abbildung 13.12: Blöcke auflisten, zählen und in der Zeichnung hervorheben

- **Bedienfeld am oberen Rand:** Die Felder bewirken (von links nach rechts) Folgendes:
  - Anzahl der gefundenen Blöcke.
  - Pfeiltasten, um die gefundenen Blöcke formatfüllend darzustellen.
  - Suchbereich ändern, um Blöcke nur in einem wählbaren Bereich zu zeigen.
  - Anzahl der Blöcke in die Zeichnung eintragen.
  - Funktion beenden.
- **Tabellenfunktion:** In der Palette *Anzahl* haben Sie die Schaltfläche *Tabelle erstellen*. Klicken Sie darauf, können Sie wählen, welche der vorhandenen Blöcke Sie in einer Tabelle in der Zeichnung haben wollen. Mit dem obersten Feld links neben dem Eintrag *Name* können Sie alle wählen. Mit dem Schalter *Einfügen* platzieren Sie die Tabelle in der Zeichnung (siehe Abbildung 13.13). Eventuell können Sie die Tabelle an dem unteren Pfeilgriff auch noch etwas größer ziehen. Eine Musterlösung finden Sie in der Datei ***L13-03.dwg***.

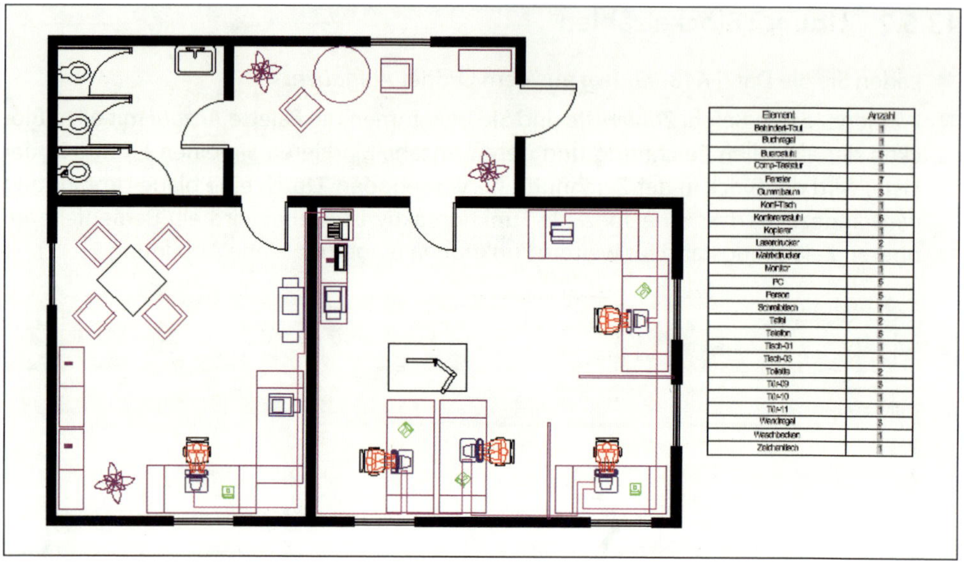

Abbildung 13.13: Zeichnung mit Blocktabelle

13.6 Externe Referenzen

Nachdem Sie Dateien als Blöcke in eine neue Zeichnung eingefügt haben, lernen Sie in diesem Abschnitt eine weitere Methode kennen. Bei der Bearbeitung größerer Projekte ist es sinnvoll, Baugruppen in separaten Zeichnungen zu erstellen. Diese Baugruppen stellen Sie dann zu einer Gesamtzeichnung zusammen. Bei sogenannten externen Referenzen werden die gespeicherten Zeichnungen mit der aktuellen Zeichnung verknüpft. Jedes Mal, wenn Sie die Gesamtzeichnung laden, werden die referenzierten Zeichnungen geladen. So sind Sie immer auf dem aktuellen Stand.

13.6.1 Befehl »Anhang«

Mit dem Befehl *Anhang* laden Sie weitere Zeichnungen als externe Referenz in die aktuelle Zeichnung.

- Multifunktionsleiste: Symbol im Register *Einfügen*, Gruppe *Referenz*

Sie bekommen den Dateiwähler zur Auswahl der Zeichnungsdatei. Sie müssen aber als Dateityp *Zeichnung (*.dwg)* wählen. Danach erscheint das Dialogfeld zur Eingabe der Parameter für die Platzierung (siehe Abbildung 13.14).

- **Name:** Hier wurde der Dateiname der Zeichnung übernommen. Darunter haben Sie die Voransicht der gewählten Datei.

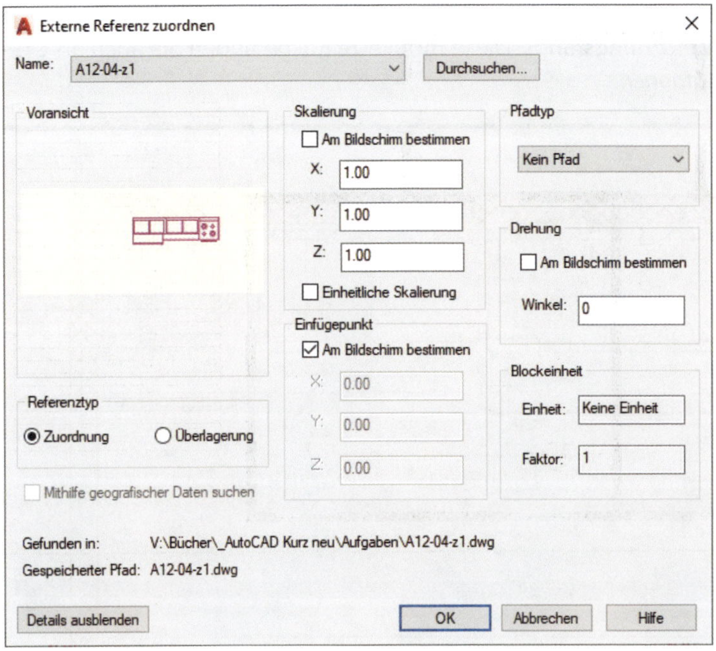

Abbildung 13.14: Dialogfeld mit Details zur Platzierung der externen Referenz

- **Referenztyp:** Ist der Typ *Zuordnung* gewählt, wird die externe Referenz in die Zeichnung übernommen. Mit dem Typ *Überlagerung* wird die Zeichnung ebenfalls als externe Referenz übernommen aber wenn die Zeichnung in einer anderen Zeichnung als Referenz eingefügt wird, erscheint die erste nicht mehr.
- **Pfadtyp:** In diesem Menü stellen Sie die Art der Speicherung des Pfads der Referenz ein. Die Einstellung *Relativer Pfad* bewirkt, dass beim nächsten Öffnen der Zeichnung die Referenzen an ihrem ursprünglichen Speicherort und in den Ordnern darunter gesucht werden. Ist *Kein Pfad* gewählt, werden die Referenzen nur im Ordner der aktuellen Zeichnung gesucht. Mit der Auswahl *Vollständiger Pfad* wird der komplette Pfad gespeichert.
- **Einfügepunkt, Skalierung und Drehung:** Wählen Sie, ob Sie diese Werte fest einstellen wollen oder beim Einfügen am Bildschirm bestimmen wollen. Rechts unten im Dialogfeld sehen Sie, welche Einheiten die Referenz hat und mit welchem Faktor sie eingefügt wird.

13.6.2 Übung: Externe Referenzen zuordnen

- Laden Sie die Zeichnung ***A13-04.dwg*** aus dem Ordner *Aufgaben*, eine leere Küche.
- Fügen Sie die Küchenzeilen ***A13-04-Z1.dwg*** und ***A13-04-Z3.dwg*** als externe Referenzen mit dem Befehl *Anhang* in die Zeichnung ein. Verwenden Sie den Referenztyp *Zuordnung* und stellen Sie den *Pfadtyp* auf *Kein Pfad* ein. Setzen Sie die Teile wie in Ab-

bildung 13.15 zusammen. Einfügepunkt ist beide Male der Einfachheit halber die linke untere Ecke des Zeichnungsrands. Diese möblierte Küche finden Sie auch als ***L13-04.dwg*** im Ordner *Aufgaben*.

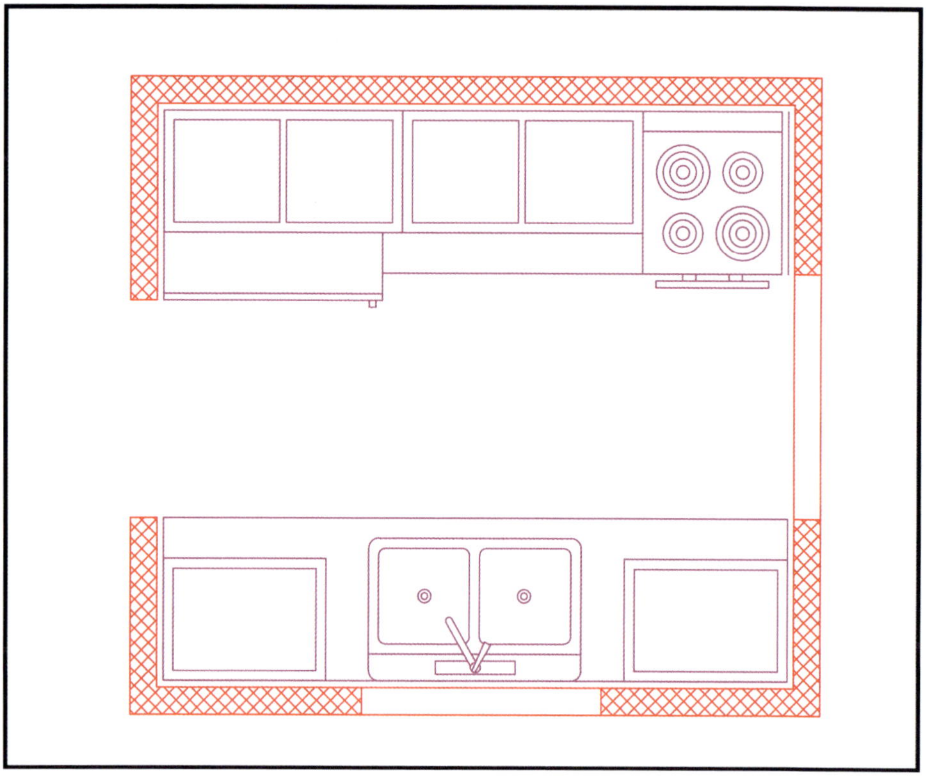

Abbildung 13.15: Küche mit externen Referenzen möbliert

13.6.3 Befehl »XRef«

Die Steuerzentrale für externe Referenzen ist die Palette des Befehls *XRef*. Diese Palette sollte zur besseren Übersicht breiter gezogen werden (siehe Abbildung 13.16, links).

- Multifunktionsleiste: Symbol im Register *Ansicht*, Gruppe *Paletten*, und Register *Einfügen*, Gruppe *Referenz* (Pfeil rechts unten) 
- **Dateireferenzen:** In der oberen Liste der Palette sehen Sie die Liste der zugeordneten Dateireferenzen. Wenn Sie eine davon markieren, wird sie in der Zeichnung hervorgehoben.
- **Details:** Haben Sie einen Namen in der Liste markiert, werden im unteren Teil der Palette die Details der externen Referenz angezeigt.

- Mit den Schaltern rechts oben in der Titelleiste des Felds *Dateireferenzen* können Sie zwischen der Liste der externen Referenzen und einer Strukturansicht umschalten (siehe Abbildung 13.16, rechts oben). Jetzt sehen Sie bei verschachtelten Referenzen, welche Referenz weitere Referenzen enthält.

- Mit den Schaltern rechts in der Titelleiste des unteren Bereichs können Sie zwischen *Details* und *Voransicht* der markierten Referenz umschalten (siehe Abbildung 13.16, rechts unten).

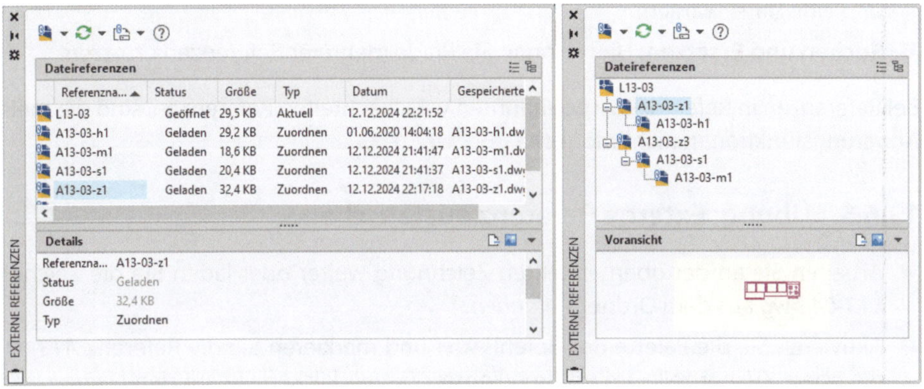

Abbildung 13.16: Palette mit den eingefügten externen Referenzen

- Klicken Sie in der oberen Reihe mit den Symbolen auf das linke Symbol, können Sie eine neue Referenz wie oben beschrieben zuordnen. Das Symbol in der Mitte aktualisiert die gerade in der Liste markierte Referenz oder alle Referenzen.

13.6.4 Externe Referenzen ändern

Markieren Sie eine oder mehrere Referenzen in der Liste und drücken Sie die rechte Maustaste, öffnen Sie ein Kontextmenü mit folgenden Funktionen:

- **Öffnen:** Mit diesem Eintrag öffnen Sie die markierten externen Referenzen in einem eigenen Fenster. Führen Sie Änderungen durch und speichern Sie sie ab. Wenn Sie wieder zurück zur Zeichnung wechseln, bekommen Sie einen Hinweis in der Sprechblase in der Statusleiste und die geänderte Referenz ist markiert. Klicken Sie auf *Neuladen <Name>* in der Sprechblase, dann wird die externe Referenz neu geladen und die Zeichnung ist wieder auf dem aktuellen Stand.
- **Zuordnen:** Damit können Sie die markierte Referenz noch einmal in der Zeichnung platzieren oder eine neue Referenz zur Platzierung wählen.
- **Entfernen:** Markieren Sie externe Referenzen und klicken Sie auf diesen Eintrag, werden sie ausgeblendet, die Verbindung bleibt aber in der Zeichnung.
- **Neuladen:** Sie können entfernte Referenzen wieder einblenden, wenn Sie auf diesen Eintrag klicken.

- **Lösen:** Haben Sie externe Referenzen markiert, werden die Verbindungen gelöst. Sie verschwinden aus der Liste und aus der Zeichnung.
- **Binden:** Damit lassen sich externe Referenzen an die Zeichnung binden.
- **XRef-Typ >:** Umschalten des XRef-Typs (*Zuordnen* oder *Überlagerung*).
- **Pfadtyp ändern >:** Hier lässt sich auch jetzt noch der Pfadtyp ändern (Auswahl *Absolut machen*, *Relativ machen* oder *Pfad entfernen*).
- **Neuen Pfad auswählen:** Hier können Sie für eine externe Referenz einen neuen Pfad und eine Datei wählen.
- **Suchen und Ersetzen:** Hier können Sie Pfade mehrerer Referenzen ersetzen.

Bei Referenzen in Referenzen, sogenannten verschachtelten Referenzen, sind die meisten Änderungsfunktionen nicht möglich.

13.6.5 Übung: Externe Referenz austauschen

- Arbeiten Sie an der oben erstellten Zeichnung weiter oder laden Sie die Zeichnung ***L13-04.dwg*** aus dem Ordner *Aufgaben*.
- Aktivieren Sie die Palette des Befehls *Xref* und markieren Sie die Referenz *A13-04-Z1*, die obere Küchenzeile. Im unteren Fenster *Details* klicken Sie auf den Namen im Eintrag *Gespeichert*. Jetzt können Sie auf den Schalter ganz rechts mit den drei Punkten klicken.
- Wählen Sie die Datei *A13-04-Z2*, eine andere Küchenzeile, und die obere Küchenzeile wird durch die neue ersetzt (siehe Abbildung 13.17). Der Name in der oberen Liste ändert sich nicht. Sie können ihn aber manuell ändern. Auch davon haben Sie eine Lösung, die Datei ***L13-05.dwg*** im Ordner *Aufgaben*.

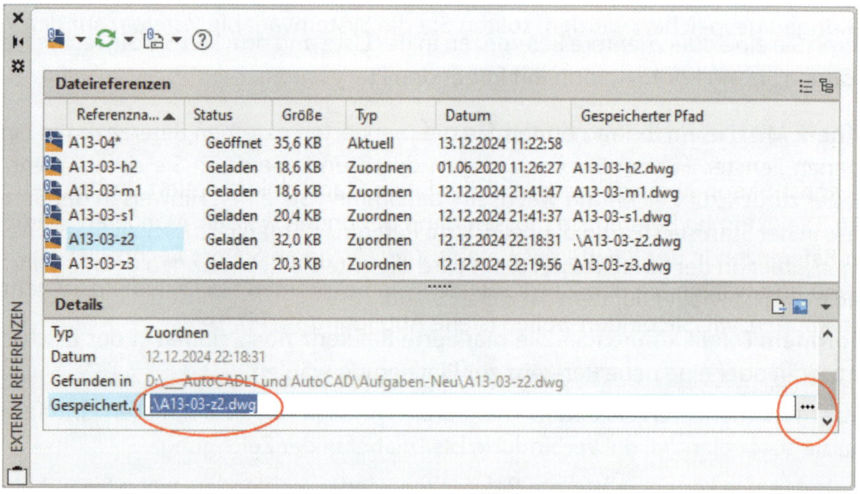

Abbildung 13.17: Externe Referenz austauschen

13.6.6 Externe Referenzen dimmen

Sie können externe Referenzen in der Zeichnung auch dimmen. Das ist vor allem in komplexen Zeichnungen sinnvoll, denn so sehen Sie, was änderbar ist und was nicht, weil es eine externe Referenz ist.

- In der Multifunktionsleiste, Register *Einfügen*, Gruppe *Referenz* (erweiterter Bereich), finden Sie Schalter, um die Dimmung ein- und auszuschalten, und Schieberegler für die Intensität der Dimmung.

13.6.7 Benannte Objekte in externen Referenzen

Ein wesentlicher Unterschied von externen Referenzen gegenüber Blöcken ist die Behandlung benannter Objekte. Benannte Objekte sind in AutoCAD Blöcke, Bemaßungsstile, Layer, Linientypen, Textstile usw. Wird eine Zeichnung als Block eingefügt und es herrscht Namensgleichheit, wenn zum Beispiel beide den Layer *Kontur* enthalten, dem Layer aber unterschiedliche Farben, Linientypen usw. zugeordnet sind: In diesem Fall nimmt der eingefügte Block die Einstellungen der Zeichnung an.

Anders verhält es sich bei externen Referenzen. Die benannten Objekte werden in die Zeichnung importiert. Um eine Namensgleichheit zu vermeiden, wird benannten Objekten der Dateiname der externen Referenz hinzugefügt. Der Layer *Einrichtung* der externen Referenz *A13-03-Z1* hat dann in der aktuellen Zeichnung den Namen *A13-03-Z1|Einrichtung*. Sie können diesen aber nicht zum aktuellen Layer oder einen Textstil einer externen Referenz zum aktuellen Stil machen. Lediglich die Sichtbarkeit der Layer und die Zuordnung von Farbe, Linientyp, Strichstärke usw. von externen Referenzen lassen sich verändern. Änderungen, die Sie vornehmen, gelten aber nur für die aktuelle Sitzung. Wird die Zeichnung neu geladen, wird der Originalzustand wiederhergestellt. Sollen die Einstellungen gespeichert werden, sollten Sie die Systemvariable *Visretain* auf den Wert 1 setzen.

13.6.8 Externe Referenzen binden

Ist die Konstruktion abgeschlossen, soll der letzte Stand dokumentiert und eingefroren werden. Die externen Referenzen müssen dann gebunden werden. Markieren Sie die externen Referenzen in der Palette des Befehls *Xref*, aktivieren Sie per Rechtsklick das Kontextmenü und wählen Sie den Eintrag *Binden*. Sie bekommen ein Dialogfeld, in dem Sie wählen können, wie Sie binden wollen (siehe Abbildung 13.18).

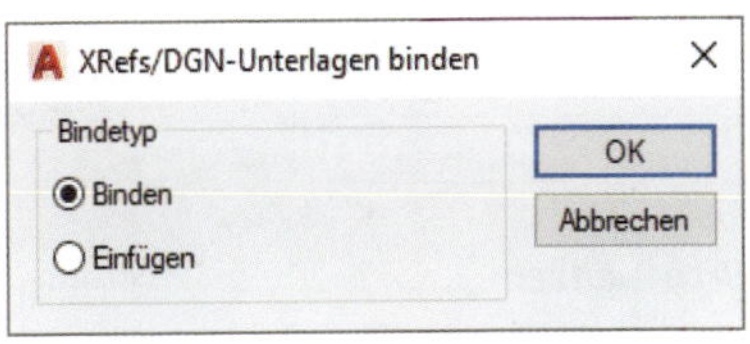

Abbildung 13.18: Externe Referenzen binden

- **Binden:** Externe Referenzen werden als Blöcke in die Zeichnung übernommen. Die Layer, die mit der externen Referenz importiert wurden, haben den Namen der externen Referenz vorangestellt. Danach folgen *0* und der ursprüngliche Layername, zum Beispiel *A13-04-Z1$0$Einrichtung*. Dieser Layer steht Ihnen jetzt als vollwertiger Layer zur Verfügung.
- **Einfügen:** Externe Referenzen werden auch hier in Blöcke umgewandelt. Alle benannten Objekte verlieren aber die Herkunft im Namen. Aus dem Layer *A13-04-Z1|Einrichtung* wird *Einrichtung*. Bei Namensgleichheit gilt die Regel: Die Vorgaben in der Ausgangszeichnung haben Vorrang.

13.6.9 Übung: Binden Sie alle externen Referenzen

- Binden Sie alle externen Referenzen in Ihrer virtuellen Küche.
- Schauen Sie sich die Layerliste im Layer-Dialogfeld an.

13.7 Gruppen

Blöcke eignen sich dann, wenn Symbole mehrfach immer in gleicher Form benötigt werden, besonders in verschiedenen Zeichnungen. Blöcke lassen sich zwar mit dem Blockeditor ändern, was aber aufwendig ist, wenn noch sehr viel an der Zeichnung gearbeitet wird. Hier sind Gruppen eventuell flexibler. Objekte lassen sich in der Zeichnung zu Gruppen zusammenfassen. Dabei handelt es sich um einen lockeren Verbund, dessen Einzelteile geändert werden können.

13.7.1 Eigenschaften von Gruppen

- Eine Gruppe lässt sich gesamt bearbeiten (schieben, drehen, vergrößern, verkleinern usw.). Objekte der Gruppe können auch einzeln bearbeitet werden.
- Eine Gruppe kann bei der Objektwahl per Namen ausgewählt werden.
- In einer Gruppe lassen sich Objekte hinzufügen oder entfernen.
- Gruppen dürfen auch verschachtelt sein, d. h., Gruppen können wieder Gruppen enthalten.

13.7.2 Gruppe bilden: Befehl »Gruppe«

Mit dem Befehl *Gruppe* lassen sich Gruppen aus Objekten der Zeichnung bilden.

- Multifunktionsleiste: Register *Start*, Gruppe *Gruppen*

```
Befehl eingeben Gruppe
Objekte auswählen oder [Name/Beschreibung]: Objekte wählen
```

Wählen Sie die Objekte und bestätigen Sie mit ↵. In diesem Fall wird eine unbenannte Gruppe gebildet. Unbenannte Gruppen werden mit **An* bezeichnet (*A1, *A2, *A3 usw.).

- **Name bzw. Beschreibung:** Wählen Sie eine dieser Optionen, können Sie einen Namen für die Gruppe bzw. einen Beschreibungstext eingeben.

13.7.3 Gruppe aufheben: Befehl »Gruppeaufheb«

Gruppen lassen sich mit dem Befehl *Gruppeaufheb* wieder auflösen.

- Multifunktionsleiste: Register *Start*, Gruppe *Gruppen*

```
Befehl eingeben Gruppeaufheb
Gruppe auswählen oder [Name]:
```

Damit lassen sich Gruppen auflösen. Wählen Sie die Gruppe in der Zeichnung an oder geben Sie bei einer benannten Gruppe den Namen ein.

13.7.4 Gruppe bearbeiten: Befehl »Gruppebearb«

Wollen Sie Objekte aus einer bestehenden Gruppe entfernen oder Objekte in eine bestehende Gruppe aufnehmen, verwenden Sie den Befehl *Gruppebearb*.

- Multifunktionsleiste: Register *Start*, Gruppe *Gruppen*

```
Befehl eingeben Gruppebearb
Gruppe auswählen oder [Name]: Gruppe wählen
Option eingeben [objekte Hinzufügen/objekte Entfernen/Umbenennen]:
```

Wählen Sie die Gruppe in der Zeichnung oder verwenden Sie die Option *Name*. In diesem Fall können Sie den Namen der Gruppe eingeben. Danach wählen Sie eine der aufgelisteten Optionen, um Objekte hinzuzufügen oder zu entfernen. Mit einer weiteren Option können Sie die Gruppe umbenennen.

13.7.5 Gruppenwahl ein- und ausschalten

Wenn Sie ein Objekt der Gruppe anklicken, wird die komplette Gruppe markiert. Ist dies nicht der Fall, ist die Gruppenwahl ausgeschaltet. Diese lässt sich mit einem Symbol ein- und ausschalten.

- Multifunktionsleiste: Register *Start*, Gruppe *Gruppen*

Ist die Gruppenwahl ausgeschaltet, können die einzelnen Objekte der Gruppe bearbeitet werden. Sie können aber eine Gruppe bei der Objektwahl eines jeden Editierbefehls per Namen wählen, auch wenn die Gruppenwahl ausgeschaltet ist:

```
Befehl eingeben Schieben
Objekte wählen: G für Gruppe
Gruppenname eingeben: z. B. Teil1
```

13.7.6 Gruppenbegrenzungsrahmen ein- und ausschalten

Ist die Gruppenwahl eingeschaltet, haben Sie eine weitere Möglichkeit der Anzeige von Gruppen. Sie können wählen, ob alle Objekte der Gruppe Griffe bekommen sollen oder ob die gesamte Gruppe nur einen Griff und einen Begrenzungsrahmen bekommt, der die Abmessungen der Gruppe anzeigt. Wenn Sie den Begrenzungsrahmen und nur einen Griff haben, können Sie die Gruppe insgesamt besser bearbeiten.

- Multifunktionsleiste: Register *Start*, Gruppe *Gruppen* (erweiterter Bereich)

13.7.7 Übung: Arbeiten mit Gruppen

- Laden Sie die Zeichnung ***A13-06.dwg***, eine Zeichnung mit drei Baugruppen.
- Machen Sie aus den Teilen der Zeichnung drei Gruppen (siehe Abbildung 13.19, links), z. B. *Glinks* (linkes Gehäuseteil), *Grechts* (rechtes Gehäuseteil) und *Kolben*. Schalten Sie die Gruppen auf wählbar, aktivieren Sie die Gruppenwahl und fügen Sie die Teile wie in Abbildung 13.19, rechts, zusammen.
- Sie können jetzt beispielsweise ganz einfach den Kolben wieder herausschieben, wenn Sie ihn an einer Stelle anwählen.
- Entfernen Sie die Mittellinien aus den Gruppen *Glinks* und *Grechts*. Wenn sie aus den Gruppen entfernt wurden, können sie gelöscht werden. Sie können die Gruppenwahl auch ausschalten und die Objekte löschen, ohne sie vorher aus der Gruppe entfernen zu müssen. Zeichnen Sie eine Mittellinie über den gesamten Kolben und nehmen Sie diese in die Gruppe *Kolben* auf. Entfernen Sie die rechte Begrenzungslinie am Gehäuse, dort, wo der Kolben durchläuft. Löschen Sie sie aus der Zeichnung. Erzeugen Sie die Gruppe *Pumpe* aus der gesamten Baugruppe. Eine Lösung finden Sie in der Datei ***L13-06.dwg***.

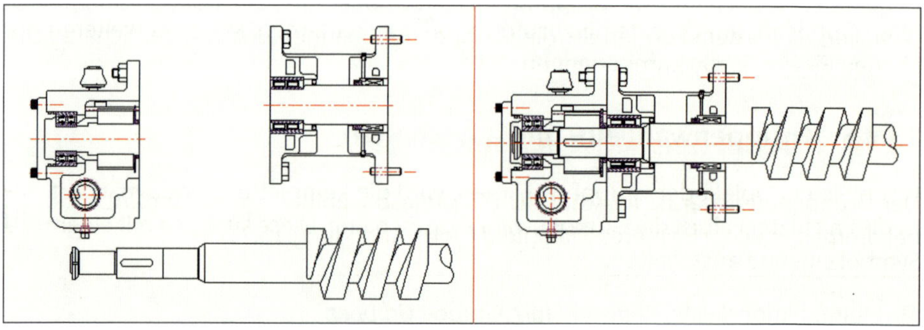

Abbildung 13.19: Pumpe aus Gruppen zusammengebaut

13.7.8 Gruppenmanager in AutoCAD

Im Gruppenmanager lassen sich Gruppen bearbeiten. Der Gruppenmanager ist in AutoCAD und AutoCAD LT unterschiedlich. Hier zunächst in AutoCAD (siehe Abbildung 13.20). Starten Sie ihn, wenn die Lösung aus der letzten Übung geladen ist:

- Multifunktionsleiste: Register *Start*, Gruppe *Gruppen* (erweiterter Bereich)

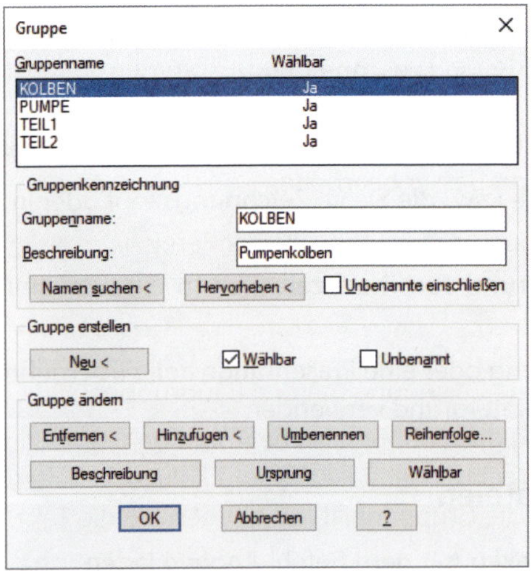

Abbildung 13.20: Der Gruppenmanager in AutoCAD

Folgende Aktionen sind im Gruppenmanager möglich:

- **Gruppe erstellen:** Tragen Sie im Feld *Gruppenname* und eventuell darunter eine Beschreibung und einen Namen ein. Entscheiden Sie, ob die Gruppe wählbar oder nicht wählbar sein soll und ob sie benannt oder unbenannt sein soll. Klicken Sie die Schaltfläche *Neu* < an, das Dialogfeld verschwindet und Sie können die Objekte der Gruppe wählen. Mit [↵] kommt das Dialogfeld wieder und die Gruppe ist erzeugt.
- **Gruppe ändern:** Markieren Sie in der Liste die Gruppe. Klicken Sie die Schaltfläche *Entfernen* < oder *Hinzufügen* < an. Das Dialogfeld verschwindet und Sie können Objekte auswählen, die zur Gruppe hinzugefügt oder aus der Gruppe entfernt werden sollen. Außerdem können Sie die Gruppe umbenennen und mit der Schaltfläche *Ursprung* auch auflösen.

13.7.9 Gruppenmanager in AutoCAD LT

Der Gruppenmanager ist in AutoCAD LT genauso wählbar wie in AutoCAD. Sie bekommen aber ein kleineres Dialogfeld (siehe Abbildung 13.21).

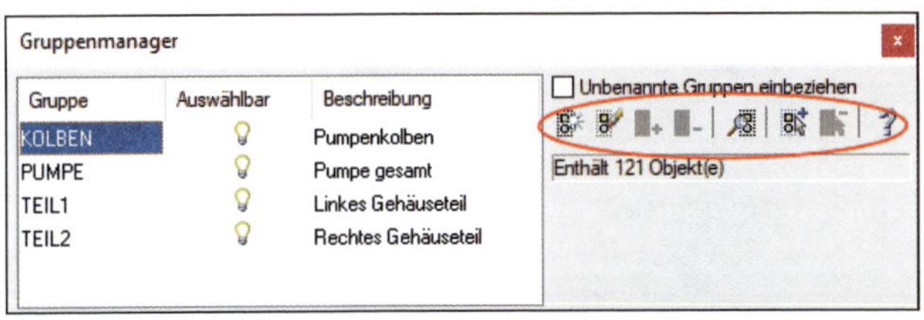

Abbildung 13.21: Gruppenmanager in AutoCAD LT

Die Funktionen sind identisch mit dem Gruppenmanager in AutoCAD. Die Bedienung erfolgt hierbei über die Symbole rechts oben.

13.8 Bilder, PDFs und sonstige Dateien einfügen

Außer Zeichnungsdateien lassen sich auch Bilddateien, PDF-Dateien und mehr in einer AutoCAD-Zeichnung referenzieren, bearbeiten und zuschneiden.

Anwendungsmöglichkeiten sind:

- Firmenlogos, Markenzeichen, Schriftzüge usw., die Sie im Zeichnungskopf oder in der Zeichnung platzieren.
- Zeichnungen scannen und als Hintergrund zum Nachzeichnen in eine Zeichnung legen.
- Produktfotos in eine technische Zeichnung oder eine Präsentationsfolie übernehmen sowie Bilder oder Fotos als Zeichnungshintergrund verwenden

13.8.1 Befehl »Anhang« bei Bilddateien

Bilddateien können Sie wie externe Referenzen mit dem Befehl *Anhang* laden und in der Zeichnung platzieren.

- Multifunktionsleiste: Symbol im Register *Einfügen*, Gruppe *Referenz*

Sie bekommen den Dateiwähler auf den Bildschirm. Hier können Sie beim Dateityp *Alle Bilddateien wählen*, um nur Bildformate anzuzeigen. Mit der Schaltfläche *Öffnen* kommen Sie zum nächsten Dialogfeld (siehe Abbildung 13.22).

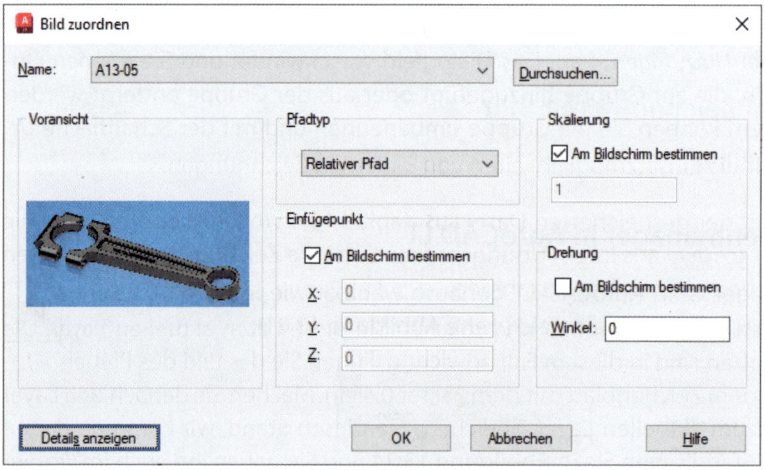

Abbildung 13.22: Dialogfeld zur Platzierung von Bilddateien

Es entspricht im Wesentlichen dem Dialogfenster beim Einfügen von externen Referenzen (siehe auch Abbildung 13.14). Bilddateien werden wie externe Referenzen nicht in die Zeichnungsdatei übernommen, sondern dort nur angezeigt. Sie finden sie folgerichtig auch in der Palette der Referenzen.

13.8.2 Bilder bearbeiten

Bilder lassen sich in gewissen Grenzen bearbeiten. In der Multifunktionsleiste haben Sie die Funktionen in dem temporären Register *Bild*. Klicken Sie dazu ein Bild an (siehe Abbildung 13.23). Sie haben dann folgende Gruppen:

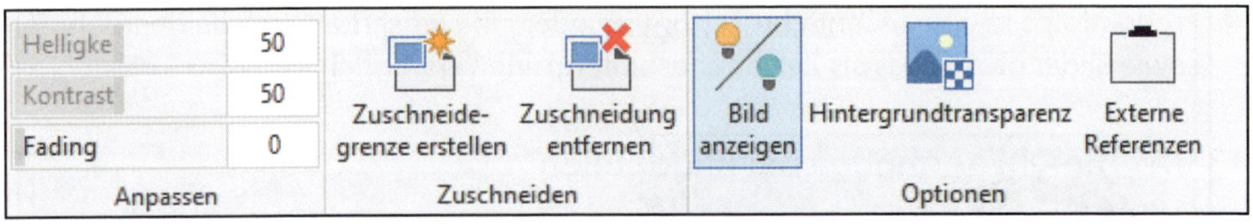

Abbildung 13.23: Temporäres Register zur Bearbeitung von Bilddateien

- **Anpassen:** Hier lassen sich Helligkeit und Kontrast des Bildes mit Schiebereglern einstellen. Mit dem Regler *Fade* stellen Sie die Dichte ein. Je mehr Sie den Regler aufmachen, desto blasser wird das Bild und der Hintergrund kommt durch.
- **Zuschneiden:** Mit dem linken Symbol in dieser Gruppe lässt sich das markierte Bild zuschneiden, und mit dem rechten löschen Sie dies wieder (siehe unten).
- **Optionen:** Symbol zum Ein- und Ausschalten sowie der Transparenz von eingefügten Dateien und Start der Palette für eingefügte Dateien.

13.8.3 Übung: Zeichnung mit Bild

Hier ein Beispiel für die Einsatzmöglichkeiten von Bildern in Zeichnungen.

- Arbeiten Sie mit der gespeicherten Datei aus Kapitel 13.4 weiter oder öffnen Sie die Zeichnung ***A13-07.dwg*** aus Ihrem Übungsordner. Es ist die Zeichnung des bekannten Pleuels, jetzt schon mit Zeichnungsrahmen.
- Erstellen Sie den neuen Layer *Bild* und machen Sie diesen zum aktuellen Layer. Die Layereigenschaften sind in diesem Fall unwichtig. Fügen Sie das Bild des Pleuels ***A13-07-Bild.jpg*** auf dem Zeichenblatt mit dem Faktor 0.4 ein. Machen Sie danach den Layer *Kontur* wieder zum aktuellen Layer. Speichern Sie diesen Stand, wir kommen darauf zurück. Diesen Stand sehen Sie in Abbildung 13.24 und Sie haben ihn auch im Ordner *Aufgaben*, die Datei ***L13-07.dwg***.

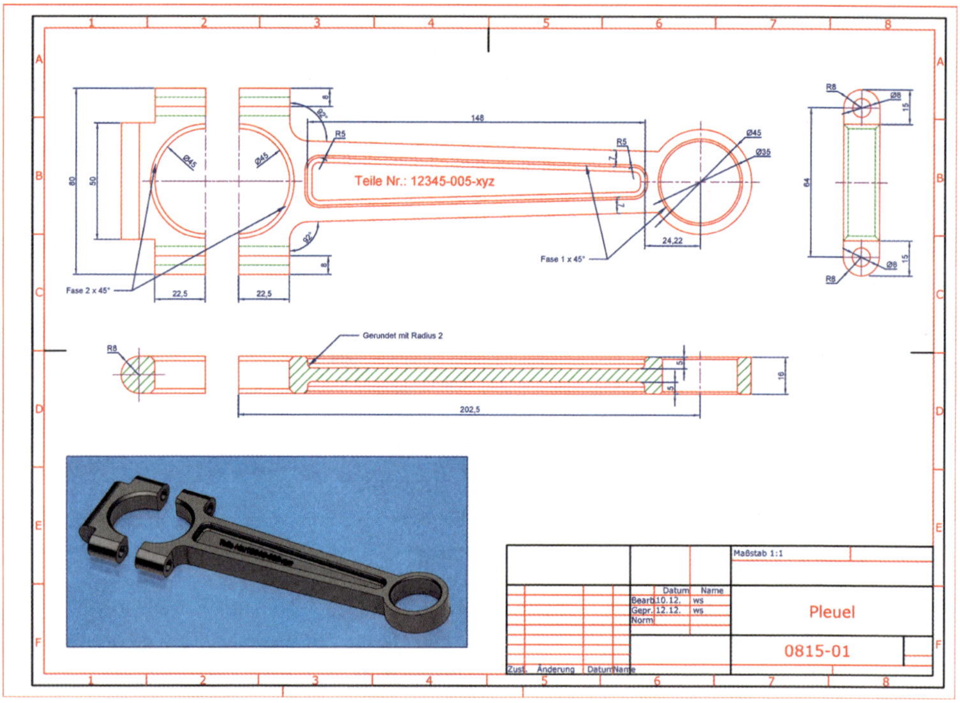

Abbildung 13.24: Zeichnung und Bild auf einem Blatt

13.8.4 Befehl »Anhang« bei PDF-Dateien

Außer den bereits genannten Dateien lassen sich auch PDF-Dateien in der Zeichnung unterlegen. PDF-Dateien können wie externe Referenzen mit dem Befehl *Anhang* geladen und in der Zeichnung platziert werden.

- Multifunktionsleiste: Symbol im Register *Einfügen*, Gruppe *Referenz*

Sie bekommen den Dateiwähler und können beim Dateityp *PDF-Dateien (*.pdf)* wählen, um nur PDF-Dateien anzuzeigen. Mit der Schaltfläche *Öffnen* kommen Sie wieder zu einem ähnlichen Dialogfeld wie vorher (siehe Abbildung 13.25).

Wie bei den vorherigen Beispielen platzieren Sie die PDF-Datei in der Zeichnung. Sie können im Vorschaufenster eine oder auch mehrere Seiten der PDF-Datei wählen. Mit *OK* lassen sich die einzelnen Seiten in die Zeichnung einfügen.

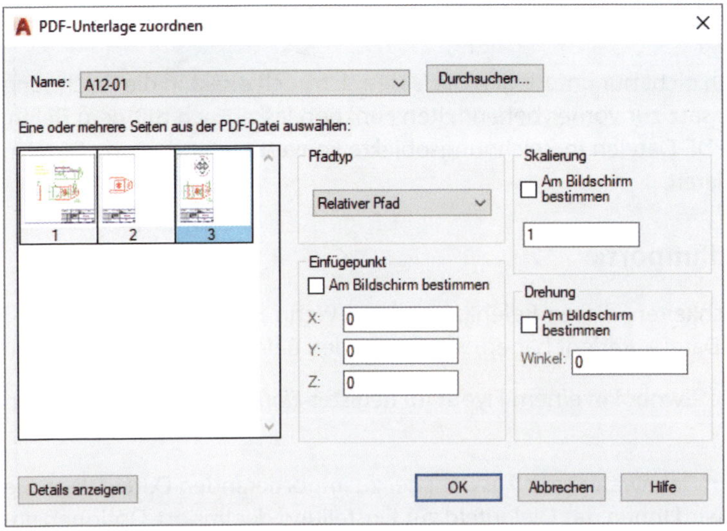

Abbildung 13.25: Dialogfeld zur Platzierung von PDF-Dateien

13.8.5 PDF-Dateien bearbeiten

Die Objekte der unterlegten PDF-Datei können Sie nicht bearbeiten, auch nicht mit dem Befehl *Ursprung* zerlegen. Sie können aber beim Zeichnen mit dem Objektfang Punkte daraus abgreifen. In der Multifunktionsleiste haben Sie die Funktionen zur Bearbeitung in dem temporären Register *PDF-Unterlage*. Klicken Sie dazu die Datei an und das Register wird angezeigt (siehe Abbildung 13.26).

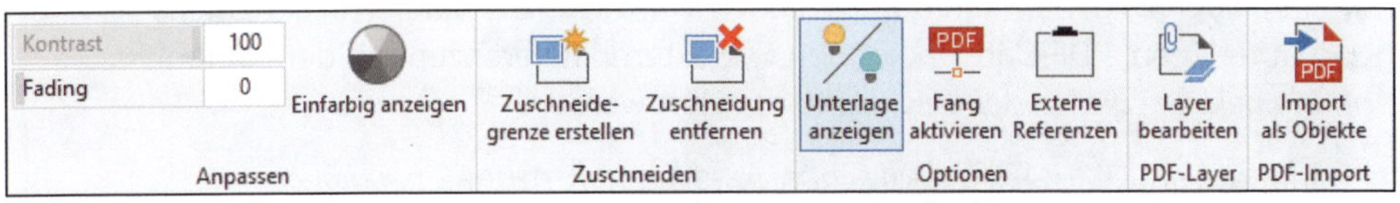

Abbildung 13.26: Temporäres Register zur Bearbeitung von PDF-Dateien

13.8.6 Weitere Dateien mit dem Befehl »Anhang« unterlegen

Mit dem Befehl *Anhang* lassen sich weitere Dateiformate unterlegen:

- **DWF-Dateien (*dwfx, *.dwf):** Grafisches Anzeigeformat für 2D-Zeichnungen und 3D-Modelle aus Autodesk-Produkten.
- **Micro-Station DGN (*.dgn):** Dateien aus dem CAD-Programm Microstation.
- **Autodesk-Punktewolke (*.rcp, *.rcs):** Punktewolken von Autodesk ReCap
- **Navisworks-Dateien (*.nwc, *.nwd):** Dateien aus dem Autodesk-Programm Navisworks

13.9 PDF-Dateien importieren

PDF-Dateien lassen sich nicht nur unterlegen, sie lassen sich auch direkt in die Zeichnung importieren. Im Gegensatz zur vorher behandelten Funktion lassen sich mit dem Befehl *Pdfimport* unterlegte PDF-Dateien in Zeichnungsobjekte konvertieren oder eine Datei in die Zeichnung importieren.

13.9.1 Befehl »Pdfimport«

Sie haben zwei Möglichkeiten, diesen Befehl zu wählen. Wenn Sie der Zeichnung noch keine PDF-Datei unterlegt haben, wählen Sie den Befehl:

- Multifunktionsleiste: Symbol in einem Flyout im Register *Einfügen*, Gruppe *Importieren*

Der Befehl aktiviert den Dateiwähler zur Auswahl der zu importierenden Datei. Wenn Sie diese gewählt haben, wird Ihnen das Dialogfeld zur Einstellung der Import-Optionen angezeigt (siehe Abbildung 13.27).

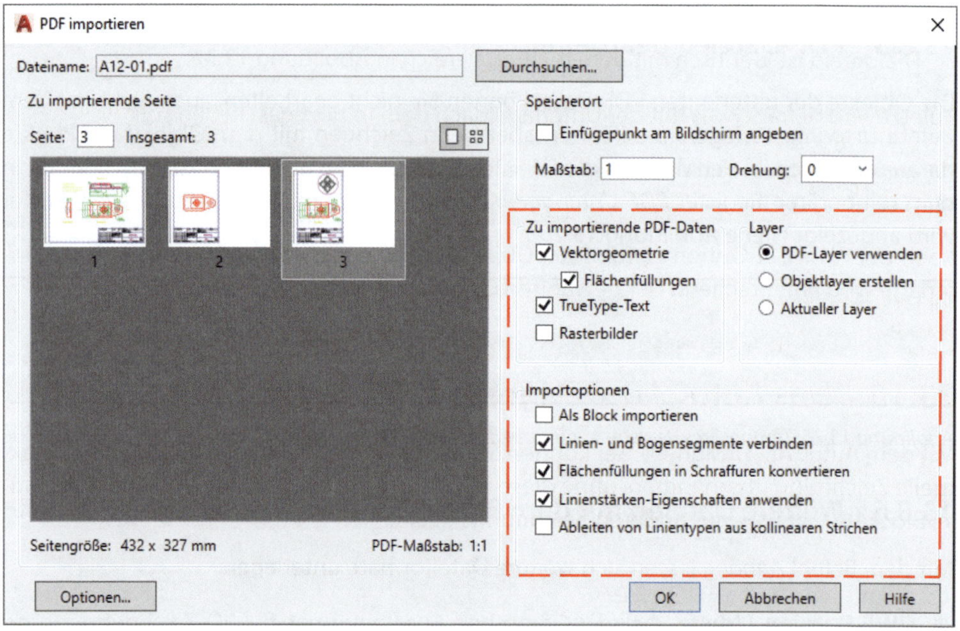

Abbildung 13.27: Dialogfeld für den Import von PDF-Dateien

- **Einfügeparameter:** Klicken Sie in der Voransicht die zu importierende Seite an und wählen Sie dann die Optionen (Einfügepunkt, Maßstab und Drehung).
- **Zu importierende PDF-Daten und Layer:** Klicken Sie an, welche Daten der PDF-Datei importiert werden sollen, und wählen Sie, auf welchen Layer die Objekte gelegt werden sollen.

- **Importoptionen:** In diesem Feld haben Sie verschiedene Optionen, wie die importierten Objekte beim Import behandelt werden sollen.
- Mit *OK* wird die Datei entsprechend den eingestellten Optionen importiert und in der Zeichnung platziert.

Wenn Sie bereits eine PDF-Datei unterlegt (siehe Kapitel 13.8) und markiert haben, können Sie im temporären Register in der Multifunktionsleiste wählen:

- Multifunktionsleiste: Symbol in einem Flyout im temporären Register *PDF-Unterlage*, Gruppe *PDF-Import*

Jetzt werden die Optionen für den zu importierenden Bereich abgefragt:

```
Geben Sie die erste Ecke des zu importierenden Bereichs ein oder [Polygonal/Alle/
Einstellungen] <Alle>:
```

- **Polygonal:** Mit dieser Option können Sie ein Polygon aus einzelnen Punkten um den Bereich aufziehen, den Sie importieren wollen.
- **Alle:** Mit dieser Option wird die komplette Unterlage importiert.
- **Einstellungen:** Damit wählen Sie die Parameter für die Übernahme der Objekte. Das Dialogfeld ist identisch mit dem rechten Bereich in Abbildung 13.27.

Zuletzt wird gefragt, was mit der Unterlage nach dem Import geschehen soll:

```
PDF-Unterlage beibehalten, lösen oder entfernen? [Beibehalten/Lösen/Entfernen]
<Entfernen>: Option wählen
```

Nach der Wahl der Option werden die Objekte in die Zeichnung importiert und die Unterlage wird entsprechend der gewählten Option behandelt.

13.10 Das AutoCAD-Design-Center

Mit dem AutoCAD-Design-Center können Sie Inhalte aus anderen Zeichnungen in die aktuelle Zeichnung übernehmen, ohne diese öffnen zu müssen. Das können Bemaßungsstile, Blöcke, Layer usw. aus anderen Zeichnungen sein.

13.10.1 Befehl »Adcenter«

Mit dem Befehl *Adcenter* starten Sie das AutoCAD-Design-Center:

- Multifunktionsleiste: Symbol im Register *Ansicht*, Gruppe *Paletten*
- Tastenkombination Strg+2

Wählen Sie den Befehl aus, erscheint die Palette mit dem Design-Center (siehe Abbildung 13.28) und bleibt dauerhaft geöffnet.

13.10.2 Darstellung im AutoCAD-Design-Center

Das AutoCAD-Design-Center hat drei Register:

- **Register Ordner:** Mit dem Register *Ordner* bekommen Sie im linken Teil des Fensters, der Ordnerliste, eine Explorer-Darstellung, mit der Sie den ganzen Arbeitsplatz durchblättern können. Haben Sie in der Ordnerliste einen Ordner markiert, werden Ihnen im rechten Teil des Design-Centers, der Inhaltsansicht, alle Zeichnungen mit Voransichtsbild angezeigt (siehe Abbildung 13.28, oben).
- **Register Ordner, einzelne Zeichnung:** Wollen Sie eine Zeichnung genauer betrachten, markieren Sie diese in der Ordnerliste oder klicken Sie doppelt auf das Pluszeichen vor dem Dateinamen. Jetzt bekommen Sie Kategorien der benannten Objekte in der Inhaltsansicht angezeigt. Klicken Sie in der Ordnerliste eine Kategorie unter dem Zeichnungssymbol an, werden die benannten Objekte angezeigt, z. B. alle Blöcke oder alle Layer in der Zeichnung (siehe Abbildung 13.28, unten).
- **Register Ordner, Zeichnungen mit Blöcken:** In einem speziellen Ordner *\Programme\Autodesk\AutoCAD 2026\Sample\de-de\DesignCenter* finden Sie eine ganze Reihe von Dateien, die nur Symbole enthalten: Elektronik-Symbole, Elektrotechnik-Symbole, mechanische Befestigungselemente, Architektur- und Haustechnik-Symbole, Landschaftsplanung usw. Markieren Sie eine dieser Zeichnungen und klicken Sie die Kategorie *Blöcke* an, damit alle Blöcke der Zeichnung in der Inhaltsansicht dargestellt werden.

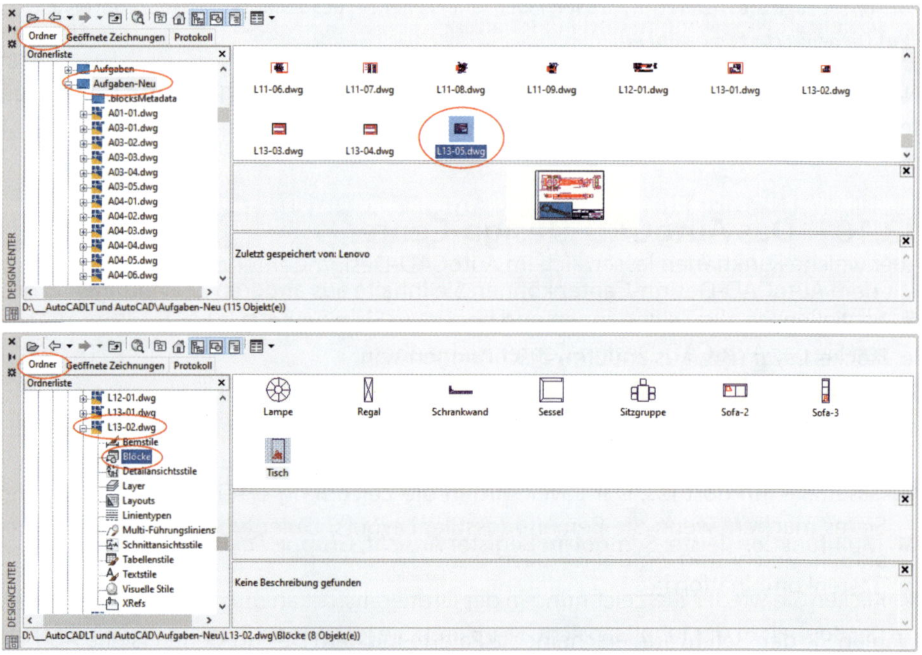

Abbildung 13.28: Inhalt eines Ordners und einer Datei im Design-Center

- **Register Geöffnete Zeichnungen:** In diesem Register finden Sie alle momentan geöffneten Zeichnungen. Der linke Teil des Design-Centers zeigt Ihnen diese an. Im rechten Teil finden Sie wie im Register *Ordner* den Inhalt der Zeichnungen.
- **Register Protokoll:** Im Register *Protokoll* bekommen Sie alle bisher im Register *Ordner* gewählten Zeichnungen aufgelistet.

13.10.3 Symbolleiste im AutoCAD-Design-Center

Die Symbolleiste am oberen Rand erleichtert Ihnen die Navigation.

- **Navigation:** Mit den vier Symbolen links navigieren Sie zum gewünschten Ordner bzw. zur gewünschten Datei.
- **Symbol Suchen:** Sucht nach Ordnern, Dateien bzw. benannten Objekten in Dateien nach den unterschiedlichsten Suchkriterien. 
- **Symbol Favoriten:** Anzeige des Favoritenordners. Zeichnungen, die Sie häufiger verwenden, können Sie dort aufnehmen. Klicken Sie diese in der Ordnerliste rechts an und wählen Sie im Kontextmenü *Zu Favoriten hinzufügen*. 
- **Symbol Ausgangsposition:** Anzeige der Ausgangsposition. Klicken Sie eine Zeichnung in der Ordnerliste rechts an und wählen Sie im Kontextmenü *Als Start einstellen*, dann wird sie zur Ausgangsposition. 
- **Symbole für die Darstellung:** Mit den Symbolen können Sie (von links nach rechts) die Ordnerliste, das Voransichtsfenster und das Beschreibungsfenster ein- und ausschalten. 
- **Auswahlliste Ansicht:** Damit können Sie die Darstellung der Symbole im oberen Fenster der Inhaltsansicht ändern. Wie im Windows-Explorer können Sie zwischen verschiedenen Symbol- bzw. Listendarstellungen wählen. 

13.10.4 Übung: Funktionen im AutoCAD-Design-Center

Aber welche Funktionen lassen sich im AutoCAD-Design-Center ausführen?

- Schließen Sie alle Zeichnungen und beginnen Sie eine neue leere Zeichnung. Aktivieren Sie das AutoCAD-Design-Center (siehe oben).
- Klicken Sie die Zeichnung ***A13-06.dwg*** im Ordner *Aufgaben* doppelt an und öffnen Sie die Kategorie *Layer* ebenfalls mit einem Doppelklick in der Inhaltsansicht. Ziehen Sie einen Layer, den Sie in der aktuellen Zeichnung haben wollen, in die Zeichnung und lassen Sie ihn dort los. Der Layer wird in die Zeichnung eingefügt. Genauso können Sie es machen, wenn Sie Bemaßungsstile, Layouts, Linientypen oder Textstile in die aktuelle Zeichnung einfügen wollen.
- Klicken Sie wieder die Zeichnung in der Ordneransicht an und dann die Kategorie *Blöcke* doppelt in der Inhaltsansicht. Markieren Sie jetzt einen Block in der Inhaltsansicht. Ziehen Sie ihn dann mit gedrückter Maustaste in die Zeichnung und lassen Sie ihn dort

los. Der Block wird mit dem Einfügefaktor 1 und dem Drehwinkel 0 eingefügt. Wenn Sie den Block in der Inhaltsansicht doppelt anklicken, bekommen Sie ein Dialogfeld, in dem Sie die Einfügeparameter einstellen können. Testen Sie beide Möglichkeiten.

13.10.5 Übung: Dynamischen Block einfügen

Im Ordner *\Programme\Autodesk\AutoCAD 2026\Sample\de-de\Dynamic Blocks* finden Sie eine Reihe von Dateien, in denen *Dynamische Blöcke* enthalten sind. Diese sind parametrisch und können in ihren Abmessungen verändert werden. Wie diese erstellt werden, ist nicht Bestandteil dieses Einführungsbuches. Aber es wird beschrieben, wie diese eingefügt und geändert werden.

- Arbeiten Sie an der Datei mit der Zeichnung des Pleuels aus Kapitel 13.7 weiter oder laden Sie die Datei ***A13-09.dwg***. Starten Sie das Design-Center und öffnen Sie im Design-Center die Datei *Mechanical - Metric.dwg* aus dem Ordner *\Programme\Autodesk\AutoCAD 2026\Sample\de-de\Dynamic Blocks*.
- Öffnen Sie die Kategorien mit dem Pluszeichen vor dem Dateinamen. Klicken Sie auf die Kategorie *Blöcke* und Sie haben die Blöcke in der Inhaltsübersicht.
- Ziehen Sie den Block *Sechskantschraube (Seitenansicht) - Metrisch* in die Zeichnung. Die Schraube wird eingefügt (siehe Abbildung 13.29).

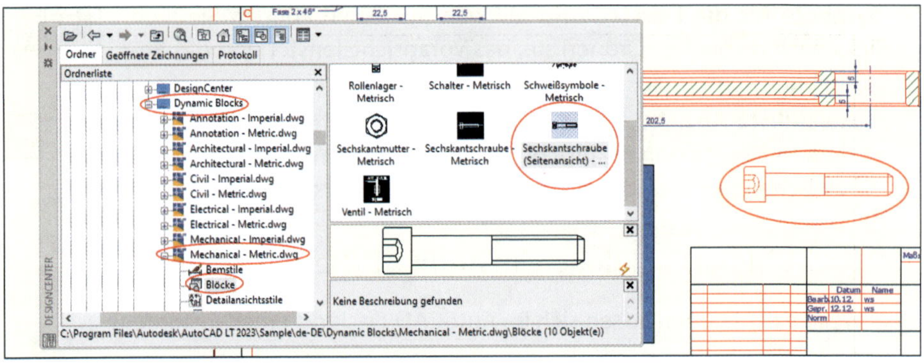

Abbildung 13.29: Dynamischen Block einfügen

- Klicken Sie den gerade eingefügten Block an. Er bekommt außer dem Griff am Einfügepunkt zwei weitere Pfeilgriffe (siehe Abbildung 13.30).
- An dem Pfeil nach unten bekommen Sie ein Menü mit den verfügbaren Größen. Wählen Sie daraus *M8*. An dem Pfeil links können Sie die Schraube in Fünfer-Schritten länger oder kürzer ziehen. Stellen Sie die Länge auf 40 ein.
- Setzen Sie eine Führungslinie mit der Beschriftung wie in Abbildung 13.31.
- Das war's mit dieser Zeichnung. Sie sollte wie in Abbildung 13.32 aussehen. Speichern Sie die Datei, denn im nächsten Kapitel soll sie gedruckt werden. Eine Musterlösung haben Sie im Ordner *Aufgaben* in der Datei ***L13-09.dwg***.

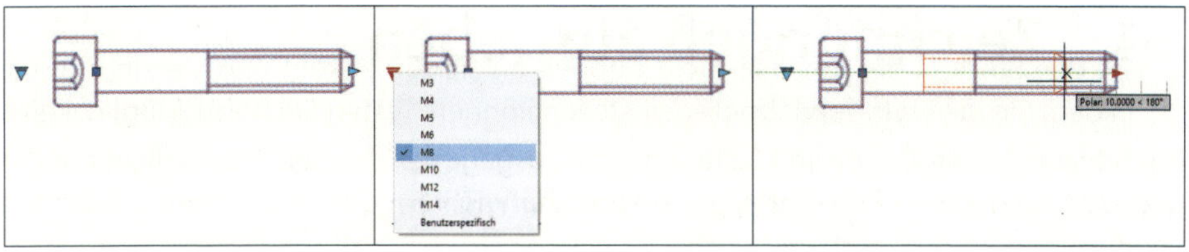

Abbildung 13.30: Dynamischen Block ändern

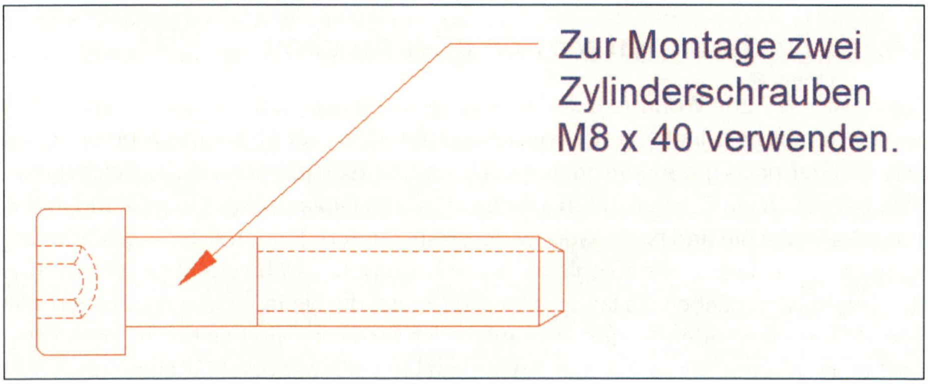

Abbildung 13.31: Mit Führungslinie versehen

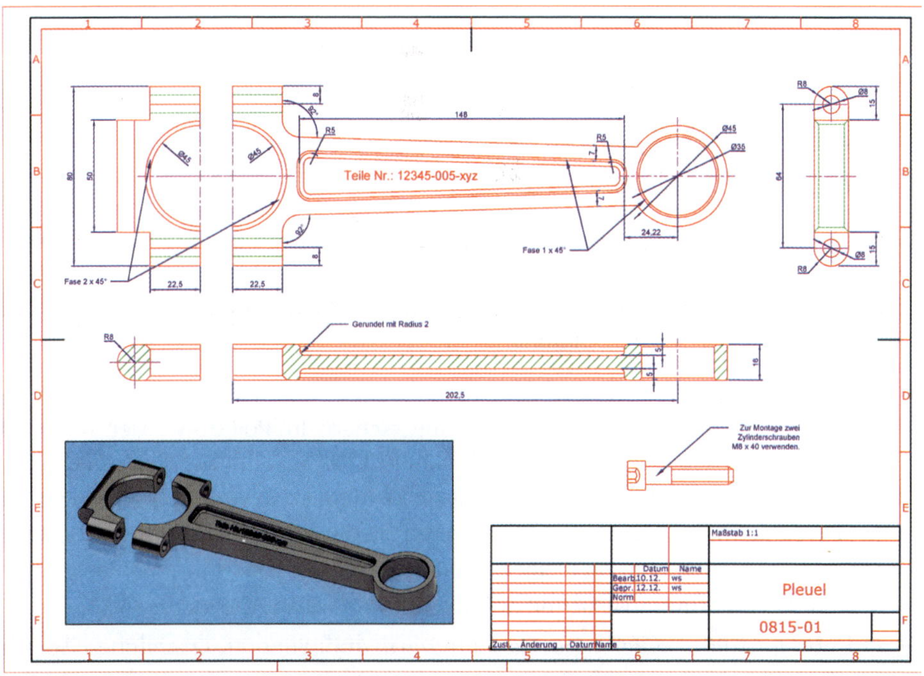

Abbildung 13.32: Die fertige Zeichnung

14. Zeichnungen ausgeben

Irgendwann ist die Zeichnung fertig und soll ausgegeben werden. Wenn nicht auf Papier gedruckt, so doch als PDF-Datei, um sie unabhängig vom CAD-Programm betrachten zu können.

14.1 Zeichnungen plotten oder drucken

Zunächst eine Frage: Worin liegt der Unterschied zwischen plotten und drucken? Softwaretechnisch gibt es keinen. Früher wurden Zeichnungen auf Stiftplottern bis zum Format DIN A0 oder noch größer ausgegeben. Das waren elektromechanische Zeichenmaschinen, bei denen ein Zeichenstift in x-Richtung übers Papier geführt wurde und in y-Richtung das Papier hin und her bewegt wurde. Heute unterscheiden sich die großformatigen Ausgabegeräte in der Technologie nicht mehr von Tintenstrahl- oder Laserdruckern. Aber der Begriff ist geblieben. Es lassen sich alle Geräte, die Sie in Windows installiert haben, zum Plotten verwenden. Es sind aber auch noch für die inzwischen historischen Stiftplotter Treiber in AutoCAD vorhanden. Außerdem lässt sich mit den Plot-Funktionen aus der Zeichnung mit einem virtuellen Plotter eine PDF-Datei erstellen.

14.1.1 Befehl »Plot«

Zum Plotten einer Zeichnung verwenden Sie den Befehl *Plot*.

- Multifunktionsleiste: Symbol im Register *Ausgabe*, Gruppe *Plotten*
- Menübrowser: Untermenü *Drucken*, Funktion *Plot*

Sie erhalten ein Dialogfeld, in dem Sie alle Einstellungen für die Ausgabe vornehmen können. Das Dialogfeld kann vergrößert bzw. verkleinert werden. Wollen Sie alles unter Kontrolle haben, dann vergrößern Sie das Fenster an der rechten unteren Ecke des Dialogfelds mit dem Pfeilsymbol (siehe Abbildung 14.1).

- **Seiteneinrichtung:** Alle Einstellungen, die Sie für einen Plot einmal vorgenommen haben, können Sie unter einem Namen abspeichern. Im Pull-down-Menü *Name* können Sie schon gespeicherte Plots auswählen. Mit der Schaltfläche *Hinzufügen* können Sie die gerade gemachten Einstellungen speichern.
- **Drucker/Plotter:** Wählen Sie im Pull-down-Menü Name den Plotter bzw. Drucker aus, auf dem Sie Ihre Zeichnung ausgeben wollen. Sie finden dort Ihre Windows-Drucker und die Systemdrucker von AutoCAD (Zusatz **.pc3*).
- **In Datei plotten:** Haben Sie diese Option aktiviert, werden die Daten nicht an das Gerät ausgegeben, sondern in eine Datei umgeleitet.

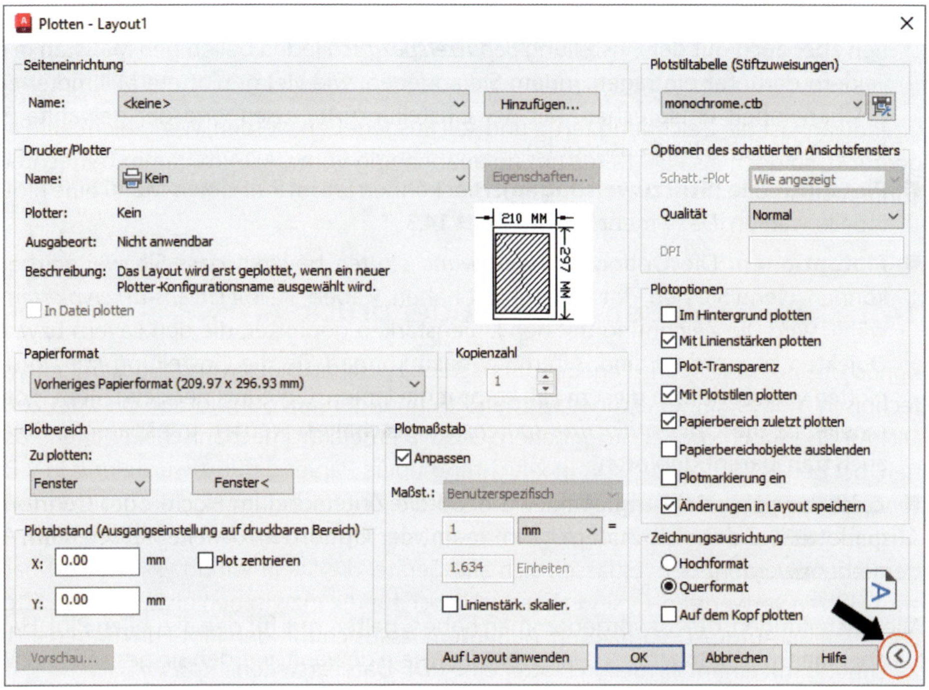

Abbildung 14.1: Vollständiges Plot-Dialogfeld

- **Papierformat:** Aus einem Pull-down-Menü können Sie aus den verfügbaren Papierformaten auswählen. In dem Feld darüber wird das Papierformat mit dem geplotteten Bereich in einer Voransicht angezeigt. Tritt irgendwo ein Fehler auf und der Rand wird abgeschnitten, ist er im Fenster rot markiert.
- **Kopienzahl:** Hier können Sie die Zahl der Kopien für den Plot einstellen.
- **Plotbereich:** In diesem Feld können Sie den Plotbereich wählen:
  - **Anzeige:** der momentane Bildschirmausschnitt
  - **Fenster:** Plotten eines Ausschnitts, der in der Zeichnung mit zwei Eckpunkten bestimmt werden kann. Danach haben Sie die Schaltfläche *Fenster* < rechts vom Pull-down-Menü, um das Fenster bestimmen zu können.
  - **Grenzen:** alle Objekte in der Zeichnung
  - **Limiten:** Bereich innerhalb der Limiten
  - **Ansicht:** Wenn ein Ausschnitt in der Zeichnung gespeichert wurde, wird diese Option angeboten.
- **Plotabstand:** Ist der Plot nicht formatfüllend, können Sie ihn mit den Eingaben in diesem Feld in x- und y-Richtung auf dem Papier verschieben. Mit der Option *Plot zentrieren* wird die Zeichnung auf der Papiermitte ausgedruckt.

- **Plotmaßstab:** Wählen Sie im Pull-down-Menü einen Maßstab zum Plotten. Sie können aber auch mit der Einstellung *Benutzerspezifisch* jeden beliebigen Maßstab in den Feldern darunter eintragen, indem Sie angeben, wie viel geplottete Millimeter einer Zeicheneinheit entsprechen. Mit der Einstellung *Anpassen* wird der gewählte Plotbereich formatfüllend ausgegeben.
- **Plotstiltabelle (Stiftzuweisungen):** Hier können Sie im Pull-down-Menü eine Plotstiltabelle wählen. Dazu mehr im Abschnitt 14.3.
- **Plotoptionen:** Die Option *Im Hintergrund plotten* bewirkt, dass Sie weiterarbeiten können, wenn Sie den Plot abgeschickt haben. Haben Sie *Mit Linienstärken plotten* gewählt, wird die Zeichnung mit den Linienstärken geplottet, die den Layern bzw. den Objekten zugeordnet sind. Alternativ dazu können Sie die Einstellung *Mit Plotstilen plotten* verwenden. In diesem Fall kommt die Linienstärke aus der gewählten Plotstiltabelle. Ist die Option *Plot-Transparenz* eingeschaltet, werden transparente Objekte auch transparent geplottet.
- **Zeichnungsausrichtung:** Wählen Sie, ob die Zeichnung im Hoch- oder Querformat geplottet werden soll. Zudem kann sie mit der Option *Auf dem Kopf plotten* um 180° gedreht werden.

Alle Einstellungen, die Sie vorgenommen haben, gelten **nur** für den aktuellen Plot. Haben Sie aber die Option *Änderungen in Layout speichern* gewählt, werden sie gespeichert. Wollen Sie die Einstellungen speichern, ohne die Zeichnung plotten zu müssen, klicken Sie auf die Schaltfläche *Auf Layout anwenden*.

14.1.2 Vorschau anzeigen

Haben Sie alles eingestellt, können Sie den Plot in der Voransicht kontrollieren. Wenn Sie auf die Schaltfläche *Vorschau* klicken, bekommen Sie diese auf dem Papierblatt mit Farben und Linienstärken angezeigt (siehe weiter unten und Abbildung 14.3). Mit der Taste Esc beenden Sie die Voransicht und kommen zum Plot-Dialogfeld zurück.

Außerdem haben Sie eine Symbolleiste oben am Fenster mit Funktionen für Zoom und Pan und zum sofortigen Plotten. Beenden Sie das Vorschaufenster mit Esc, können Sie die Zeichnung im Dialogfeld mit *OK* plotten.

14.1.3 Übung: Zeichnung mit Zeichnungsrahmen plotten

- Laden Sie Ihre gespeicherte Zeichnung mit dem Pleuel oder verwenden Sie die Datei ***A14-01.dwg*** aus Ihrem Ordner *Aufgaben*. Das Teil soll maßstäblich auf einem DIN-A3-Blatt gedruckt werden. Nicht auf dem Drucker, sondern in einer PDF-Datei, damit Sie die Einstellungen auch auf Ihrem System nachvollziehen können.
- Starten Sie den Befehl *Plot* und nehmen Sie die Einstellungen vor wie in Abbildung 14.2.

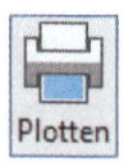

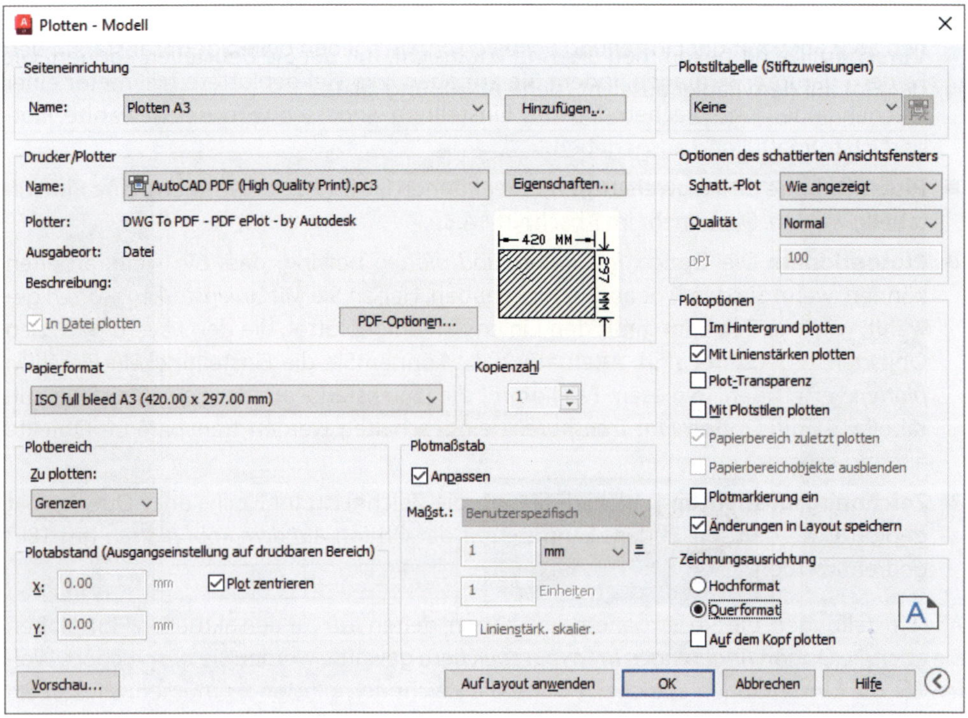

Abbildung 14.2: Einstellungen für den Plot

Die Erläuterung zu den Einstellungen:

- **Seiteneinrichtung:** Auch wenn dieses Feld ganz oben steht, speichern Sie erst zum Schluss, wenn Sie alle Einstellungen vorgenommen und in der Voransicht überprüft haben.
- **Drucker/Plotter:** Wählen Sie den Drucker *AutoCAD PDF (High Quality Print).pc3*, um eine PDF-Datei aus der Zeichnung zu erstellen.
- **Papierformat:** Wählen Sie hier das Papierformat. Beim Drucker sollten Sie beachten, dass dieser meist nicht bis zum Papierrand drucken kann. Der Zeichnungsrahmen sollte also nicht bis zum Papierrand gehen. Für die PDF-Datei verwenden Sie das Format *ISO full bleed A3 (420 x 297 mm)*. Damit haben Sie den vollen Bereich des A3-Blatts.
- **Plotbereich:** Wählen Sie *Grenzen* und schalten Sie *Anpassen* ein. Als Maßstab sollte jetzt *1:1* angezeigt werden.
- **Plotstiltabelle:** Damit ordnen Sie den Farben der Zeichnung virtuelle Plotstifte zu, die Farben und Linienstärken enthalten. Soll die Zeichnung in den Farben und mit den beim Layer gespeicherten Linienstärken geplottet werden, ist keine Plotstiltabelle erforderlich. Mehr zu Plotstilen im Abschnitt 14.3.
- **Plotoptionen:** Schalten Sie *Mit Linienstärken plotten* ein und *Mit Plotstilen plotten* aus.

- **Zeichnungsausrichtung:** Als Letztes wählen Sie hier *Querformat*.
- **Vorschau:** Damit bekommen Sie eine Voransicht, mit der Sie beurteilen können, wie der Plot auf dem Papier aussieht (siehe Abbildung 14.3).

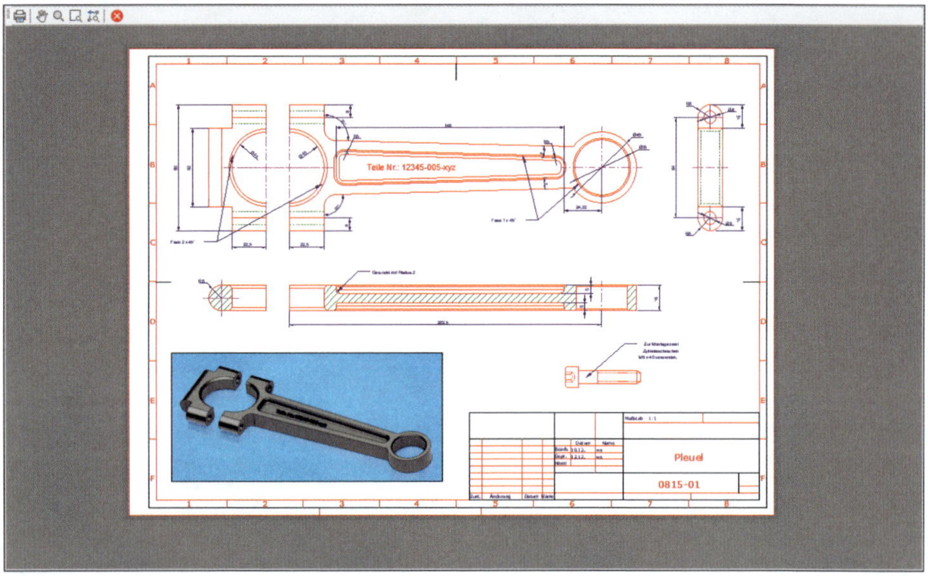

Abbildung 14.3: Vorschau der Plotausgabe

- **Auf Layout anwenden:** Jetzt können Sie auf diese Schaltfläche klicken und die Einstellungen sind beim nächsten Plot wieder vorhanden. Besser ist es, wie oben beschrieben die Seiteneinrichtung unter einem Namen zu speichern. So können Sie für eine Zeichnung auch mehrere Seiteneinrichtungen anlegen und jederzeit wieder zurückholen.
- Schicken Sie den Plot mit *OK* ab. Wenn der Plot abgeschlossen ist, erscheint eine Sprechblase mit einem Hinweis auf den erfolgreichen Plot oder eine eventuelle Fehlermeldung. Da wir in unserem Fall eine PDF-Datei erzeugen, können Sie einen Speicherplatz und einen Dateinamen eingeben. Eine Musterdatei haben Sie im Ordner *Aufgaben*, die Datei ***A14-01.pdf***.

14.1.4 Befehl »Voransicht«

Die Voransicht können Sie auch ohne den Befehl *Plot* nutzen, und zwar mit dem Befehl *Voransicht*:

- Multifunktionsleiste: *Symbol* im Register *Ausgabe*, Gruppe *Plotten*
- Menübrowser: Untermenü *Drucken*, Funktion *Plot-Voransicht*

Damit kommt die gleiche Anzeige wie bei der Vorschau im Dialogfeld *Plot* (siehe Abbildung 14.3).

14.1.5 Befehl »Seiteneinr«

Mit dem Befehl *Seiteneinr* starten Sie den *Seiteneinrichtungs-Manager*:

- Multifunktionsleiste: Symbol im Register *Ausgabe*, Gruppe *Plotten*
- Menübrowser: Untermenü *Drucken*, Funktion *Seiteneinrichtung*

In einem Dialogfeld bekommen Sie die vorhandenen Seiteneinrichtungen aufgelistet und Sie können neue anlegen, bestehende ändern und zur aktuellen Seiteneinrichtung machen sowie Seiteneinrichtungen aus anderen Zeichnungen importieren. Beim Anlegen oder Ändern verwenden Sie das gleiche Dialogfeld wie beim Plotten (siehe Abbildungen 14.1 und 14.2).

14.1.6 Befehl »Publizieren«

Mit dem Befehl *Publizieren* können Sie ganze Zeichnungssätze, sogenannte Planlisten, plotten oder in andere Dateiformate, etwa ins PDF-Format, umwandeln:

- Multifunktionsleiste: Symbol im Register *Ausgabe*, Gruppe *Plotten*
- Menübrowser: Untermenü *Drucken*, Funktion *Stapelplotten*

In einem Dialogfeld können Sie die Planliste erstellen, den Plotter wählen und die Optionen für den Stapelplot einstellen.

14.2 Der Plotter-Manager

AutoCAD verwendet normalerweise die in Windows konfigurierten Drucker, die sogenannten Windows-Systemdrucker. Plotter, die nicht über einen Windows-Treiber verfügen, können mit speziellen AutoCAD-HDI-Treibern ausschließlich für AutoCAD konfiguriert werden. Das sind vor allem alte Stiftplotter, die heute aber keine Rolle mehr spielen. Sie können aber auch die sowieso vorhandenen Windows-Systemdrucker konfigurieren, sogar auch mehrfach. Das hat den Vorteil, dass Sie dann in jeder Konfiguration spezielle Einstellungen wie Papierformat, Druckqualität usw. vornehmen können. In jedem Fall wird eine PC3-Datei erstellt, in der Konfiguration und Einstellungen für dieses Gerät gespeichert sind.

14.2.1 Der Plot-Manager

Plotter bzw. Drucker werden mit dem Plotter-Manager konfiguriert. Der Befehl, um diesen zu starten, lautet *Plottermanager*:

- Multifunktionsleiste: Symbol im Register *Ausgabe*, Gruppe *Plotten*
- Menübrowser: Untermenü *Drucken*, Funktion *Plotter verwalten*

Wenn Sie ihn anwählen, bekommen Sie ein Explorer-Fenster auf den Bildschirm, in dem die bereits konfigurierten Plotter aufgeführt werden (siehe Abbildung 14.5).

14.2.2 Plotter hinzufügen oder ändern

Starten Sie den Assistenten zum Hinzufügen eines Plotters per Doppelklick und Sie können Ihren Plotter konfigurieren. Nach einer Einführungsseite kommen Sie mit der Schaltfläche *Weiter >* zur Seite *Start* (siehe Abbildung 14.4).

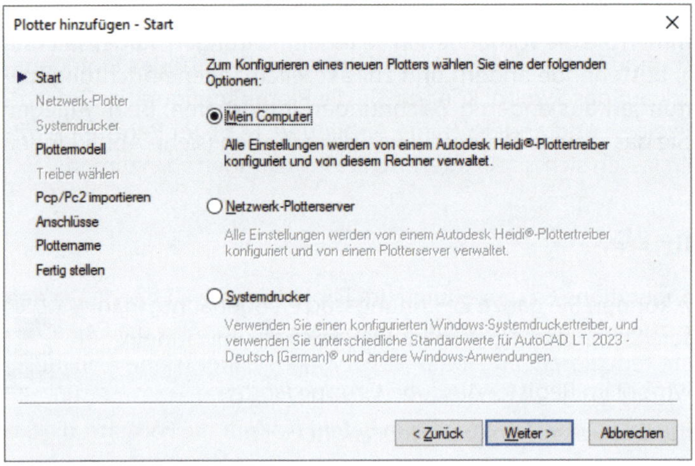

Abbildung 14.4: Assistent »Plotter hinzufügen«, Seite »Start«

- **Mein Computer:** Der Plotter ist lokal an den Computer angeschlossen und wird mit einem AutoCAD-HDI-Treiber gesteuert, zum Beispiel ein alter Stiftplotter, oder es erfolgt eine Konvertierung in andere Formate oder in Rasterdateien.
- **Netzwerk-Plotterserver:** Der Plotter ist im Netzwerk an einen Server angeschlossen und wird über einen AutoCAD-HDI-Treiber gesteuert. Geben Sie den Netzwerknamen (UNC-Name: \\Servername\Gerätename) des Plotters ein.
- **Systemdrucker:** Der Drucker oder Plotter ist als Windows-Systemdrucker angeschlossen (lokal oder an einem Druckserver im Netzwerk). Dann bekommen Sie die Seite *Systemdrucker*. Dort wählen Sie den Systemdrucker aus, den Sie auch in AutoCAD haben möchten.

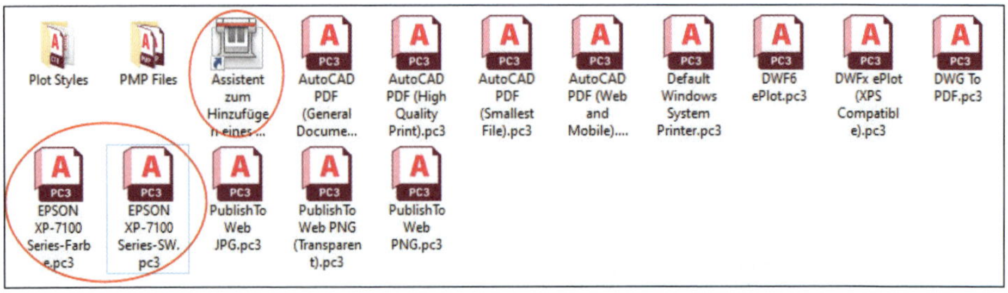

Abbildung 14.5: Das Explorer-Fenster des Plot-Managers

Wichtiger Hinweis: Sie müssen einen Windows-Systemdrucker nicht in AutoCAD konfigurieren. Es ist aber dann sinnvoll, wenn Sie ihn mehrfach konfigurieren. Dann können Sie darin verschiedene Einstellungen im *Plotterkonfigurations-Editor* vornehmen, z. B. Plot in verschiedenen Formaten oder farbig und schwarz usw. (siehe Abbildung 14.5).

14.2.3 Plotterkonfigurations-Editor

Haben Sie einen Plotter konfiguriert, erscheint er als Symbol im Fenster des Plot-Managers. Mit einem Doppelklick auf das Symbol können Sie die Plotterkonfiguration im *Plotterkonfigurations-Editor* anzeigen und ändern (siehe Abbildung 14.6). Im Register *Gerät- und Dokumenteinstellungen* lassen sich gerätespezifische Einstellungen vornehmen.

14.2.4 Papierformate filtern

Häufig wird der *Plotterkonfigurations-Editor* benutzt, um Papierformate zu filtern. Bei den meisten Druckern werden zu viele Papierformate angeboten. Sie können die Papierformate auf das Notwendigste reduzieren. Im *Plotterkonfigurations-Editor* (siehe Abbildung 14.6) klicken Sie auf den Eintrag *Papierformate filtern*. Wählen Sie in der Liste *Größe* nur die Formate aus, die Sie benötigen. Dann finden Sie beim Befehl *Plot* nur die Formate, die Sie angekreuzt haben.

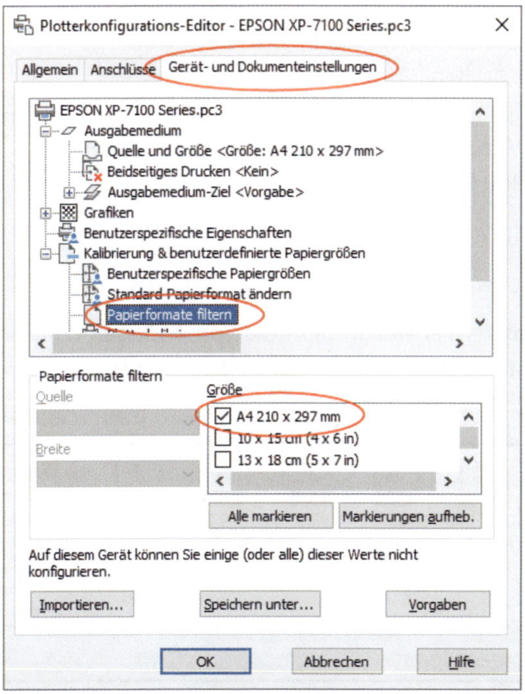

Abbildung 14.6: Plotterkonfiguration bearbeiten

14.3 Plotstiltabellen

Wenn Sie eine Zeichnung plotten, in der Sie viel mit der Farbe Gelb gezeichnet haben, gibt es ein Problem. Gelb ist auf dem Papier fast nicht sichtbar. Oder Sie wollen bestimmte Farben in einer anderen Linienstärke als gezeichnet ausdrucken, oder in einer Zeichnung gibt es nur die Vorgabe-Linienstärke. Was dann? Dann kommen die Plotstiltabellen ins Spiel. Es gibt verschiedene Plotstiltabellen:

- **Farbabhängige Plotstiltabellen:** Plotstile werden über die Objektfarbe gesteuert, d. h., ein Objekt, das in einer bestimmten Farbe gezeichnet wurde, wird mit dem Plotstil geplottet, der der Farbe zugeordnet ist. Plotstiltabellen werden in Dateien gespeichert, diese haben die Dateierweiterung **.ctb*.
- **Benannte Plotstiltabellen:** Plotstile werden Objekten oder Layern zugeordnet, d. h., die Objekte werden mit den ihnen zugeordneten Plotstilen geplottet bzw. mit denjenigen Plotstilen, die den Layern zugeordnet sind, auf denen diese Objekte gezeichnet wurden. Sie erkennen diese Plotstiltabellen an der Dateierweiterung **.stb*.

Am häufigsten wird mit farbabhängigen Plotstilen gezeichnet. Schon bei der Wahl der Vorlage für eine neue Zeichnung entscheiden Sie, mit welchen Plotstilen Sie arbeiten wollen. Im Nachhinein ist eine Umstellung nur aufwendig möglich. Vorlagen ohne einen Zusatz arbeiten mit farbabhängigen Plotstilen, Vorlagen mit dem Zusatz *Named Plot Styles* arbeiten mit benannten Plotstilen.

14.3.1 Der Plotstil-Manager

Plotstiltabellen werden mit dem Plotstil-Manager erstellt und bearbeitet. Der Befehl heißt *Plotstilmanager* und Sie finden ihn hier:

- Menübrowser: Untermenü *Drucken*, Funktion *Plotstile verwalten*
- Im Plot-Manager: Symbol *Plot Styles*

Wenn Sie ihn starten, öffnet sich ein Explorer-Fenster, in dem die vorhandenen Plotstiltabellen aufgeführt sind (siehe Abbildung 14.7). Wichtige Plotstile sind *Autodesk-Color.stb* und *Autodesk-MONO.stb* für schwarze Plots.

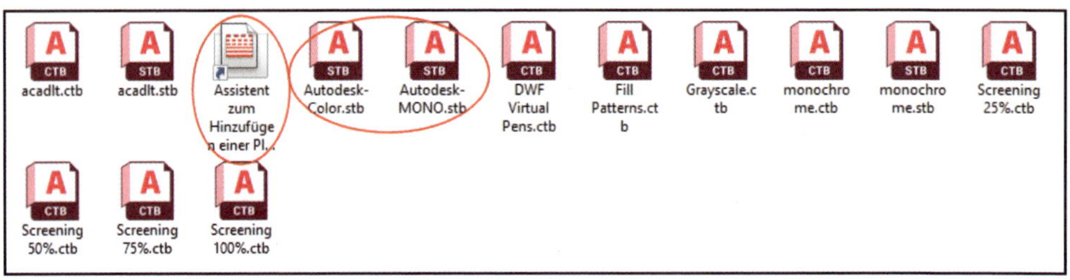

Abbildung 14.7: Das Explorer-Fenster des Plotstil-Managers

14.3.2 Plotstil hinzufügen

Starten Sie den Assistenten zum Hinzufügen einer Plotstiltabelle per Doppelklick und Sie können Ihre Plotstiltabelle erstellen. In einer Reihe von Dialogfeldern wird abgefragt, ob Sie eine neue erstellen oder eine vorhandene als Vorlage verwenden wollen und welche Art von Plotstiltabelle Sie erstellen wollen.

14.3.3 Plotstiltabellen bearbeiten

Klicken Sie eine Plotstiltabelle im Explorer doppelt an und Sie kommen zum *Plotstiltabellen-Editor*, einem Dialogfeld mit drei Registerkarten.

Auf der Registerkarte *Allgemein* finden Sie nur Informationen, auf der Registerkarte *Tabellenansicht* werden alle Plotstile in der Tabelle aufgelistet. Für die Bearbeitung ist die *Formularansicht* besser geeignet (siehe Abbildung 14.8).

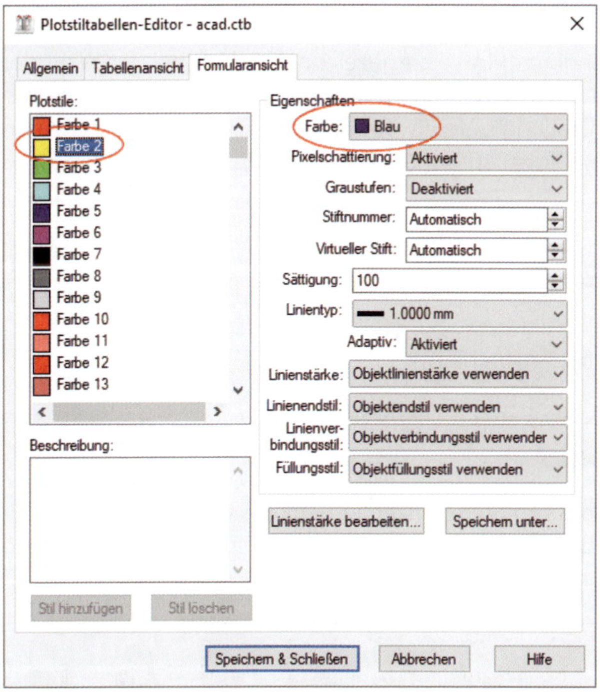

Abbildung 14.8: Plotstiltabellen-Editor, Registerkarte »Formularansicht«, farbabhängige Plotstile

Markieren Sie einen oder mehrere Plotstile und ändern Sie deren Eigenschaften in den Feldern rechts.

In Abbildung 14.8 wurde beispielsweise dem Plotstil von Farbe 2 (Gelb) für den Druck die besser sichtbare Farbe Blau und die Linienstärke 1.0000 mm für den Plot zugeordnet. Alle anderen Einstellungen sind nicht so relevant.

Sie können bei Bedarf den Plotstil jeder Farbe ändern.

- Normalerweise können Sie mit farbabhängigen Plotstiltabellen arbeiten. Benannte Plotstiltabellen sind nur für spezielle Anwendungen.
- Bei den mitgelieferten Plotstiltabellen finden Sie die Plotstiltabellen *acad.ctb* für farbige Plots, *monochrome.ctb* für den schwarzen Ausdruck und *greyscale.ctb* für den Ausdruck in Graustufen.

15. Layouts im Papierbereich

Es gibt AutoCAD-Anwender, die schon jahrelang mit dem Programm arbeiten, den Papierbereich aber noch nie genutzt haben. Dabei bietet er viele Vorteile.

15.1 Modellbereich, Papierbereich, Layouts

Alle bisherigen Zeichnungen haben wir in einem Bereich erstellt, dem Modellbereich. Nun haben Sie beispielsweise eine Zeichnung, die Sie in verschiedenen Maßstäben darstellen möchten. Oder Sie wollen Details der Zeichnung vergrößert darstellen bzw. 3D-Modelle in verschiedenen Ansichten auf dem Papier abbilden. Das alles ist nur im Papierbereich möglich, den Sie sich so vorstellen können, als ob Sie vor das Modell ein Blatt Papier legen. In dieses Blatt »schneiden« Sie Fenster, durch die Sie den Modellbereich auf dem Papier abbilden.

Ein Layout ist also ein Zeichenblatt im Papierbereich. Zwischen dem Modellbereich und den Layouts können Sie mit den Registern am unteren Rand des Zeichnungsfensters wechseln (siehe Abbildung 15.1).

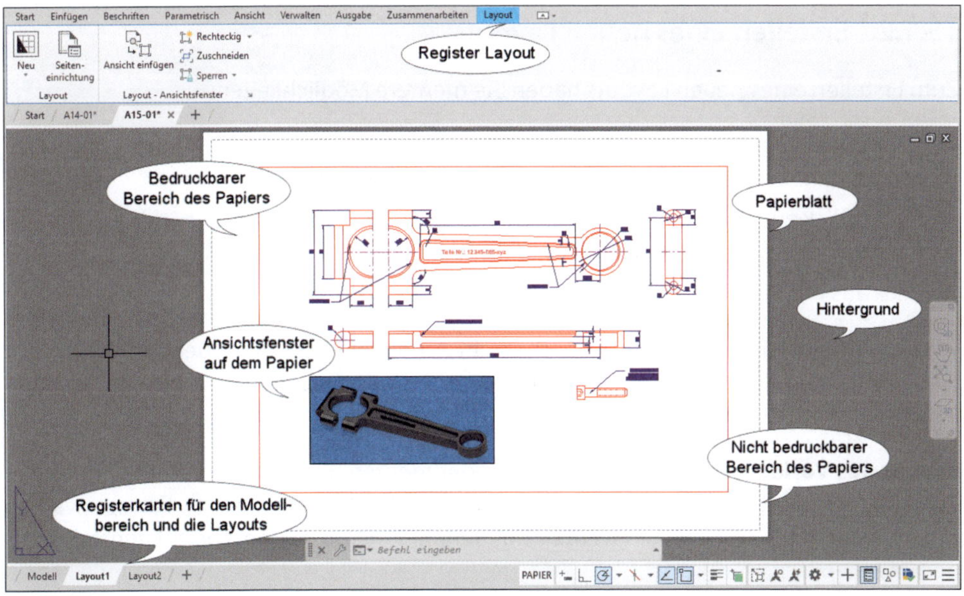

Abbildung 15.1: Zeichnung im Papierbereich mit zwei Layouts

- **Register Modell:** Das Register *Modell* hat immer diesen Namen und kann nicht umbenannt werden.

- **Diverse Layout-Register:** Daneben kann es mehrere Layout-Register geben. Sie werden mit *Layout1*, *Layout2* usw. benannt, die schon vorhanden sind, die Sie meist so nicht gebrauchen können, aber die Sie umbenennen oder löschen können.
- Um zwischen Modellbereich und den Layouts zu wechseln, klicken Sie die entsprechenden Registerkarten oder Symbole in der Statusleiste an.

15.1.1 Befehl »Layout«

Sobald Sie ein Layout aktivieren, bekommen Sie das zusätzliche Register *Layout* in der Multifunktionsleiste (siehe Abbildung 15.1), das Sie jetzt auch aktivieren können. Für uns sind im Moment nur die ersten beiden Gruppen *Layout* und *Layout-Ansichtsfenster* wichtig. Die restlichen Gruppen beziehen sich auf 3D-Modelle, und die sind in AutoCAD LT nicht vorhanden. Die meisten Optionen des Befehls *Layout* können Sie mit einem Rechtsklick auf die Registerkarten aus dem Kontextmenü wählen.

- **Layout bzw. zum Modellbereich wechseln:** Klick auf die entsprechende Registerkarte.
- **Layout löschen:** Rechtsklick auf die entsprechende Registerkarte und *Löschen* aus dem Kontextmenü wählen. Falls Sie das letzte Layout löschen, wird sofort ein neues Layout mit dem Namen *Layout1* angelegt.

15.1.2 Erstellen eines neuen Layouts

Zum Erstellen eines neuen Layouts haben Sie mehrere Möglichkeiten:

- Klick auf ein Register links unten und Auswahl des Registers *Layout* in der Multifunktionsleiste: Symbol in einem Flyout in der Gruppe *Layout*
- Rechtsklick auf eine der Registerkarten (*Modell* oder *Layout*) und Wahl der Funktion *Neues Layout* aus dem Kontextmenü.
- Klick aus das Pluszeichen rechts neben den Registerkarten

Je nach Voreinstellung kann es sein, dass ein Ansichtsfenster im neuen Layout erstellt wird. Mit einem Rechtsklick auf die Registerkarte des Layouts wählen Sie die Funktion *Umbenennen* und können dem Layout einen sprechenden Namen geben.

Layout aus Vorlage: Damit können Sie ein oder mehrere Layouts aus einer Vorlage oder Zeichnung importieren. Im Dateiwähler können Sie das gewünschte Format wählen (**.dwt* oder **.dwg*). Die Layouts werden mit Seiteneinrichtung und Ansichtsfenster übernommen.

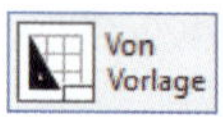

- Multifunktionsleiste: Symbol im Flyout des Registers *Layout*, Gruppe *Layout*
- Rechtsklick auf eine Registerkarte und Funktion *Von Vorlage* aus dem Kontextmenü wählen

Verschieben oder Kopieren: Mit der Option kopieren Sie ein vorhandenes Layout, wenn Sie Layouts mit ähnlicher Form in der Zeichnung noch einmal benötigen. Sie erhalten ein Dialogfeld mit den Layouts in der Zeichnung (siehe Abbildung 15.2). Ordnen Sie ein Layout durch Ziehen mit der Maus in der gewünschten Reihenfolge an. Dadurch ändert sich die Anzeige der Layout-Registerkarten. Haben Sie den Schalter *Kopie erstellen* aktiviert, wird das markierte Layout kopiert.

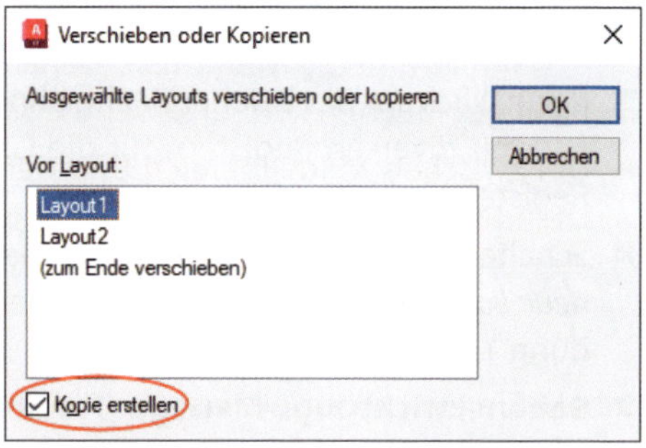

Abbildung 15.2: Layouts verschieben oder kopieren

15.1.3 Seite einrichten bei einem neuen Layout

Aktivieren Sie ein Layout das erste Mal, wird unter Umständen der *Seiteneinrichtungs-Manager* gestartet und/oder automatisch ein Ansichtsfenster erstellt. Dies ist abhängig von der Einstellung in den Optionen (siehe Abbildung 15.3). Das ist meist nicht sinnvoll, wenn gleich ein Ansichtsfenster in einem neuen Layout erstellt wird. Sie wollen das ja selbst im Griff haben, was wo erstellt wird.

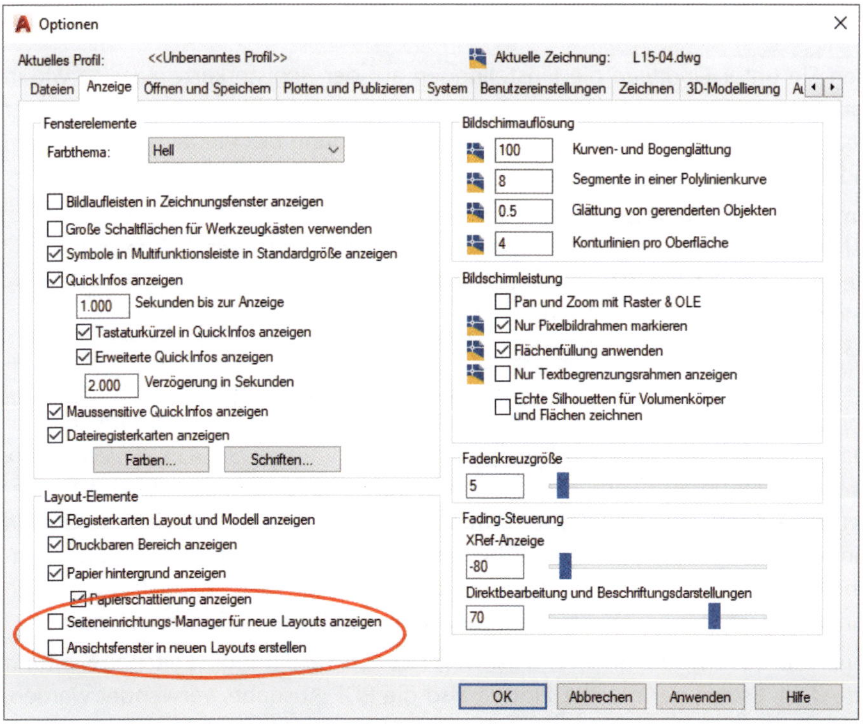

Abbildung 15.3: Einstellungen für neue Layouts

Gehen Sie dazu wie folgt vor, um die Einstellungen zu ändern:

- Rechtsklick auf der Zeichenfläche ohne Befehl und Auswahl von *Optionen*. Das Dialogfeld mit diversen Registern für die Grundeinstellungen erscheint. Aktivieren Sie das Register *Anzeige* im Dialogfeld.
- Schalten Sie im Bereich *Layout-Elemente* die Schalter *Seiteneinrichtungs-Manager für neue Layouts anzeigen* und *Ansichtsfenster in neuen Layouts erstellen* aus (siehe Abbildung 15.3).
- **Seiteneinrichtungs-Manager für neue Layouts anzeigen:** Bei einem neuen Layout wissen Sie oft anfangs noch nicht, welches Papierformat Sie benötigen und welche Einstellungen Sie beim Plotten verwenden wollen. Deshalb ist es meist sinnvoll, die Seiteneinrichtung erst später vorzunehmen.
- **Ansichtsfenster in neuen Layouts erstellen:** Ist dieser Schalter aktivivert, wird sofort ein Ansichtsfenster (siehe unten) erstellt. Meist soll das aber gezielt und in einer bestimmten Größe angelegt werden. Das ist bei einem neuen Layout noch nicht bekannt.

15.1.4 Übung: Layouts erstellen

Sparen wir uns also weitere theoretische Erläuterungen und spielen wir den Workflow an einer Zeichnung komplett durch.

- Nehmen Sie unter *Optionen* die Einstellungen auf der Registerkarte *Anzeige* wie in Abbildung 15.3 vor und laden Sie dann die Zeichnung ***A15-01.dwg*** aus dem Ordner *Aufgaben*. Dabei handelt es sich wieder um die Zeichnung des Pleuels ohne Rahmen im Modellbereich.
- Klicken Sie auf das Register *Layout1* und starten Sie den Seiteneinrichtungs-Manager (siehe Abbildung 15.4). Sie finden ihn jetzt auch auf der Registerkarte *Layout* der Multifunktionsleiste in der Gruppe *Layout*. Klicken Sie auf die Schaltfläche *Neu* und legen Sie die Seiteneinrichtung *Format-A3* an.

- Jetzt erscheint das Dialogfeld, das Sie bereits vom Befehl *Plot* kennen. Verwenden Sie auch hier den Plotter *AutoCAD PDF (High Quality Print).pc3*, also die Ausgabe in einer PDF-Datei. Verwenden Sie das volle Papierformat ohne Rand *ISO A3 full bleed (420 x 290 mm)*. Der Plotbereich wird jetzt auf *Layout* gesetzt und als Maßstab wird *1:1* verwendet. Die Zeichnung soll im Querformat ausgerichtet werden. Klicken Sie auf *OK* und Sie haben im Dialogfeld (siehe Abbildung 15.4, links) die neu erstellte Seiteneinrichtung. Markieren Sie diese und klicken Sie auf die Schaltfläche *Aktuell*, und die Seiteneinrichtung ist dem *Layout1* zugeordnet. Benennen Sie es in *Gesamt-A3* um.
- Benennen Sie das *Layout2* um in *Draufsicht-A4*. Legen Sie dafür die Seiteneinrichtung *Format-A4* an. Es soll der gleiche Plotter, also die PDF-Ausgabe, verwendet werden. Beim Papierformat wählen Sie hier das randlose *ISO A4 full bleed (210 x 297 mm)* und

die Ausrichtung *Hochformat*. Kopieren Sie dieses Layout und benennen Sie es in *Detail-A4* um. Diesen Stand finden Sie in der Datei ***L15-01.dwg*** im Ordner *Aufgaben*. Jetzt haben wir zwar drei Layouts, aber noch befindet sich nichts auf den Layouts.

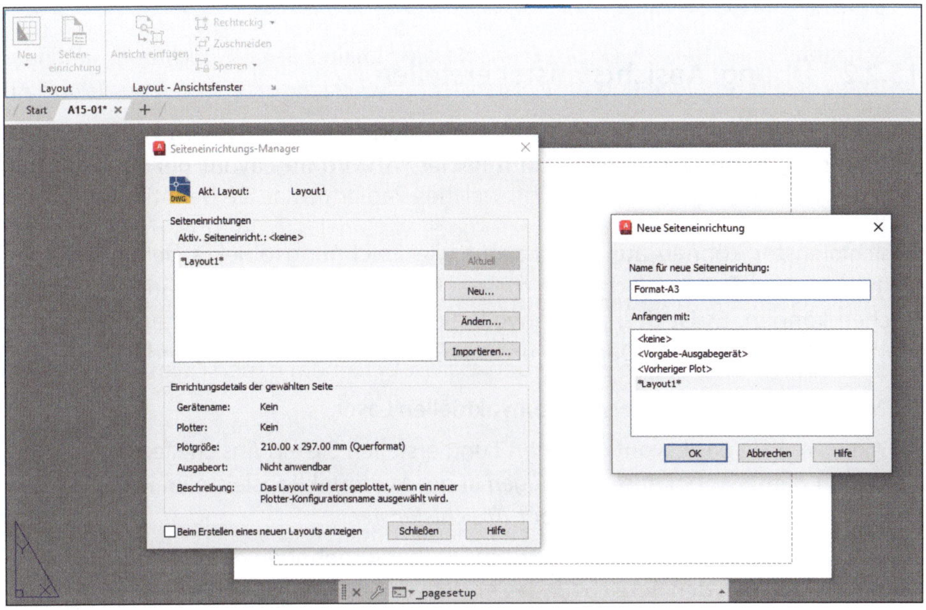

Abbildung 15.4: Neue Seiteneinrichtung für das Layout anlegen

15.2 Ansichtsfenster im Layout

Jetzt kommen wir zur nächsten Aufgabe: Ansichtsfenster im Layout erstellen. In jedem Fenster kann ein Ausschnitt oder die komplette Zeichnung dargestellt werden. Vorher ist es sinnvoll, den Zeichnungsrahmen einzufügen. Dann haben Sie den Überblick, wie Sie die Ansichtsfenster am besten platzieren können.

15.2.1 Übung: Zeichnungsrahmen auf den Layouts platzieren

- Bleiben Sie bei Ihrer Zeichnung oder verwenden Sie die Datei ***L15-01.dwg***.
- Aktivieren Sie das Layout *Gesamt-A3*. Wählen Sie den Befehl *Einfüge* mit der Option *Blöcke aus Bibliotheken*. Wählen Sie die Datei ***DIN-A3.dwg*** aus dem Ordner *Aufgaben*, ein Zeichnungsrahmen mit Schriftfeld im DIN-A3-Format. Stellen Sie das Dialogfeld so ein, dass der Zeichnungsrahmen am Punkt 0,0,0 mit der Skalierung 1 und dem Drehwinkel 0 ohne weitere Anfragen eingefügt wird. Klicken Sie auf *OK*, Sie können noch die Eingabefelder des Schriftfeldes ausfüllen, aber das tut hier nichts zur Sache. Mit einem weiteren *OK* wird der Rahmen eingefügt.

- Wechseln Sie in das Layout *Draufsicht-A4* und fügen Sie die Datei ***DIN-A4.dwg*** aus dem Ordner *Aufgaben* mit den gleichen Parametern wie vorher ein. Im Layout *Detail-A4* machen Sie das Gleiche noch einmal.
- Auch diesen Stand finden Sie im Ordner *Aufgaben*, die Zeichnung ***L15-02.dwg***.

15.2.2 Übung: Ansichtsfenster erstellen

Ansichtsfenster geben den Blick auf die Zeichnung frei. Während im Papierbereich der Plotmaßstab immer 1:1 in Bezug zum Papier ist, wird im Layout der Maßstab im Ansichtsfenster eingestellt.

Ansichtsfenster können auf dem Layout wie Zeichnungsobjekte behandelt werden. Sie haben einen Rand, mit dem Sie diese schieben, drehen, an den Griffen ändern und löschen können. Es ist deshalb sinnvoll, die Ansichtsfenster auf einen eigenen, nicht plotbaren Layer zu legen. Der ist in unserer Beispielzeichnung vorhanden.

- Machen Sie den Layer *AFenster* zum aktuellen Layer.
- Aktivieren Sie das Layout *Gesamt-A3* und erstellen Sie ein Ansichtsfenster mit dem Symbol *Ansicht einfügen* in der Multifunktionsleiste im Register *Layout* in der Gruppe *Layout-Ansichtsfenster*.

- Jetzt wird zum Modellbereich gewechselt (hervorgehoben durch einen blauen Rand) und Sie können den Bereich für das Ansichtsfenster mit einem Fenster wählen, also in diesem Fall die komplette Zeichnung (siehe Abbildung 15.5).

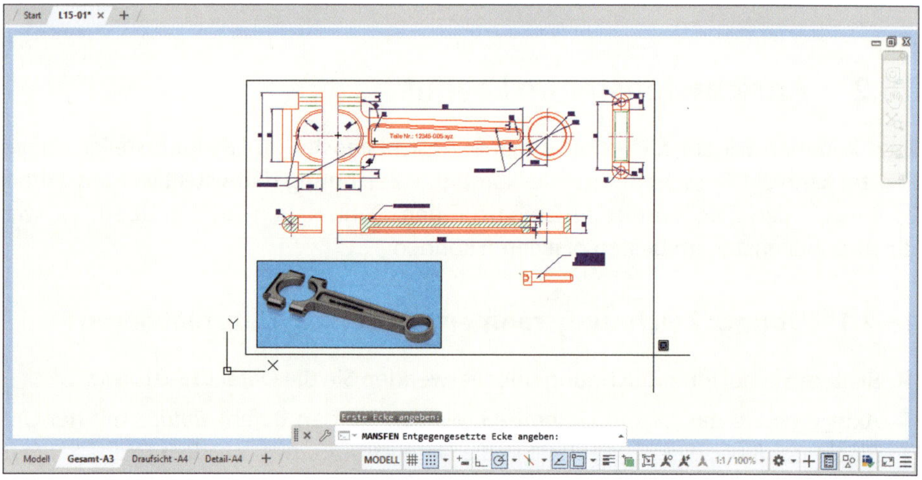

Abbildung 15.5: Wahl des Ausschnitts für das Ansichtsfenster

- Danach wird Ihnen Ihre Auswahl hervorgehoben angezeigt. Ist alles in Ordnung, drücken Sie die Taste [↵] und kommen wieder zum Layout und haben die Mitte des Ansichtsfensters am Fadenkreuz.

- Wenn Sie jetzt mit der rechten Maustaste klicken, können Sie aus einem Kontextmenü den Maßstab für dieses Ansichtsfenster wählen (siehe Abbildung 15.6).

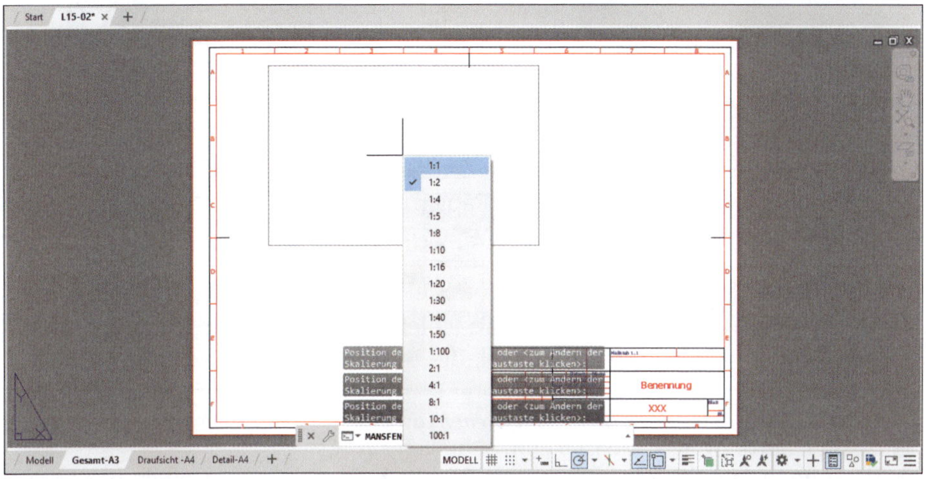

Abbildung 15.6: Wahl des Maßstabs und Platzierung des Ansichtsfensters

- Wählen Sie den Maßstab 1:1 und platzieren Sie das Ansichtsfenster per Mausklick so, dass alles in den Zeichnungsrahmen passt. Das Ansichtsfenster ist platziert (siehe Abbildung 15.7).

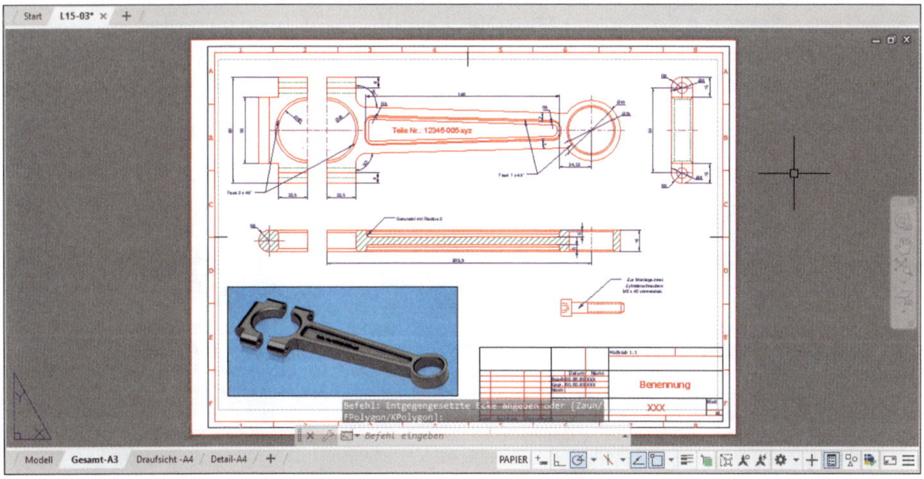

Abbildung 15.7: Ansichtsfenster im Layout

- Wechseln Sie dann zum Layout *Draufsicht-A4*. Erstellen Sie ein Ansichtsfenster wie vorher, aber nur die Draufsicht. Legen Sie es auf dem Layout im Maßstab 1:2 ab und drehen Sie das Ansichtsfenster um 90°. Nutzen Sie dafür den üblichen Befehl *Drehen*. Da noch Platz ist, können Sie noch ein Ansichtsfenster mit dem Bild links unten ablegen (siehe Abbildung 15.8).

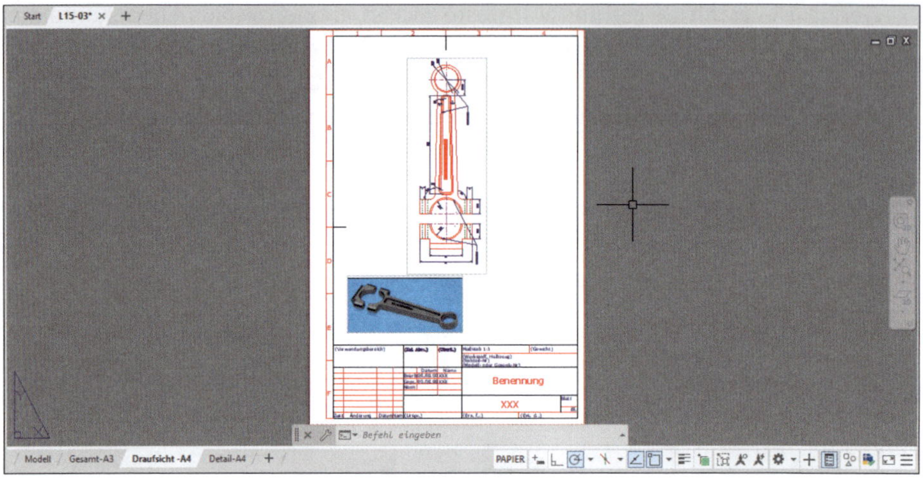

Abbildung 15.8: Zwei Ansichtsfenster im zweiten Layout

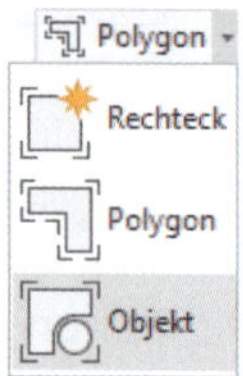

- Sie können Ansichtsfenster auch als Rechteck oder Polygon erstellen. Außerdem können Sie Zeichnungsobjekte auf dem Layout in Ansichtsfenster umwandeln. Sie finden diese Funktionen in einem Pull-down-Menü ebenfalls im Register *Layout*, Gruppe *Layout-Ansichtsfenster*, in der Multifunktionsleiste.
- Das probieren wir aus. Wechseln Sie in das leere Layout *Detail-A4* und zeichnen Sie einen Kreis in der Mitte des Layouts. Wählen Sie jetzt die Variante *Objekt* zum Erstellen eines Ansichtsfensters aus dem Pull-down-Menü. Klicken Sie den gezeichneten Kreis an und Sie bekommen ein Ansichtsfenster, in dem noch die komplette Zeichnung sichtbar ist. Das ändern wir später.

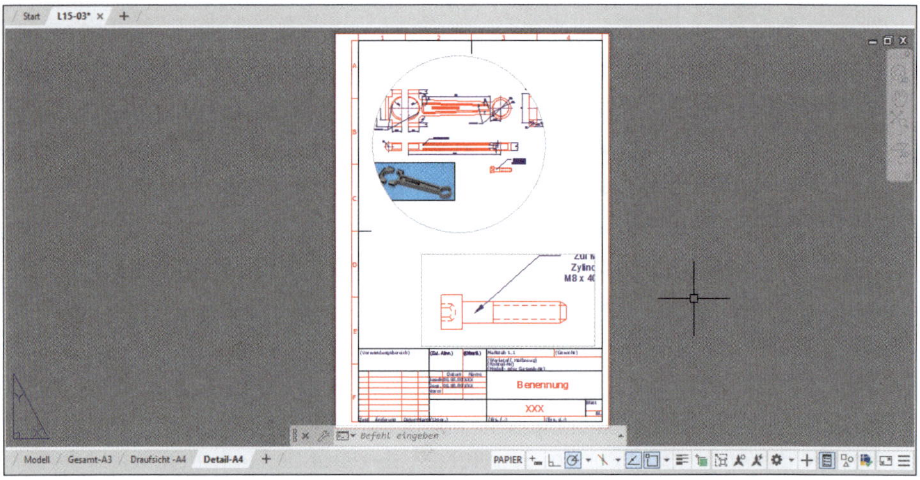

Abbildung 15.9: Kreisförmiges und rechteckiges Ansichtsfenster

Ziehen Sie noch mal ein Ansichtsfenster wie oben auf. Wählen Sie dazu im Modell die Schraube und fügen Sie das Ansichtsfenster im Maßstab 2:1 ein (siehe Abbildung 15.9). Diesen Stand finden Sie auch in der Datei ***L15-03.dwg***.

15.2.3 Befehl »AFzuschneiden«

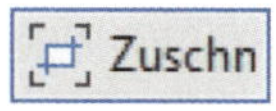

Sie können Ansichtsfenstern im Layout auch eine eigene Form geben und sie zuschneiden, wenn Sie bestimmte Teile nicht darstellen wollen. Wählen Sie dazu:

- Multifunktionsleiste: Register *Layout*, Gruppe *Layout-Ansichtsfenster*

Nachdem Sie das Ansichtsfenster gewählt haben, können Sie es entweder mit einem zu zeichnenden Polygon zuschneiden oder ein vorher gezeichnetes Objekt für die Umgrenzung wählen.

15.3 Papier- und Modellbereich im Layout

Sie befinden sich bei den Layouts im Moment im Papierbereich. Sie können Ansichtsfenster verschieben, kopieren, vergrößern, drehen, löschen usw. Sie können aber den Inhalt im Fenster nicht verändern. Wie durch eine Glasscheibe sehen Sie die Objekte zwar, aber kommen nicht an sie heran. Lediglich der Objektfang arbeitet durch die Glasscheibe hindurch.

15.3.1 Befehle »Mbereich« und »Pbereich«

Mit den Befehlen *Mbereich* und *Pbereich* kann zwischen Modell- und Papierbereich auf dem Layout umgeschaltet werden. Im Modellbereich auf dem Layout kann in den Fenstern am Modell gearbeitet werden. Ein Fenster ist immer das aktive Fenster. Dort erscheint das Fadenkreuz und auf dem restlichen Bildschirm nur ein Pfeil. Das aktive Ansichtsfenster ist an dem verstärkten Rahmen erkennbar.

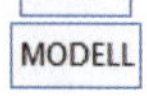

- Klicken Sie auf das Feld *Papier* bzw. *Modell* in der Statusleiste am unteren Bildschirmrand. Sie befinden sich jeweils in dem Bereich, der angezeigt wird (siehe Abbildung 15.10).

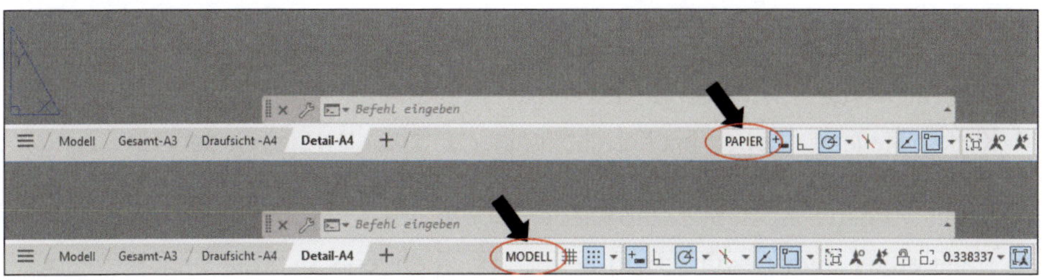

Abbildung 15.10: Umschalten zwischen Papier- und Modellbereich auf dem Layout

- Klicken Sie zum Umschalten in den Modellbereich doppelt in ein Ansichtsfenster. Anschließend klicken Sie zum Umschalten in den Papierbereich doppelt auf die Papierfläche.

15.3.2 Ansichtsfenster sperren und entsperren

Warum müssen Ansichtsfenster gesperrt werden? Ganz einfach: Der Zoomfaktor im Ansichtsfenster entspricht dem Maßstab der Zeichnung auf dem Papier. Haben Sie aber ein Ansichtsfenster aktiv und zoomen oder panen dort, werden Ausschnitt und Maßstab verändert. Deshalb sollten Sie die Fenster dann vor unbeabsichtigtem Zoomen sperren, wenn Sie Ausschnitt und Maßstab korrekt eingestellt haben.

- Multifunktionsleiste: Symbole in einem Flyout im Register *Layout*, Gruppe *Layout-Ansichtsfenster*
- Wählen Sie dann das zu sperrende oder entsperrende Ansichtsfenster oder auch gleich mehrere.
- Klicken Sie in der Statusleiste bei markiertem Ansichtsfenster auf das Symbol.

15.3.3 Maßstab im Ansichtsfenster

Den Maßstab im Ansichtsfenster können Sie auch nachträglich ändern oder neu einstellen. Bei unseren Fenstern haben wir den Maßstab schon beim Platzieren festgelegt. Bei dem kreisförmigen Ansichtsfenster auf dem Layout *Detail-A4* ist aber ein beliebiger Maßstab entstanden. Beachten Sie, dass das Umstellen nur dann geht, wenn Sie das gewünschte Ansichtsfenster im Papierbereich markiert haben oder Sie sich im Modellbereich im entsprechenden Ansichtsfenster befinden. Außerdem darf das Ansichtsfenster nicht gesperrt sein.

15.3.4 Übung: Maßstab einstellen

Stellen Sie auf dem Layout *Detail-A4* in dem runden Fenster den Maßstab *1:1* ein.

- Im kreisförmigen Fenster soll nur der hintere Teil des Pleuels sichtbar sein, sonst möglichst nichts. Klicken Sie dazu das Ansichtsfenster am Rand an.
- Wählen Sie jetzt im Menü in der Statuszeile den Maßstab *1:1* an. Wählen Sie nicht am Griff in der Mitte des Ansichtsfensters den Maßstab aus dem Pull-down-Menü. In diesem Fall würde sich die Größe des Fensters verändern.
- Klicken Sie jetzt doppelt ins Ansichtsfenster und wählen Sie mit der *Pan-Funktion* den Ausschnitt so, dass möglichst nur dieser Teil sichtbar ist. Zoomen Sie darin nicht, denn damit würden Sie den Maßstab wieder ändern.
- Sollte außer dem gewünschten Bereich noch anderes sichtbar sein, verkleinern Sie das Ansichtsfenster. Klicken Sie dazu doppelt außerhalb des Ansichtsfensters und Sie

befinden sich wieder im Papierbereich. Ziehen Sie jetzt das Fenster an den Griffen so, dass nur noch das Gewünschte sichtbar ist. Die Maße sollen uns dabei zunächst noch nicht stören (siehe Abbildung 15.11). Sperren Sie dann dieses Ansichtsfenster. Auch diesen Stand finden Sie in einer Zeichnung im Ordner *Aufgaben*: ***L15-04.dwg***.

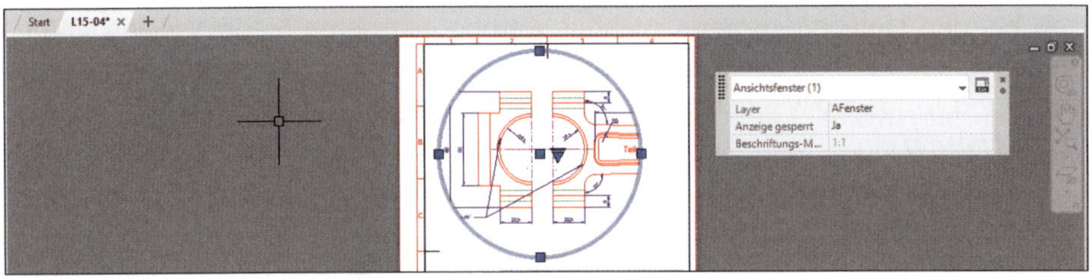

Abbildung 15.11: Detailansicht im kreisförmigen Ansichtsfenster

15.3.5 Ansichtsfenster maximieren und minimieren

Oft ist es erforderlich, dass Sie an der Zeichnung noch Änderungen vornehmen müssen. Zoomen sollten Sie aber nicht mehr im Ansichtsfenster. Wenn Sie es gesperrt haben, geht das auch nicht. Deshalb haben Sie Funktionen, um ein Ansichtsfenster zu maximieren und wieder zu minimieren. Das funktioniert, ob es gesperrt ist oder auch nicht. Wenn Sie im Papierbereich sind, können Sie:

- Ansichtsfenster markieren und das Symbol in der Statusleiste anklicken
- Doppelklick auf den Rand des Ansichtsfensters ausführen

Das Ansichtsfenster wird bildschirmfüllend dargestellt (siehe Abbildung 15.12). Es erhält einen breiten blauen Rand. Hier können Sie jetzt beliebig zoomen und Ihre Änderungen vornehmen, damit verändern Sie das Layout nicht. Beachten Sie, dass die Änderungen in allen Ansichtsfenstern sichtbar sind. Und so kommen Sie wieder ins Layout:

- Symbol in der Statusleiste anklicken
- doppelt auf den breiten Rand um den Zeichenbereich klicken

Das Layout mit den Ansichtsfenstern erscheint wieder mit unveränderten Maßstäben und Ausschnitten.

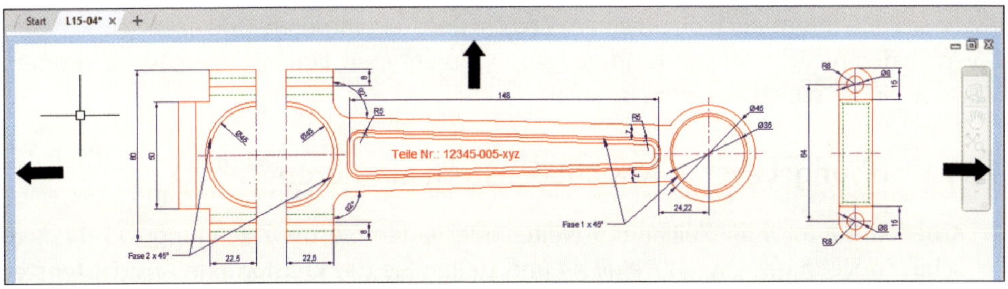

Abbildung 15.12: Ansichtsfenster maximiert

15.3.6 Linientypfaktor in den Ansichtsfenstern

Bei unterschiedlichen Maßstäben in den Ansichtsfenstern werden unterbrochene Linientypen in den einzelnen Ansichtsfenstern in unterschiedlichen Strichlängen dargestellt. Das ergibt sich aus den unterschiedlichen Vergrößerungen in den Fenstern. Soll der Maßstab bei den Linientypen berücksichtigt werden, aktivieren Sie im *Linientyp-Manager* (siehe Kapitel 6.2) den Schalter *Papierbereichseinheiten zum Skalieren verwenden* (siehe Abbildung 15.13). Wo war der noch mal? Bevor Sie lange suchen, tippen Sie schneller den Befehl *Linientp* ein.

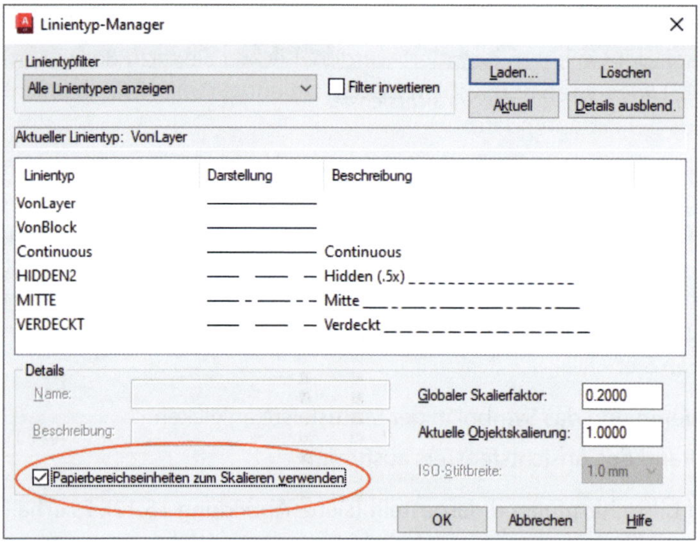

Abbildung 15.13: Linientypfaktor in den Ansichtsfenstern skalieren

15.4 Sichtbarkeit in den Ansichtsfenstern

Nun kann es vorkommen, dass in den verschiedenen Fenstern unterschiedliche Objekte sichtbar sein sollen. Man kann in AutoCAD zwar Layer einfrieren oder auftauen. Gefrorene Layer sind dann allerdings in allen Fenstern und im Layout unsichtbar oder sichtbar. Layer lassen sich allerdings auch nur in einem Ansichtsfenster einfrieren. Und es lassen sich den Layern in den Ansichtsfenstern andere Farben, Linientypen, Linienstärken usw. zuordnen. Machen wir das gleich an einem Beispiel.

15.4.1 Übung: Layer in Ansichtsfenstern einfrieren

- Arbeiten Sie an Ihrer Zeichnung weiter oder laden Sie die Zeichnung ***L15-04.dwg***. Schalten Sie in das Layout *Detail-A4* und stellen Sie das kreisförmige Ansichtsfenster per Doppelklick ins Fenster im Layout aktiv.

- In diesem Fenster sollen die Maße und Führungslinien ausgeblendet werden. Wählen Sie den Befehl *Layer*. Markieren Sie den Layer *Masse*. Sie sehen darin, dass es jetzt für die meisten globalen Einstellungen wie *Frieren*, *Farbe*, *Linientyp* usw. auch eine Spalte *AF Frieren*, *AF Farbe*, *AF Linientyp* gibt. Diese Einstellung bezieht sich auf das aktuelle Ansichtsfenster und kann von der globalen Einstellung im Modellbereich abweichen (siehe Abbildung 15.14).
- Klicken Sie jetzt beim Layer *Masse* auf das Symbol in der Spalte *AF Frieren*, das Symbol wird geändert. Der Layer ist jetzt in diesem Ansichtsfenster gefroren.
- Ordnen Sie dem Layer *Mittellinien* in diesem Fenster die Farbe Blau zu. Klicken Sie in der Spalte *AF Farbe* bei diesen Layern und wählen Sie dafür diese Farbe.
- Beim Layer *Verdeckt* soll der Linientyp geändert werden. Klicken Sie dazu das Linientypfeld in der Spalte *AF Linientyp* an und wählen Sie den Linientyp *Punkt*. Falls der nicht da ist, laden Sie ihn aus der Linientypdatei.
- Vor den Namen der Layer, die Sie im Ansichtsfenster geändert haben, wird jetzt ein anderes Symbol angezeigt (siehe Abbildung 15.14).

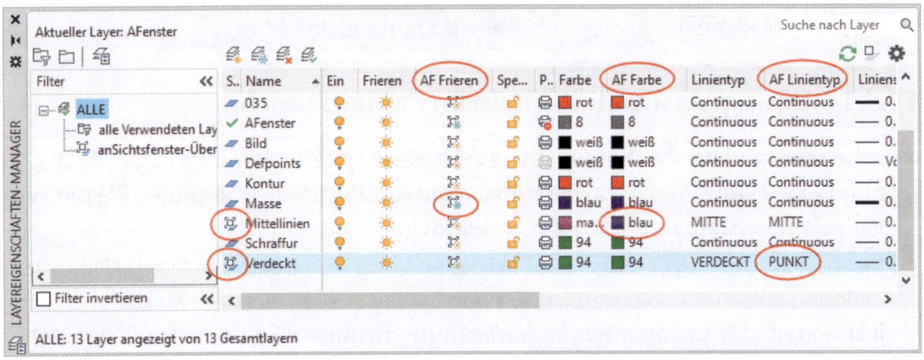

Abbildung 15.14: Status und Eigenschaften von Layern im Ansichtsfenster geändert

- Schalten Sie im Ansichtsfenster mit der Schraube im gleichen Layout den Layer *Masse* aus. Die angeschnittene Führungslinie verschwindet und das Layout sieht wie in Abbildung 15.15 aus.

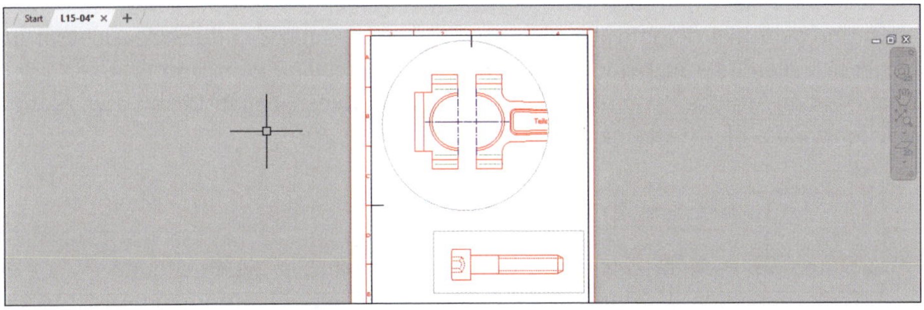

Abbildung 15.15: Layerstatus und Eigenschaften im Ansichtsfenster geändert

- Schalten Sie zum Layout *Draufsicht-A4*. Stellen Sie das Ansichtsfenster aktiv. Frieren Sie dort die Layer *Masse*, *Mittellinien* und *Verdeckt* ein. Es ist nur die Kontur sichtbar. Diese Lösung finden Sie im Ordner *Aufgaben* in der Datei ***L15-05.dwg***.

15.5 Mit assoziativen Maßen bemaßen

Wo bemaßen Sie jetzt aber die Zeichnung? Sie können im Modellbereich bemaßen wie in unserem Beispiel der letzten Kapitel. Sie können aber auch im Papierbereich bemaßen und trotzdem die Punkte im Modellbereich mit dem Objektfang abgreifen. Es besteht Assoziativität zwischen Modellbereich und Layout, wenn Sie die Systemvariable *Dimassoc* auf den Wert 2 gesetzt haben (Standardeinstellung). Das wurde schon erwähnt. Noch einmal kurz:

- **Dimassoc = 1:** Maße werden als zusammenhängende Objekte erstellt, sind aber nicht mit der Geometrie fest verbunden.
- **Dimassoc = 2:** Maße werden als zusammenhängende Objekte erstellt und sind mit der Geometrie fest verbunden. Dies ist auch der Fall, wenn im Papierbereich bemaßt wird. Der Maßstab im Ansichtsfenster wird mitberücksichtigt.

15.5.1 Übung: Assoziative Maße im Papierbereich

- Arbeiten Sie an der Zeichnung aus dem letzten Kapitel weiter oder laden Sie die Zeichnung ***L15-05.dwg***. Wechseln Sie zum Layout *Draufsicht-A4*. Überprüfen Sie die Systemvariable *Dimassoc*, sie muss auf 2 gestellt sein.
- Machen Sie den Layer *Masse* zum aktuellen Layer und bemaßen Sie die Draufsicht an einigen Stellen im Papierbereich. Greifen Sie die Punkte aus dem Modell mit dem Objektfang ab. Sie bekommen die Maße in der richtigen Größe und mit den richtigen Werten (siehe Abbildung 15.16, links).

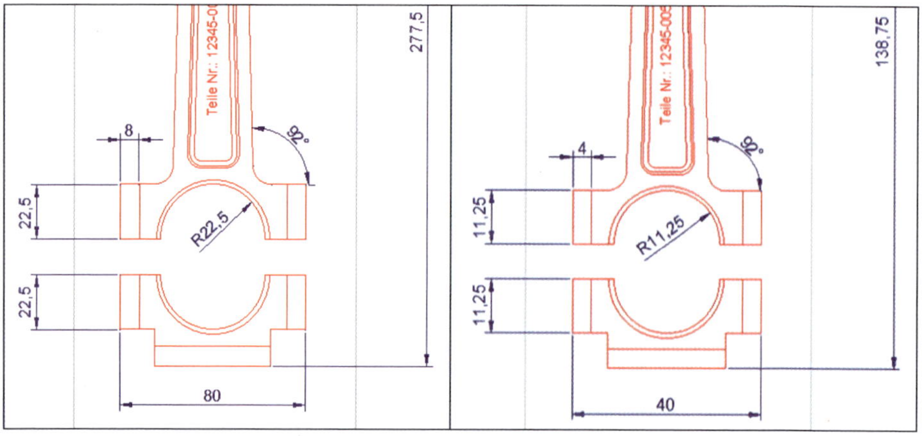

Abbildung 15.16: Bemaßung auf dem Papier mit unterschiedlichen Einstellungen von Dimassoc

- Setzen Sie jetzt zum Vergleich die Systemvariable *Dimassoc* auf 1 und bemaßen Sie weiter. Die Maße erscheinen zwar in der richtigen Größe, die Maßzahl entspricht aber der Größe auf dem Papier, ist also um den Maßstabsfaktor verfälscht (siehe Abbildung 15.16, rechts).
- Bemaßen Sie nach Lust und Laune die Layouts *Draufsicht-A4* und *Detail-A4* mit *Dimassoc* auf 2. Eine Musterlösung gibt es hierzu nicht mehr.
- **Wichtiger Hinweis:** Wenn Sie bei assoziativen Maßen mit dem Mausrad im Ansichtsfenster zoomen, werden die assoziativen Maße nicht nachgeführt. In diesem Fall geben Sie den Befehl *Bemregen* auf der Tastatur ein, und die assoziativen Maße werden nachgeführt.

15.5.2 Plotten von Layouts

- Natürlich wollen Sie die Zeichnung auch plotten, aber in welchem Bereich? Haben Sie im Layout den Modellbereich aktiv, wird nur das aktuelle Fenster geplottet. Haben Sie im Layout den Papierbereich aktiv, wird das Blatt mit allen Ansichtsfenstern geplottet.
- Da das Layout immer 1:1 zu den Papiermaßen erstellt wird, können Sie beim Plotten auch den Maßstab 1:1 einstellen. Den Maßstab der Zeichnung haben Sie ja durch die Skalierung der Fenster bestimmt. Beim Plotbereich wählen Sie logischerweise *Layout*. Aber das haben Sie ja schon bei der Seiteneinrichtung berücksichtigt.

Hinweis: Bei der Verwendung von Beschriftungsobjekten haben Sie weitere Möglichkeiten bei der Arbeit mit Ansichtsfenstern. Die Beschreibung dazu finden Sie in der Datei *Expert.pdf* in Kapitel 4 in Ihrem Ordner mit den Aufgaben. Außerdem finden Sie dort noch das Kapitel 5 für den Umgang mit älteren Zeichnungen.

16. Ab in die dritte Dimension

In diesem Kapitel heben wir ab in die dritte Dimension. Doch bevor wir mit den Modellen beginnen, wollen wir uns ansehen, welche Möglichkeiten es gibt, 3D-Modelle am Bildschirm darzustellen.

AutoCAD LT und 3D

Bis jetzt hatten wir noch keine wesentlichen Einschränkungen mit AutoCAD LT. Bei der 3D-Modellierung hört es mit AutoCAD LT sehr bald auf. Deshalb werden in diesem Kapitel zuerst die wenigen Funktionen behandelt, die Sie auch mit AutoCAD LT ausführen können. Das betrifft hauptsächlich die Darstellung und Zeichnungsableitung von 3D-Modellen in AutoCAD LT. Danach betrachten wir die weiteren Funktionen, die Ihnen die Vollversion bietet.

16.1 3D-Techniken

Alle zeichnerischen Darstellungen bilden in der Regel dreidimensionale Gegenstände ab. Um sie auf dem zweidimensionalen Medium Papier sichtbar machen zu können, werden unterschiedliche Methoden zur Darstellung verwendet: verschiedene Ansichten und Schnitte, isometrische Ansichten oder perspektivische Darstellungen.

Mit einem 2D-CAD-Programm zeichnen Sie Ansichten und Schnitte und überlassen es dem technischen Verständnis des Betrachters, sich das dreidimensionale Objekt vorzustellen. Wenn Sie aber in einem 3D-CAD-Programm ein 3D-Modell erstellen, entsteht im Computer ein realistisches dreidimensionales Modell des darzustellenden Objekts. Erst danach geht es um die Zeichnung. Ansichten, Schnitte und die perspektivische Darstellung lassen sich aus dem 3D-Modell ableiten.

Folgende Techniken stehen zur Verfügung:

- **Drahtmodelle:** Sie können zur Erstellung von Drahtmodellen Linienzüge beliebig im Raum zeichnen. Dazu ist es erforderlich, dass Sie die notwendigen Koordinatenwerte dreidimensional eingeben können. Die Koordinatenformate, die Sie schon vom zweidimensionalen Zeichnen kennen, werden erweitert.

Absolut	Relativ
Format: X,Y,Z	Format: @dx,dy,dz
Beispiel: 150,80,120	Beispiel: @20,100,50

Das ist aber nur mit Linien, 3D-Polylinien, Konstruktionslinien oder Strahlen möglich. Jeder Eingabepunkt kann einen anderen z-Koordinatenwert haben. Alle anderen Objekte lassen sich nur parallel zum Koordinatensystem erzeugen. Wird eine andere Ausrichtung gewünscht, muss das Koordinatensystem in einem Benutzerkoordinatensystem neu ausgerichtet werden. Es kann nur ein Kantenmodell erstellt werden, das keine Informationen über Flächen und Volumen enthält. Es ist deshalb auch ungeeignet, um davon Zeichnungen zu erstellen oder 3D-Modelle für den 3D-Druck oder die CNC-Bearbeitung zu generieren.

- **2D-Objekte mit Erhebung und Objekthöhe:** Mit jedem Objekt wird in AutoCAD eine Objekthöhe gespeichert. Sie ist bei 2D-Zeichnungen null, kann aber bei 3D-Modellen auf einen Wert gesetzt werden. Dadurch wird aus einem Kreis ein Zylinder oder aus einer Linie eine Wand mit der Dicke null. Mit der Erhebung wird festgelegt, welchen Abstand das Objekt zur Zeichenebene hat. Diese Methode haben Sie auch schon in AutoCAD LT. Auch diese Technik ist für den effektiven Einsatz in der 3D-Konstruktion nur sehr bedingt geeignet und soll deshalb nicht näher betrachtet werden.
- **Volumenmodelle und Flächenmodelle:** Mit dem 3D-Modellierer in AutoCAD können Sie Flächen und Volumen erstellen. Sie haben Befehle zum Erstellen von Grundkörpern und solche, um aus 2D-Konturen durch Extrusion, Rotation, Sweeping und Lofting Volumen oder Flächen zu erzeugen. Doch dazu im Detail im nächsten Kapitel.

16.2 Visualisierung von 3D-Modellen in AutoCAD LT

Wie schon erwähnt, eignet sich AutoCAD LT nicht, um 3D-Modelle zu erstellen. Nur das Zeichnen von Objekten mit Erhebung und Objekthöhe ist möglich, was für die allermeisten Aufgaben nicht ausreicht und daher hier nicht beschrieben wird. Allerdings eignet sich AutoCAD LT dazu, um 3D-Modelle aus AutoCAD zu betrachten, zu analysieren und, wenn auch etwas umständlicher als in AutoCAD, daraus Zeichnungen abzuleiten. Nehmen wir uns gleich ein Beispiel vor:

16.2.1 Übung: Visualisieren eines 3D-Modells in AutoCAD LT

- Laden Sie die Datei *A16-01.dwg* aus dem Ordner *Aufgaben*. Dabei handelt es sich um das Gehäuse eines Rührgerätes, erstellt als Flächenmodell in Autodesk Fusion und als DWG-Datei für AutoCAD exportiert.
- Wenn Sie jetzt nur die sichtbaren Kanten sehen wollen, verwenden Sie den Befehl *Verdeckt* (siehe Abbildung 16.1, oben links). In AutoCAD LT finden Sie die 3D-Befehle nicht in der Multifunktionsleiste. Tippen Sie den Befehl ein.
- Mit dem Befehl *Shade* bekommen Sie eine farblich schattierte Ansicht Ihres 3D-Modells (siehe Abbildung 16.1, oben rechts). Auch diesen Befehl müssen Sie eintippen. Beide Darstellungen verschwinden wieder, sobald Sie die Ansicht mit einem Zoom-Befehl ändern.

- Mit dem Befehl *Shademode* können Sie dauerhaft auf eine schattierte Darstellung umschalten (siehe Abbildung 16.1, unten) und bei Bedarf auch wieder in die Drahtkörperdarstellung zurückkehren.

```
Befehl eingeben shademode
Option eingeben [2D-drahtkörper/Verdeckt]: Darstellung wählen
```

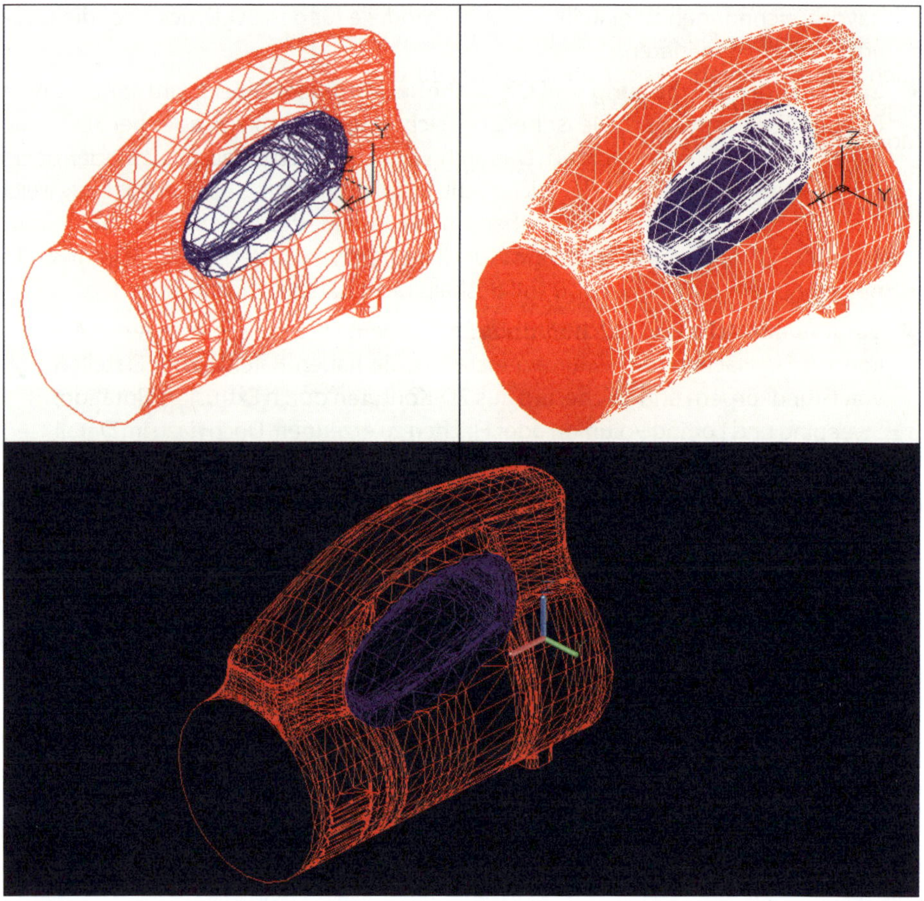

Abbildung 16.1: Darstellung von 3D-Modellen in AutoCAD LT

Doch warum gerade diese Perspektive? Das kommt vom Ansichtspunkt, der gewählt wurde.

Stellen Sie sich vor, Sie haben Ihr 3D-Modell in einem virtuellen Raum. Jetzt stellen Sie sich auf einen Stuhl oder eine Leiter und schauen von diesem Punkt auf das Modell. Ihr Modell erscheint dann so auf dem Bildschirm, als ob Sie es von diesem Punkt aus betrachten würden, dem sogenannten Ansichtspunkt.

16.2.2 Befehle zum Wählen des Ansichtspunkts

Um den Ansichtspunkt zu wählen, verwenden Sie den Befehl *Ddvpoint*. In einem Dialogfeld stellen Sie mit zwei Winkeln den Ansichtspunkt ein: den Winkel in der XY-Ebene und den Winkel zur XY-Ebene (siehe Abbildung 16.2). Mit dem Schaltfeld *In Draufsicht wechseln* kommen Sie zur Draufsicht. Das können Sie auch mit dem Befehl *Drsicht* ohne Dialogfeld erledigen. Der mit dem Befehl *Shademode* eingestellte Modus für die Schattierung bleibt erhalten. Beide Befehle können Sie nur eintippen. Versuchen Sie es mit dem gerade geöffneten Modell.

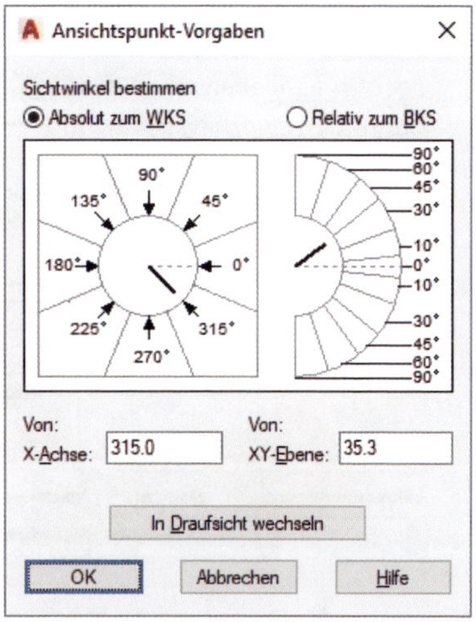

Abbildung 16.2: Wahl des Ansichtspunkts

16.3 Layout von 3D-Modellen in AutoCAD LT

Sie wissen, wie Sie aus Ihrer 2D-Zeichnung Layouts im Papierbereich anlegen können. Genauso gehen Sie auch beim Layout für ein 3D-Modell vor. Sehen wir es uns am Beispiel an. Das funktioniert in AutoCAD und AutoCAD LT. In AutoCAD gibt es aber wesentlich komfortablere Möglichkeiten. Dazu mehr im nächsten Kapitel.

16.3.1 Übung: Layouts für 3D-Modell erstellen

- Arbeiten Sie mit Ihrem Rührgerät weiter oder laden Sie wieder die Zeichnung ***A16-01.dwg***. Wechseln Sie zum Layout *Ausgabe-A3*. Es ist schon alles eingerichtet für die PDF-Ausgabe auf einem DIN-A3-Blatt.
- Erzeugen Sie jetzt automatisch Ansichtsfenster. Klicken Sie dazu im Register *Layout*, Gruppe *Layout-Ansichtsfenster*, auf den kleinen Pfeil in der rechten unteren Ecke.
- Stellen Sie in dem folgenden Dialogfeld die Anordnung *Drei: Rechts* ein. Wählen Sie einen Abstand zwischen den Fenstern von *15* und im Pull-down-Menü *Einrichten* die Einstellung *3D*. Klicken Sie ins Fenster links oben. Stellen Sie im Menü *Ansicht wechseln zu* die Ansicht *Vorne* ein. Klicken Sie dann in das Fenster darunter und stellen Sie die Ansicht *Oben* ein. Zuletzt klicken Sie ins rechte Fenster und stellen die Ansicht *ISO-Ansicht SO* ein (siehe Abbildung 16.3).
- Klicken Sie dann auf *OK* und ziehen Sie ein Fenster für die gesamte Anordnung im Layout auf (siehe Abbildung 16.4). Jetzt könnten Sie auch noch die Maßstäbe in den Fenstern einstellen. Bei den beiden linken Fenstern verwenden Sie 1:2 und rechts 1:1. Das Beispiel haben Sie auch in der Musterlösung ***L16-01.dwg*** im Ordner *Aufgaben*.

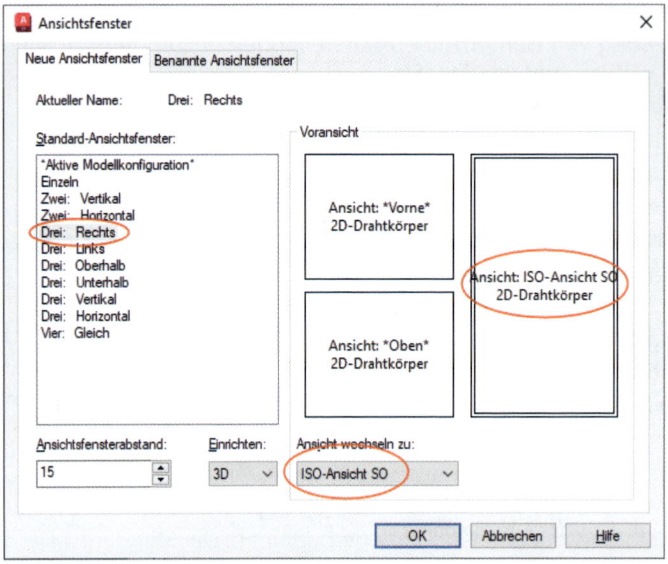

Abbildung 16.3: Erstellen der Ansichtsfenster im Layout bei 3D-Modellen

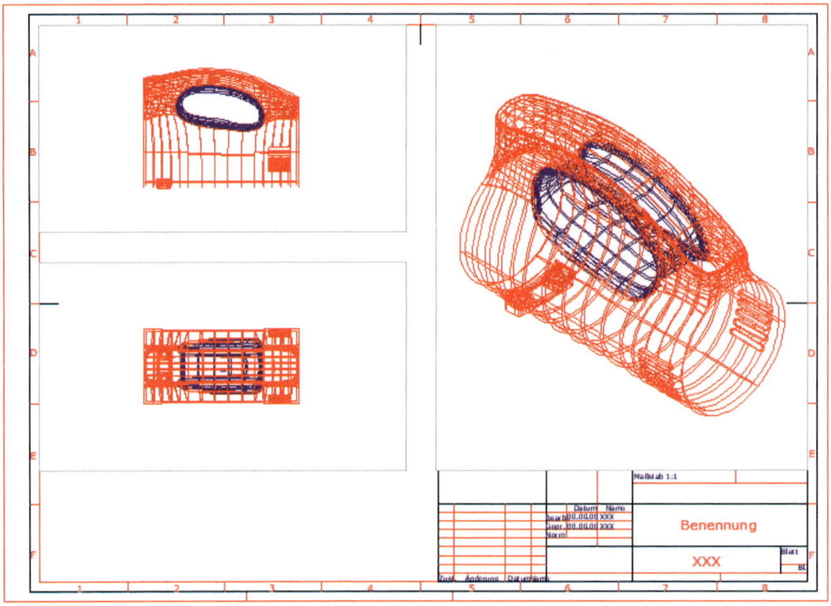

Abbildung 16.4: Drei Ansichten auf dem Layout

16.3.2 Bemaßen von 3D-Layouts

Bemaßungen werden in der XY-Ebene erstellt. Ansichten von vorne könnten Sie nicht bemaßen. Mit einem eigenen Benutzerkoordinatensystem für jedes Ansichtsfenster könnten Sie das Problem lösen. Bemaßen Sie auf dem Layout, dann haben Sie das Problem nicht. Hierzu muss die Variable *Dimassoc* auf 2 gesetzt werden, um den Maßstab zu berücksichtigen. Bei der Bemaßung von isometrischen Darstellungen bekommen Sie allerdings keine sinnvollen Werte.

16.4 Visualisierung von 3D-Modellen in AutoCAD

Das war's für AutoCAD LT. Alles, was sonst noch über 3D zu sagen ist, gilt nur für AutoCAD. Schauen wir uns aber wieder zuerst die Darstellungsmöglichkeiten in 3D an.

16.4.1 Benutzeroberfläche für die 3D-Modellierung in AutoCAD

Jetzt können Sie nur noch mit AutoCAD weiterarbeiten. Sie sollten dann auf den Arbeitsbereich *3D-Modellierung* (siehe Abbildung 16.5) umschalten. Für die Basisfunktionen gibt es noch einen weiteren Arbeitsbereich: *3D-Grundlagen*. Dort finden Sie nur die Basisfunktionen, mit denen nicht alles machbar ist. Zudem sollten Sie beim Start eines neuen 3D-Modells mit einer 3D-Vorlage beginnen. Die Standardvorlage für metrische 3D-Modelle ist die Vorlage *acadiso3D.dwt*. Auch für diesen Bereich wurden die Farben des Bildschirmhintergrunds für die Darstellung im Buch auf helle Farben umgestellt. Damit wird die Sichtbarkeit in den Abbildungen verbessert. Wie Sie das umstellen können, haben Sie schon in Kapitel 1.2 kennengelernt. In Abbildung 16.4 wurden bei den Farben für die Einstellungen *3D-Parallelprojektion* und *Perspektivische 3D-Projektion* die Hintergründe heller eingestellt.

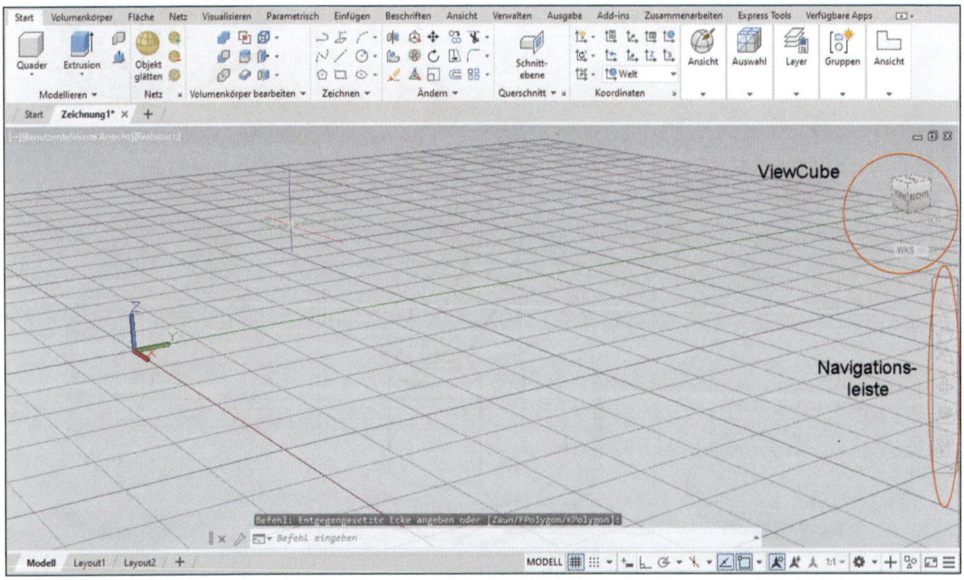

Abbildung 16.5: AutoCAD mit dem Arbeitsbereich 3D-Modellierung und Start mit der Vorlage acadiso3D.dwt

16.4.2 Visuelle Stile

In AutoCAD lässt sich für den Modellbereich und in den Ansichtsfenstern des Layouts jeweils ein eigener visueller Stil zuordnen. Der gibt an, wie 3D-Objekte dargestellt werden. Diese wählen Sie:

- Multifunktionsleiste: Pull-down-Menü im Register *Start*, Gruppe *Ansicht*, und im Register *Visualisieren*, Gruppe *Visuelle Stile*

Wählen Sie einen Stil aus und das aktuelle Ansichtsfenster erhält den Stil. Genauso machen Sie es in einem Layout mit verschiedenen Ansichtsfenstern. Abbildung 16.6 zeigt einige Beispiele der verschiedenen Stile: *2D-Drahtkörper*, *Verdeckt*, *Graustufen* (obere Reihe, von links nach rechts) und *Konzeptuell*, *Skizzenhaft* und *Realistisch* (untere Reihe, von links nach rechts).

Abbildung 16.6: Verschiedene visuelle Stile

Wenn Sie im Pull-down-Menü der Multifunktionsleiste den Eintrag *Manager für visuelle Stile* wählen, können Sie einen gewählten Stil verändern oder neue anlegen. Dies soll nicht näher erläutert werden, da Sie mit den vorhandenen Stilen genügend Möglichkeiten haben.

Übung: Visuelle Stile

- Laden Sie das 3D-Modell ***A16-02.dwg*** aus dem Ordner *Aufgaben*, das 3D-Modell einer Kunststoffflasche aus Autodesk Fusion.
- Testen Sie die verschiedenen visuellen Stile (siehe Abbildung 16.6).

16.4.3 Ansichten mit der Maus einstellen

Im vorangegangenen Abschnitt zu AutoCAD LT haben Sie den Ansichtspunkt kennengelernt und erfahren, wie Sie diesen mit dem Befehl *Ddvpoint* einstellen können. Hier geht es wesentlich einfacher mit dem Mausrad. In 3D gibt es eine weitere Möglichkeit:

- **⇧-Taste und Mausrad gedrückt halten:** Damit können Sie Ihr 3D-Modell um den Modellmittelpunkt beliebig im Raum drehen und damit den Ansichtspunkt frei bestimmen.

16.4.4 Ansichten mit dem ViewCube einstellen

Noch universeller ist der sogenannte ViewCube. Sie müssen ihn nicht wählen, der Würfel wird immer rechts oben im Zeichenfenster angezeigt (siehe Abbildung 16.5). Wenn Sie ihn nicht haben, können Sie ihn wie folgt ein- und ausschalten:

- Multifunktionsleiste: Symbol im Register *Ansicht*, Gruppe *Ansichtsfenster-Werkzeuge*

Die Bedienung ist denkbar einfach. Stellen Sie sich Ihr 3D-Modell als Würfel vor. Der Würfel zeigt an, wie Ihr Modell im Raum ausgerichtet ist. Zeigen Sie mit der Maus auf den Würfel, wird er aktiv. Folgendes gilt jetzt:

- Klicken Sie auf eine Fläche, wird das Modell so ausgerichtet, dass Sie auf diese Fläche sehen (siehe Abbildung 16.7, links).
- Klicken Sie auf eine Kante, wird das Modell so ausgerichtet, dass Sie auf diese Kante sehen (siehe Abbildung 16.7, zweites Bild von links).
- Klicken Sie auf einen Eckpunkt, wird das Modell so ausgerichtet, dass Sie auf diesen Eckpunkt sehen (siehe Abbildung 16.7, drittes Bild von links).
- Klicken Sie auf eine Himmelsrichtung des darunterliegenden Kompasses, wird das Modell so ausgerichtet, dass Sie es von dieser Richtung aus sehen (siehe Abbildung 16.7, viertes Bild von links).
- Klicken Sie irgendwo auf den Würfel und halten Sie die Maustaste gedrückt, können Sie das Modell in jede beliebige Richtung drehen.
- Klicken Sie bei einer Draufsicht auf die Pfeiltasten, wird das Modell in dieser Richtung gedreht (siehe Abbildung 16.7, fünftes Bild von links).

- Klicken Sie auf das stilisierte Haus, wird in die gespeicherte Ausgangsposition gewechselt (siehe Abbildung 16.7, Bild rechts).

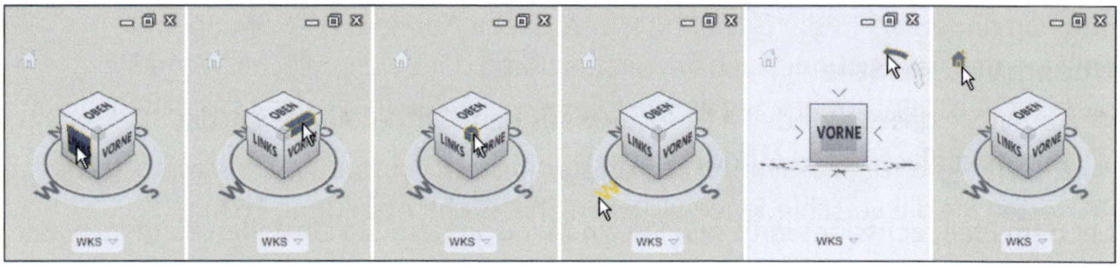

Abbildung 16.7: Wechsel der Ansicht mit dem ViewCube

- Mit einem Rechtsklick auf den ViewCube wird ein Menü eingeblendet. Darin können Sie zwischen *Parallel* und *Perspektive* umschalten.

16.4.5 Perspektive mit Brennweite und Abstand

In AutoCAD LT hatten wir bei der räumlichen Darstellung von 3D-Modellen nur Parallelprojektionen bekommen. Da beispielsweise die Kanten eines Würfels, die vom Betrachter weg verlaufen, in der Parallelprojektion auch in der Darstellung parallel sind, entsteht ein unrealistischer Eindruck.

Unseren Sehgewohnheiten entspricht es, dass Linien in der Tiefe auf einen Fluchtpunkt im Raum zulaufen. Bei der perspektivischen Projektion geht man von einer fiktiven Kamera aus. Der Abstand der Kamera vom Objekt und die Brennweite des Objektivs sind für die Stärke des perspektivischen Effekts verantwortlich. Wie in der Fotografie gilt: Geringer Abstand und kurze Brennweite täuschen Tiefe vor. Vordergrundobjekte werden betont und wirken daher größer. Großer Abstand und lange Brennweite raffen Entfernungen. Objekte im Hintergrund wirken größer, der Tiefeneindruck verschwindet. Mittlere Brennweiten zwischen 50 und 80 mm wirken realistisch. Die Brennweite stellen Sie ein:

- Multifunktionsleiste: Register *Start*, Gruppe *Ansicht* im erweiterten Bereich

Mit dem Schieber wird die Brennweite eingestellt (siehe Abbildung 16.8). Darunter werden Ihnen die Koordinaten der Kameraposition und des Zielpunkts der Kamera angezeigt, die Sie ebenfalls ändern können.

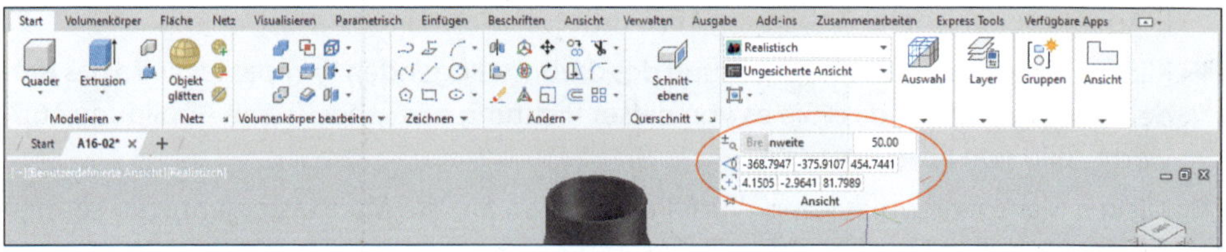

Abbildung 16.8: Einstellung der Brennweite und des Kamerastandorts sowie des Zielpunkts

16.4.6 Die Navigationsleiste

Eine Reihe weiterer Funktionen und bereits bekannte Funktionen wie *Zoom* und *Pan* finden Sie in der *Navigationsleiste* (siehe Abbildung 16.5) und in deren Flyouts. Diese befindet sich am rechten Rand der Zeichenfläche. Wenn Sie diese nicht haben, können Sie sie wie folgt ein- oder auch wieder ausschalten:

- Multifunktionsleiste: Symbol im Register *Ansicht*, Gruppe *Ansichtsfenster-Werkzeuge*

Mit dem Pfeil rechts unten öffnen Sie ein Menü, in dem Sie einstellen können, was in der Navigationsleiste angezeigt werden soll.

16.5 Editierbefehle in 3D

Vor allem dann, wenn Sie in einer perspektivischen Darstellung arbeiten, ist es schwierig, ein Objekt mit zwei Klicks für Ausgangspunkt und Zielpunkt zu verschieben. Klickpunkte werden ohne Objektfang immer in die aktuelle XY-Ebene projiziert. Deshalb gibt es eine Reihe spezieller 3D-Befehle, um Editieraktionen auszuführen.

16.5.1 Befehl »3DSchieben«

Der Befehl *3DSchieben* unterscheidet sich vom normalen Schieben dadurch, dass er die Aktion mit einem temporären Koordinatensymbol erleichtert.

- Multifunktionsleiste: Symbol im Register *Start*, Gruppe *Ändern*

Der Befehl läuft zunächst ab wie der normale 2D-Befehl *Schieben*. Wenn aber nach dem Basispunkt gefragt wird, wird ein temporäres Koordinatensymbol eingeblendet. Klicken Sie eine beliebige Achse an dem Symbol oder eine der am Ursprung angedeuteten Ebenen an. Das Objekt wird markiert und Sie können nur noch in der Richtung der markierten Achse bzw. innerhalb der markierten Ebene schieben. Schieben Sie mit der Maus oder geben Sie einen Verschiebungswert ein (siehe Abbildung 16.9).

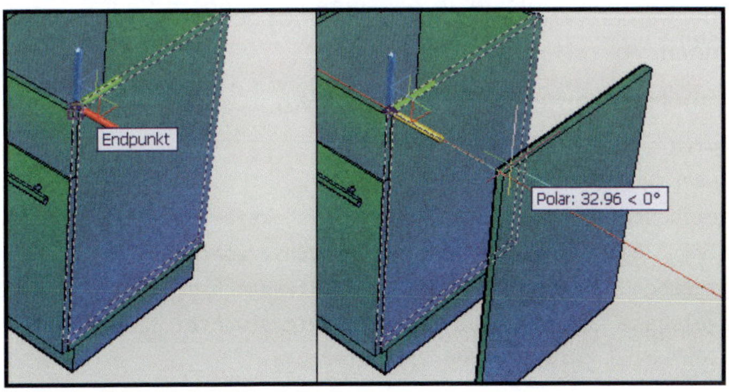

Abbildung 16.9: 3D-Schieben mit temporärem Koordinatensymbol

16.5.2 Befehl »Drehen3D«

Während Sie mit dem normalen Drehbefehl nur in der XY-Ebene drehen können, arbeitet der Befehl *Drehen3D* in jeder Ebene. Als Einstellhilfe bekommen Sie ein Symbol am Drehpunkt angezeigt. Wählen Sie den Befehl:

- Multifunktionsleiste: Symbol im Register *Start*, Gruppe *Ändern*

Auch hier läuft es zunächst wie beim 2D-Befehl *Drehen* ab. Bei der Abfrage des Basispunkts können Sie ein Drehsymbol am Drehpunkt platzieren (siehe Abbildung 16.10). Aktivieren Sie dann den Ring, der die Drehachse bilden soll, per Mausklick. Jetzt können Sie nur noch um diese Achse drehen.

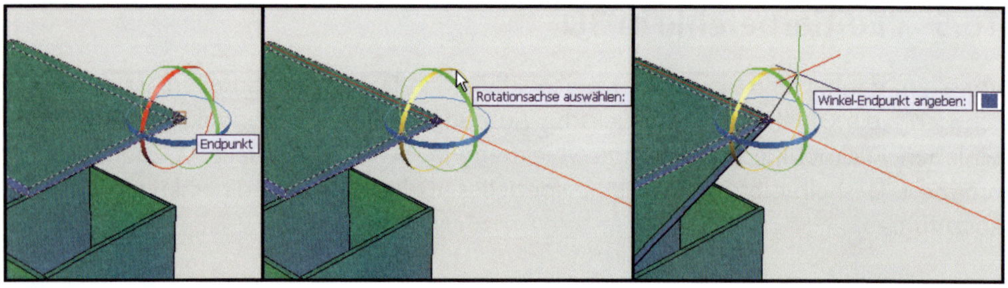

Abbildung 16.10: 3D-Drehen mit Einstellsymbol

16.5.3 Befehl »3DSkal«

Der Befehl *3DSkal* bewirkt nichts anderes als der Befehl *Varia*. Der Unterschied ist, dass bei diesem Befehl ein Symbol eingeblendet wird, an dem die Skalierung mit der Maus bestimmt werden kann.

- Multifunktionsleiste: Symbol im Register *Start*, Gruppe *Ändern*

16.5.4 Befehl »3DSpiegeln«

Mit dem Befehl *3DSpiegeln* können Sie Objekte an beliebigen Ebenen im Raum spiegeln. Wählen Sie den Befehl:

- Multifunktionsleiste: Symbol im Register *Start*, Gruppe *Ändern*

```
Befehl eingeben 3dspiegeln
Objekte wählen: Objektwahl wie gehabt
Ersten Punkt auf Spiegelebene (3Punkte) angeben oder [Objekt/Letztes/Z-achse/
Ansicht/XY/YZ/ZX/3Punkte] <3Punkte>: Punkt für Spiegelachse wählen
Zweiten Punkt auf Spiegelebene angeben: 2. Punkt der Spiegelachse
Dritten Punkt auf Spiegelebene angeben: 3. Punkt der Spiegelachse
Quellobjekte löschen? [Ja/Nein] <N>: Ja oder Nein eingeben
```

- **3Punkte:** Wählen Sie zunächst eine Spiegelebene. Mit dieser Option können Sie die Ebene durch drei Punkte bestimmen.
- **Weitere Optionen:** Wollen Sie an einer Koordinatenebene spiegeln, verwenden Sie eine der Optionen *XY, YZ, ZX*. Außerdem können Sie mit der Option *Objekt* ein bestehendes Objekt in der Zeichnung wählen. Die Ebene, in der das gewählte Objekt liegt, wird zur Spiegelebene. Mit der Option *Letzte* wird die letzte Ebene als Spiegelebene für eine neue Operation verwendet.

Zuletzt kann gewählt werden, ob das Original gelöscht werden soll oder nicht.

Übung: 3DSpiegeln

- Laden Sie die Zeichnung ***A16-03.dwg*** aus dem Ordner *Aufgaben* und spiegeln Sie die Objekte wie in Abbildung 16.11.
- Vergleichen Sie Ihr Ergebnis mit der Lösung ***L16-03.dwg***.

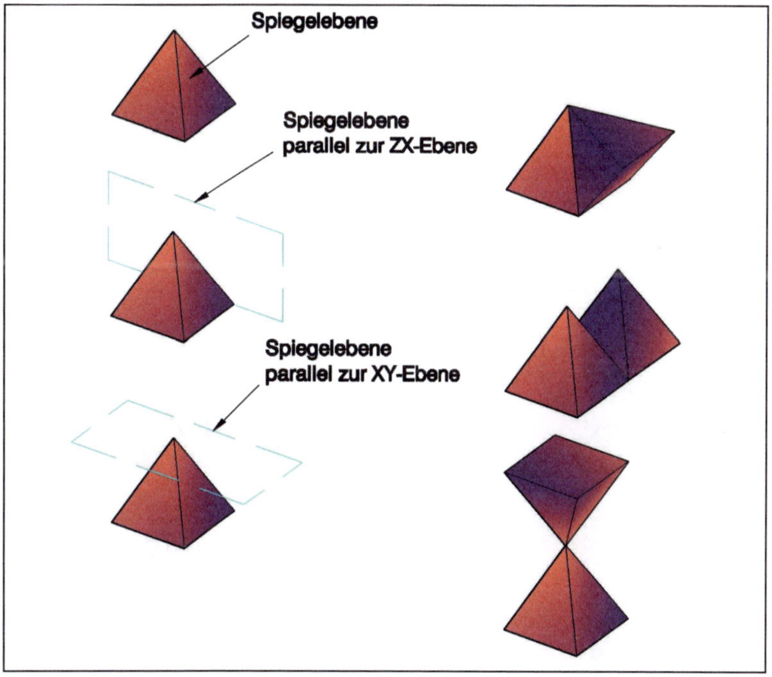

Abbildung 16.11: Spiegelung an verschiedenen Ebenen im Raum

16.5.5 Befehl »3DAusrichten«

Obwohl mit dem Befehl *Ausrichten* auch dreidimensional gearbeitet werden kann, gibt es den Befehl *3DAusrichten*. Der ist für 3D optimiert. Sie finden ihn:

- Multifunktionsleiste: Symbol im Register *Start*, Gruppe *Ändern*

```
Befehl eingeben 3dausrichten
Objekte wählen: Auszurichtende Objekte wählen
  Quellebene und Ausrichtung angeben ...
Basispunkt angeben oder [Kopieren]: 1. Punkt
Zweiten Punkt angeben oder [Fortfahren] <F>: 2. Punkt
Dritten Punkt angeben oder [Fortfahren] <F>: und 3. Punkt für das Quellobjekt angeben
  Zielebene und Ausrichtung angeben ...
Ersten Zielpunkt angeben: 1. Punkt
Zweiten Zielpunkt angeben oder [beEnden] <E>: 2. Punkt
Dritten Zielpunkt angeben oder [beEnden] <E>: und 3. Punkt für die Zielebene angeben
```

Geben Sie drei Punkte auf der Quellebene des Objekts an und drei Punkte auf der Ebene, auf der das Objekt platziert werden soll. Bei der Anfrage nach dem Basispunkt können Sie die Option *Kopieren* wählen. In diesem Fall wird eine ausgerichtete Kopie erzeugt. Wollen Sie nur einen oder zwei Punkte auf der Quellebene angeben, drücken Sie bei der Anfrage nach dem Punkt [↵]. In diesem Fall haben Sie beim Platzieren noch Freiheitsgrade. Richten Sie das Objekt mit der Maus so aus, wie Sie es haben wollen, oder geben Sie Punkte für die Ausrichtung vor.

Übung: 3DAusrichten

- Laden Sie die Zeichnung ***A16-04.dwg*** aus dem Ordner *Aufgaben*. Richten Sie die Pyramide an dem Quader aus (siehe Abbildung 16.12).
- Eine Lösung finden Sie auch in der Zeichnung ***L16-04.dwg***.

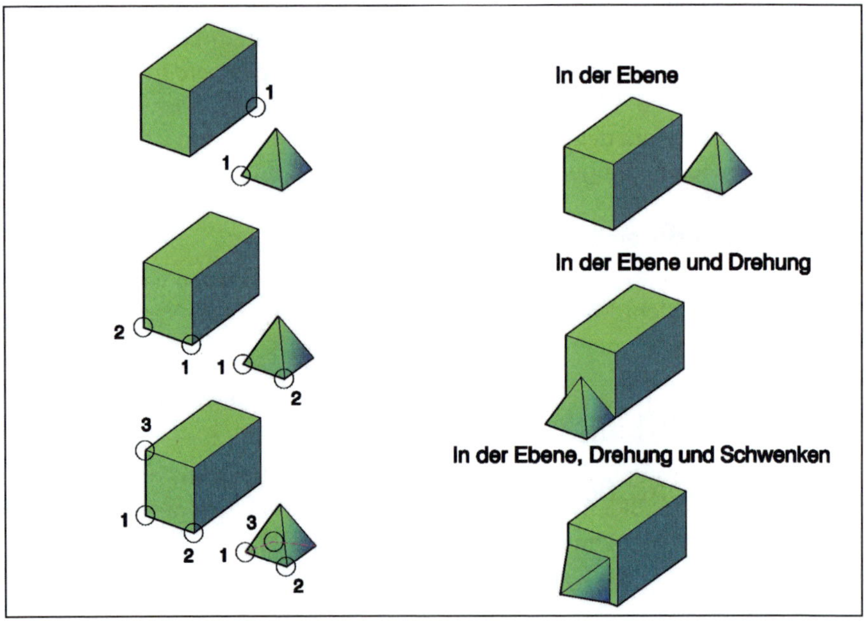

Abbildung 16.12: Ausrichten im Raum

16.6 Benutzerkoordinatensysteme im Raum

Benutzerkoordinatensysteme haben Sie schon in Kapitel 3.10 kennengelernt, aber nur in der XY-Ebene. Wenn Sie sich jetzt mit der 3D-Modellierung beschäftigen, sollten Sie sich weitere Funktionen ansehen. Sobald Sie in einer anderen Ebene als der XY-Ebene zeichnen wollen, ist es erforderlich, diese Ebene zur aktuellen Zeichenebene zu machen. Dazu legen Sie ein Benutzerkoordinatensystem (BKS) auf die gewünschte Ebene, sozusagen ein Zeichenblatt in den Raum.

Rechte-Hand-Regel

Wenn Sie sich die Lage der Koordinatenachsen nicht vorstellen können, nehmen Sie die rechte Hand zu Hilfe. Strecken Sie Daumen und Zeigefinger aus und spreizen Sie den Mittelfinger rechtwinklig zur Handfläche weg. Der Daumen zeigt in die Richtung der X-Achse, der Zeigefinger in Richtung der Y-Achse und der Mittelfinger in Richtung der Z-Achse.

Wenn Sie mit Koordinatensystemen arbeiten, sollten Sie das Symbol für den Nullpunkt und die Ausrichtung des gerade aktuellen Koordinatensystems haben.

Dieses schalten Sie wie folgt ein:

- Multifunktionsleiste: Symbol im Register *Ansicht*, Gruppe *Ansichtsfenster-Werkzeuge*

Alle Funktionen der Befehle für Koordinatensysteme finden Sie im Register *Ansicht* in der Gruppe *Koordinaten* der Multifunktionsleiste. Wenn Sie in AutoCAD den Arbeitsbereich *3D-Modellierung* aktiv haben, ist es im Register *Start* die Gruppe *Koordinaten*. Oft ist diese Gruppe ausgeschaltet und Sie müssen sie erst aktivieren. Meist brauchen Sie nur einen kleinen Teil der Funktionen, denn Sie können das BKS auch mit den Griffen auf die gewünschte Ebene im Raum bringen.

Übung: Koordinatensysteme an den Griffen platzieren

Wie Sie schon gesehen haben, lässt sich das BKS auch an den Griffen verschieben. Dazu benötigen Sie keinen Befehl. Hier noch mal für 3D-Anwendungen das Verfahren an einem Beispiel:

- Laden Sie die Zeichnung ***A16-05.dwg*** aus dem Ordner *Aufgaben*. Das BKS sitzt hier an einer beliebigen Stelle (siehe Abbildung 16.13, oben links).
- Die XY-Ebene soll auf der Seitenwand liegen und der Nullpunkt links oben sein. Klicken Sie den Nullpunkt des BKS-Symbols an und setzen Sie es an den gewünschten Punkt (siehe Abbildung 16.13, oben rechts).

- Zeigen Sie an den Punkt am Ende der X-Achse des Symbols (nicht klicken) und wählen Sie aus dem Kontextmenü die Funktion *Um Y-Achse drehen* (siehe Abbildung 16.13, unten links).
- Geben Sie *90* ein und die XY-Ebene liegt auf der gewünschten Fläche (siehe Abbildung 16.13, unten rechts). Testen Sie noch andere Möglichkeiten. Eine Musterlösung brauchen Sie hierfür nicht.

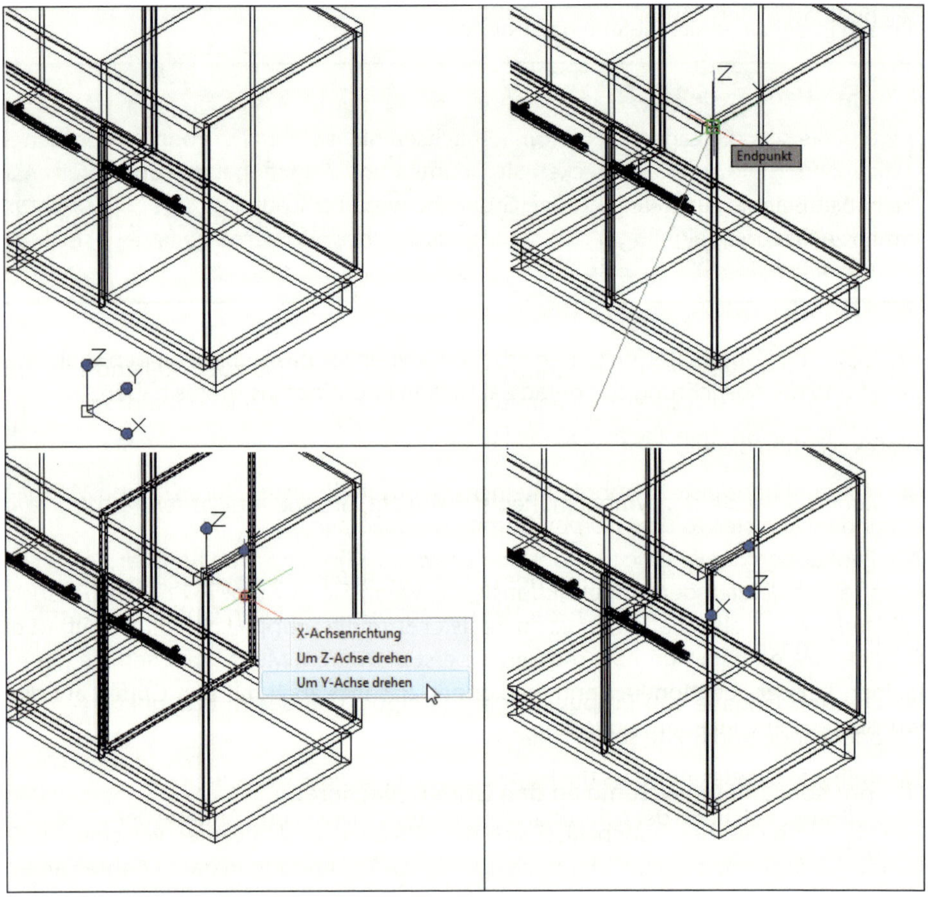

Abbildung 16.13: Koordinatensystem an den Griffen platzieren

17. Volumenmodelle

In diesem Kapitel finden Sie als AutoCAD-LT-Anwender nichts mehr, was Sie mit Ihrem Programm ausführen könnten. Alle Befehle in diesem Arbeitsbereich können aufgrund der umfangreichen Möglichkeiten in diesem Einführungsbuch nicht behandelt werden. Sie lernen aber die wichtigsten Befehle kennen und sind danach in der Lage, sich tiefer einzuarbeiten.

17.1 Volumenkörper erstellen

Sie haben Befehle zur Erstellung von Grundkörpern und solche, um aus 2D-Konturen Volumen zu erzeugen.

17.1.1 Grundkörper erstellen

Die einfachsten Befehle zur Erzeugung von Volumen sind die zur Erstellung von Grundkörpern. Meist lassen sie sich dynamisch erstellen oder durch Eingabe des Werts in die richtige Größe bringen. Sie finden die Funktionen:

- Multifunktionsleiste: Symbole in einem Flyout im Register *Start*, Gruppe *Modellieren*, und im Register *Volumenkörper*, Gruppe *Grundkörper*

Durch alle Befehle werden Sie mit dem Dialog im Befehlszeilenfenster geführt. Sie haben meist Varianten zur Verfügung, die Sie mit den Optionen wählen können.

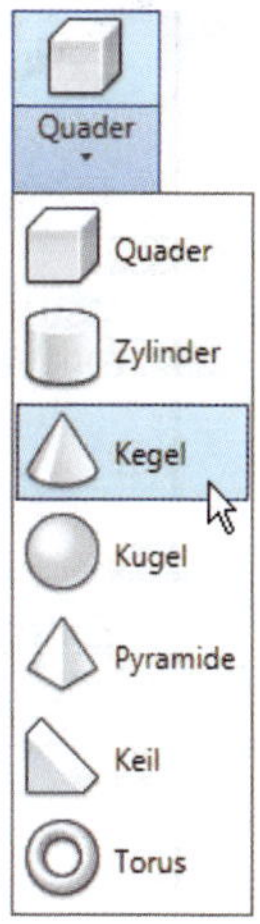

- **Quader:** Eingabe von Eckpunkt oder Mittelpunkt, anderem Eckpunkt oder Länge und Breite sowie Höhe.
- **Keil:** Wie Quader, nur dass die Höhe sich auf eine Seite bezieht.
- **Zylinder:** Zeichnen der Grundfläche (Kreis oder Ellipse) und Angabe der Höhe.
- **Kegel:** Gleiche Angaben wie beim Zylinder. Durch Angabe eines oberen Radius kann auch ein Kegelstumpf erstellt werden.
- **Kugel:** Eingabe von Mittelpunkt und Radius oder Durchmesser.
- **Pyramide:** Eingabe des Mittelpunkts oder einer Kante, Seitenanzahl und Höhe. Durch Angabe eines oberen Radius ist auch ein Pyramidenstumpf möglich.
- **Torus:** Geschlossener Ring aus einer Röhre mit kreisförmigem Querschnitt. Eingabe des Mittelpunkts, Torusradius bzw. Torusdurchmesser und Röhrenradius bzw. Röhrendurchmesser.

17.1.2 Befehl »Extrusion«

So einfach sich Grundkörper erstellen lassen, meist kommen Sie damit nicht zum Ziel. Effektiver ist es, aus 2D-Skizzen Volumen zu erstellen. Mit dem Befehl *Extrusion* können Sie aus einer Skizze einen Volumenkörper erstellen. Extrudieren können Sie geschlossene Konturen. Haben Sie eine offene Kontur, werden Flächen erzeugt (siehe Abbildung 17.1).

- Multifunktionsleiste: Symbol in einem Flyout im Register *Start*, Gruppe *Modellieren*, und im Register *Volumenkörper*, Gruppe *Volumenkörper*

```
Befehl eingeben Extrusion
Zu extrudierende Objekte wählen oder [MOdus]: Kontur anklicken
Zu extrudierende Objekte wählen oder [MOdus]: Mit ↵ abschließen
Höhe der Extrusion angeben oder [Richtung/Pfad/Verjüngungswinkel/
Ausdruck] <22.00>: Höhe eingeben bzw. dynamisch ziehen oder Option
```

Geben Sie die Parameter für die Extrusion ein. Neben der Standardmethode haben Sie drei Varianten zur Verfügung: in eine bestimmte Richtung extrudieren, entlang eines wählbaren Pfads und/oder mit einem Verjüngungswinkel (siehe Abbildung 17.1).

- **Modus:** Hier wie bei den folgenden Befehlen gilt: Mit der Option *Modus* können Sie wählen, ob Flächen oder Volumen erstellt werden sollen.

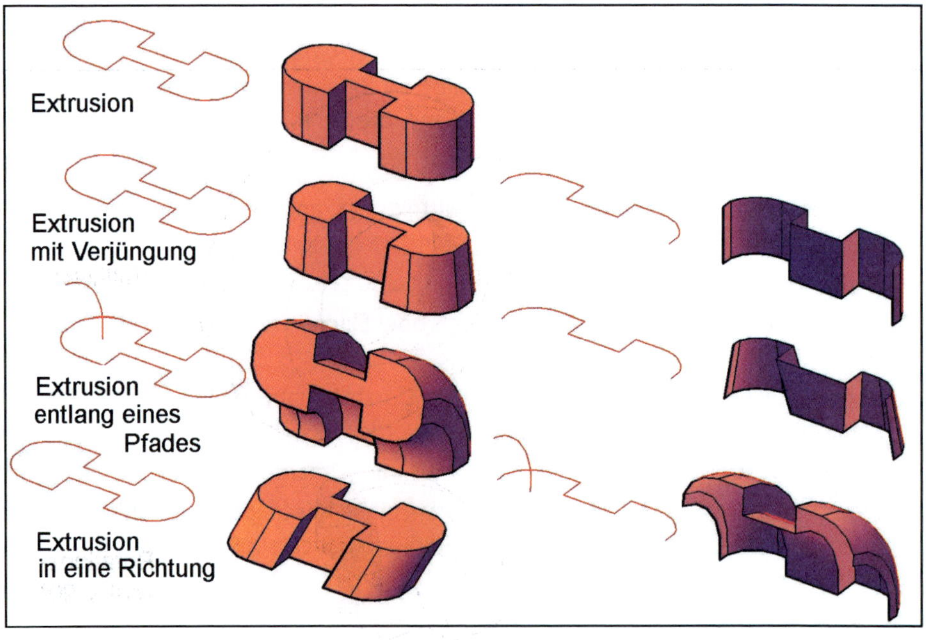

Abbildung 17.1: Extrusion zur Erzeugung von Volumen und Flächen

Übung: Extrusionskörper erstellen

- Laden Sie die Zeichnung ***A17-01.dwg*** aus dem Ordner *Aufgaben*.
- Erstellen Sie Volumenkörper durch Extrusion wie in Abbildung 17.1. Die Lösung finden Sie ebenfalls im Ordner *Aufgaben*: ***L17-01.dwg***.

17.1.3 Befehl »Rotation«

Was Sie extrudieren können, lässt sich mit dem Befehl *Rotation* rotieren. Sie erhalten Volumenkörper und bei offenen Konturen Flächen (siehe Abbildung 17.2).

- Multifunktionsleiste: Symbol in einem Flyout im Register *Start*, Gruppe *Modellieren*, und im Register *Volumenkörper*, Gruppe *Volumenkörper*

```
Befehl eingeben Rotation
Zu drehende Objekte wählen oder [MOdus]: Kontur wählen
Zu drehende Objekte wählen oder [MOdus]: Mit ↵ Auswahl beenden
Startpunkt der Achse angeben oder
Achse definieren durch [Objekt/X/Y/Z] <Objekt>:
```

Die Achse können Sie durch zwei Punkte festlegen. Es ist auch möglich, ein Objekt, die x-, y- oder z-Achse als Rotationsachse zu verwenden. Das Objekt kann eine Linie, ein Bogen oder eine Polylinie sein. Danach wird der Rotationswinkel abgefragt. Sie können aber auch Start- und Endwinkel vorgeben.

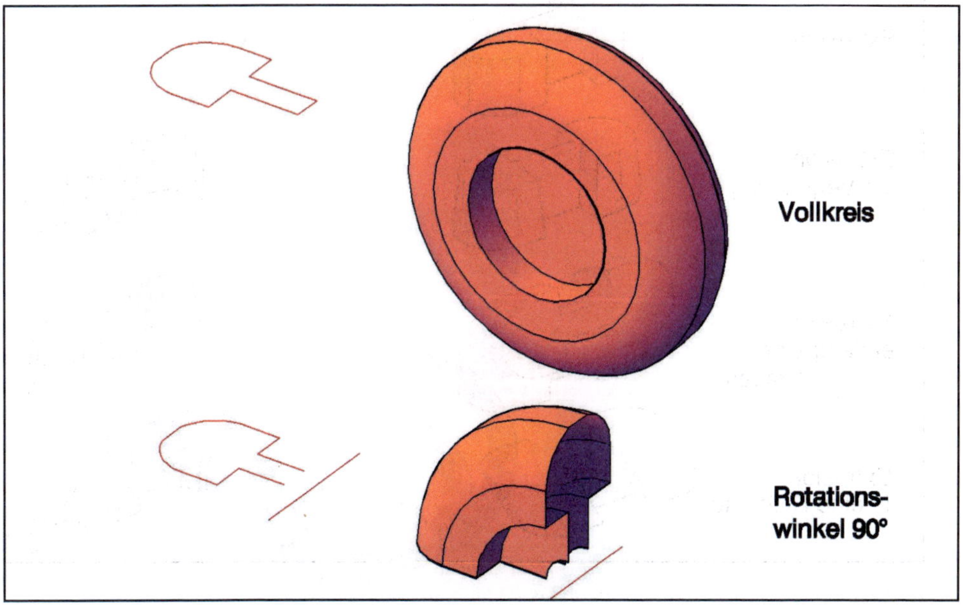

Abbildung 17.2: Erstellen von Rotationskörpern

Übung: Rotationskörper erstellen

- Laden Sie die Zeichnung ***A17-02.dwg*** aus dem Ordner *Aufgaben*.
- Erstellen Sie Volumenkörper mit Rotation wie in Abbildung 17.2. Eine Musterlösung finden Sie in der Datei ***L17-02.dwg***.

17.1.4 Befehl »Sweep«

Mit dem Befehl *Sweep* können Sie Volumenkörper oder Flächen erstellen, indem Sie eine Kontur an einem 2D- bzw. 3D-Pfad entlanggleiten lassen. Der dadurch eingeschlossene Bereich erzeugt das Volumen, ideal für Rohrleitungen.

- Multifunktionsleiste: Symbol in einem Flyout im Register *Start*, Gruppe *Modellieren*, und im Register *Volumenkörper*, Gruppe *Grundkörper*

```
Befehl eingeben Sweep
Zu sweepende Objekte wählen oder [MOdus]: Objekte anklicken
Zu sweepende Objekte wählen oder [MOdus]: Mit ↵ abschließen
Sweeping-Pfad auswählen oder [Ausrichten/Basispunkt/Skalieren/Drehen]: Pfad
anklicken
```

Wählen Sie einfach die zu sweepende Kontur und den Sweep-Pfad. In Abbildung 17.3 ist der Pfad eine 3D-Spirale, die mit dem Befehl *Spirale* erstellt wurde. Die Optionen bei der letzten Abfrage beziehen sich auf die Ausrichtung am Sweeping-Pfad:

- **Skalieren:** Skalierung des zu sweependen Objekts. Es beginnt mit der Originalgröße und hat am Ende des Pfads die skalierte Größe.

Abbildung 17.3: Kreis und Halbkreis gesweept

- **Drehen:** Drehung des zu sweependen Objekts. Es beginnt mit dem Originalwinkel und hat am Ende den vorgegebenen Drehwinkel.
- **Basispunkt:** Angabe des Punkts am zu sweependen Objekt, der am Pfad entlangbewegt werden soll. Normalerweise ist es der Mittelpunkt der Kontur.
- **Ausrichten:** Normalerweise wird das zu sweepende Objekt senkrecht zum Sweeping-Pfad ausgerichtet. Mit dieser Option kann das ausgeschaltet werden.

Übung: Sweepen von Konturen

- Laden Sie die Zeichnung ***A17-03.dwg*** aus dem Ordner *Aufgaben*.
- Sweepen Sie Kreis und Halbkreis entlang der Spirale (siehe Abbildung 17.3). Experimentieren Sie auch mit den Optionen für die zu sweependen Objekte.
- Ein Beispiel finden Sie ebenfalls im Ordner *Aufgaben*, die Datei ***L17-03.dwg***.

17.1.5 Befehl »Anheben«

Mit dem Befehl *Anheben* können Sie ein Volumen erstellen, indem Sie mindestens zwei Konturen als Querschnitte definieren. Die Konturen müssen entweder alle geschlossen oder alle offen sein.

- Multifunktionsleiste: Symbol in einem Flyout im Register *Start*, Gruppe *Modellieren*, und im Register *Volumenkörper*, Gruppe *Volumenkörper*

```
Befehl eingeben Anheben
Querschnitte in Reihenfolge der Erhebung wählen oder [Punkt/
mehrere kurven Verbinden/MOdus]: Querschnitt der Reihe nach wählen
Querschnitte in Reihenfolge der Erhebung wählen oder [Punkt/
mehrere kurven Verbinden/MOdus]: Mit ↵ Auswahl abschließen
Option eingeben [Führungen/Pfad/nur Querschnitte/Einstellungen]
<nur Querschnitte>: Mit ↵ ausführen oder Option wählen
```

Klicken Sie die Querschnitte nacheinander einzeln an, und zwar in der Reihenfolge, wie das Objekt aufgebaut werden soll. Beenden Sie die Eingabe mit ↵. Zwei Optionen stehen Ihnen bei der Auswahl der Querschnitte zur Verfügung:

- **Punkt:** Wählen Sie anstelle einer Kurve die Option *Punkt*, dann kann ein Punkt angeklickt werden, aus dem der Körper heraus- bzw. in den er hineinlaufen soll.
- **Mehrere Kurven verbinden:** Mit dieser Option können Sie einen Querschnitt wählen, der sich aus mehreren einzelnen Segmenten zusammensetzt.

Sind alle Querschnitte gewählt, können Sie mit ↵ die Erstellung auslösen. Es werden keine weiteren Konturen verwendet. Mit der Option *Einstellungen* haben Sie in einem Dialogfeld die Möglichkeit zu wählen, wie die Oberfläche durch die Querschnitte laufen soll (siehe Abbildung 17.4).

Übung: Anheben über Querschnitte

- In der Datei *A17-04.dwg* im Ordner *Aufgaben* haben Sie das Beispiel aus Abbildung 17.4.
- Erzeugen Sie die Körper wie in der Abbildung. Eine Lösung finden Sie in der Datei *L17-04.dwg*.

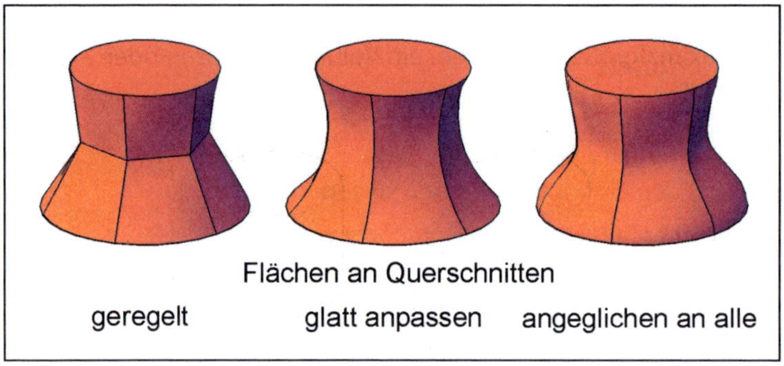

Abbildung 17.4: Verschiedene Erhebungseinstellungen

17.1.6 Ausgangskonturen löschen oder nicht

Haben Sie die Systemvariable *Delobj* auf 1 gesetzt, wird bei den Befehlen *Extrusion*, *Rotation*, *Sweep* und *Anheben* die Ausgangskontur gelöscht. Falls Sie die Konturen noch benötigen, setzen Sie den Wert auf 0.

17.2 Volumen bearbeiten

Einmal erzeugte Volumenkörper können mit den unterschiedlichsten Befehlen weiterbearbeitet werden. Deshalb ist es nicht unbedingt sinnvoll, die benötigten Skizzen bis ins Detail auszuarbeiten. Zum Beispiel lassen sich Fasen oder Rundungen am 3D-Modell leicht anbringen.

17.2.1 Boolesche Verknüpfungen

Volumenkörper lassen sich mit *Booleschen Verknüpfungen* zu beliebig komplexen Modellen zusammenfassen. Sie können Vereinigung, Differenz und Schnittmenge aus vorhandenen Volumenkörpern bilden (siehe Abbildung 17.5).

- Multifunktionsleiste: Symbole im Register *Start*, Gruppe *Volumenkörper bearbeiten*, und im Register *Volumenkörper*, Gruppe *Boolesche*
- **Vereinig:** Mit diesem Befehl machen Sie aus mehreren Volumen einen Gesamtkörper. Wählen Sie die einzelnen Volumen, schließen Sie die Auswahl mit [↵] ab und das Gesamtvolumen wird erstellt.

- **Differenz:** Damit wird von einem oder mehreren Volumenkörpern ein zweiter Satz von Volumenkörpern abgezogen. Wählen Sie den ersten Satz und danach den zu subtrahierenden Satz aus und beenden Sie jeweils mit ↵. Damit lassen sich Bohrungen und Aussparungen erstellen.

- **Schnittmenge:** Damit bilden Sie das Volumen, das sich bei den zu verknüpfenden Volumenkörpern überlagert. Daraus herausfallende Teile werden entfernt. Den Befehl können Sie dann verwenden, wenn Sie ein Volumen auf eine Maximalgröße begrenzen, ein Volumen abfräsen oder ein Teil ausstanzen wollen.

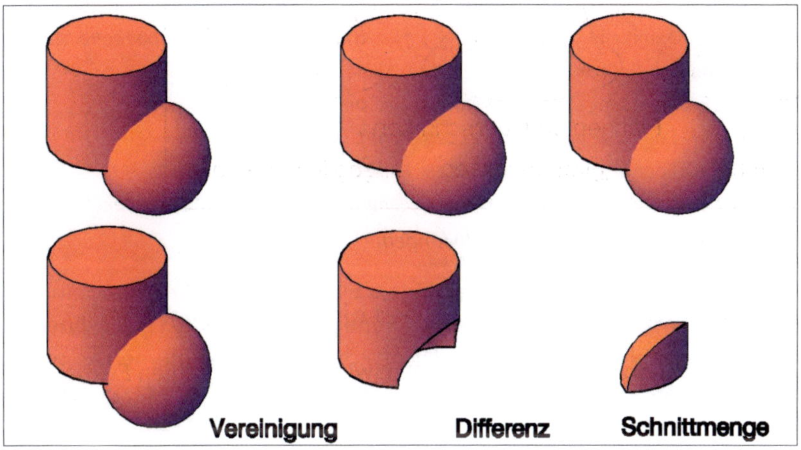

Abbildung 17.5: Boolesche Verknüpfung von Volumenkörpern

Übung: Verknüpfung von Volumenkörpern

- Laden Sie die Zeichnung ***A17-05.dwg*** aus dem Ordner *Aufgaben*.
- Verknüpfen Sie die Volumenkörper wie in Abbildung 17.5. Die Lösung finden Sie in der Zeichnung ***L17-05.dwg***.

17.2.2 Kanten von Volumenkörpern abrunden oder fasen

Wie bei 2D-Zeichnungen können Sie bei Volumenkörpern die Befehle *Abrunden* und *Fase* zum Abrunden bzw. Abschrägen von Kanten verwenden. Für 3D-Modelle gibt es dafür die speziellen Befehle *Abrundkante* und *Gefastekante*.

- Multifunktionsleiste: Symbole in einem Flyout im Register *Volumenkörper*, Gruppe *Volumenkörper bearbeiten*

Diese Befehle werden wir im nächsten Abschnitt gleich am praktischen Beispiel näher betrachten. Zunächst stellen wir das noch zurück.

17.2.3 Befehl »Kappen«

Volumenkörper können Sie mit dem Befehl *Kappen* an einer Ebene oder Fläche trennen. So können Sie auch unregelmäßige Flächen erstellen.

- Multifunktionsleiste: Symbol im Register *Start*, Gruppe *Volumenkörper bearb.*, und im Register *Volumenkörper*, Gruppe *Volumenkörper bearb.*

Befehl eingeben ***Kappen***
Zu kappende Objekte wählen: ***Volumenkörper wählen***
Zu kappende Objekte wählen: ***Mit ⏎ Auswahl beenden***
Startpunkt von Kappebene angeben oder [planares Objekt/oBerfläche/ZAchse/Ansicht/XY/YZ/ZX/3Punkte] <3Punkte>: ***⏎ für die Eingabe der Kappebene durch 3 Punkte oder andere Option wählen***
Ersten Punkt auf Ebene angeben: ***Ersten Punkt anklicken***
Zweiten Punkt auf Ebene angeben: ***Zweiten Punkt anklicken***
Dritten Punkt auf Ebene angeben: ***Dritten Punkt anklicken***
Punkt auf der gewünschten Seite der Ebene angeben oder [Beide Seiten behalten]: **Punkt eingeben oder B für beide Seiten behalten**

Die Ebene können Sie durch drei Punkte festlegen. Es ist aber auch möglich, ein Objekt, die z-Achse, die momentane Ansicht oder eine Ebene parallel zur XY-/YZ-/ZX-Ebene zum Kappen zu verwenden. Mit der Option *Oberfläche* können Sie ein Volumen an einer Fläche schneiden. Die Oberfläche muss den Körper komplett durchdringen (siehe Abbildung 17.6).

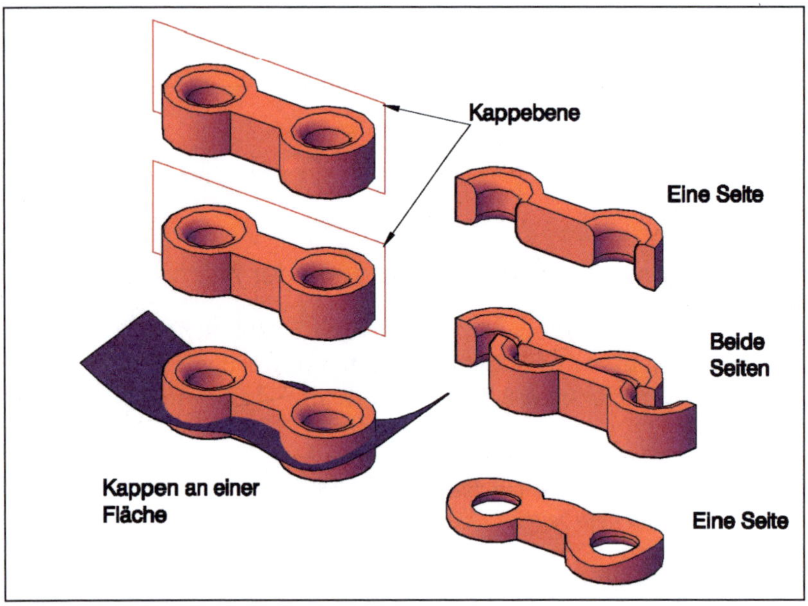

Abbildung 17.6: Kappen von Volumenkörpern

Übung: Kappen von Volumenkörpern

- Laden Sie die Zeichnung *A17-06.dwg* aus dem Ordner *Aufgaben*.
- Kappen Sie die Volumenkörper wie in Abbildung 17.6. Die Lösung finden Sie auch in der Datei *L17-06.dwg*.

17.2.4 Befehl »Klickziehen«

Eine einfache Methode zum Ändern von Volumenkörpern haben Sie mit dem Befehl *Klickziehen*.

- Multifunktionsleiste: Symbol im Register *Start*, Gruppe *Modellieren*, und im Register *Volumenkörper*, Gruppe *Volumenkörper*

`Befehl eingeben` ***Klickziehen***
`Objekt oder umgrenzten Bereich auswählen:` ***In Fläche klicken***
`Extrusionshöhe angeben oder [Mehrere]:` ***Nach außen oder innen ziehen und klicken oder mit der Maus in die Richtung ziehen und Wert eingeben***

Klicken Sie in die Fläche und nicht die Kante der Fläche an. Mit der Option *Mehrere* können Sie weitere Flächen wählen und gemeinsam ziehen.

Liegt die Fläche auf einem Körper mit schrägen Seitenwänden (siehe Abbildung 17.7, links), haben Sie zwei Möglichkeiten:

- **Fläche anklicken:** Fläche wird extrudiert (siehe Abbildung 17.7, Mitte).
- **Fläche mit gedrückter Strg-Taste anklicken:** Fläche wird mit der Schräge des Grundkörpers extrudiert (siehe Abbildung 17.7, rechts).

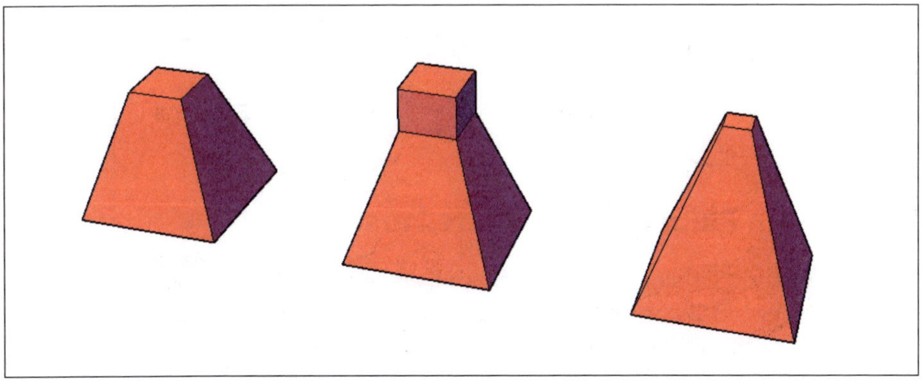

Abbildung 17.7: Klicken und Ziehen mit unterschiedlicher Auswahl

17.2.5 Hülle erstellen

Zum Abschluss der Bearbeitungsfunktionen lernen Sie jetzt noch einen mächtigen Befehl kennen, mit dem Sie Volumenkörper so bearbeiten können, dass nur noch die Hülle bleibt.

- Multifunktionsleiste: Symbol in einem Flyout im Register *Volumenkörper*, Gruppe *Volumenkörper bearbeiten*

Die Funktion ist eine Unteroption eines komplexen Befehls, der als Makro abläuft. Wählen Sie den Volumenkörper und dann eine oder mehrere Flächen, die offen bleiben sollen. Schließen Sie die Auswahl mit [↵] ab und geben Sie die Wandstärke für die Hülle ein. Der Körper wird ausgehöhlt, die gewählten Flächen bleiben offen und die Hülle hat die Dicke der eingegebenen Wandstärke.

Übung: Hülle erstellen

- Laden Sie die Datei ***A17-07.dwg*** aus dem Ordner *Aufgaben* und erzeugen Sie eine Hülle. Die obere Fläche soll offen bleiben (siehe Abbildung 17.8).
- Eine Lösung finden Sie ebenfalls im Ordner *Aufgaben*: ***L17-07.dwg***.

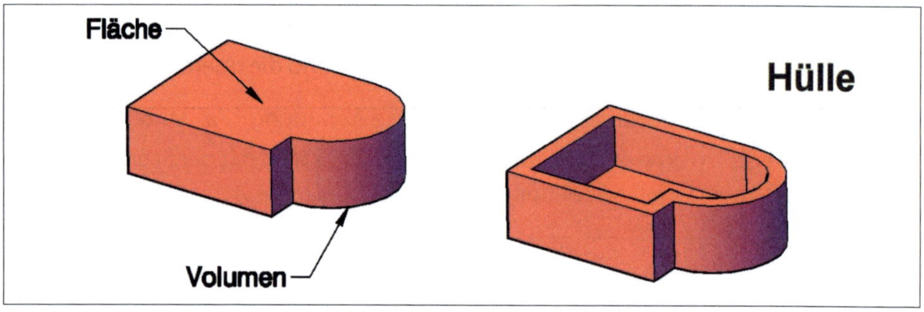

Abbildung 17.8: Hülle erstellen

17.3 Den Pleuel als 3D-Modell erstellen

Den Pleuel haben Sie schon als 2D-Zeichnung erstellt. An dem Beispiel soll nun der Workflow von der ersten Skizze bis zum 3D-Modell und zur Zeichnung aufgezeigt werden.

17.3.1 Erstellen der Grundform

- Laden Sie die Datei ***A17-08.dwg*** aus dem Ordner *Aufgaben*. Sie enthält die grobe 2D-Skizze der Kontur des Pleuels.

- Zuerst extrudieren Sie mit dem Befehl *Extrusion* die äußere Skizze auf eine Höhe von 16 (siehe Abbildung 17.9). Stellen Sie den visuellen Stil zuerst auf *2D-Drahtkörper* und wählen Sie eine Ansicht wie in Abbildung 17.9.

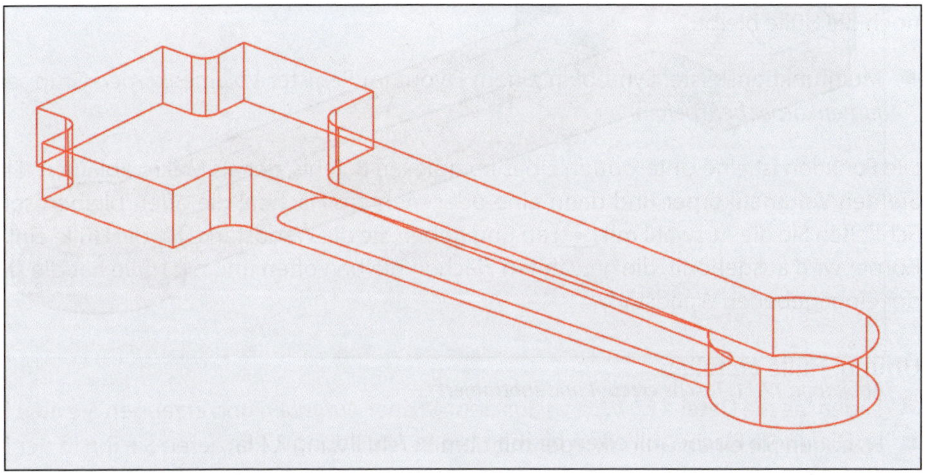

Abbildung 17.9: Die erste Extrusion

- Die innere Kontur duplizieren Sie mit dem Befehl *Kopieren* um 16 in z-Richtung. Extrudieren Sie dann die untere Kontur um 5 nach oben und die obere um -5 nach unten.

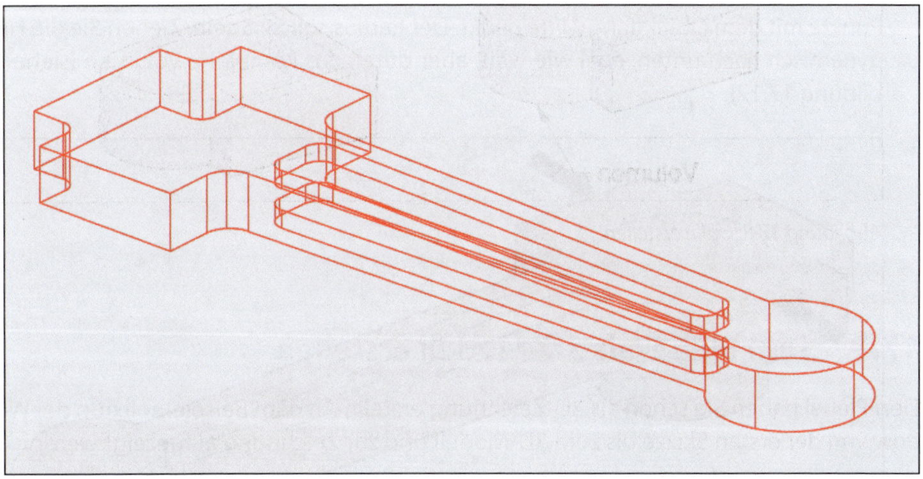

Abbildung 17.10: Weitere Extrusionen

- Verwenden Sie den Befehl *Differenz*, wählen Sie das äußere Volumen und subtrahieren Sie davon die beiden inneren Volumen, die die Tasche bilden sollen. Jetzt können Sie den visuellen Stil *Konzeptuell* wählen, um das Ergebnis beurteilen zu können. Es sollte wie in Abbildung 17.11 aussehen. Wählen Sie auch einen Ansichtspunkt, und zwar so, dass Sie auf die Unterseite sehen. Dort sollte die Tasche auch vorhanden sein.

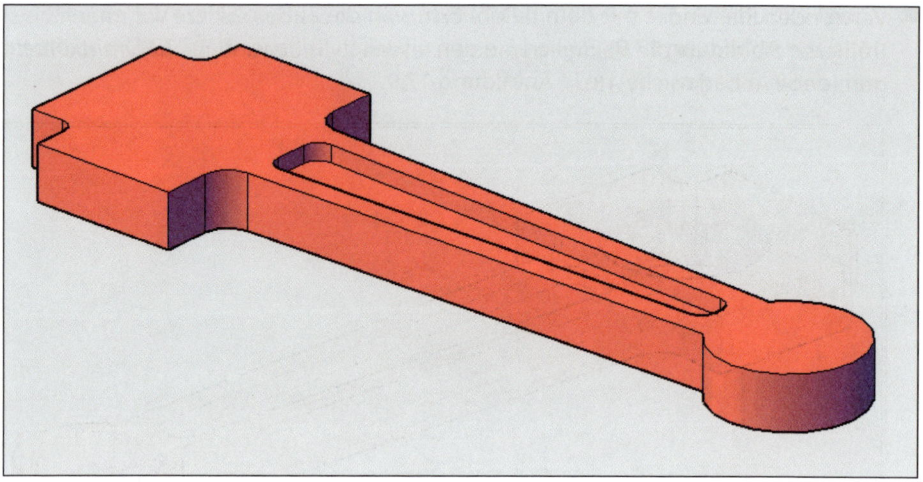

Abbildung 17.11: Tasche erzeugt und subtrahiert

- Erzeugen Sie einen Grundkörper mit dem Befehl *Zylinder*. Platzieren Sie ihn in der Mitte des vorderen Teils auf der Grundfläche. Verwenden Sie dabei den Objektfang *Zentrum* und wählen Sie den unteren Bogen (siehe Abbildung 17.12). Der Radius soll 17.5 und die Höhe so sein, dass der Quader über das vorhandene Volumen heraussteht.
- Setzen Sie einen Zylinder hinten in die Mitte der oberen Fläche mit dem Objektfang *Mitte zwischen 2 Punkten* und fangen Sie die in Abbildung 17.12 gekennzeichneten Punkte mit dem Objektfang *Mittelpunkt*. Der Radius soll 22.5 sein. Ziehen Sie die Höhe dynamisch nach unten, egal wie weit, aber durch das komplette Volumen (siehe Abbildung 17.12).

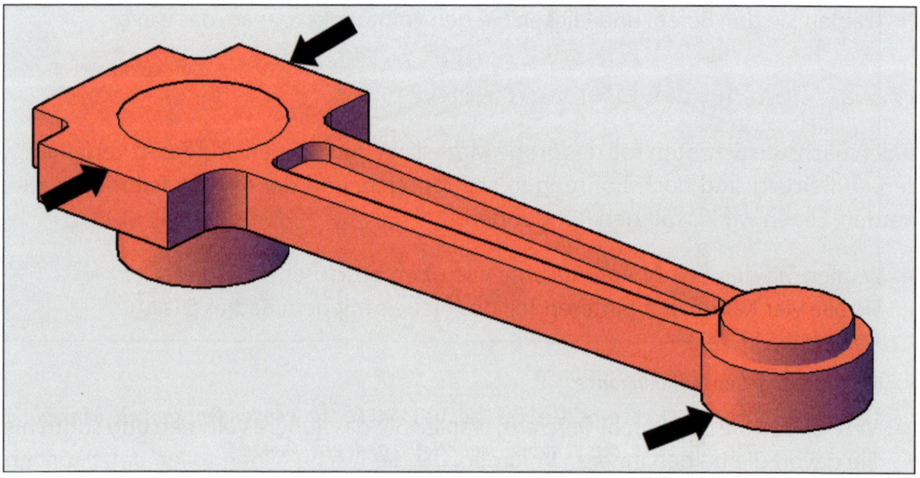

Abbildung 17.12: Zwei Zylinder als Grundkörper erzeugt und platziert

- Verwenden Sie wieder den Befehl *Differenz*, wählen Sie das äußere Volumen und subtrahieren Sie davon die beiden gerade erstellten Zylinder und Sie haben die Bohrungen (siehe Abbildung 17.13).

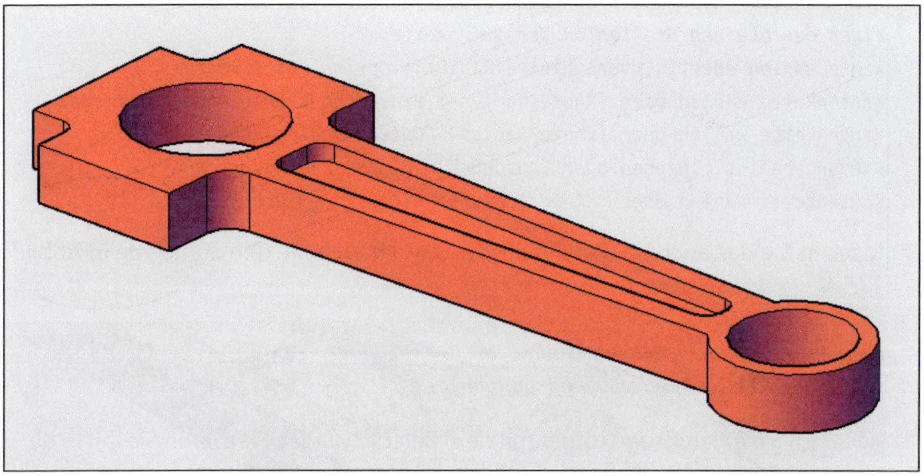

Abbildung 17.13: Der Pleuel mit den Bohrungen

- Bereinigen Sie den Volumenkörper. Das hat zur Folge, dass die nicht mehr erforderlichen Flächen und Kanten der ehemaligen Bestandteile (extrudierte Skizze und Zylinder) entfernt werden. Die Auswahl von Flächen und Kanten ist danach wesentlich einfacher. Sie finden die Funktion:
- Multifunktionsleiste: Symbol in einem Flyout im Register *Volumenkörper, Gruppe Volumenkörper bearbeiten*

- Wählen Sie den Befehl und klicken Sie den Volumenkörper an, das war's.

17.3.2 Den Pleuel weiter verfeinern

In den nächsten Schritten soll das grobe Modell mit Rundungen und Fasen verfeinert werden. Außerdem sind noch Bohrungen anzubringen, und der hintere Teil muss getrennt werden. Legen wir los mit den Rundungen.

- Wählen Sie den Befehl *Abrundkante* wie oben beschrieben und runden Sie alle vier Kanten am hinteren Teil des Pleuels mit dem Radius 8 (siehe Abbildung 17.14).

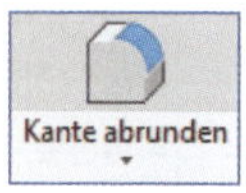


```
Befehl eingeben Abrundkante
Kante wählen oder [KEtte/Schleife/Radius]: Alle zu rundenden Kanten hinten
anklicken. Die Ansicht muss dabei mehrmals gedreht werden.
Kante wählen oder [KEtte/Schleife/Radius]: Option Radius wählen
Rundungsradius eingeben oder [Ausdruck] <1.00>: 8 eingeben
Kante wählen oder [KEtte/Schleife/Radius]: Mit ⏎ übernehmen
```

- An der unteren Kante der Tasche soll mit einem Radius von 2 gerundet werden. Da ist es etwas aufwendiger bei der Auswahl.

Befehl eingeben ***Abrundkante***

Kante wählen oder [KEtte/Schleife/Radius]: ***Wählen Sie die zu rundende Kante an einer der kleinen Stellen an der Stirnseite.***

Kante wählen oder [KEtte/Schleife/Radius]: ***Option KEtte wählen***

Kantenkette wählen oder [KAnte/Radius]: ***Eine benachbarte Kante anklicken***

Kantenkette wählen oder [KAnte/Radius]: ***Option Radius wählen***

Rundungsradius eingeben oder [Ausdruck] <8.00>: ***2 eingeben***

Kantenkette wählen oder [KAnte/Radius]: ***Mit 2 x ↵ übernehmen***

- Machen Sie das auch an der Unterseite. Dann haben Sie den Stand wie in Abbildung 17.14.

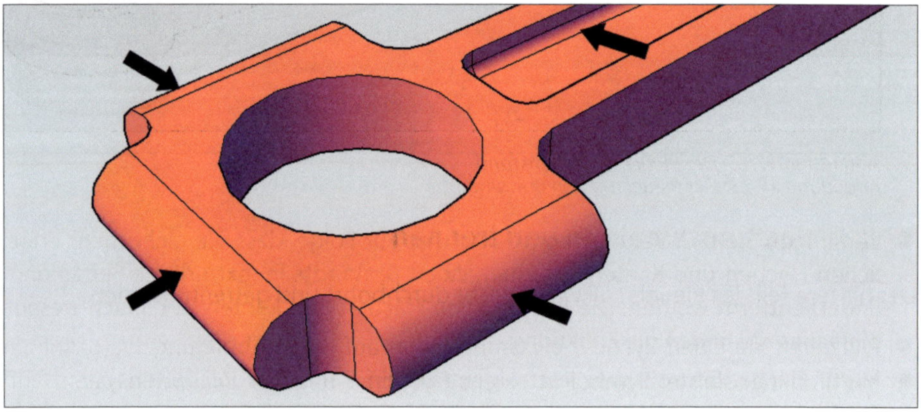

Abbildung 17.14: Kanten gerundet

- Als Nächstes sollen die Bohrungen und die Oberkante der Tasche mit einer Fase von 1 x 45° versehen werden. Wählen Sie den Befehl *Gefastekante* wie oben beschrieben.

Befehl wählen ***Gefastekante***

Kante wählen oder [kOntur/Abstand]: ***Obere Kanten der beiden Bohrungen anklicken***

Kante derselben Fläche wählen oder [Kontur/Entfernung]: ***Mit ↵ bestätigen***

↵ drücken, um Fasen zu akzeptieren oder [Abstand]: ***Option Abstand wählen***

Basisfläche-Fasenabstand angeben oder [Ausdruck] <1.00>: ***1 eingeben***

Andere Oberfläche-Fasenabstand angeben oder [Ausdruck] <1.00>: ***1***

↵ drücken, um Fasen zu akzeptieren oder [Abstand]: ***Mit ↵ übernehmen***

- Drehen Sie die Ansicht und machen Sie unten das Gleiche noch einmal. Das geht nicht auf einmal, da diese Kanten auf einer anderen Fläche liegen.
- Jetzt können Sie noch die Kanten der Taschen ebenfalls mit 1 nacheinander oben und unten fasen. Wählen Sie gleich bei der ersten Anfrage der Kante die Option *kOntur*, und die komplette umlaufende Kante wird auf einmal markiert.

- Das Ergebnis sollte wie in Abbildung 17.15 aussehen. Falls nicht, in der Datei ***L17-08.dwg*** haben Sie eine Zwischenlösung.

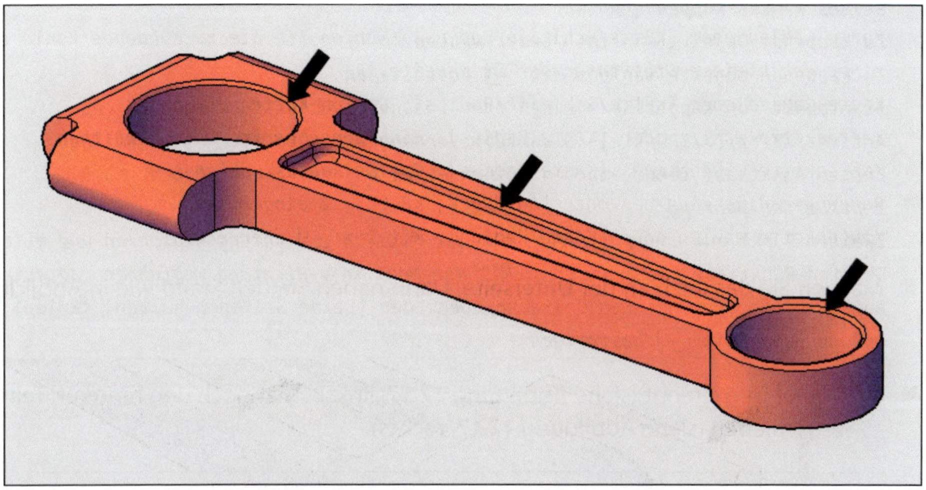

Abbildung 17.15: Der Pleuel, Zwischenstand

17.3.3 Jetzt noch bohren und trennen

Der hintere Teil des Pleuels soll waagerecht durchbohrt und getrennt werden.

- Platzieren Sie einen Zylinder als Grundkörper auf die in Abbildung 17.16, links, markierte Fläche. Sie müssten jetzt eigentlich ein Benutzerkoordinatensystem auf die Fläche legen. Beim Volumenmodellierer wird aber die Fläche automatisch als Konstruktionsebene markiert, wenn Sie mit der Maus darauf zeigen. Verwenden Sie bei der Anfrage des Mittelpunkts den Objektfang *Zentrum*. Der Radius soll 4 betragen (Bohrungsdurchmesser 8). Ziehen Sie dann den Zylinder bis über den Pleuel nach hinten hinaus, egal, wenn er übersteht. Kopieren Sie den Zylinder um 64 Einheiten in y-Richtung (siehe Abbildung 17.16, links).
- Mit der Booleschen Operation *Differenz* subtrahieren Sie die Zylinder vom Pleuel und die Bohrungen sind fertig (siehe Abbildung 17.16, rechts).

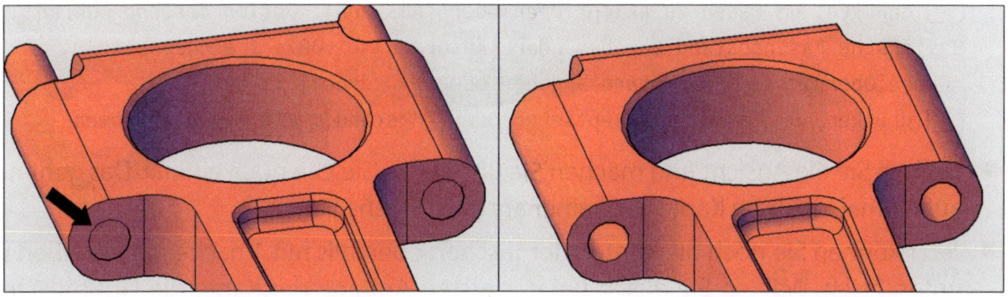

Abbildung 17.16: Bohrungen im Pleuel

- Jetzt soll noch der hintere Teil getrennt werden (siehe Abbildung 17.17). Verwenden Sie dazu den Befehl *Kappen*.

Befehl wählen ***Kappen***
Zu kappende Objekte wählen: ***Pleuel wählen***
Zu kappende Objekte wählen: ***Mit ↵ abschließen***
Startpunkt von Kappebene angeben oder [planares Objekt/oBerfläche/ZAchse/Ansicht/XY/YZ/ZX/3Punkte] <3Punkte>: ***Vorgabe 3 Punkte mit ↵ bestätigen***
Ersten Punkt auf Ebene angeben: ***Einen Punkt auf der Ebene wählen, z. B. Zentrum der Bohrung***
Zweiten Punkt auf Ebene angeben: ***Mit der Maus in y-Richtung wegfahren und klicken***
Dritten Punkt auf Ebene angeben: ***Mit der Maus in y-Richtung wegfahren und klicken***
Punkt auf der gewünschten Seite angeben oder [Beide Seiten behalten] <Beide>: ***Option Beide mit ↵ bestätigen***

- Der Pleuel ist getrennt (siehe Abbildung 17.17, links). Jetzt noch den hinteren Teil um 15 wegschieben (siehe Abbildung 17.17, rechts).

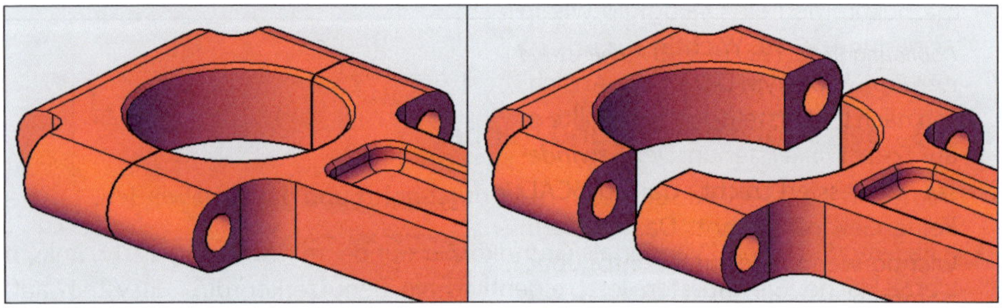

Abbildung 17.17: Trennung des Pleuels

- Der Pleuel ist fertig. In Abbildung 17.18 ist er in realistischer Darstellung mit Grautönen dargestellt. Diesen Stand finden Sie auch im Ordner *Aufgaben* in der Datei ***L17-09.dwg***.

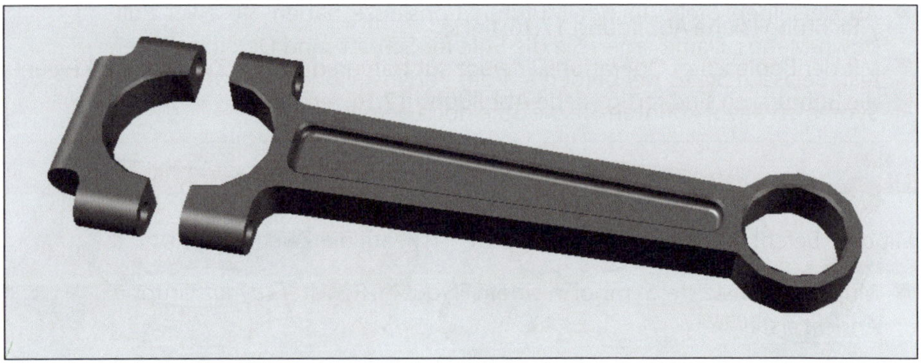

Abbildung 17.18: Der fertige Pleuel

17.4 Layout von Volumenmodellen

Jetzt geht's blitzschnell. Das mühsame Erstellen von Ansichtsfenstern entfällt bei Modellen in AutoCAD. Mit wenigen Mausklicks erstellen Sie die Zeichnung Ihres Modells. Wechseln Sie zum Layout *A3-Zeichnung*. Die Seiteneinrichtung ist schon fertig erstellt und ein Zeichnungsrahmen im A3-Format ist eingefügt. Gehen wir's an. Arbeiten Sie an Ihrem Modell weiter oder verwenden Sie die Datei ***A17-10.dwg*** aus dem Ordner *Aufgaben*.

17.4.1 Normen einstellen

Bevor Sie loslegen, sollten Sie sich die Zeichnungsnormen ansehen. Wechseln Sie zum Layout *A3-Zeichnung*. Wählen Sie den Befehl *Ansstd*, um Stile und Normen für die Ansichten einzustellen.

- Multifunktionsleiste: Register *Layout*, Gruppe *Stile und Normen*, Pfeil rechts unten
- Sie bekommen ein Dialogfeld wie in Abbildung 17.19. Wichtig für uns ist der *Projektionstyp*. Damit die Ansichten nach DIN erstellt werden, sollte er auf *Erster Winkel* stehen. Der *Gewindestil* interessiert nicht, da AutoCAD keine Gewinde kennt. Das ist dann wichtig, wenn Teile aus Inventor übernommen werden. Dann sollte er wie in Abbildung 17.19 eingestellt sein.

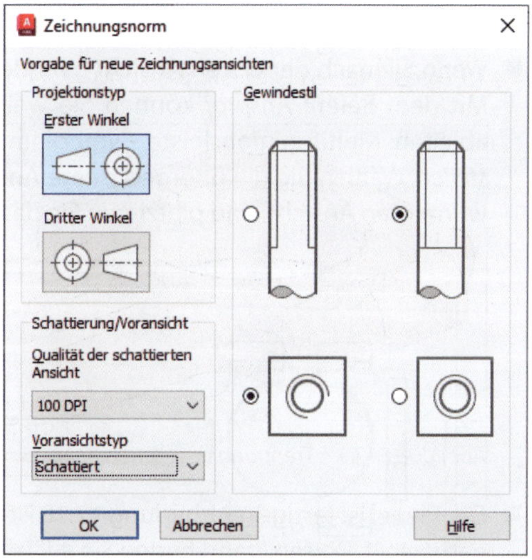

Abbildung 17.19: Einstellung der Zeichnungsnormen

- An derselben Stelle in der Multifunktionsleiste haben Sie zwei Pull-down-Menüs. Damit legen Sie die Stile für Schnitt- und Detailansichten fest. Belassen Sie es bei beiden auf der Voreinstellung *Metric50*. An den Symbolen davor könnten Sie die Stile noch bearbeiten.

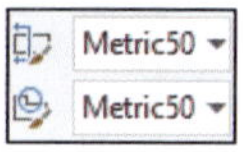

17.4.2 Ansichten erstellen

Mit dem Befehl *Grundans* kommt die Erstansicht auf die Zeichnung.

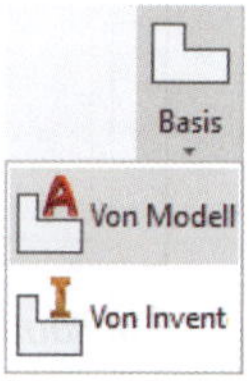

- Multifunktionsleiste: Symbol in einem Flyout im Register *Layout*, Gruppe *Ansicht erstellen*
- Wählen Sie aus dem Flyout *Von Modell* und schon haben Sie das Modell am Fadenkreuz.

Klicken Sie den Punkt an, an dem die Ansicht auf dem Zeichnungsblatt liegen soll. Aus dem Menü am Cursor sollten die folgenden Optionen gewählt werden:

- **Ausrichtung:** Wahl der Ausrichtung der Ansicht. Im Untermenü *Oben* wählen, also die Draufsicht.
- **Verdeckte Linien**: Einstellung *Sichtbare und Verdeckte Linien.*
- **Maßstab:** Den Wert *1* eingeben für den Maßstab 1:1.
- **Sichtbarkeit:** *Tangentiale Kanten* anzeigen lassen.
- **Verschieben:** Ansicht an die endgültige Position schieben.
- **Beenden:** Damit beenden Sie die Eingabe der Optionen. Mit ↵ wird die Ansicht fixiert.

- Jetzt können Sie weitere Ansichten so erzeugen, dass Sie auf die gewünschte Seite fahren und die gewünschte Position anklicken. Erzeugen Sie so die Vorderansicht unter der Draufsicht und rechts daneben die Seitenansicht (siehe Abbildung 17.20).
- Wenn Sie nach der ersten Ansicht beendet haben, ist das auch kein Problem. Mit dem Befehl *Ansproj* können Sie weitere Ansichten von der Erstansicht ableiten: Multifunktionsleiste, Symbol im Register *Layout*, Gruppe *Ansicht erstellen*. Wählen Sie die übergeordnete Ansicht, fahren Sie in Richtung der gewünschten Ansicht, und platzieren Sie das Fenster.

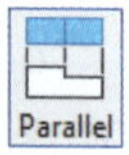

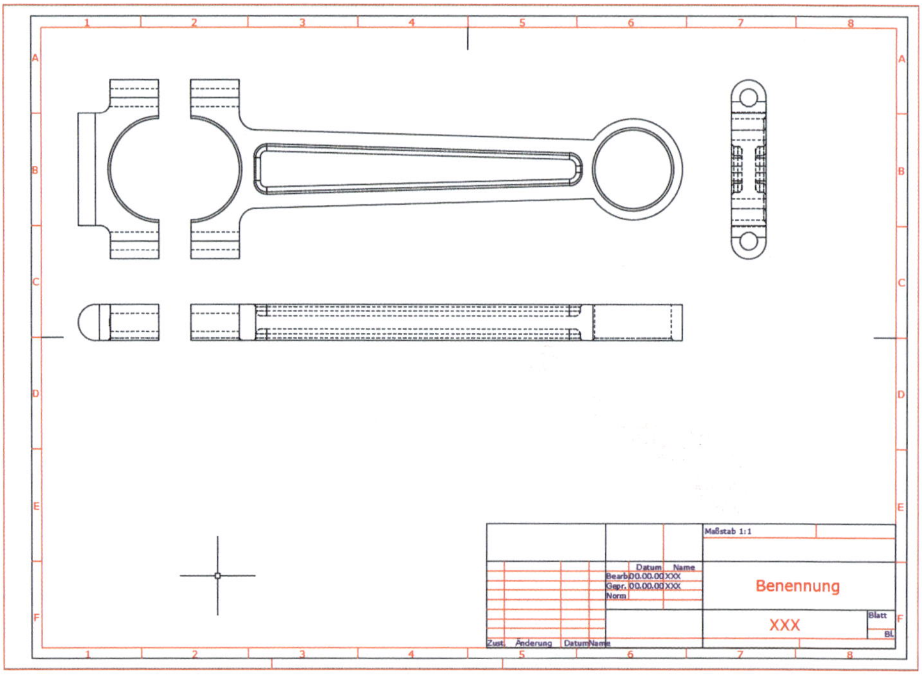

Abbildung 17.20: Draufsicht, Vorder- und Seitenansicht auf dem Papier

- Wenn Sie in ein Fenster klicken, wird ein Rand angezeigt. Klicken Sie diesen an, bekommen Sie einen Griff, um die Ansicht zu verschieben, und einen Pfeilgriff, um den Maßstab zu wechseln. Zudem haben Sie ein temporäres Register *Zeichnungsansicht* in der Multifunktionsleiste. Mit einem Klick auf *Ansicht bearbeiten* in der Gruppe *Bearbeiten* können Sie die Anzeige in einem weiteren temporären Register *Zeichnungsansichtseditor* noch mal überarbeiten.

- Jetzt noch eine Perspektive. Auch dazu nehmen Sie den Befehl *Ansproj*. Klicken Sie in die erste Ansicht und fahren Sie schräg nach rechts unten weg. Automatisch wird in die Perspektive umgeschaltet. Legen Sie die Ansicht dort ab, auch wenn sie auf dem Schriftfeld liegt, denn nur dort bekommen Sie die entsprechende perspektivische Ansicht.

- Klicken Sie in die Ansicht und schieben Sie diese danach am Griff unter die Vorderansicht. Klicken Sie auf das Symbol *Ansicht bearbeiten* und stellen Sie beim Maßstab 0.5 (für 1:2) ein. Wählen Sie im Flyout *Verdeckte Linien* in der Gruppe *Darstellung* die Einstellung *Schattiert mit sichtbaren Linien*. Ihre Zeichnung sollte wie in Abbildung 17.21 aussehen.

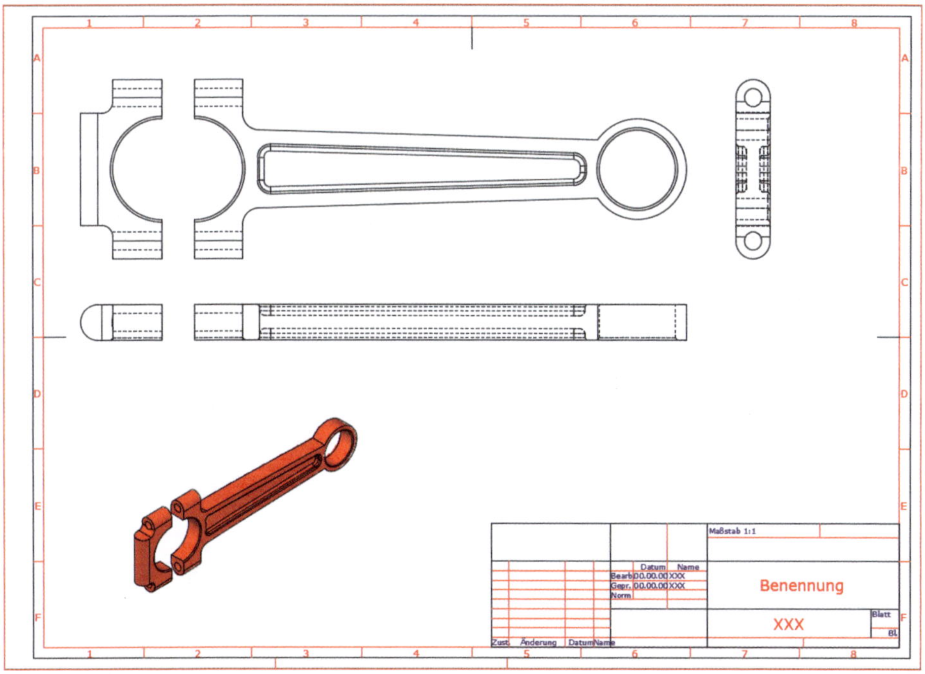

Abbildung 17.21: Zeichnung mit schattierter perspektivischer Ansicht

17.4.3 Detailansicht erstellen

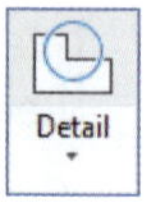

- Auch eine Detailansicht lässt sich ohne großen Aufwand erstellen. Verwenden Sie dazu den Befehl *Ansdetail*. Auch den finden Sie an gleicher Stelle wie die vorherigen mit einem Symbol im Register *Layout*. In einem Flyout können Sie wählen, ob Sie einen kreisförmigen oder rechteckigen Ausschnitt haben wollen.
- Wählen Sie den kreisförmigen Ausschnitt und klicken Sie die Draufsicht an. Ziehen Sie einen Kreis um den gewünschten Bereich und platzieren Sie die Ansicht unten rechts (siehe Abbildung 17.23).

17.4.4 Schnittansicht erstellen

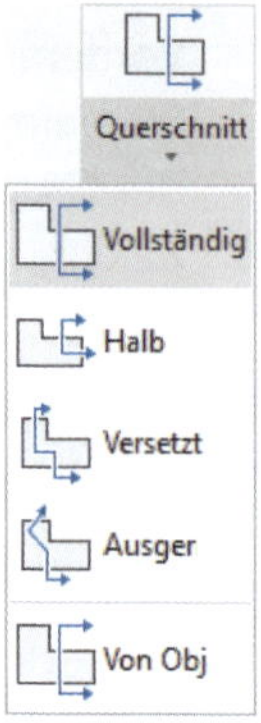

- Ebenso einfach ist die Schnittansicht, nur dass Sie dabei mehr Möglichkeiten haben. Den Befehl *Ansschnitt* finden Sie ebenfalls bei den vorherigen Befehlen in einem Flyout.
- Wählen Sie den vollständigen Schnitt und klicken Sie danach die Ansicht für den Schnitt an. Platzieren Sie die Schnittlinie wie in Abbildung 17.23.
- Im temporären Register der Multifunktionsleiste können Sie die Parameter für die Ansicht angeben (siehe Abbildung 17.22).
- Platzieren Sie die Schnittansicht wie in Abbildung 17.23. Ändern Sie eventuell den Linienabstand der Schraffur. Wählen Sie diese an und stellen Sie in der temporären Multifunktionsleiste einen größeren Faktor ein. Korrigieren Sie, falls nötig, die Positionen der Beschriftungen. Die endgültige Version haben Sie auch in der Datei ***L17-10.dwg*** im Ordner *Aufgaben*.

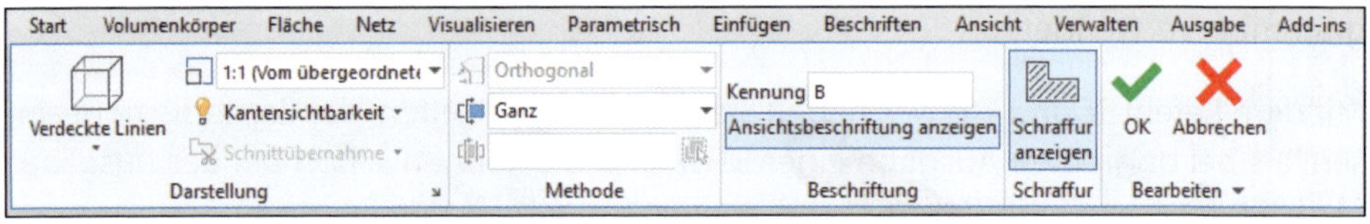

Abbildung 17.22: Einstellung der Parameter für die Schnittansicht

- Jetzt könnten Sie die Ansichten noch bemaßen. Achten Sie aber darauf, dass die Systemvariable *Dimassoc* auf 2 eingestellt ist. Nur so werden die Maße um den Maßstab in den Ansichten korrigiert.

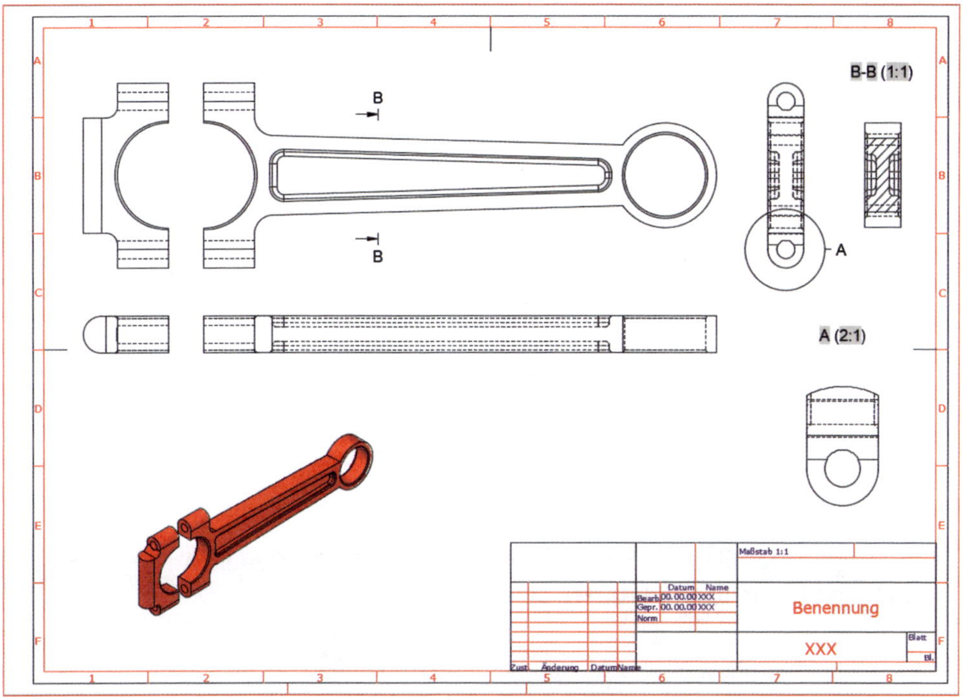

Abbildung 17.23: Das fertige Layout

17.5 Export und 3D-Druck

Sie könnten jetzt mit der Exportfunktion eine STL-Datei für den 3D-Druck erstellen. Dieses Format wird von den Programmen zur Schichtberechnung, den sogenannten Slicer-Programmen, verwendet.

Mit dem Befehl *3Ddruckservice* haben Sie mehr Möglichkeiten, das Ergebnis zu beeinflussen, als bei der reinen Ausgabe einer STL-Datei. Sie können schon bei der Ausgabe den Maßstab bestimmen und die Objekte wählen. Tippen Sie den Befehl ein.

- Wählen Sie einen oder mehrere Volumenkörper. Wechseln Sie dazu in den Modellbereich und wählen Sie den fertigen Pleuel. Bestätigen Sie die Abfrage mit [↵] und das Dialogfeld aus Abbildung 17.24 erscheint.
- Der Pleuel wird im Feld *Ausgabevorschau* angezeigt, in dem Sie zoomen, und drehen können. Im Feld *Ausgabebemaßungen* können Sie den Maßstab für das Modell wählen bzw. Länge, Breite oder Höhe für das Modell eingeben.

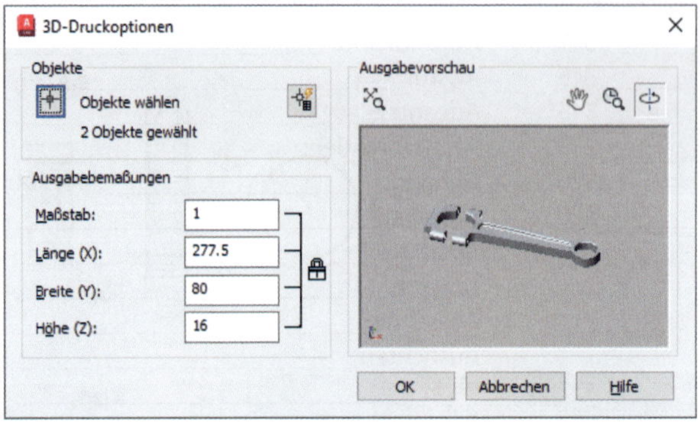

Abbildung 17.24: Dialogfeld zur Kontrolle der 3D-Ausgabe

- Wenn Sie auf *OK* klicken, wird die Druckdatei erstellt. Sie können den Dateinamen und den Speicherort eingeben. Abbildung 17.25 zeigt den Pleuel bei der Drucksimulation im Slicer *FlashPrint* für die Drucker von Flashforge.

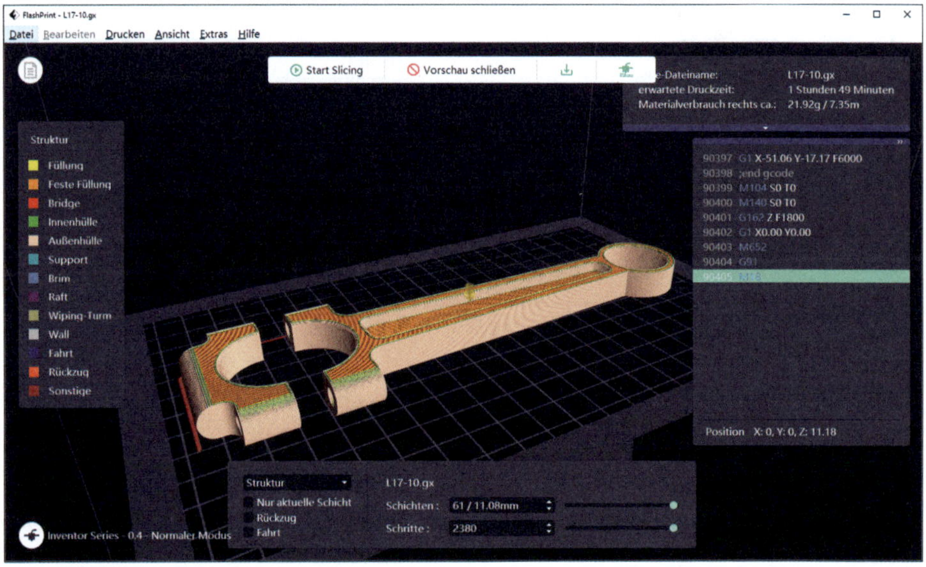

Abbildung 17.25: Der Pleuel im Slicer FlashPrint

So weit, so gut. Aber Sie haben nicht alle Funktionen der beiden Programme kennengelernt. Das ist in einem Einführungsbuch bei solch umfangreichen Programmen nicht möglich. Sie haben aber nach dem Durcharbeiten dieses Buches die Möglichkeit, sich mit der Hilfe-Funktion und zahlreichen Tutorials im Internet selbst in Funktionen einzuarbeiten.

Hinweis: In der Datei *Expert.pdf* im Aufgaben-Ordner finden Sie weitere Kapitel für angehende Profis, die Sie durcharbeiten können. Übungen und Lösungen dazu finden Sie dort ebenfalls. Vor allem sind hier die Onlinefunktionen von AutoCAD und AutoCAD LT in Kapitel 6 zu erwähnen sowie ein weiteres interessantes Kapitel für die 3D-Modellierung in AutoCAD.